职业教育机械类专业“互联网+”新形态教材

数控加工技术

第2版

主　编　朱明松　朱德浩

副主编　王立云　徐伏健　徐　雯

参　编　杨同亮　王　静　史中方

　　　　陈其梅　蔡　银　程建梅

主　审　陶建东　谭印书

机械工业出版社

CHINA MACHINE PRESS

本书是根据教育部办公厅关于印发《“十四五”职业教育规划教材建设实施方案》的通知（教职成厅［2021］3号），依据教育部新颁布的中等职业学校相关专业教学标准，同时参考数控车工、数控铣工职业资格标准及数控车铣加工“1+X”证书要求编写的。本书以数控加工实践为主线，以典型汽车机械零件为载体，结合全国数控专业课程改革成果及近年来数控技能大赛成果，以任务驱动、理实一体的教学形式呈现教学内容，主要内容包括认识数控机床、编制数控加工工艺、零件的数控车削编程与加工、零件的数控铣削编程与加工、CAD/CAM加工与数控车铣综合加工。

本书选定企业广泛使用的发那科系统作为编程与操作的教学载体，形式上通过任务描述、知识目标、技能目标、知识准备、任务实施、检测评价及任务拓展等环节，引导学生思考，突出关键部分和重点、难点。

本书采用项目式编写形式，为方便理解相关知识和技能，以二维码的形式嵌入了大量的视频资源，以便学生更深入地学习。每个项目还设置有“强国利器”系列延伸阅读内容，以增强学生的民族自信，提高学生的民族自豪感，达成课程思政。

本书可作为职业院校汽车制造类、机械设计制造类专业教材，也可作为装备制造大类相关专业“1+X”证书培训教材及培训机构和企业的培训教材。

为便于教学，本书配套有电子课件、视频、习题、试卷及答案等资源，使用本书作为教材的教师可登录机械工业出版社教育服务网（www.cmpedu.com），注册并免费下载，或来电（010-88379375）索取。

图书在版编目（CIP）数据

数控加工技术/朱明松，朱德浩主编．—2版．—北京：机械工业出版社，2022.8（2024.2重印）

职业教育机械类专业“互联网+”新形态教材

ISBN 978-7-111-71130-8

Ⅰ.①数… Ⅱ.①朱… ②朱… Ⅲ.①数控机床-加工-职业教育-教材 Ⅳ.①TG659

中国版本图书馆CIP数据核字（2022）第113944号

机械工业出版社（北京市百万庄大街22号 邮政编码100037）

策划编辑：王莉娜 责任编辑：王莉娜 王 良

责任校对：潘 蕊 贾立萍 封面设计：张 静

责任印制：李 昂

北京捷迅佳彩印刷有限公司印刷

2024年2月第2版第2次印刷

210mm×285mm · 17印张 · 348千字

标准书号：ISBN 978-7-111-71130-8

定价：49.00元

电话服务 网络服务

客服电话：010-88361066 机 工 官 网：www.cmpbook.com

010-88379833 机 工 官 博：weibo.com/cmp1952

010-68326294 金 书 网：www.golden-book.com

封底无防伪标均为盗版 机工教育服务网：www.cmpedu.com

第2版前言

本书是根据教育部办公厅关于印发《“十四五”职业教育规划教材建设实施方案》的通知（教职成厅［2021］3号）要求，以FANUC（发那科）0i-M数控系统为主，以能力培养为目标，以数控加工实践为主线，以典型汽车机械零件为载体，以数控车铣加工“1+X”证书标准及教育部新颁布的专业教学标准为依据编写的。在编写过程中注重采纳行业企业技术人员、能工巧匠的意见，紧跟产业发展趋势和行业人才需求，及时将产业发展的新技术、新工艺、新规范纳入教材内容；以项目引领、任务驱动、理实一体的教学形式编写教学内容，体现“学中做”“学中教”的现代职业教育课程改革理念。本书结构形式与第1版教材相比有根本性变化，任务载体更接近生产实际，符合“职教20条”精神，除此之外，本书还有如下特点。

1. 全书共分为认识数控机床、编制数控加工工艺、零件的数控车削编程与加工、零件的数控铣削编程与加工、CAD/CAM加工与数控车铣综合加工五个项目，每个项目设置多个典型工作任务。

2. 以汽车典型机械零件作为任务载体，专业实践性强。

3. 每个任务由任务描述、知识目标、技能目标、知识准备、任务实施和检测评价等环节构成，检测评价中融入劳动精神、工匠精神、职业素养等评价指标，以促进项目实施中培养学生以工匠精神为主的核心素养。

4. 每个任务后都设有任务拓展内容，以提高学生应用知识解决同类问题的能力和综合职业能力。

5. 增加课程思政内容。通过“强国利器”系列拓展阅读，落实“立德树人”的根本任务。

6. 以二维码的形式链接重点操作加工视频，便于学生扫码观看，化解教学难点。

7. 增加数控车铣综合加工内容，对接数控车铣加工“1+X”证书要求。

8. 增加对刀仪及自动对刀方法介绍，进一步贴近生产实际要求和先进技术发展趋势。

9. 选用最先进的CAXA2020数控车及CAXA2020制造工程师软件为载体，系统学习CAD/CAM加工流程，拓宽学生知识面、就业面，保持与企业技术进步同步。

本书主要教学内容及参考学时安排如下：

项　　目	内　　容	参考学时	合计
项目一　认识数控机床	任务一　认识数控机床的种类与加工特点	4	12
	任务二　认识数控机床结构及组成	4	
	任务三　认识数控机床程序结构和常用指令	4	
项目二　编制数控加工工艺	任务一　常用量具的选择与使用	4	20
	任务二　数控加工刀具的选择与使用	4	
	任务三　工件装夹方式的选择与使用	4	
	任务四　编制数控车削加工工艺	4	
	任务五　编制数控铣削加工工艺	4	
项目三　零件的数控车削编程与加工	任务一　认识数控车床基本操作	4	48
	任务二　汽车转向助力油泵输出轴的加工	6	
	任务三　汽车多槽轴的加工	6	
	任务四　汽车变速器输出轴的加工	6	
	任务五　汽车转向器球头销的加工	6	
	任务六　汽车制动系统制动毂的加工	4	
	任务七　汽车缸套的加工	4	
	任务八　汽车液压系统螺纹管接头的加工	6	
	任务九　汽车驱动桥连接盘的加工	6	
项目四　零件的数控铣削编程与加工	任务一　认识数控铣床基本操作	4	34
	任务二　汽车变速器齿轮箱端盖的加工	6	
	任务三　汽车机油泵端盖的加工	6	
	任务四　汽车离合器从动盘的加工	6	
	任务五　汽车凸轮轴调节器底座的加工	6	
	任务六　汽车底盘连接板的加工	6	
项目五　CAD/CAM加工与数控车铣综合加工	任务一　电动汽车电机轴数控车 CAD/CAM 加工	6	16
	任务二　汽车空调压缩机端盖数控铣 CAD/CAM 加工	6	
	任务三　汽车梅花形弹性联轴器半联轴节的数控车铣综合加工	4	
合　　计		130	

本书由南京六合中等专业学校朱明松、朱德浩任主编，王立云、徐伏健、徐雯任副主编，杨同亮、王静、史中方、陈其梅、蔡银、程建梅参与编写。全书由南京市职业教育教学研究室陶建东、南京新浙数控机床有限公司技术总监谭印书主审。在本书的编写过程中，编者参阅了国内出版的有关教材和资料，在此一并表示衷心的感谢！

由于编者水平有限，书中不妥之处在所难免，敬请读者批评指正。

编　者

第1版前言

本书是根据教育部《关于中等职业教育专业技能课教材选题立项的函》（教职成司[2012] 95号），由全国机械职业教育教学指导委员会和机械工业出版社联合组织编写的“十二五”职业教育国家规划教材，是根据教育部新颁布的职业学校相关专业教学标准，同时参考数控车工、数控铣工国家职业资格标准编写的。

本书以能力培养为目标，以数控加工实践为主线，以典型汽车机械零件为载体，以国家数控车工中级工职业技能标准及教育部最新颁布的专业教学标准为依据编写，在编写过程中结合全国数控专业课程改革成果及近年来数控技能大赛成果，以任务驱动、理实一体的教学形式编写教学内容。本书共分为数控机床基本知识、数控加工工艺及编程基础、数控车削编程与加工、数控铣削编程与加工、CAD/CAM自动编程与加工5章，本书主要特点如下。

1. 本书采用先进技术，内容够用和实用，以市场上广泛采用的最先进的FANUC 0i-Mate-M系统为主，满足教学和生产的需要。

2. 任务驱动、理实一体，以汽车典型零件为载体，融入有关数控刀具选择、数控加工工艺路径确定、数控指令与编程方法、数控机床加工、精度测量与尺寸控制等知识，体现“学中做、做中教”的先进教学理念。

3. 本书内容的设置从实际出发，强调可操作性，贯彻学校能实施、教师易教、学生易学的理念。

4. 本书中所用名称、名词、术语、技术规范均符合现行国家标准。

5. 本书图文并茂，通俗易懂。以实物图代替平面图形，以图片或表格呈现形式为主；书中示例程序后均配有文字说明，以降低学生的认知难度，适应学生特点；数控机床操作部分采用大量的与机床面板功能一致的图标，再配合功能说明，使数控机床操作一目了然，也便于学生自主学习。

6. 本书中设有CAD/CAM自动编程加工内容。随着数控技术的发展与进步，CAD/CAM技术在数控机床上应用越来越广，故本书以CAXA数控车及CAXA制造工程师软件为载体，系统介绍CAD/CAM加工流程，拓宽学生知识面、就业面，保持与企业技术进步同步。

本书主要教学内容及参考学时安排如下：

章　节	内　容	参考学时	合计
第 1 章　数控机床基本知识	1.1　数控机床的产生与发展	1	6
	1.2　数控机床的分类与加工特点	1	
	1.3　数控机床的工作原理及组成	1	
	1.4　数控机床坐标系	2	
	1.5　数控机床安全操作规程及日常维护与保养	1	
第 2 章　数控加工工艺及编程基础	2.1　常用量具	2	26
	2.2　数控加工常用刀具	3	
	2.3　数控加工常用装夹方式	4	
	2.4　数控机床程序结构	2	
	2.5　数控机床常用编程指令	3	
	2.6　数控加工工艺	10	
	2.7　典型零件数控加工工艺分析	2	
第 3 章　数控车削编程与加工	3.1　数控车床基本操作	6	38
	3.2　数控车床编程指令	12	
	3.3　数控车削加工实例	20	
第 4 章　数控铣削编程与加工	4.1　数控铣床基本操作	6	42
	4.2　数控铣床编程指令	16	
	4.3　数控铣削加工实例	20	
第 5 章　CAD/CAM 自动编程与加工	5.1　CAXA2013 数控车软件编程与加工	4	12
	5.2　CAXA2013 制造工程师软件编程与加工	8	
合　计		124	

本书由江苏省朱明松机电技术名师工作室组编，南京六合中等专业学校朱明松老师任主编，南京六合中等专业学校王立云、徐伏健老师任副主编，名师工作室潘世毅、黄小培、陈飞飞、蔡银参与了本书的编写。本书由南京市职业教育教学研究室陶建东任主审。本书经全国职业教育教材审定委员会审定，评审专家对本书提出了宝贵的建议，在此对他们表示衷心的感谢！在本书的编写过程中，编者参阅了国内外出版的有关教材和资料，在此一并表示衷心感谢！

由于编者水平有限，书中不妥之处在所难免，敬请读者批评指正。

编　者

二维码索引

（续）

序号	二维码名称	图形	页码	序号	二维码名称	图形	页码
21	子程序调用		91	33	数控铣床手动操作与试切削		155
22	外槽车刀对刀操作		94	34	数控铣床开机与关机		155
23	空运行与仿真加工		95	35	数控铣床试切法对刀操作		156
24	轮廓切削复合循环指令 G71		101	36	圆弧加工指令		174
25	内孔车刀对刀操作		119	37	刀具半径补偿指令		175
26	内槽车刀对刀操作		128	38	刀具长度补偿指令		187
27	外螺纹加工指令 G32		134	39	孔和圆柱对刀		201
28	螺纹切削单一循环指令 G92		135	40	G68 坐标系旋转指令		201
29	外螺纹车刀对刀操作		139	41	极坐标指令		202
30	内螺纹车刀对刀操作		149	42	RS232 传输设置		229
31	数控铣床系统面板介绍		154	43	CF 卡传输程序		229
32	数控铣床机床操作面板介绍		154	44	DNC 加工		232

目 录

项目一

认识数控机床

数控机床是数字控制机床（Computer Numerical Control Machine Tools）的简称，是一种装有程序控制系统的自动化机床，通过程序控制机床的动作，使其按图样要求的形状和尺寸自动地将零件加工出来。数控机床较好地解决了复杂、精密、多品种的零件加工问题，是一种柔性的、高效能的自动化机床，代表了现代机床的发展趋势。了解数控机床的种类、结构、原理，掌握数控机床的使用方法，已成为机械行业技术推广的重要方面。

学习目标

1. 了解数控机床的种类、型号与加工特点。
2. 了解数控机床的产生过程与发展趋势。
3. 掌握安全生产、文明生产知识，养成良好的职业习惯。
4. 熟悉数控机床的工作原理，了解常用数控机床的结构组成。
5. 熟悉机床坐标系、机床原点和机床参考点等知识。
6. 掌握数控机床安全操作规程。
7. 了解数控机床维护保养要求，能对常用数控机床进行日常维护与保养。
8. 熟悉工件坐标系知识。
9. 熟悉数控程序结构及常用指令。

任务一　认识数控机床的种类与加工特点

任务描述

认识数控机床的种类、型号与加工特点，了解数控机床的产生过程与发展趋势，熟悉安全文明生产知识内容。

知识目标

1. 了解数控机床的种类及型号。
2. 了解数控机床的加工特点。
3. 了解数控机床的产生过程与发展趋势。
4. 熟悉安全文明生产知识。

技能目标

1. 能认识各种类型的数控机床。
2. 会选择使用各种数控机床。
3. 养成安全生产、文明生产的习惯。

知识准备

1. 数控机床的种类

数控机床种类繁多，可以按加工工艺及机床用途、数控机床的功能水平、控制方式、数控系统等进行分类。

数控机床的种类

（1）按加工工艺及机床用途分类　按加工工艺及机床用途分为金属切削类数控机床、金属成形类数控机床和特种加工类数控机床三大类。

1）金属切削类数控机床。金属切削类数控机床是指采用车、铣、磨、刨、钻等各种切削工艺进行加工的数控机床，它又可分为普通型数控机床和加工中心两大类，见表 1-1。

表 1-1　金属切削类数控机床

机床种类	图示	说明
普通型数控机床	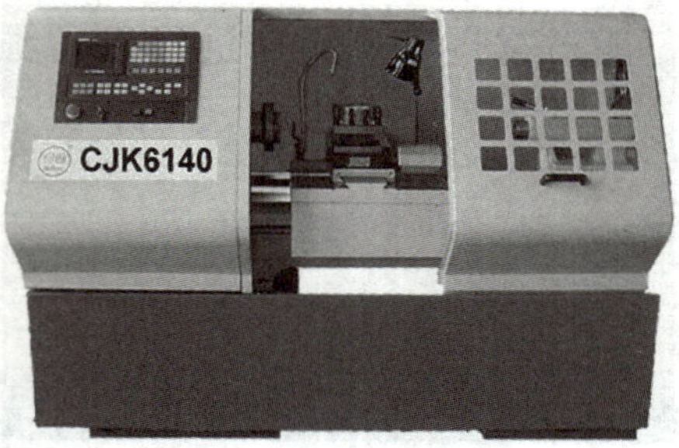 数控车床 认识数控车床	有立式数控车床、水平导轨卧式数控车床、倾斜导轨卧式数控车床三种。立式数控车床主轴处于垂直位置，用于加工径向尺寸较大，轴向尺寸相对较小的大型复杂零件；水平导轨卧式数控车床一般为经济型数控车床；倾斜导轨卧式数控车床刚度大，加工排屑方便，一般作为全功能数控车床及车削加工中心

（续）

机床种类	图示	说明
普通型数控机床	数控铣床 认识数控铣床	有立式数控铣床和卧式数控铣床两种。立式数控铣床主轴垂直分布，所用铣刀相对灵活，适用范围较广；卧式数控铣床主轴水平分布，机床刚度较大，加工精度比立式数控铣床高一些
	数控磨床	有数控外圆磨床、数控内圆磨床、数控平面磨床等种类，用于磨削加工，加工精度较高
加工中心（带有自动换刀机构和刀具库的数控车、铣床）	车削加工中心	以全功能数控车床为基础，配置刀库、自动换刀装置、铣削动力头和副主轴（C 轴），可以实现多工序的复合加工，在一次装夹后，可以完成回转类零件的车、铣、钻、铰、攻螺纹等多个加工工序，功能全面，价格较高
	铣削加工中心	铣削加工中心有立式加工中心、卧式加工中心、龙门式加工中心等多种类型，图示为立式加工中心。加工中心常与工业机器人共同构成 FMC（柔性制造单元）系统

2）金属成形类数控机床。金属成形类数控机床是指采用挤、冲、压、拉、剪、弯等成形工艺进行加工的数控机床，常用的有数控压力机、数控剪板机、数控折弯机等，见表1-2。

表 1-2　金属成形类数控机床

机床种类	图示	说明
数控压力机	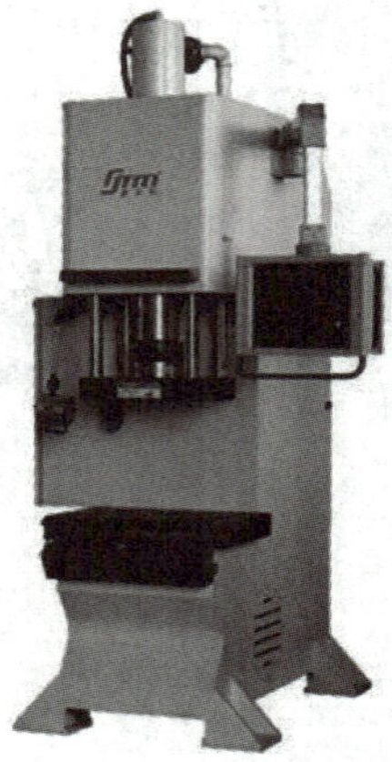	数控压力机作为目前最先进的电动螺旋压力机，是摩擦压力机的最佳替代品，广泛应用于汽车、拖拉机和航空等工业中的冲压、锻造等
数控剪板机	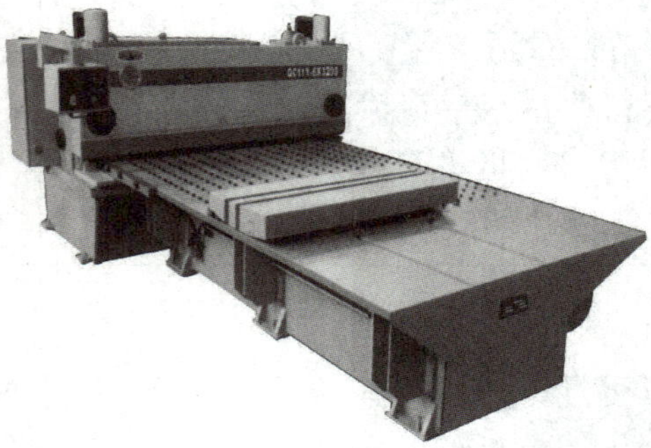	数控剪板机是通过数控指令来实现一台剪板机或多台剪板机的设备动作控制技术的机器，可以实现不同材料的板材、不同尺寸板材的剪切等
数控折弯机	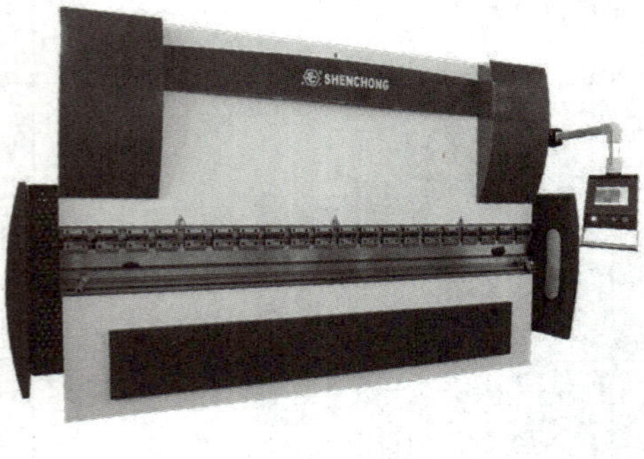	数控折弯机是利用所配备的模具将冷态下的金属板材折弯成各种几何形状截面工件的设备，一般采用数控折弯机专用数控系统，其坐标轴已由单轴发展到12轴，可自动实现滑块向下、点动、连续、保压、返程和中途停止等动作，一次上料可完成相同角度或不同角度的多弯头折弯等

3）特种加工类数控机床。特种加工类数控机床是利用电能、电化学能、光能及声能等进行加工的机床，如数控电火花线切割机床、数控电火花成形机床、数控激光切割机床等，

见表 1-3。

表 1-3 特种加工类数控机床

机床种类	图示	说明
数控电火花线切割机床		数控电火花线切割机床简称“线切割”。它采用电极丝（钼丝、钨钼丝等）作为工具电极，在脉冲电源的作用下，工具电极和加工工件之间形成火花放电，火花通道瞬间产生大量的热，使工件表面熔化甚至汽化。它通过托板使电极丝沿着预定的轨迹运动，从而达到加工工件的目的，用于加工一般切削加工方法难以加工的各种导电材料
数控电火花成形机床	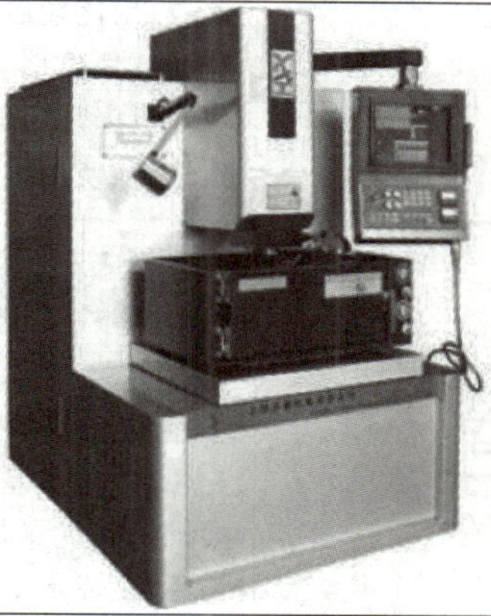	其原理同数控电火花线切割机床，用电火花成形方法加工型腔、型体或穿孔，解决难加工材料及复杂形状零件的加工问题，广泛应用于机械（特别是模具制造）、航空、电子、电机、电器、精密微细机械、仪器仪表、汽车等行业
数控激光切割机床		数控激光切割机床利用高功率密度的激光束照射工件表面，使工件达到熔点或沸点，同时与光束同轴的高压气体将熔化或汽化金属吹走，形成切缝，实现切割。该机床具有精度高，切割速度快，切割热影响区小，板材变形小，切缝窄，加工成本低等特点，经数控编程，可加工任意的平面图形，将逐渐取代传统的金属切割工艺设备

本书主要以应用最广泛的金属切削类数控车床及数控铣床为例进行数控机床编程与加工知识的学习。

（2）按数控机床的功能水平分类　按数控机床的功能水平通常把数控机床分为低、中、高三档。其中，中、高档数控机床一般称为全功能数控机床或标准型数控机床。低档数控机床如经济型数控机床，是指采用由单片机和步进电动机组成的数控系统或其他功能简单、价格低的数控系统的数控机床。

（3）按控制方式分类　按控制方式分类，数控机床可分为采用开环控制系统、半闭环控制系统和闭环控制系统的数控机床三大类，见表 1-4。

表 1-4 采用开环控制系统、半闭环控制系统和闭环控制系统的数控机床

机床种类	图示	说明
采用开环控制系统的数控机床	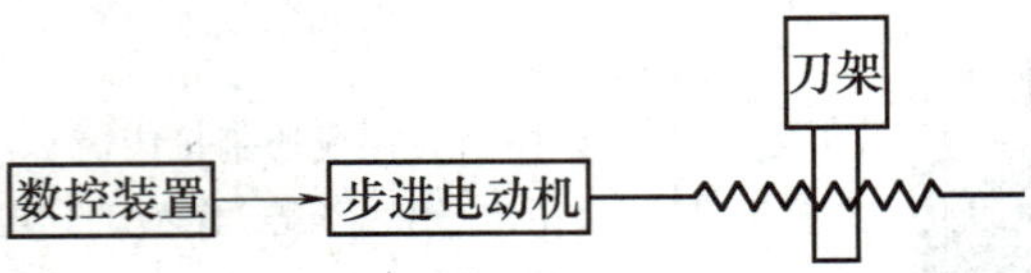	不带反馈装置的数控机床，进给伺服系统采用步进电动机，数控系统每发出一个指令脉冲，经驱动电路功率放大后，驱动步进电动机旋转一个角度，然后经过减速齿轮和丝杠螺母机构，转换为刀架的直线移动，其结构简单、成本较低、精度较低，属于经济型数控机床
采用半闭环控制系统的数控机床	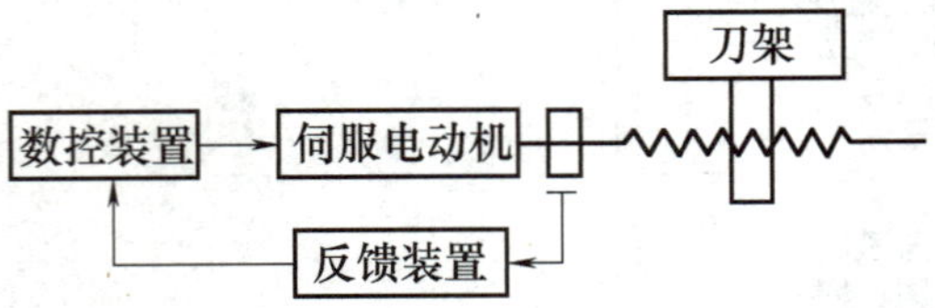	在伺服机构中装有角位移检测装置，通过检测伺服机构中滚珠丝杠的转角间接测量移动部件的位移，然后反馈到数控装置中，与输入的原指令位移值进行比较，用比较后的差值进行控制，以弥补移动部件位移。采用半闭环控制系统的数控机床采用伺服电动机，结构简单、工作稳定、使用维修方便，应用广泛
采用闭环控制系统的数控机床	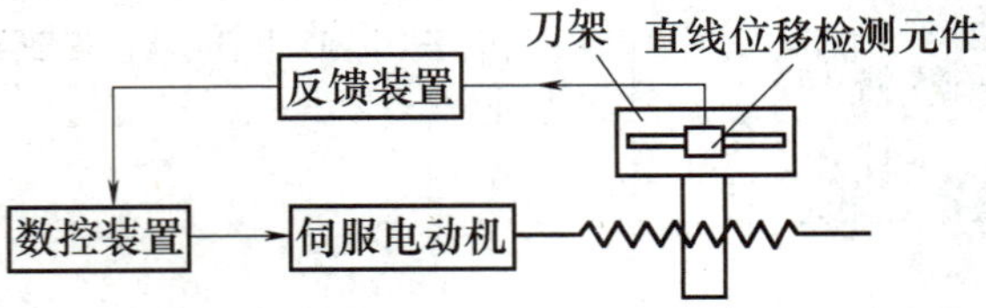	在机床移动部件上装有直线位移检测装置，将检测到的实际位移反馈到数控装置中，与输入的原指令位移值进行比较，用比较后的差值控制移动部件做补充位移，直至差值消除为止，以达到精度要求。其优点是精度高，但结构复杂、维修困难、成本高，用于加工精度要求很高的场合

(4) 按数控系统分类 目前企业中常用的数控系统有 FANUC（发那科）数控系统、SIEMENS（西门子）数控系统、华中数控系统、广州数控系统等。每一种数控系统又有多个型号，如 FANUC 数控系统的 0i 到 23i，SIEMENS 数控系统的 SINUMERIK 802C、802D、810D、840D 等。各种数控系统指令代码、编程要求及面板按键功能都各有差别，编程和加工时应以数控机床说明书为准。本书若无特别说明，均以 FANUC 0i 系统为例。

2. 数控机床的型号

(1) 金属切削类数控机床的型号 金属切削类数控机床的型号表示方法采用国家标准《金属切削机床 型号编制方法》(GB/T 15375—2008)，由字母及数字组成，依次表示机床的类代号、通用特性（结构特性）代号、组代号、系代号、主参数等。机床的分类和代号见表 1-5。

表 1-5 金属切削机床的分类和代号

类别	车床	钻床	镗床	磨床	齿轮加工机床	螺纹加工机床	铣床	刨插床	拉床	锯床	其他机床
代号	C	Z	T	M	Y	S	X	B	L	G	Q
读音	车	钻	镗	磨	牙	丝	铣	刨	拉	割	其

通用特性代号用字母“K”表示“数控”，如型号为 CK6140 的数控车床、型号为 XK5032 的数控铣床的含义如下：

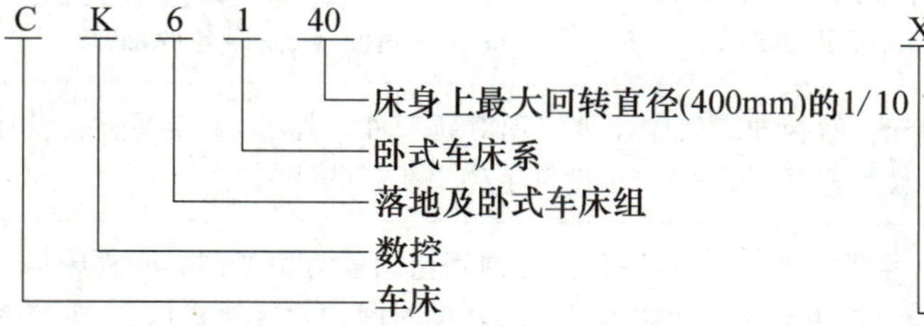

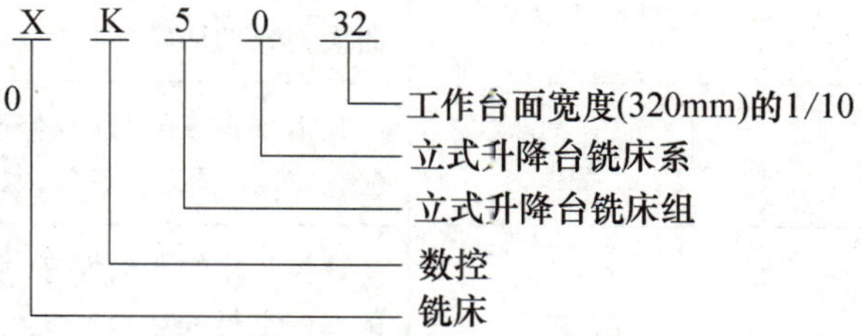

（2）金属成形类数控机床的型号　其型号表示方法采用国家标准《锻压机械　型号编制方法》（GB/T 28761—2012），由字母及数字组成，依次表示机床的类代号、组代号、型（系列）代号、通用特性（结构特性）代号、主参数等。如类代号中“J”表示机械压力机、“Q”表示剪切与切割机、“W”表示弯曲矫正机；通用特性代号用字母“K”表示“数控”等，如数控板料折弯机型号 W67K-300/4100 的含义如下：

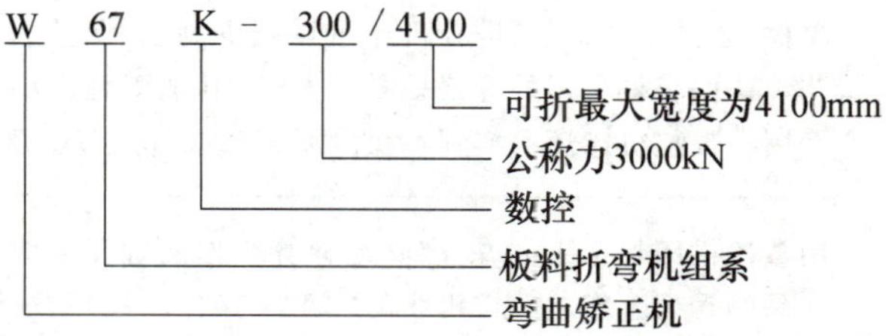

（3）特种加工类数控机床型号　其型号采用机械行业标准《特种加工机床　第 2 部分：型号编制方法》（JB/T 7445.2—2012），由字母及数字组成，依次表示机床的类代号、通用特性（结构特性）代号、组代号、系代号、主参数等。如类代号中“D”表示电火花加工机床、“KC”表示快速成形机床、“JG”表示激光加工机床，通用特性代号用字母“K”表示“数控”等。如数控电火花线切割机床型号 DK7740 的含义如下：

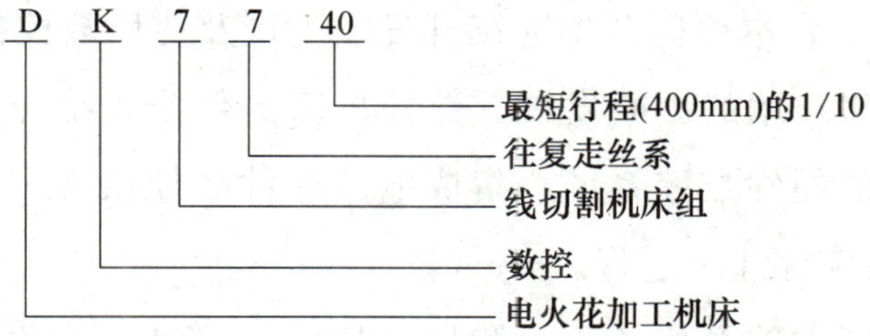

3. 数控机床的加工特点

数控机床的加工特点见表 1-6。

表 1-6　数控机床的加工特点

序号	特点	说　明
1	加工精度高、质量稳定	数控机床按照预定的加工程序自动加工工件，加工过程中消除了操作者人为的操作误差，能保证工件加工质量的一致性。利用反馈系统进行校正及补偿加工精度，可以获得比机床本身精度还要高的加工精度及重复定位精度

（续）

序号	特点	说　明
2	能加工复杂型面	数控机床能实现多坐标轴联动，容易实现许多普通机床难以完成或无法加工的曲线、曲面构成的回转体加工，非标准螺距螺纹、变螺距螺纹及空间曲线、曲面等的加工
3	适应性强	只需要重新编写（或修改）数控加工程序即可实现对新工件的加工，不需要重新设计模具、夹具等工艺装备，尤其适用于多品种、小批量生产及新产品试制
4	生产效率高	数控机床结构刚性好，主轴转速高，可以进行大切削用量的强力切削；此外，机床移动部件的空行程运动速度快，加工时所需的切削时间和辅助时间均比普通机床少，生产效率比普通机床高 2~3 倍；加工形状复杂的工件，生产效率可达普通机床的十几倍到几十倍
5	自动化程度高、工人劳动强度低	在数控机床上加工工件，操作者除了输入程序、装卸工件、对刀、关键工序的中间检测等，不需要进行其他复杂手工操作，劳动强度和紧张程度均大为减轻；此外，机床上一般都具有较好的安全防护、自动排屑、自动冷却等装置，操作者的劳动条件也大为改善
6	经济效益高	单件、小批生产，使用数控机床可以减少划线、调整、检验时间而减少生产费用，节省工艺装备而获得良好的经济效益。此外，其加工精度稳定，降低了废品率，也减少了生产费用。数控机床还可实现一机多用，节省厂房、节省建厂投资等
7	有利于生产管理的现代化	用数控机床加工工件，能准确地计算工件的加工工时，有效地简化了检验和工夹具、半成品的管理工作。数控机床的加工及操作均使用数字信息与标准代码输入，最适于与计算机联系，目前已成为计算机辅助设计、制造及管理一体化的基础

4. 数控机床的产生过程与发展趋势

（1）数控机床的产生　数控机床最早诞生于美国。1948 年，帕森斯公司在研制加工直升机叶片轮廓检查用样板的机床时，提出了数控机床的设想，后受美国空军委托与麻省理工学院合作，于 1952 年研制出了世界上第一台三坐标数控立式铣床，其数控系统采用电子管。1960 年开始，德国、日本等国开始陆续开发、生产及使用数控机床。

随着微电子和计算机技术的不断发展，数控机床的数控系统经历了电子管构成的硬件数控系统、晶体管构成的硬件数控系统、集成电路硬件数控系统、微型计算机控制的数控系统、通用 CNC 数控系统等几个过程。

我国数控机床的发展大致经历了三个阶段。1958—1979 年为第一阶段，因对数控机床的特点、发展条件缺乏认识，基础薄弱、配套件不过关，一哄而上又一哄而下，终因无法用于生产而停顿。1980—1995 年为第二阶段，主要从日本、美国、德国、意大利、英国等国家引进数控机床先进技术并进行合作、合资生产，逐步缩小了与发达国家的差距。1996 年至今为第三阶段，实施产业化战略，开展自主研发，无论从数量到质量都取得了较大进步，创造了多个世界第一（参见本项目延伸阅读）。

（2）数控机床的发展趋势　随着科技的进步与发展，先进制造技术的兴起和不断成熟，数控机床朝着以下几方面发展，具体见表 1-7。

表 1-7 数控机床的发展趋势

序号	发展趋势	说明
1	高速化	高速化主要体现在：①主轴转速高，机床主轴最高转速达 200000r/min；②进给速度快，最大进给速度达到 240m/min；③运算速度快，开发出了使用 64 位以上 CPU 的数控系统，频率提高到上千兆赫；④换刀速度快，加工中心的刀具交换时间为 1s，高的已达 0.5s
2	高精度化	普通级数控机床的加工精度已达 5μm，精密级加工中心加工精度达到了 1～1.5μm，超精密加工精度已开始进入纳米级（0.001μm）。加工精度的提高不仅在于采用了滚珠丝杠副、静压导轨、直线滚动导轨、磁浮导轨等部件，还应用了高分辨率的位置检测装置，以及使用了各种误差补偿技术，如丝杠螺距误差补偿、刀具误差补偿、热变形误差补偿等
3	功能复合化	功能复合化是指在一台机床上尽可能完成从毛坯至成品的多种要素加工，有工艺复合型和工序复合型两类。工艺复合型如镗铣钻复合型机床、车铣复合机床等；工序复合型如多面多轴联动机床、双主轴车削中心等。采用复合型机床进行加工，减少了工件装卸、更换和调整刀具的时间，提高了加工精度和生产效率
4	智能化	智能化主要体现在：①加工过程自适应控制能力；②加工参数的智能优化与选择；③智能故障自诊断与自修复能力；④智能故障回放和故障仿真能力；⑤智能化交流伺服驱动装置的应用；⑥智能 4M 数控系统的应用，将测量（Measurement）、建模（Modelling）、加工（Manufacturing）、机器操作（Manipulator）四者融合在一个系统中，实现了信息共享，促进了测量、建模、加工、装夹、操作的一体化
5	体系开放化	主要体现在：①向未来技术开放，软硬件接口都遵循公认的标准协议；②向用户特殊要求开放；③数控新标准的建立。国际上正在研制一种新的 CNC 系统标准 ISO 14649（STEP-NC），替代现有的采用 G、M 代码对加工过程进行描述的 ISO 6983 标准，其目的是提供一种不依赖于具体系统的中性机制，能够描述产品整个生命周期内的统一数据模型，实现整个制造过程，乃至各个工业领域产品信息的标准化
6	驱动并联化	并联机床又称虚拟轴机床，是 20 世纪最具革命性的机床运动结构的突破，如图 1-1、图 1-2 所示，由基座、动平台、多根可伸缩杆件组成，每根杆件的两端通过球面支承（球铰）分别将动平台与基座相连，并由伺服电动机和滚珠丝杠驱动，按数控指令实现伸缩运动，使动平台带动主轴部件或工作台部件做任意轨迹的运动，具有高刚度、高承载能力、高速度、高精度、重量轻、机械结构简单、制造成本低等优点
7	极端化（大型化和微型化）	国防、航空、航天事业的发展和能源等基础产业装备的大型化，需要大型且性能良好的数控机床的支撑，而超精密加工技术和微纳米技术需发展能适应微小型尺寸和微纳米加工精度的新型制造工艺和装备，所以微型机床包括微切削加工机床、微电加工机床、微激光加工机床成为发展趋势之一
8	网络化	目前先进的数控系统已为用户提供了强大的联网能力，除了具有 RS232 接口外，还带有具有远程缓冲功能的 DNC 接口，可以实现多台数控机床间的数据通信和直接对多台数控机床进行控制。有的数控系统已配备有与工业局域网通信的功能以及网络接口，可实现远程在线编程、远程仿真、远程操作、远程监控及远程故障诊断等功能

图 1-1 并联机床模型

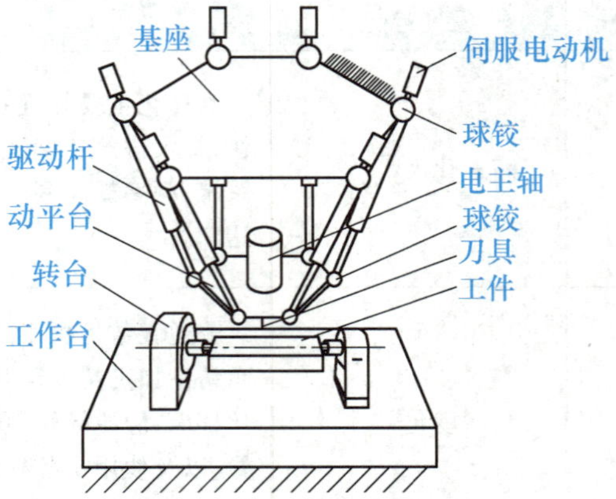

图 1-2 并联机床结构

5. 安全文明生产知识

(1) 着装要求 正确穿戴工作服、工作鞋、防护眼镜、工作帽等劳动保护用品，女同学必须将头发塞入帽中，以免发生事故；时时佩戴防护眼镜，以防止切屑飞溅损伤眼睛。

(2) 纪律要求 严格听从实习指导教师安排，严格遵守上课纪律，不迟到、不早退，坚守岗位，不串岗、离岗，严禁在车间打闹、嬉戏。

(3) 安全防护要求 牢固树立安全意识，不熟悉的设备、设施、按钮不私自乱开乱动，不做有安全隐患的各种操作。若在车间不慎受伤，应及时处理并尽快向指导教师汇报。

(4) 行为习惯和工作态度要求 认真聆听教师的每一步讲解，认真按教师的示范进行操作，认真执行岗位职责，严格遵守机床操作规程，不做与岗位无关的任何事情。

(5) 团队合作要求 能与他人和睦相处，学会与他人共事，能尊重、理解、帮助他人，能坦然面对竞争。

任务实施

1. 实施方法及途径

本任务是认识数控机床的种类、代号，了解数控机床的加工内容及特点、产生过程及发展趋势，实施任务需具备一定条件，如有各种类型数控机床、数控机床加工实例等，根据具体情况采用以下方法和步骤实施。

通过参观数控实训车间或本地区数控加工企业等形式认识数控机床，也可通过上网查询、教师提供图片、视频资料等方法弥补设备上的不足。

2. 实施步骤

1) 进行安全文明生产知识学习和纪律教育。

2) 记录所看到的数控机床种类，分析其所属类别。

3) 分析常见数控机床代号的含义。

4) 分析数控机床加工内容及特点。

检测评价

将学生任务完成情况的检测与评价填入表 1-8 中。

表 1-8 认识数控机床的种类与加工特点检测评价表

序号	检测项目	检测内容及要求	配分	学生自检	学生互检	教师检测	得分
1	职业素养	文明、礼仪	10				
2		安全、纪律	10				
3		行为习惯	10				
4		工作态度	10				
5		团队合作	10				
6	数控机床认识内容	数控机床型号及含义	10				
7		数控机床种类	10				
8		数控机床加工特点	10				
9		数控机床加工内容	10				
10		安全文明生产内容	10				
综合评价							

任务拓展

通过查阅资料，了解数控压力机、数控折弯机、柔性制造单元（FMC）、数控激光切割机床的加工内容及加工特点。

任务二 认识数控机床结构及组成

任务描述

了解数控机床的工作原理、常用数控机床的结构组成，理解数控机床坐标系、机床原点及机床参考点，熟悉数控机床维护与保养知识。

知识目标

1. 了解数控机床的工作原理。
2. 了解常用数控机床的结构组成。
3. 理解数控机床坐标系、机床原点及机床参考点的概念。
4. 熟悉数控机床安全操作规程内容。
5. 熟悉数控机床维护与保养知识。

技能目标

1. 能识别常用数控机床机床原点及机床参考点。

2. 能遵守数控机床安全操作规程。

3. 会对数控机床常见部件进行日常维护与保养。

知识准备

1. 数控机床的工作原理

数控机床把加工过程中所需的各种操作（如主轴变速、进刀与退刀、开机与停机、选择刀具、供给切削液等）和步骤以及刀具与工件之间的相对位移量都用数字化的代码表示，通过控制介质或数控面板等将数字信息送入专用或通用的计算机，由计算机对输入的信息进行处理与运算，发出各种指令来控制机床伺服系统或其他执行机构，使机床自动加工出所需要的工件。图 1-3 所示为数控机床工作原理。

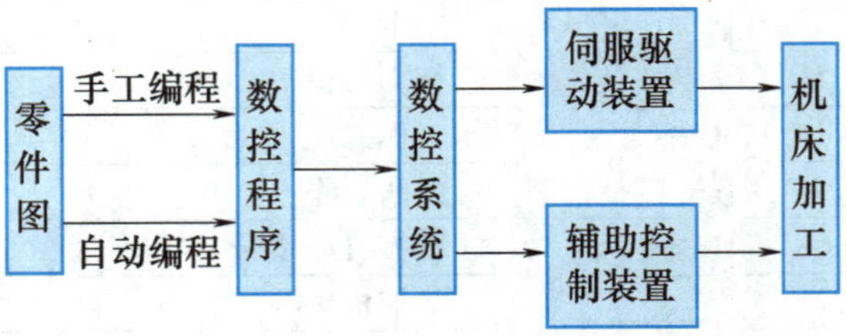

图 1-3　数控机床工作原理

2. 数控机床的结构组成

数控机床由机床本体、控制部分、驱动部分、辅助部分等组成，见表 1-9。

表 1-9　数控机床的组成

序号	组成部分名称	说明	图示
1	机床本体	数控机床的机床本体与传统机床相似，由主轴传动装置、进给传动装置、床身、工作台以及刀库等组成。现在的大部分数控机床在整体布局、外观造型、传动系统、刀具系统的结构以及操作机构等方面都已发生了很大的变化，这种变化的目的是为了满足数控机床的要求和充分发挥数控机床的特点	 数控车床本体(未组装前) 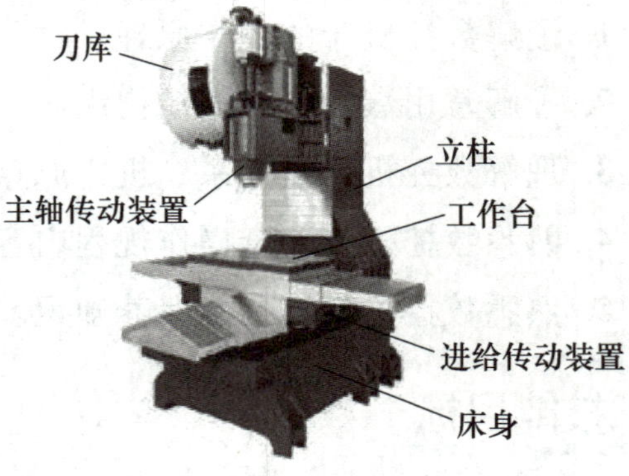 加工中心本体(未组装前)

（续）

序号	组成部分名称	说明	图示
2	控制部分	控制部分是数控机床的控制核心，由各种数控系统完成对数控机床的控制，如发那科数控系统、西门子数控系统、华中数控系统、广州数控系统等。数控系统是由 CNC 单元、PLC（可编程序控制器）、控制面板、输入/输出接口等组成的	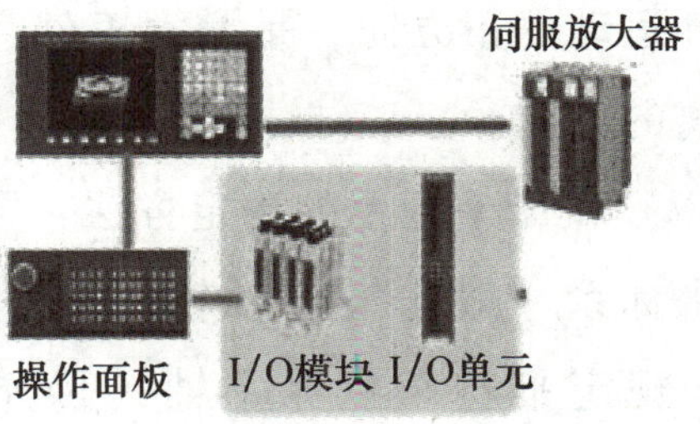
3	驱动部分	驱动部分是数控机床执行机构的驱动部件，由伺服驱动装置、伺服电动机及检测反馈装置组成，与 CNC 和 PLC 协调配合，共同完成对数控机床运动部件的控制	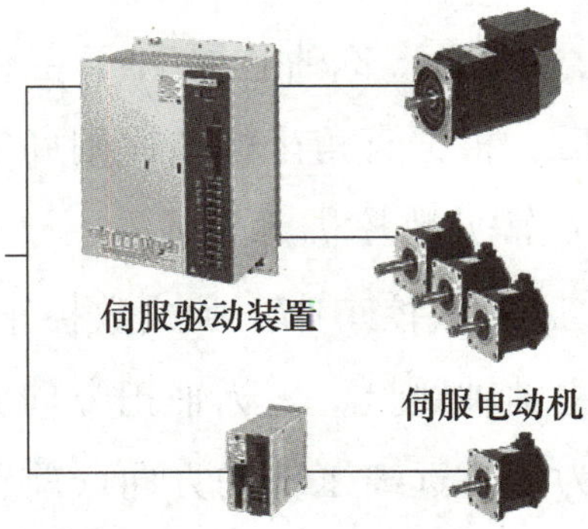
4	辅助部分	完成数控加工辅助动作的装置，由冷却系统、润滑系统、照明系统、自动排屑系统、防护罩等组成	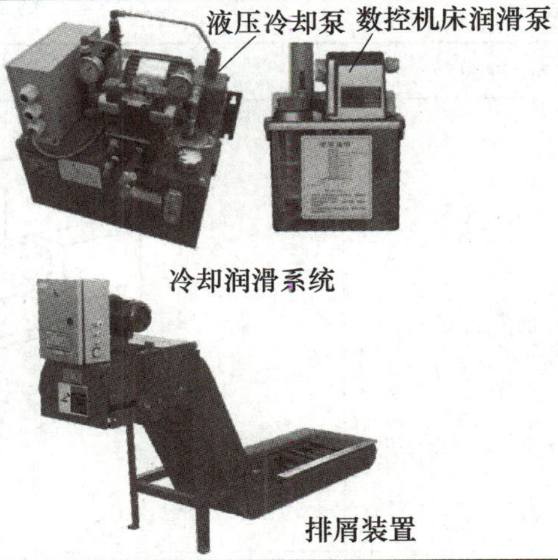

3. 数控机床坐标系

（1）机床坐标系的确定原则　为描述机床运动，简化程序编写方法，数控机床必须有一个坐标系才行，这种机床固有的坐标系称为机床坐标系，也称为机械坐标系，目前国际上已统一了数控机床坐标系标准，我国也制定了 GB/T 19660—2005 国家标准对机床坐标系予以规定，主要原则如下。

1）刀具相对于静止工件而运动的原则。即在数控机床上，不论是刀具运动还是工件运动，一律以刀具运动为准，工件看成是不动的，这样可以按工件轮廓确定刀具加工轨迹。

2）标准坐标系采用右手直角坐标系原则。如图 1-4 所示，张开食指、中指与拇指并使其相互垂直，则中指指向 $+Z$ 方向，拇指指向 $+X$ 方向，食指指向 $+Y$ 方向。这三个坐标轴与机床主要导轨平行。旋转坐标轴 A、B、C 的正方向根据右手螺旋法则确定。

3）运动方向的确定原则。数控机床某一部件运动的正方向，是增大工件和刀具之间距离的方向。

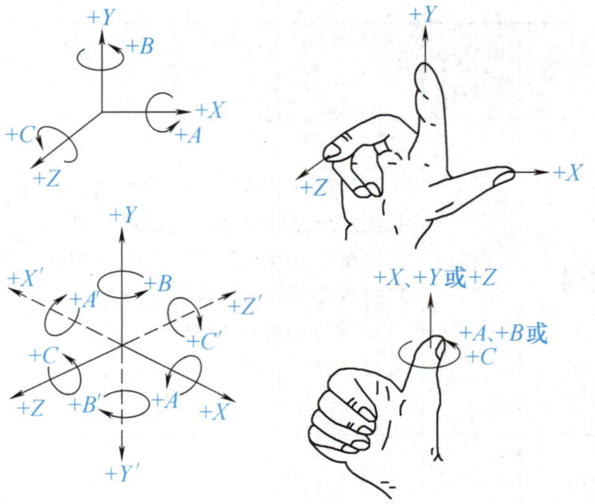

图 1-4　右手直角坐标系

（2）机床坐标系的确定方法　数控机床机床坐标系一般先确定 Z 轴，然后确定 X、Y 轴。规定平行于机床主轴（传递切削动力）的刀具运动坐标轴为 Z 轴；X 轴处于水平位置，垂直于 Z 轴且平行于工件装夹平面；最后，根据直角坐标系原则确定 Y 轴。

（3）常见数控机床坐标系

1）卧式数控车床。卧式数控车床的机床坐标系有两个坐标轴，分别是 Z 轴和 X 轴：Z 轴位于主轴轴线上，坐标轴正方向为刀具远离工件的方向（水平向右）；X 轴为水平方向，正方向为刀具远离工件的方向。前置刀架与后置刀架机床坐标系见表 1-10。

表 1-10　前置刀架与后置刀架机床坐标系

种类	图示	说明
前置刀架	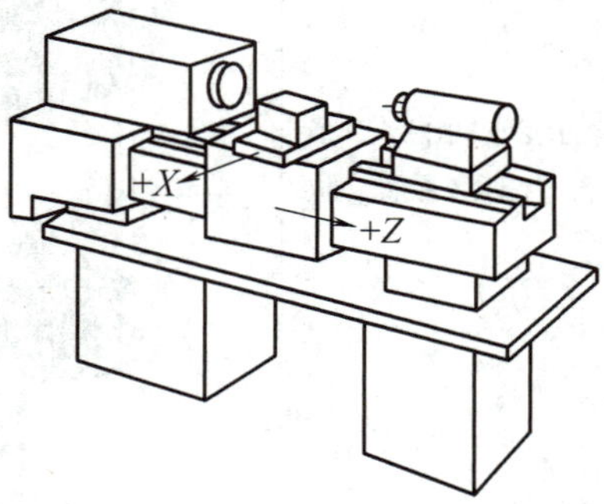	刀架与操作者在同一侧，水平导轨的经济型数控车床常采用前置刀架，X 轴正方向指向操作者
后置刀架		刀架与操作者不在同一侧，倾斜导轨的全功能型数控车床和车削中心常采用后置刀架，X 轴正方向背向操作者

2）数控铣床机床坐标系。数控铣床常见类型有立式数控铣床和卧式数控铣床，其机床坐标系见表 1-11。

表 1-11 立式数控铣床和卧式数控铣床机床坐标系

种类	图示	说明
立式数控铣床（加工中心）	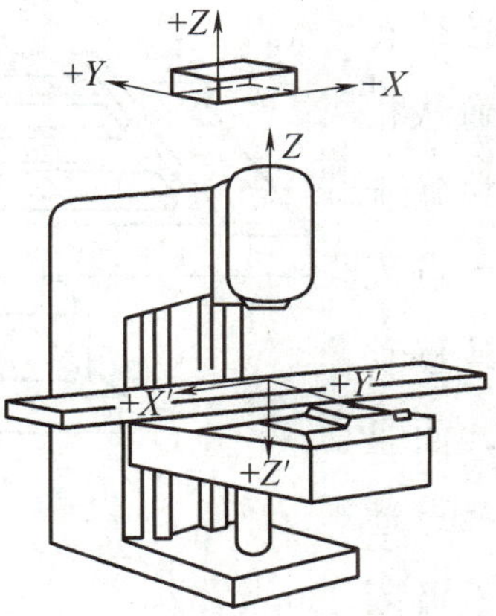	Z 轴与立式铣床（加工中心）主轴同轴，向上远离工件方向为正方向。站在工作台前，面对主轴，主轴向右移动方向为 X 轴的正方向，Y 轴的正方向为主轴远离操作者的方向
卧式数控铣床（加工中心）	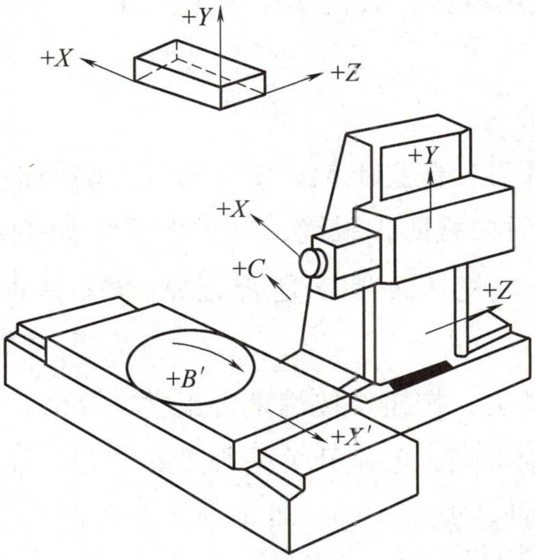	Z 轴与卧式铣床（加工中心）的水平主轴同轴，远离工件方向为正方向。站在工作台前，主轴向左（工作台向右）运动方向为 X 轴的正方向，Y 轴的正方向向上

（4）机床原点、机床参考点

1）机床原点即机床坐标系的原点，又称为机械原点（零点），是数控机床切削运动的基准点，位置由机床制造厂确定。

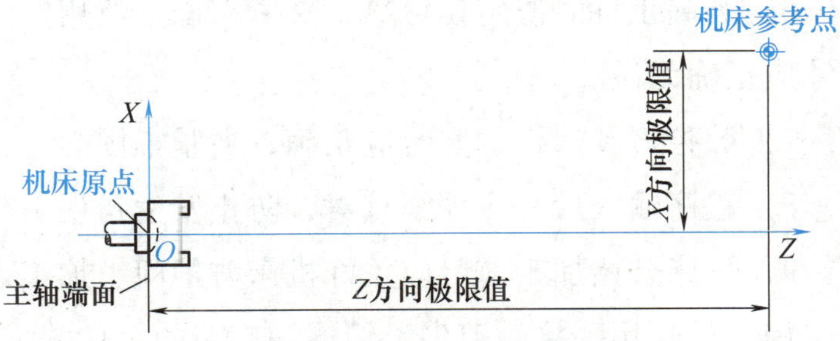

图 1-5 数控车床机床原点位置及机床参考点位置

数控车床大多规定机床原点在主轴中心线与卡盘端面的交点处，如图 1-5 所示。也可通过设置参数的方法，将机床原点设定在 X、Z 坐标的正方向极限位置上，与机床参考点重合。

数控铣床机床原点一般设置在刀具远离工件的极限位置，即各坐标轴正方向的极限点处，如图 1-6 所示。

2）机床参考点。机床参考点是数控机床上的固定点，其位置由机床制造厂家调整，并将坐标值输入数控系统中，因此机床参考点对机床原点的坐标是一个已知数。对于大多数数控机床，开机后必须首先进行刀架返回机床参考点操作，确认机床参考点，建立数控机床坐标系，并确定机床坐标系的原点。只有机床回参考点以后，机床坐标系才能建立起来，刀具移动才有了依据，否则不仅加工无基准，而且还会发生碰撞等事故。数控机床参考点通常设置在机床坐标系中+X、+Y、+Z 极限位置处，常作为刀具自动换刀点位置。数控车床参考点如图 1-5 所示，数控铣床参考点如图 1-6 所示。

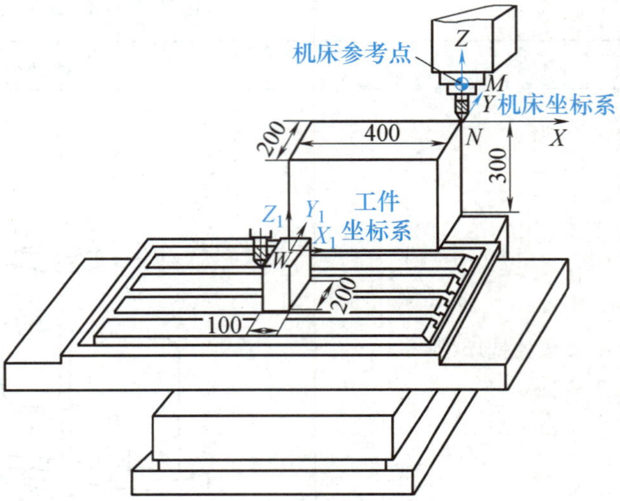

图 1-6　数控铣床机床原点及机床参考点

4. 数控机床安全操作规程

1）正确穿戴工作服、工作鞋、防护眼镜、工作帽等劳动保护用品，女同学必须将头发塞入帽中，以免发生事故；时时佩戴防护眼镜，以防止切屑飞溅损伤眼睛。

2）开机前仔细检查电压、气压、油压是否正常（有手动润滑的部位先要进行手动润滑）。

3）机床通电后，检查各开关、按钮、按键是否正常、灵活，机床有无异常现象。

4）检查各坐标轴是否回参考点，限位开关是否可靠。若某轴在回参考点前已在参考点位置，应先将该轴沿负方向移动一段距离后，再手动回参考点。

5）机床开机后应空运转 5min 以上，使机床达到热平衡状态。

6）装夹工件时应定位可靠，夹紧牢固，所用螺钉、压板不得妨碍刀具运动，工件毛坯尺寸应正确无误。

7）数控刀具选择、安装应正确，夹紧牢固。

8）程序输入后，应仔细核对，防止发生错误。

9）机床开始加工前，应关好机床防护门，加工过程中不允许打开防护门。

10）严禁用手接触刀尖、切屑和旋转的工件等。

11）首件加工应采用单段程序切削，并随时注意调节进给倍率，控制进给速度。

12）试切削和加工过程中，刃磨刀具、更换刀具后，一定要重新对刀。

13）发生故障时，应立即按下紧急停止按钮并向指导教师汇报。

14）未经教师同意不得擅自起动机床，多人共用一台机床时，只能一个人操作并注意他人安全。

15）不熟悉的设备、设施、按钮不私自乱开乱动，不做有安全隐患的各种操作，在车间不慎受伤，应及时处理并尽快向指导教师汇报。

16）停机时数控车床应将各坐标轴停在正向极限位置，数控铣床各坐标轴停在中间位置。

17）加工结束后收放好工、量具等，清扫机床并加防锈油，及时切断机床电源。

5. 数控机床日常维护及保养

数控车床日常维护与保养　　　　数控铣床日常维护与保养

常见数控机床日常维护及保养内容如下。

1）保持环境整洁。周围环境对数控机床影响较大，潮湿的空气、粉尘及腐蚀气体等，不仅会对机床导轨面产生磨损和腐蚀，还会影响电器元件的寿命。

2）保持机床清洁。要坚持对机床主要部位（如工作台、裸露的导轨、数控面板）每班打扫一次，对机床整机每周打扫一次，包括油、气、水过滤器、过滤网等。

3）定期对机床各部位进行检查，及时发现问题，消除隐患，常见检查项目及要求见表 1-12。

表 1-12　数控机床检查内容及要求

序号	检查周期	检查项目	检查要求
1	每天	导轨润滑油箱	检查油标、油量，检查润滑泵能否定时起动供油及停止
2	每天	X、Y、Z 轴向导轨面	清除切屑及脏物，检查导轨面有无划伤
3	每天	压缩空气气源压力	检查气动控制系统压力
4	每天	主轴润滑恒温油箱	工作正常，油量充足并能调节温度范围
5	每天	机床液压系统	油箱、液压泵无异常噪声，压力指示正常，管路及各接头无泄漏
6	每天	各种电气柜散热通风装置	各电气柜冷却风扇工作正常，风道过滤网无堵塞
7	每天	各种防护装置	导轨、机床防护罩等无松动、无漏水
8	每半年	滚珠丝杠	清洗丝杠上的旧润滑脂，涂上新润滑脂
9	不定期	切削液箱	检查液面高度，经常清洗过滤器等
10	不定期	排屑器	经常清理切屑
11	不定期	废油池	及时清理滤油池中的废油，以免外溢
12	不定期	主轴驱动带松紧程度	按机床说明书调整
13	不定期	各轴导轨上的镶条	按机床说明书调整

4）杜绝机床带故障运行。设备一旦出现故障，尤其是机械部分故障，应立即停止加

工，分析故障原因，待解决后才能继续运行。

5）及时调整。机床长期运行后，因各种原因会使机床丝杠反向间隙、镶条与导轨间隙增大等，影响机床精度，出现上述问题应及时调整。

6）及时更换易损件。传动带、轴承等配件出现损坏后，应及时更换，防止造成设备和人身事故。

7）经常监视电网电压。数控装置允许电网电压在额定值的±10%范围内波动，如果超过此范围就会造成数控系统不能正常工作，甚至引起数控系统内某些元器件损坏。为此，需要经常监视数控装置的电网电压。电网电压质量差时，应加装电源稳压器。

8）定期更换存储器电池。一般数控系统都装有电池，当电池电压不足时会报警，应及时更换，以防断电期间系统数据丢失。

任务实施

1. 实施条件及方法

本任务是认识数控机床结构、原理及机床坐标系、机床参考点位置等，实施任务需具备一定条件，如常用数控车床、数控铣床若干台，或网上查询，教师提供图片、视频资料或仿真软件等。方法主要是通过拆解数控实训车间的数控机床，了解、分析其结构、原理及机床坐标系等。

2. 实施步骤

（1）拆解卧式数控车床或通过仿真软件辅助拆解数控车床

1）观察数控车床整机。分析数控车床数控系统、床身组件、各部分结构及位置。

2）认识主轴箱。观察主传动系统组成，观察其内部构造。

3）认识 X、Z 向运动部件。观察进给传动系统组成、传动过程及特点。

4）认识刀架。了解其使用方法，熟悉其功能。

5）认识尾座。了解其使用方法，分析其工作原理。

6）认识数控车床中辅助装置的组成。

7）认识数控车床机床坐标系及机床原点、机床参考点位置。

（2）拆解立式数控铣床或通过仿真软件辅助拆解数控铣床

1）观察数控铣床整机。分析数控铣床数控系统、床身组件、各部分结构及位置。

2）认识主轴箱。观察主传动系统组成，观察其内部构造。

3）认识 X、Y、Z 向运动部件。观察进给传动系统组成、传动过程及特点。

4）认识换刀机构及其使用方法，熟悉其功能。

5）认识工作台。了解工件装夹方法。

6）认识数控铣床中冷却系统、排屑装置等辅助装置的组成。

7）认识数控铣床机床坐标系及机床原点、机床参考点位置。

（3）学习数控机床安全操作规程内容

（4）学习数控机床日常维护和保养内容

（5）对常用数控机床进行日常维护和保养

检测评价

将学生任务完成情况的检测与评价填入表 1-13 中。

表 1-13 认识数控机床结构及组成检测评价表

序号	检测项目	检测内容及要求	配分	学生自检	学生互检	教师检测	得分
1	职业素养	文明、礼仪	5				
2		安全、纪律	10				
3		行为习惯	10				
4		工作态度	10				
5		团队合作	5				
6	数控机床认识内容	数控车床各部分结构及功能	10				
7		数控铣床各部分结构及功能	10				
8		数控机床安全操作规程内容	10				
9		数控车床机床坐标系、机床原点及机床参考点位置	5				
10		数控铣床机床坐标系、机床原点及机床参考点位置	5				
11		数控机床日常维护和保养内容	10				
12		完成数控机床日常维护和保养情况	10				
综合评价							

任务拓展

通过查阅资料了解数控机床三级保养制度、内容及要求，了解企业数控加工岗位职责。

任务三 认识数控机床程序结构和常用指令

任务描述

认识工件坐标系的概念、认识数控机床的程序结构、熟悉数控机床常用指令等，建立图 1-7 所示阶梯轴、图 1-8 所示六角凸台的工件坐标系。

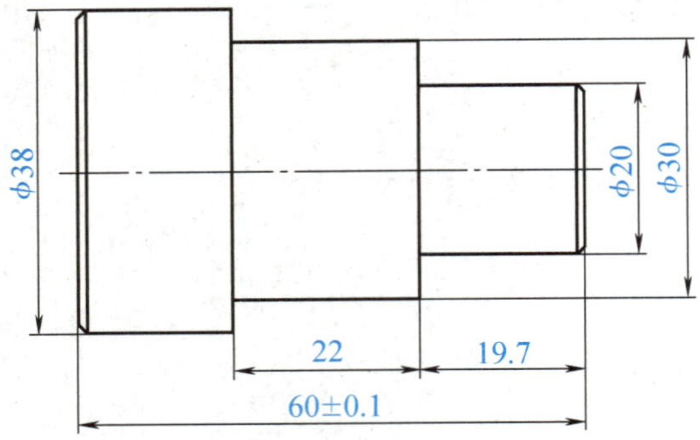

图 1-7　阶梯轴

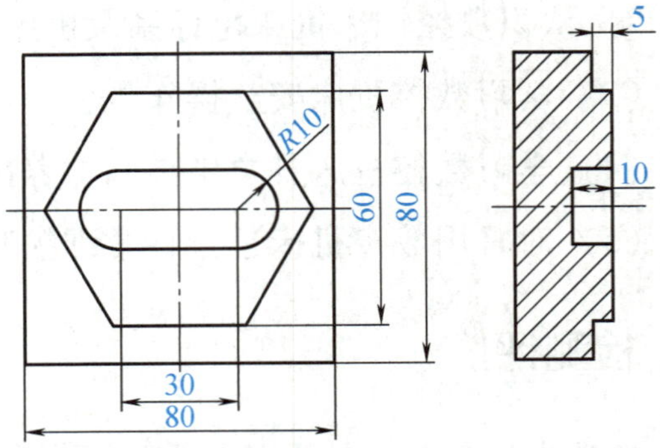

图 1-8　六角凸台

知识目标

1. 理解工件坐标系的概念及建立原则。
2. 掌握数控机床的程序结构。
3. 掌握数控机床常用指令。

技能目标

1. 会建立常用数控机床加工工件坐标系。
2. 能熟练应用数控机床常用指令。

知识准备

1. 工件坐标系

工件坐标系又称编程坐标系，是编程人员为方便编写数控程序而人为建立的坐标系，一般建立在工件上或零件图样上。为编程方便，工件坐标系建立应有一定的准则，否则无法编写数控加工程序或编写的数控加工程序无法加工，具体有以下几方面。

（1）工件坐标系方向的选择　工件坐标系的方向必须与所采用的数控机床坐标系相一致，如数控车床工件坐标系 *Z* 轴水平向右，*X* 轴向下（前置刀架）或向上（后置刀架），如图 1-9 所示。

立式数控铣床（加工中心）工件坐标系 *Z* 轴正方向应垂直向上，*X* 轴正方向水平向右，*Y* 轴正方向向前，与立式铣床（加工中心）机床坐标系方向一致，如图 1-6 所示。

（2）工件坐标系原点位置的选择　工件坐标系的原点又称为工件原点或编程原点，理论上编程原点的位置可以任意设定，但为方便求解工件轮廓上基点坐标进行编程，一般按以下要求进行设置。

1）数控车床上加工的工件。

① *X* 轴原点选择在工件轴线上。

② *Z* 轴原点选择在工件右端面。（最常用）

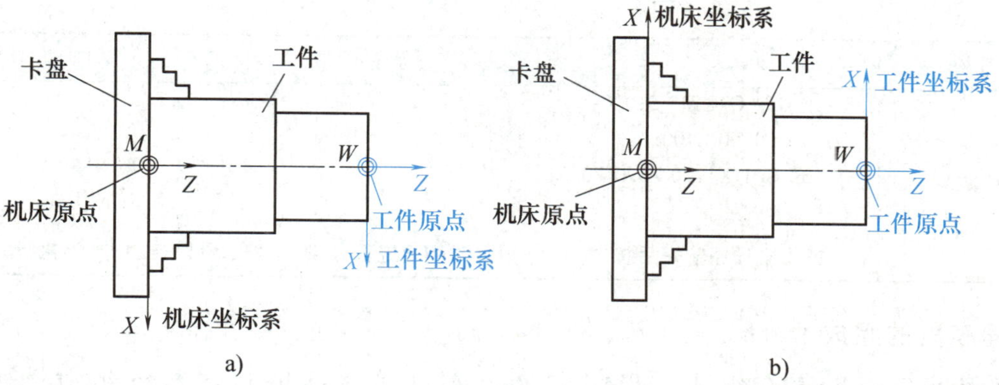

图 1-9 数控车床工件坐标系与机床坐标系的关系

a）前置刀架工件坐标系方向 b）后置刀架工件坐标系方向

③ 对于对称的工件，Z 轴原点可选择在工件对称中心平面上。

④ Z 轴原点也可以选择在工件左端面。

2）数控铣床上加工的工件。

① 工件原点应尽量选择在工件的设计基准或工艺基准上。

② 工件原点尽量选择在精度较高的工件表面上，以提高加工精度。

③ 对于对称的工件，工件原点应选择在对称中心上。

④ 对于一般工件，工件原点可选择在工件外轮廓的某一角上。

⑤ Z 轴原点一般设置在工件上表面上。

2. 数控程序

为自动操作机床而给数控机床发出的一组指令称为数控程序。在数控加工中，数控程序起决定和控制作用，而数控程序必须依据数控机床规定的代码和一定的编程规则进行编写，不同数控系统其代码和编程规则略有不同，编程时需参考机床说明书。数控程序一般都包括程序名、程序内容、程序结束等。

（1）程序名 所有数控程序都要取一个程序名，用于存储、调用。不同的数控系统有不同的命名规则，FANUC 系统数控程序的命名规则见表 1-14。

表 1-14 FANUC 系统数控程序的命名规则

系统	数控程序命名规则
FANUC 系统	以大写字母“O”开头，后跟四位数字，从 O0000～O9999，如：O0023、O0230、O4546 等

注：数控程序有主程序与子程序之分，FANUC 系统主程序与子程序命名规则相同。

（2）程序内容 程序内容由各程序段组成，每一程序段规定数控机床执行某种动作，前一程序段规定的动作完成后才开始执行下一程序段内容。FANUC 系统程序段与程序段之间用 EOB（;）分隔，具体示例见表 1-15。

（3）程序结束 每一个数控加工程序都要有程序结束指令，指令代码是 M02 或 M30，用于停止自动运行且数控系统被复位，并可控制光标重新返回到程序的开头。

表 1-15 FANUC 系统程序示例

数控系统	程序示例
FANUC 系统	N10 G54 G40 M3 S1000; N20 G00 X0 Z100.0; /N30 G01 X10.0 Z5.0 F0.3; …… 注:每段程序输完后按 EOB E 键(;)再按 INSERT 键进行分段。/表示可以被跳过(不执行)的程序段

3. 程序段的组成

程序段由若干程序字组成，程序字又由字母（或地址）和数字组成。如 N20 G00 X60.0 Z100.0 M3 S1000;，即程序字组成程序段，程序段组成数控程序。

程序字是机床数字控制的专用术语，又称程序功能字。它的定义是：一套有规定次序的字符，可以作为一个信息单元存储、传递和操作，如 X60.0 就是一个程序字或称功能字（字）。

程序字按其功能的不同可分为 7 种类型，分别称为顺序号字、尺寸字、进给功能字、主轴转速功能字、刀具功能字、辅助功能字和准备功能字。数控系统常用功能字代码（地址）、含义及示例说明见表 1-16。

表 1-16 数控系统常用功能字代码（地址）、含义及示例说明

序号	代码(地址)	含义	示例说明
1	N	程序段号功能字或顺序号字	一般从 N0000~N9999,表示程序段段号,常放在程序段段首位置,用于程序的检索和校验,可以不连续
2	X、Y、Z、I、J、K	尺寸功能字	表示坐标尺寸、位移、半径等。如 X100.0 表示 X 方向坐标为 100mm,Z30.0 表示 Z 方向坐标为 30mm
3	T	刀具功能字	表示刀具代号,如 T0101 表示 1 号刀具,T03 表示 3 号刀具
4	S	主轴转速功能字	表示主轴转速大小,如 S500 表示主轴转速为 500r/min
5	F	进给功能字	表示刀具进给速度大小,单位为 mm/min 或 mm/r。如 F0.2 表示进给速度为 0.2mm/r
6	M	辅助功能字	表示机床辅助动作的接通或断开,是数控机床使用较多的一种指令,FANUC 0i-M 系统常用辅助功能指令及含义见表 1-17
7	G	准备功能字	表示机床做好某种准备动作,从 G00~G99,是机床控制指令最多的一种,FANUC 0i-M 系统常用 G 功能指令见附录

表 1-17 FANUC 0i-M 系统常用辅助功能指令及含义

指令	含义	指令	含义
M00	程序停止	M08	切削液开
M01	计划停止	M09	切削液关
M02	程序结束	M30	程序结束
M03	主轴正转	M40	自动变换齿轮级
M04	主轴反转	M41~M45	齿轮级 1 到齿轮级 5
M05	主轴停	M98	子程序调用
M06	换刀	M99	子程序结束

程序段中，程序字的位置可以不固定，但为书写和查阅方便，一般按顺序 N…G…X…Y…Z…F…S…T…M…H…等方式排列。

4. 有关机床坐标系、工件坐标系程序指令

FANUC 数控系统有 A、B、C 3 类 G 代码体系（见附录）。本书项目三采用 A 类 G 代码体系，项目四采用 B 类 G 代码体系。

（1）返回至参考点指令（G28） 回参考点指令可使刀具经过某一中间点快速返回到参考点。回参考点指令格式、参数含义及使用说明见表 1-18。

表 1-18 返回至参考点指令格式、参数含义及使用说明

类别	内容
指令格式	G28 X__ Z__;（数控车床） G28 X__ Y__ Z__;（数控铣床）
参数含义	X、(Y)、Z:指定中间点的坐标 如:N1 G28 X40.0 Y30.0 Z50.0;表示刀具经中间点(40,30,50)返回至参考点
使用说明	1)该指令为程序段有效指令 2)使用回参考点指令前,为安全起见,应取消刀具半径补偿和长度补偿 3)若程序为 G28 U0 W0;或 G28 U0 V0 W0;,则表示直接回参考点 4)可用该指令替代手动回机床参考点,建立机床坐标系

（2）选择机床坐标系指令（G53） 指定该指令后，刀具将快速移动到机床坐标系中该位置，其指令格式、参数含义及使用说明见表 1-19。

表 1-19 选择机床坐标系指令格式、参数含义及使用说明

类别	内容
指令格式	G53 X__ Z__;（数控车床） G53 X__ Y__ Z__;（数控铣床）
参数含义	X、(Y)、Z:指刀具快速移动到机床坐标系中的位置坐标
使用说明	1)G53 指令为程序段有效指令,后跟绝对值。若跟增量值,则刀具移到换刀点位置 2)指定 G53 之前,必须先建立机床坐标系,即执行手动回参考点或 G28 指令返回参考点操作 3)使用 G53 指令后,将取消一切刀尖圆弧半径补偿、长度补偿

（3）选择工件坐标系指令 指令代码含义、参数含义及使用说明见表 1-20。

表 1-20 选择工件坐标系指令代码含义、参数含义及使用说明

类别	内容
指令代码及含义	G54 ;工件坐标系 1 G55 ;工件坐标系 2 G56 ;工件坐标系 3 G57 ;工件坐标系 4 G58 ;工件坐标系 5 G59 ;工件坐标系 6

（续）

类别	内容
参数含义	实现刀具在选定的工件坐标系中运行。通过对刀测出工件原点在机床坐标系中的位置（偏移量）并输入到数控系统相应的存储器（G54、G55 等）中，实现将机床坐标系原点偏移到工件原点上，运行程序时调用 G54、G55 等指令即可实现刀具在工件坐标系中运行
使用说明	1）G54~G59 6 个工件坐标系均为模态有效代码，一经使用，一直有效 2）6 个工件坐标系指令功能一样，可任意使用其中之一 3）也有数控机床称工件坐标系指令为零点偏移指令，即机床原点偏移至工件原点，执行该指令后，机床不做移动，只是在执行程序时把工件原点在机床坐标系中的位置偏移量带入数控系统内部计算

（4）平面选择指令 G17、G18、G19　选择刀具所在的插补平面。

G17——选择 *XY* 平面。

G18——选择 *XZ* 平面（卧式数控车床默认指定平面）。

G19——选择 *YZ* 平面（数控车床一般不用 G19 平面）。

（5）米制/英制尺寸转换指令 G20、G21　通过 G 代码选择输入数据的单位是米制输入还是英制输入，其指令代码、含义及使用说明见表 1-21。

表 1-21　G20、G21 指令代码、含义及使用说明

指令代码	含义	使用说明
G20	英制输入	1）在程序开头，坐标系设定之前指定 2）米制/英制转换后，F 代码指定的进给速度、坐标指令、工件原点偏置、刀具偏置、增量进给移动量、手摇脉冲发生器每一刻度的值等单位制将随之发生变化 3）当接通电源时，米制/英制转换的 G 代码保持通电前的状态
G21	米制输入	

任务实施

1. 实施条件

本任务是认识数控程序结构、常用指令代号、工件坐标系等内容，实施任务需具备一定条件，如给定车削类零件（图）和铣削类零件（图），给定参考程序等。

2. 实施步骤

1）分析车削类零件工件坐标系建立原则。

2）分析铣削类零件工件坐标系建立原则。

3）建立图 1-7、图 1-8 所示零件工件坐标系。

① 图 1-7 所示阶梯轴工件坐标系原点选择在工件右端面中心点；*Z* 坐标与工件轴线一致，正方向水平向右；*X* 坐标向上（后置刀架）或向下（前置刀架），正方向为远离工件的方向。

② 图 1-8 所示六角凸台工件坐标系 *Z* 坐标竖直向上，工件上表面为 *Z* 坐标原点位置；

X 坐标水平向右，Y 坐标向前，以设计基准（工件中心点）作为 X、Y 坐标原点位置。

4）分析数控程序结构及常用程序功能字。

5）认识辅助功能指令、回机床参考点指令。

6）认识机床坐标系及工件坐标系设定指令。

7）认识平面选择指令及米制/英制尺寸转换指令。

检测评价

将学生任务完成情况的检测与评价填入表 1-22 中。

表 1-22 认识数控机床程序结构和常用指令检测评价表

序号	检测项目	检测内容及要求	配分	学生自检	学生互检	教师检测	得分
1	职业素养	文明、礼仪	5				
2		安全、纪律	10				
3		行为习惯	5				
4		工作态度	5				
5		团队合作	5				
6	数控机床认识内容	工件坐标系概念	5				
7		车削类零件工件坐标系建立方法	10				
8		铣削类零件工件坐标系建立方法	10				
9		工件坐标系建立示例分析	10				
10		数控程序结构组成	5				
11		常用数控功能字代码及含义	10				
12		常用辅助功能指令及含义	10				
13		数控加工常用指令代码及含义	10				
综合评价							

任务拓展

建立图 1-10 所示零件工件坐标系并计算主视图中轮廓拐点坐标。

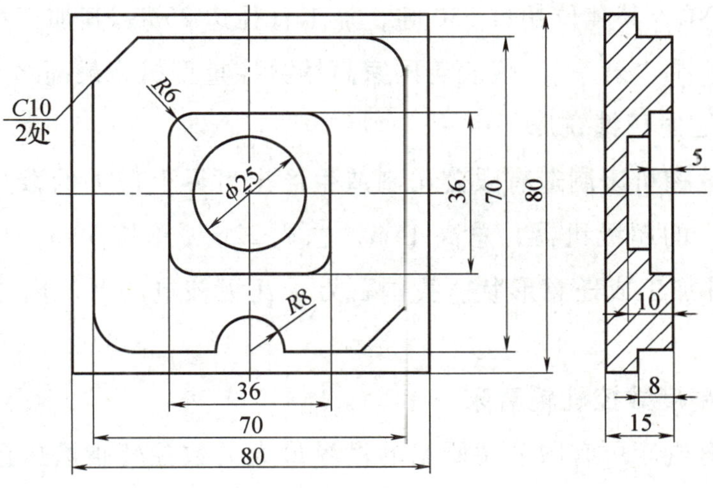

图 1-10 任务拓展零件图

项目小结

本项目通过三个任务的学习，基本熟悉了数控机床类型、加工特点、加工原理及机床结构组成，理解了机床坐标系、工件坐标系建立原则，熟悉了数控程序结构及常用数控指令，掌握了数控机床安全操作规程和日常维护保养内容，具备了一定的数控加工岗位职业素养，为后续项目的学习奠定了基础。

延伸阅读

强国利器之一：中国数控机床之最

数控机床作为工业的“工作母机”，是一个国家工业化水平和综合国力的综合表现。近年来，随着我国装备制造业的迅速发展，重型机床硕果累累，成功研制出多个世界最大的数控机床，一件件堪称国宝级的“中国制造”享誉全球。

1. 世界最大模锻液压机

2017 年，中国第二重型机械集团成功建成世界最大模锻液压机，这台 8 万吨级模锻液压机，地上高 27m、地下 15m，总高 42m，设备总重 2.2 万吨，是我国国产大飞机 C919 试飞成功的重要功臣之一。

2. 世界最大超重型数控卧式机床

2015 年，武汉重型机床集团成功研制出世界最大规格的超重型数控卧式机床—DL250。该机床身长 50 多 m，床重 1450 吨，最大回转直径达 5m，具有完全自主知识产权，曾制造过重 106.3 吨、直径 9.1m 的世界最大螺旋桨，广泛用于水电、核电、造船、航天等行业，提升了我国能源发电、远洋船舶的制造水平。

3. 世界最大立式车铣床

2019 年，齐齐哈尔重型数控装备有限公司研制成功世界最大立式车铣床——DM-VTM2500×60/550L-NC，其吨位超过 550 吨，加工直径达 25m。其加工精度、技术等级及承载重量均创造诸多世界“第一”，代表着国家高档数控重型机床最高水平。

4. 世界最大数控龙门镗铣床

2017 年，北一数控机床制造有限公司制造生产出世界上最大的数控龙门镗铣床，这台被誉为“机床航母”的超级机器，总高 15m，总宽 22m，总长 39m，总重 900 吨，可将篮球场大小的钢铁部件加工成任意形状。我国百万千瓦级核电的低压内缸和高压外缸就是由它加工而成的。

5. 世界最大高精度数控轧辊磨床

2017 年，由上海机床厂有限公司研制的世界最大的数控轧辊磨床建成，其最大磨削直径为 2500mm，有效磨削工件长度为 15m，最大磨削工件重量为 250 吨，并配以具有自主知识产权的软件系统。

6. 世界最大齿轮数控加工机床

2013 年，中信重工研制出了直径 16m 的特大型滚齿加工设备，这也是目前世界上加工直径最大、技术性能最先进的齿轮数控加工设备。其最大加工直径 16m，完全具有我国自主知识产权。同时研制成功全功能、高精度数控重型曲轴复合加工机床，使我国掌握了重型船用曲轴加工机床制造技术，摆脱了之前大型船用曲轴严重依赖进口的局面。

7. 世界最大加工直径的螺旋桨加工机床

2014 年，中传重型机床有限公司自主研制成功了世界最大加工直径的七轴六联动螺旋桨加工机床，最大可加工直径 11m 的螺旋桨。海军潜艇的静音性能是衡量潜艇战斗力的核心指标，而制约潜艇噪声的核心部件就是潜艇尾部的螺旋桨，七轴六联动螺旋桨加工机床的投产助力了我国海军潜艇噪声性能的质变。

思考与练习

1. 按加工工艺及机床用途分类，数控机床分为哪几类？
2. 按控制方式分类，数控机床分为哪几类？
3. 数控机床加工特点有哪些？
4. 简述数控机床的发展趋势。
5. 简述数控机床的工作原理。
6. 数控机床由哪几部分组成？各部分的作用是什么？
7. 简述数控机床的安全操作规程。
8. 简述数控机床日常维护与保养内容。
9. 什么是机床坐标系？数控机床坐标系确定原则有哪些？
10. 卧式数控车床坐标轴有哪几个？分别位于什么位置？
11. 立式数控铣床坐标轴有哪几个？分别位于什么位置？
12. FANUC 0i-M 系统数控程序如何命名？
13. 数控程序由哪几部分组成？组成数控程序的最小功能单元是什么？
14. 常见程序功能字有哪几类？
15. 什么是辅助功能字？指出 M00、M02、M03、M04、M05、M08、M09、M30 的含义。
16. 什么是机床原点？什么是机床参考点？
17. 卧式数控车床和立式数控铣床的机床原点一般位于什么位置？
18. 什么是工件坐标系？数控机床工件坐标系建立原则有哪些？

项目二

编制数控加工工艺

零件的加工方法很多，需要选择恰当的加工方法，安排合适的加工刀具、夹具，选择合理的切削用量，编排刀具的走刀路线。本项目主要以数控加工的工艺编制为主线，介绍数控加工常用量具、刀具、夹具及常用装夹方法，数控加工工艺的编制和典型零件的加工工艺示例等知识。本项目以知识学习为主，突出实用性，便于读者学习掌握，以提高学生的数控加工工艺编制能力。

学习目标

1. 掌握常用量具的测量原理并能使用常用量具正确测量尺寸。
2. 能合理选择加工刀具，并正确安装刀具。
3. 能合理选择工件装夹方式，并正确装夹工件。
4. 会分析中等难度数控车床加工工件的工艺并正确填写数控车床加工工艺文件。
5. 会分析中等难度数控铣床加工工件的工艺并正确填写数控铣床加工工艺文件。

任务一　常用量具的选择与使用

任务描述

在生产加工中，人们常使用游标卡尺等各种量具进行测量，以确保生产产品的质量。本任务通过对图 2-1 所示螺纹轴的测量，学习常用量具的使用方法。

知识目标

1. 了解常用量具的类型。
2. 掌握常用量具的测量原理。

技能目标

1. 能根据零件精度要求合理选用量具。

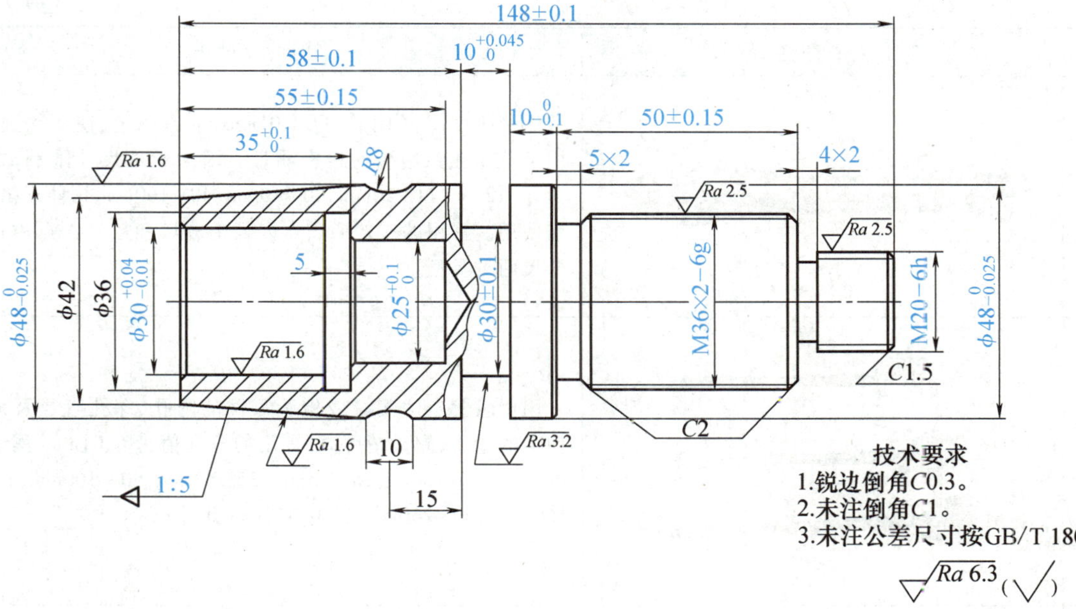

图 2-1 螺纹轴

2. 会使用游标卡尺、千分尺等量具测量尺寸并正确识读测量结果。

知识准备

1. 常见量具介绍

生产中使用的量具很多，主要分为外圆直径和长度量具、内孔直径量具、深度量具、角度量具和螺纹量具几种，见表 2-1。

表 2-1 常用量具的特点及应用

量具种类		量具图样	特点及应用
外圆直径和长度量具	游标卡尺		常见分度值为 0.02mm，是常用的外圆直径及长度测量量具，除普通游标卡尺外还有带表游标卡尺和数显游标卡尺，测量精度较高
	外径千分尺	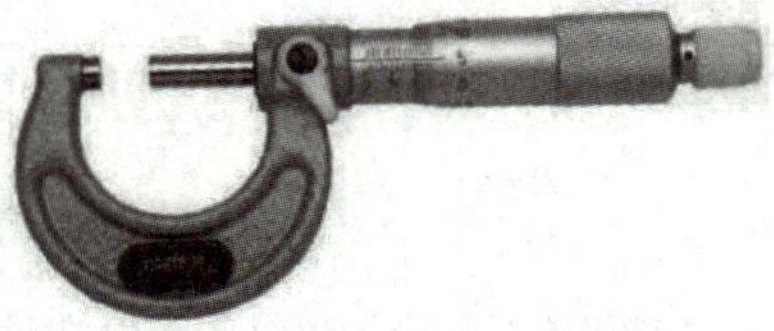	测量精度高，分度值为 0.01mm，是常见的外圆直径、长度、厚度测量量具，有 0~25mm、25~50mm、50~75mm 等多种规格，常用的有普通千分尺和数显千分尺两种类型
内孔直径量具	内测千分尺	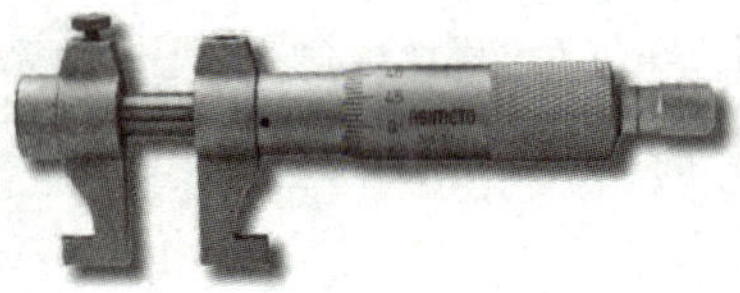	测量精度高，分度值一般为 0.01mm，可用于测量内孔直径。国产内径千分尺常见规格有 5~30mm 和 25~50mm 两种，常用的有普通内测千分尺和数显内测千分尺两种类型

（续）

<table>
<tr><th colspan="2">量具种类</th><th>量具图样</th><th>特点及应用</th></tr>
<tr><td rowspan="2">内孔直径量具</td><td>三点内径千分尺</td><td></td><td>测量精度高，分度值为0.01mm，示值稳定，使用简捷，常用于不通孔和通孔的精密测量。因测量爪尺寸限制，常分为6~12mm、11~20mm、20~40mm、40~100mm几种规格，成套使用。常用的有普通三点内径千分尺和数显三点内径千分尺两种类型</td></tr>
<tr><td>内径量表</td><td>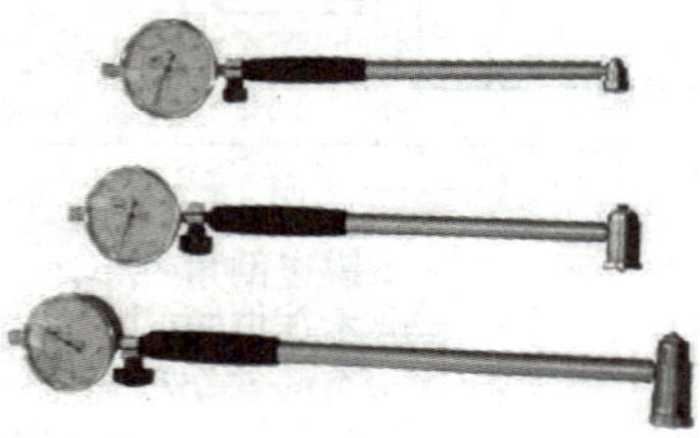</td><td>用比较测量法测量或检验零件的内孔、深孔直径及形状精度的量具，测量精度高，常用的分度值为0.01mm，测量范围分为10~18mm、18~35mm、35~50mm、50~100mm、100~160mm、160~250mm、250~450mm几种</td></tr>
<tr><td rowspan="2">深度量具</td><td>游标深度卡尺</td><td>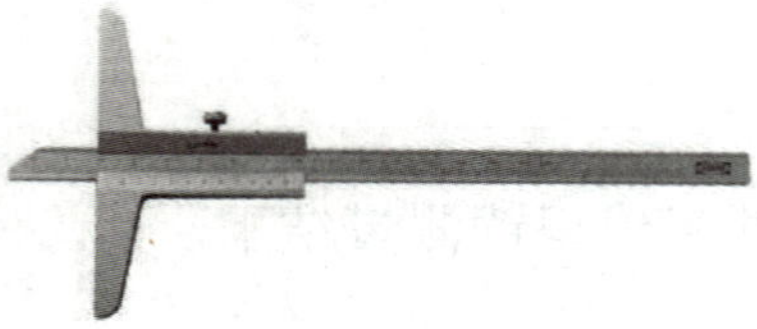</td><td>常见分度值为0.02mm，是常用的凹槽或孔的深度测量量具，通常被简称为“深度尺”。游标深度卡尺有普通游标深度卡尺和数显游标深度卡尺</td></tr>
<tr><td>深度千分尺</td><td>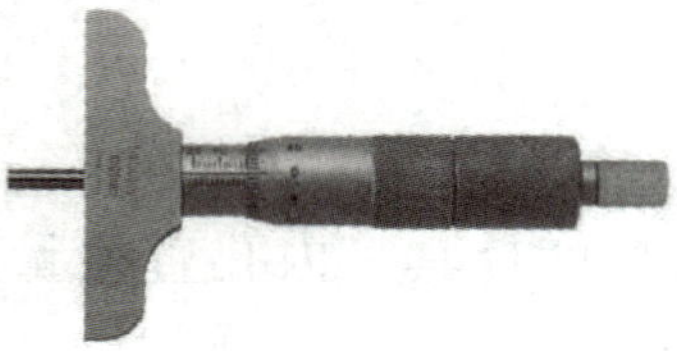</td><td>测量精度高，分度值为0.01mm，有0~25mm、25~50mm、50~75mm等多个测量头供选用</td></tr>
<tr><td>角度量具</td><td>游标万能角度尺</td><td>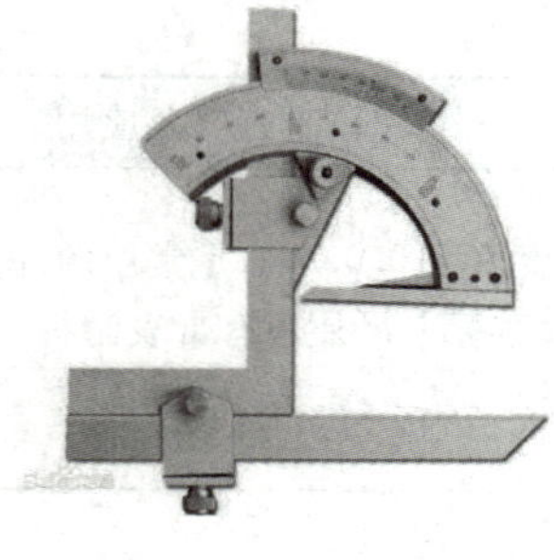</td><td>分度值为0.02mm，适用于机械加工中的内、外角度测量，可测量0°~320°的外角和40°~130°的内角</td></tr>
<tr><td rowspan="2">螺纹量具</td><td>螺纹塞规</td><td></td><td rowspan="2">螺纹塞规和环规是测量螺纹的综合性量具。塞规用于内螺纹的检测，环规用于外螺纹的检测。有通端（规）T与止端（规）Z。检测时，与正常内、外螺纹旋合一样，若通端能通过，而止端与工件螺纹旋合量少于两个螺距时，则螺纹加工合格；反之，则螺纹加工不合格</td></tr>
<tr><td>螺纹环规</td><td></td></tr>
</table>

2. 量具的使用与识读

(1) 游标卡尺的使用与识读　游标卡尺测量工件示意图如图 2-2 所示，将测量爪并拢，查看游标和尺身的零刻度线是否对齐，如果对齐就可以进行测量；如没有对齐则要记住偏差值。测量时，右手拿住尺身，大拇指移动游标，左手拿待测物体，使待测物置于测量爪之间，当待测物与测量爪紧紧相贴时，即可读数。

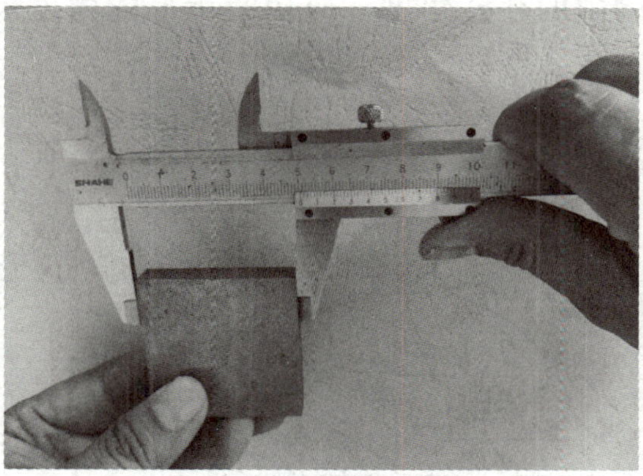

图 2-2　游标卡尺测量工件示意图

数控加工常用量具

游标卡尺的读数方法如下：

1) 根据游标零线所处位置读出尺身在游标零线前的整数部分的读数值。

2) 判断游标上第几条刻线与尺身上的刻线对准，游标刻线的序号乘以该游标量具的分度值即可得到小数部分的读数值。

3) 将整数部分的读数值与小数部分的读数值相加即为测量结果。

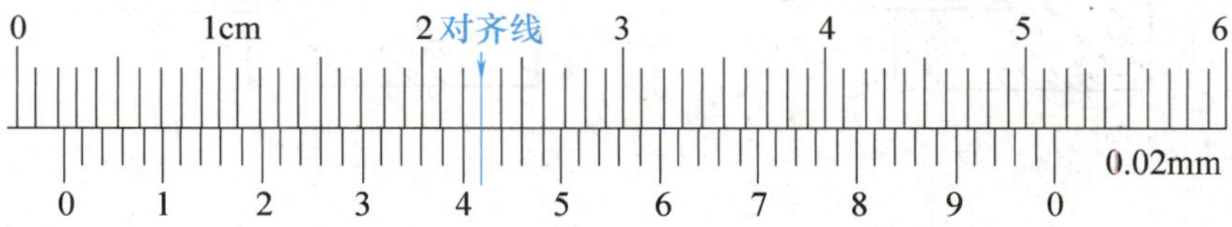

图 2-3　普通游标卡尺读数方法

图 2-3 所示为普通游标卡尺读数方法，首先读出整数部分为 2mm，找出对齐线为第 21 条线，因为每个刻度代表 0.02mm，所以读数为 (2+21×0.02)mm=2.42mm。

(2) 游标深度卡尺的使用与识读　游标深度卡尺测量工件示意图如图 2-4 所示，用游标深度卡尺测量内孔深度时应把基座的端面紧靠在被测孔的端面上，使尺身与被测孔的中心线平行，伸入尺身，则尺身端面至基座端面之间的距离，就是被测工件的深度尺寸。游标深度卡尺的读数方法和游标卡尺完全一样。

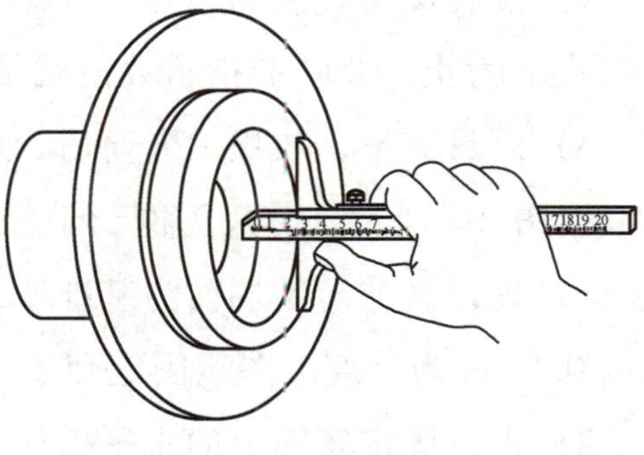

图 2-4　用游标深度卡尺测量工件示意图

(3) 游标万能角度尺的使用与识读　游标万能角度尺的读数方法与游标卡尺完全相同。测量时应先校准零位。当角尺与直尺均装上，而角尺的底边及基尺与直尺无间隙接触时，尺身与游标的“0”线对准，为游标万能角度尺的零位。校准好零位后，通过改变基尺、角尺、直尺的相互位置可测量 0°~320°范围内的任意角度。应用游标万能角度尺测量工件时，要根据所测角度适当组合量尺，如图 2-5 所示。

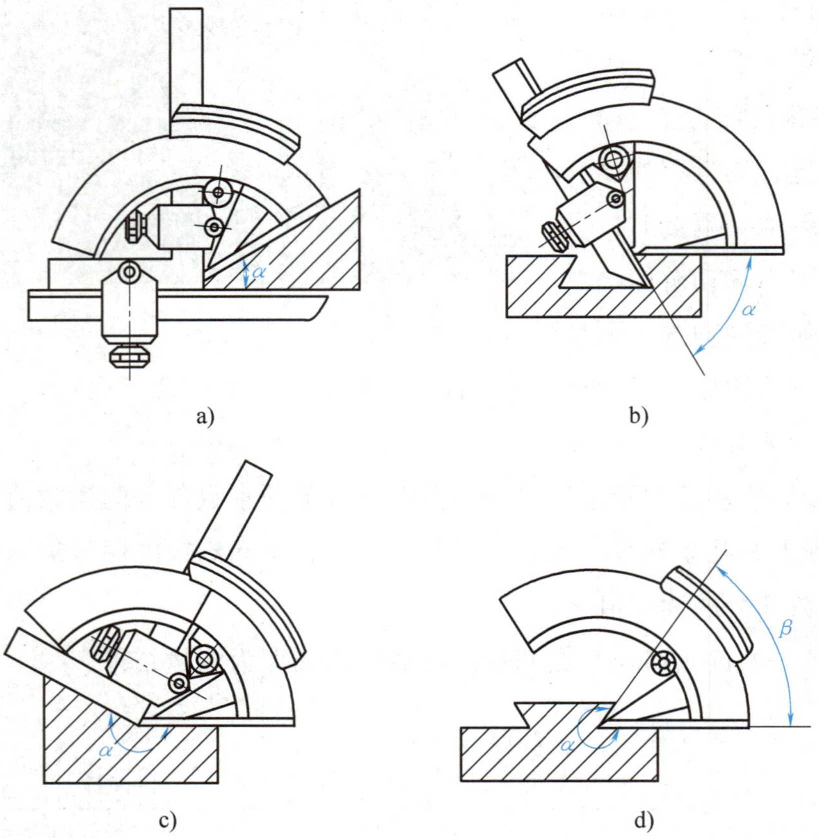

图 2-5 游标万能角度尺测量工件示意图

a）测量 0°~50° b）测量 50°~140° c）测量 140°~230° d）测量 230°~320°

（4）千分尺的使用与识读 用千分尺测量工件如图 2-6 所示，千分尺的使用方法如下：

1）将工件被测表面擦拭干净，并置于千分尺两测砧之间，使千分尺测微螺杆轴线与工件中心线垂直或平行，否则直接影响测量的准确性。

2）旋转旋钮，使测砧与工件测量表面接近，这时改为旋转棘轮盘，直到棘轮发出“咔咔”声响为止，此时的指示数值就是所测量的工件尺寸。

3）测量完毕，放松微分筒后，取下千分尺。

以图 2-7 所示千分尺为例，千分尺的读数方法如下：

1）先以微分筒的端面为基准线，读出固定套筒刻度线的分度值。注意，固定套筒刻度线以 0.5mm 为分度。图示固定套筒读数为 3mm。

2）再以固定套筒上的水平横线作为读数基准线，读出微分筒上的分度值，读数时应估读到最小分度值的 1/10，即 0.001mm。图示微分筒读出读数为 2 格，每格为 0.01mm，估读 0.005mm。

3）将以上读数相加，即为测量结果。图示测量结果为（3+0.01×2+0.005）mm=3.025mm。

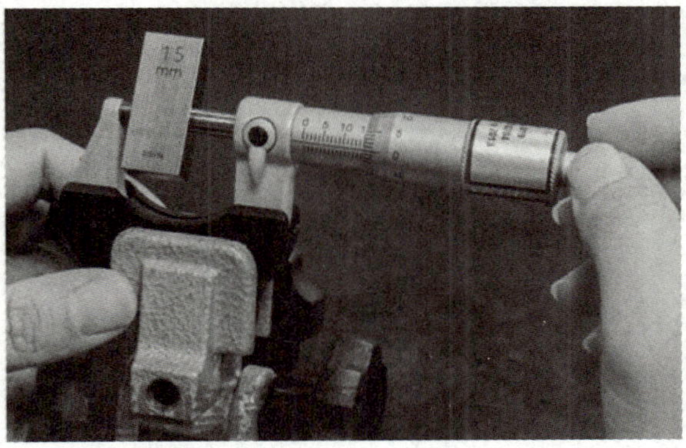

图 2-6 用千分尺测量工件

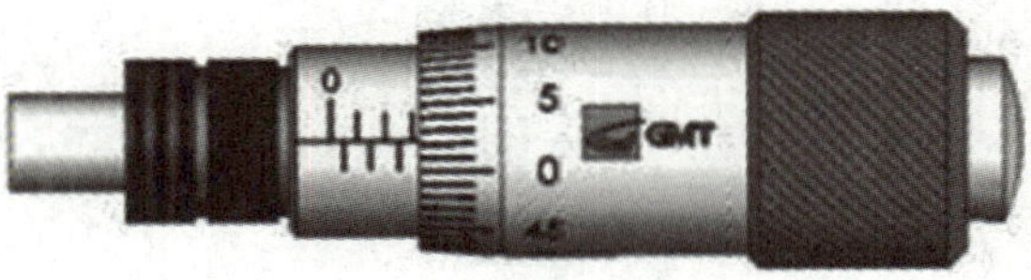

图 2-7 千分尺读数示例

(5) 内测千分尺的使用与识读 用内测千分尺测量前需用环规进行校正。内测千分尺测量工件示意图如图 2-8 所示，先将两个测量爪之间的距离调整到比被测孔径公称值略小，然后将两个测量爪伸进孔内，用左手的拇指和食指捏住测量爪的根部，小指和无名指托住活动测量爪的根部，右手旋转微分筒，当测量爪测量面将要与孔壁接触时，旋转棘轮，棘轮发出“咔咔”声，即可读数，读数方法与千分尺基本相同。测量内孔时，应反复找正，选择最大值为测量值。

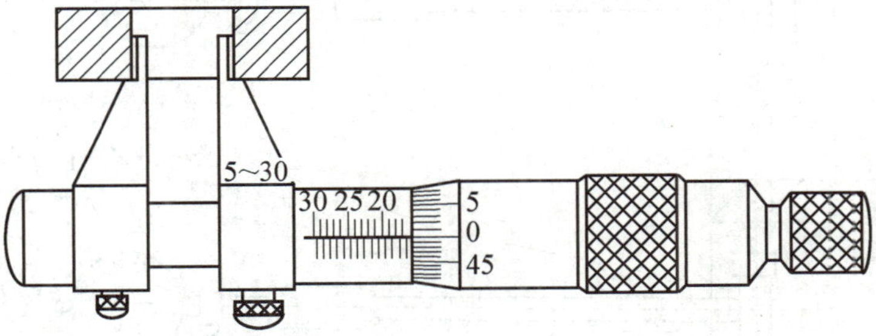

图 2-8 内测千分尺测量工件示意图

(6) 三点内径千分尺的使用与识读 如图 2-9 所示，用三点内径千分尺测量前需用环规进行校正。用清洁的软布擦干净千分尺测量面和校对环规内壁，用千分尺测量校对环规，千分尺读数与环规尺寸相同，则可直接进行测量。如果千分尺读数与环规尺寸有微小偏差，需用螺钉旋具旋松调节螺钉，轻微转动固定套筒，使读数与环规尺寸相同，然后锁紧调节螺钉，再进行测量。三点内径千分尺的测量方法与内径千分尺基本相同，读数方法与千分尺基本相同。

(7) 内径量表的使用与识读 用内径量表测量孔径是一种相对测量方法。测量前应根据被测孔径的尺寸大小，在外径千分尺或环规上调整好尺寸后再进行测量，如图 2-10 所示。所以在内径量表上得到的数值是被测孔径尺寸与标准孔径尺寸之差。测量时，测杆中心线应与工件中心线平行，不得歪斜，同时应在圆周上多测几个点，找出孔径的实际尺寸，如图 2-11 所示。

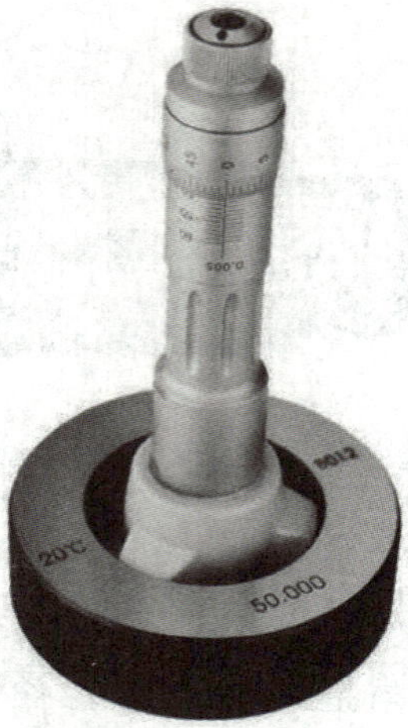

图 2-9　三点内径千分尺校正示意图

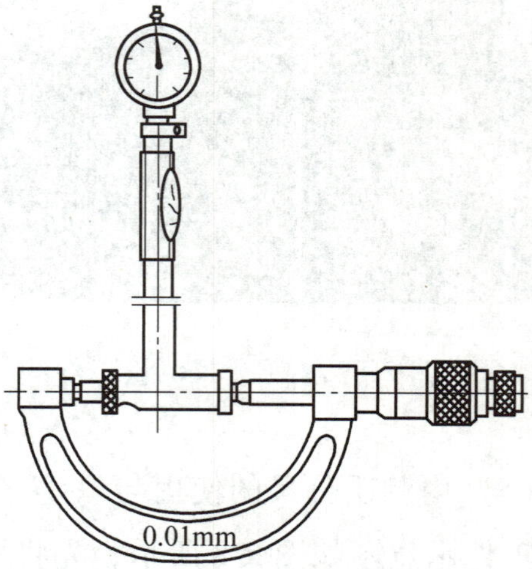

图 2-10　用外径千分尺调整尺寸

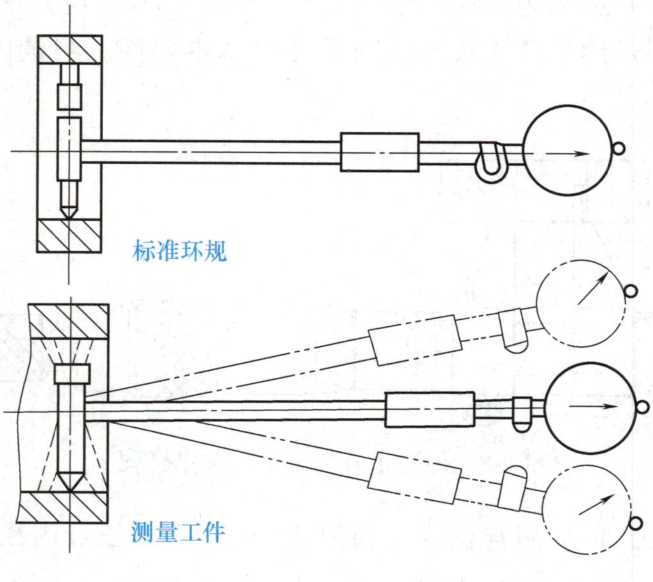

图 2-11　用内径量表测量工件

任务实施

1. 量具的选择

长度尺寸、直径尺寸精度要求不高时，选用游标卡尺测量，精度要求较高时选用千分尺测量。深度尺寸可选用游标深度卡尺测量，角度尺寸可选用游标万能角度尺测量。内表面孔径尺寸精度要求不高可选用内测千分尺测量，精度要求高的可选用三点内径千分尺和内径量表测量。螺纹常使用塞规和环规进行综合测量。本任务工件各尺寸测量量具的选择见表 2-2。

表 2-2　本任务工件各尺寸测量量具的选择

序号	量具种类	所测量的尺寸
1	0~150mm 游标卡尺	148±0.1mm、58±0.1mm、$10_{-0.1}^{0}$mm、4mm×2mm、5mm×2mm、$10_{0}^{+0.045}$mm
2	25~50mm 千分尺	$\phi48_{-0.025}^{0}$mm(2 处)
3	内径量表	$\phi30_{-0.01}^{+0.04}$mm、$\phi25_{0}^{+0.1}$mm
4	游标万能角度尺	锥度 1∶5(锥角为 11.42°)
5	游标深度卡尺	55±0.15mm、50±0.15mm、$35_{0}^{+0.1}$mm
6	螺纹环规	M20-6h、M36×2-6g

2. 测量注意事项

1）量具是精密的测量工具，要轻拿轻放，不得碰撞或跌落地下。使用时不宜用于测量表面粗糙的物体，以免损坏量具。

2）读数时，视线应与量具尺面垂直。尽可能在工件上识读量具，若需取下读数，请用量具锁紧装置锁紧量具。

3）为确保测量准确，对同一尺寸尽可能取不同部位测量多次，取其平均值为测量值。

4）测量结束后，应将量具擦拭干净，整理后装入量具盒内，并打扫工作场地卫生。

检测评价

将任务完成情况的检测与评价填入表 2-3 中。

表 2-3　螺纹轴测量检测评价表

序号	检测项目	检测内容及要求	配分	学生自检	学生互检	教师检测	得分
1	职业素养	文明、礼仪	5				
2		安全、纪律	10				
3		行为习惯	5				
4		工作态度	5				
5		团队合作	5				
6	量具选择	量具种类、规格选择正确	10				
7	量具使用	按规范要求使用量具	10				
8	尺寸测量	$\phi48_{-0.025}^{0}$mm(2 处)	3				
9		$\phi30$±0.1mm	3				
10		$\phi30_{-0.01}^{+0.04}$mm	4				
11		$\phi25_{0}^{+0.1}$mm	4				
12		148±0.1mm	3				
13		58±0.1mm	3				
14		55±0.15mm	3				

（续）

序号	检测项目	检测内容及要求	配分	学生自检	学生互检	教师检测	得分
15	尺寸测量	50±0.15mm	3				
16		$35^{+0.1}_{0}$ mm	3				
17		$10^{0}_{-0.1}$ mm	3				
18		$10^{+0.045}_{0}$ mm	3				
19		4mm×2mm	3				
20		5mm×2mm	3				
21		锥度 1∶5	3				
22		M20-6h	3				
23		M36×2-6g	3				
综合评价							

任务拓展

在生产加工中除了使用前面介绍的量具之外，还会使用很多其他的量具。了解本校实习工厂使用的量具种类、适合检测的项目等情况。

任务二　数控加工刀具的选择与使用

任务描述

在生产加工中，常需要使用各种刀具。本任务通过对图 2-1 所示螺纹轴和图 2-12 所示牵引钩前支架座的分析，使学生学会数控加工刀具的选择和安装方法。

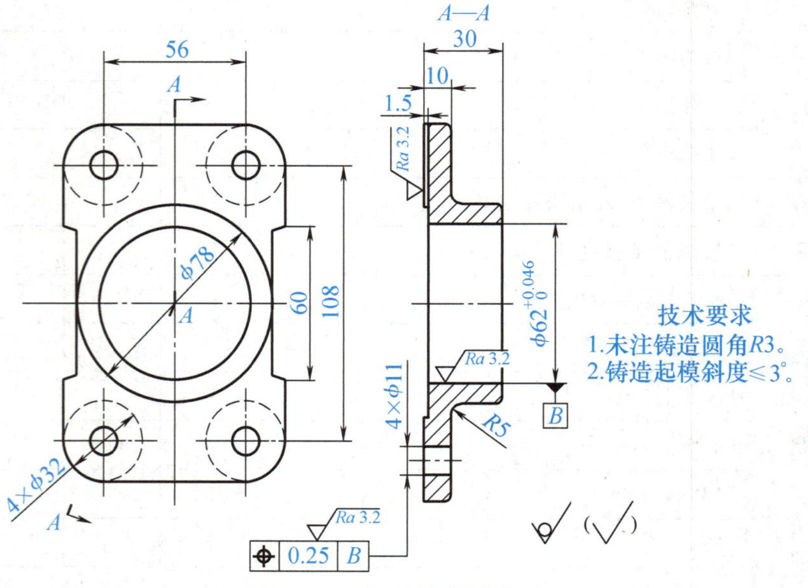

图 2-12　牵引钩前支架座

知识目标

1. 了解数控加工常用刀具的种类和特点。
2. 了解常用刀具材料的性能和用途。
3. 掌握数控车床和数控铣床常用刀具的用途。

技能目标

1. 会根据加工部位选择刀具。
2. 会安装数控车床、数控铣床刀具。

知识准备

数控加工常用刀具

1. 数控加工常用刀具的种类

数控加工刀具的分类方法很多，见表 2-4。

表 2-4　数控加工刀具分类

分类方法	类别	说明
按结构分类	整体式刀具	由高速钢刀条刃磨而成，刀具刃口锋利，切削速度较低，效率较低，用于非铁金属、塑料等材料的加工
	焊接式刀具	由硬质合金刀片焊接在刀杆上制成，价格较低，磨损后需重磨，效率低
	可转位式刀具	由专门企业生产，将可转位刀片装夹在刀杆上构成。一个切削刃磨损后只需将刀片松开转一个位置，再夹紧即可继续投入切削，效率高，故数控机床一般都选用可转位式刀具进行加工
	特殊型刀具	如复合刀具、减振式刀具
按材料分类	高速钢刀具	具有较高的耐热性、强度，切削速度较高，工艺性能好，热处理变形小，可以承受较大的切削力和冲击力，是常用刀具
	硬质合金刀具	硬度较高，耐磨性、耐热性较好，切削性能和寿命远高于高速钢刀具，适用于高速切削
	陶瓷刀具	具有很高的高温硬度、优良的耐磨性和抗黏结能力，化学稳定性好，但是脆性大、抗弯强度和冲击韧度低、热导率差，一般用于高硬度材料的精加工
	立方氮化硼刀具	硬度较高，耐热温度和耐磨性能均较高，一般用于高硬度材料、难加工材料的精加工
	金刚石刀具	硬度高，耐磨性极好，但是耐热温度较低，切削时易因黏附作用而损坏，主要用于高硬度、耐磨材料和非铁金属及其合金的加工
按切削工艺分类	车削刀具	分外圆车刀、内孔车刀、外螺纹车刀、内螺纹车刀，车槽刀等多种
	钻削刀具	分小孔、短孔、深孔、攻螺纹、铰孔等多种刀具
	镗削刀具	分粗镗、精镗等刀具
	铣削刀具	分面铣、立铣、三面刃铣等刀具
	特殊型刀具	有带柄自紧夹头、强力弹簧夹头刀柄、可逆式(自动反向)攻螺纹夹头刀柄、增速夹头刀柄、复合刀具和接杆类等多种刀具

2. 常用数控加工刀具材料

常用数控加工刀具材料见表 2-5。

表 2-5　常用数控加工刀具材料

序号	刀具材料名称	性能特点	用途
1	高速钢	高速钢具有较高的硬度和耐热性，尤其是其热硬性较好，有较高的强度和韧性，并且高速钢的制造工艺性良好，刀具制造简单，容易刃磨成锋利的切削刃，故又称为锋钢。常见的高速钢牌号有 W18Cr4V、W2Mo9Cr4VCo8 等	高速钢主要用于中、低速切削刀具，以及复杂刀具如钻头、丝锥、成形刀具、拉刀等的制造
2	硬质合金	硬质合金具有硬度高、耐磨、强度较好、耐热、耐腐蚀等一系列优良性能。但其韧性差、脆性大，承受冲击和抗弯曲能力低，制造工艺性差，一般将硬质合金刀片焊接或机械夹固在刀体上使用	硬质合金广泛用于刀具材料，如车刀、铣刀、刨刀、钻头、镗刀等，用于切削铸铁、非铁金属、塑料、化纤、石墨、玻璃、石材和普通钢材，也可以用来切削耐热钢、不锈钢、高锰钢、工具钢等难加工的材料
3	陶瓷刀具材料	陶瓷刀具具有很高的硬度和耐磨性，硬度可达 78HRC，化学性能稳定，加工表面粗糙度值较小，耐热温度可达 1200℃ 以上，耐磨性比硬质合金高十几倍，但抗弯强度低，冲击韧度差	主要用于钢、铸铁、非铁金属、高硬度材料及大件和高精度工件的精加工
4	金刚石	金刚石是已知的最硬物质。它有天然和人造两种，工业上主要用人造金刚石。金刚石硬度高，但韧性差，因在高温下易与钢铁材料发生化学反应，故不宜用于加工钢铁材料	主要用于非铁金属以及非金属材料的高速精加工
5	立方氮化硼	立方氮化硼由软的六方氮化硼经高温高压转变而成。它具有仅次于金刚石的硬度和耐磨性，耐热温度高达 1400℃，化学稳定性好，不易与钢铁材料发生化学反应，但强度低，焊接性差	主要用于淬硬钢、冷硬铸铁、高温合金和一些难加工材料的半精加工、精加工
6	刀具表面涂层材料	表面涂层是在硬质合金或高速钢刀具基体上，涂覆一层或多层耐磨性好的难熔金属化合物。通过涂层方法，使刀具具有基体材料的强度和韧性，又具有很高的耐磨性。表面涂层可以提高刀具的表面硬度，降低摩擦因数，使刀具磨损显著降低	表面涂层刀具主要用于各种钢材、铸铁的精加工和半精加工或负担较轻的粗加工

3. 数控车床常用刀具

数控车床主要用于回转表面的加工，如内外圆柱面、圆锥面、圆弧面、螺纹等的加工。数控车床常用加工刀具见表 2-6。

表 2-6　数控车床常用加工刀具

名称	外圆车刀	外槽车刀	外螺纹车刀
图示	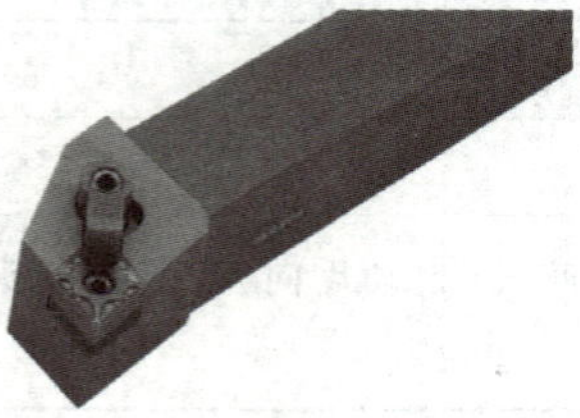	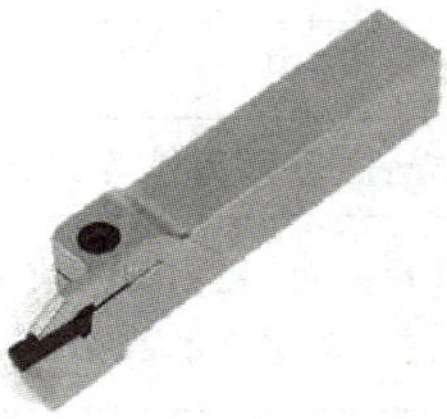	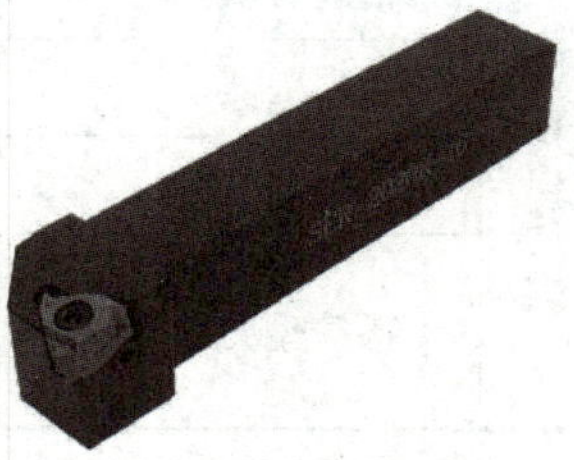

（续）

名称	外圆车刀	外槽车刀	外螺纹车刀
用途	常用外圆车刀有45°车刀和90°车刀两种。45°车刀常用于车端面，90°车刀可用于车外圆、端面和台阶	常用于外沟槽的加工，一般根据槽宽选择相应的刀片	常用于外螺纹的加工，一般根据螺距选择相应的刀片
名称	内孔车刀	内槽车刀	内螺纹车刀
图示	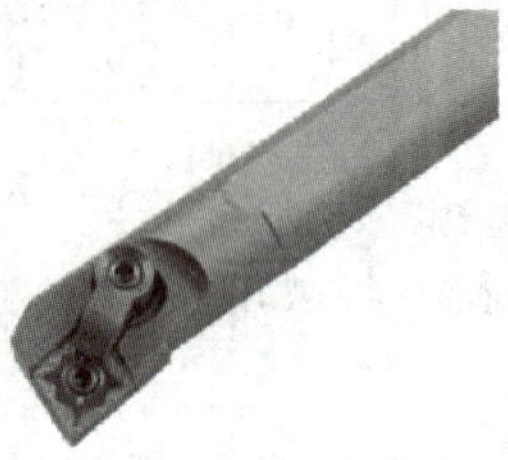	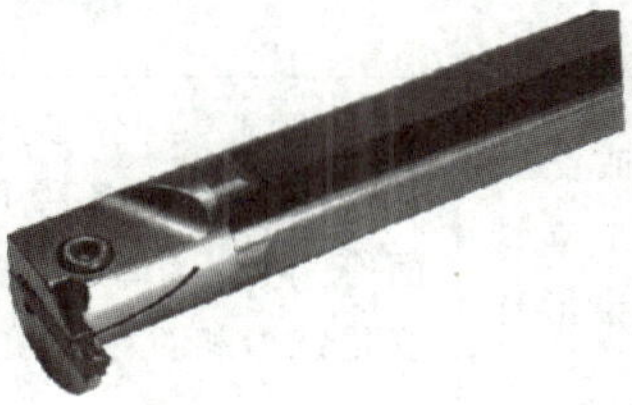	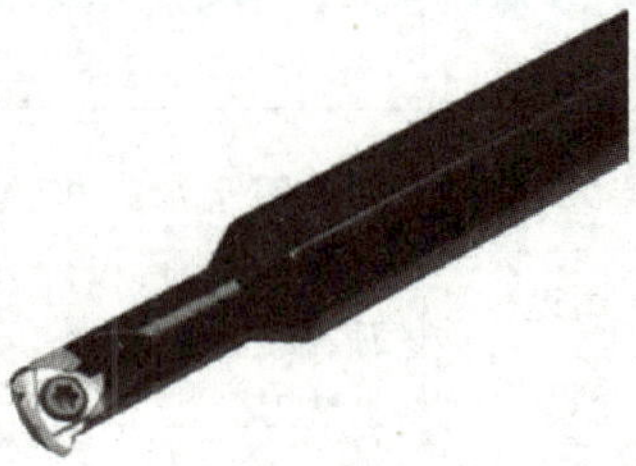
用途	常用内孔车刀有通孔车刀和不通孔车刀之分。通孔车刀主偏角小于90°，不通孔车刀主偏角大于90°。刀柄直径需根据加工孔径选择	常用于内沟槽的加工，一般根据槽宽选择相应的刀片。刀柄直径需根据加工孔径选择	常用于内螺纹的加工，一般根据螺距选择相应的刀片。刀柄直径需根据加工孔径选择
名称	圆弧车刀	麻花钻	中心钻
图示	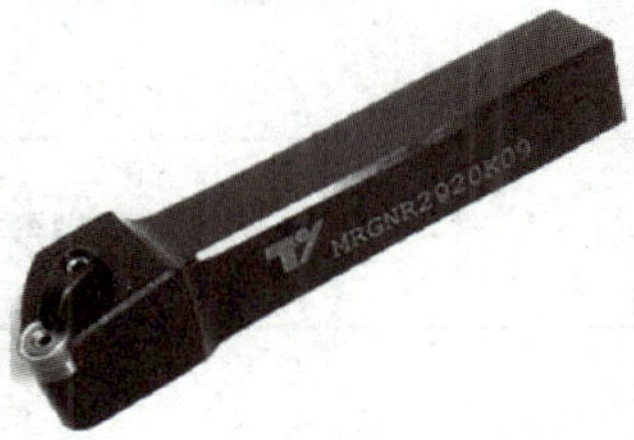		
用途	常用于圆弧、曲线轮廓的加工	常用于孔的粗加工	常用于加工中心孔

4. 数控铣床常用刀具

数控铣床主要用于平面、台阶、沟槽等的加工，也可以加工各种曲面、花键、螺旋槽等。数控铣床常用加工刀具见表2-7。

表2-7 数控铣床常用加工刀具

名称	面铣刀	立铣刀	键槽铣刀
图示			
用途	常用于粗铣、精铣各种平面	常用于铣削沟槽、螺旋槽、台阶面、凸轮及工件上各种形状的孔等	常用于铣削键槽

（续）

名称	模具铣刀	角度铣刀	镗孔刀
图示	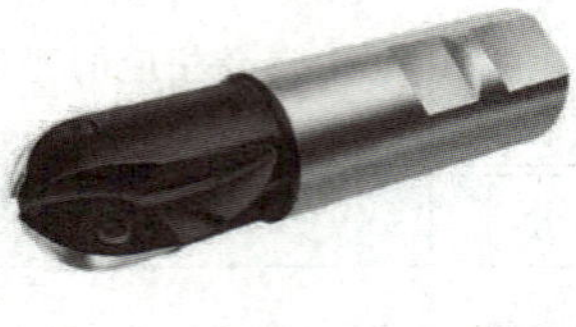		
用途	常用于加工模具型腔或凸凹模成形表面，可分为圆锥形立铣刀、圆柱形球头铣刀和圆锥形球头铣刀	常用于加工各种角度槽及斜面等，可分为单角铣刀、不对称双角铣刀和对称双角铣刀	常用于大孔的粗、精加工
名称	螺纹铣刀	机用铰刀	丝锥
图示			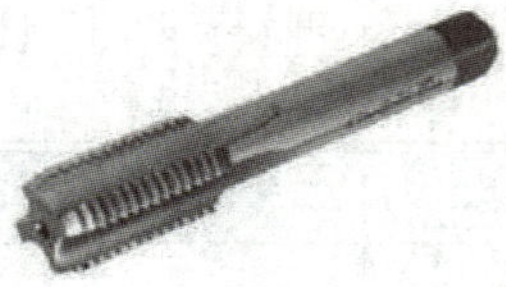
用途	常用于大直径螺纹的铣削加工	常用于小直径孔的精加工	常用于小直径螺纹孔的加工

任务实施

1. 螺纹轴和牵引钩前支架座加工刀具选择分析

（1）螺纹轴加工刀具选择　图 2-1 所示螺纹轴是典型的车床加工零件，加工要素有外圆柱面、外圆锥面、圆弧凹槽、退刀槽、外螺纹、内圆柱面、内槽等，内圆柱面和内槽加工前需要先钻孔，由此可以确定加工的刀具为 93°外圆车刀、4mm 外槽车刀、5mm 外槽车刀、螺距 2.5mm 的外螺纹车刀、螺距 2mm 的外螺纹车刀、内孔车刀、5mm 内槽车刀、ϕ22mm 麻花钻、中心钻。外圆车刀、内孔车刀可根据粗、精加工需要选择不同刀尖圆弧半径的刀具。

（2）牵引钩前支架座加工刀具选择　牵引钩前支架座是典型的铣床加工零件，毛坯为铸件，加工要素有 4 个凸台面、中间 $\phi62^{+0.046}_{0}$mm 孔及 4 个 ϕ11mm 孔。中间 $\phi62^{+0.046}_{0}$mm 孔已经提前铸好底孔，4 个 ϕ11mm 孔需要钻孔。由此可以确定加工的刀具为面铣刀、ϕ62mm 镗孔刀、中心钻、麻花钻和铰刀。

2. 数控车床刀具的安装

1）如图 2-13 所示，车刀装夹在刀架上的伸出部分应尽量短，以增强车刀刚度，伸出长度为刀柄厚度的 1~1.5 倍。车刀下面垫片的数量要尽量少（一般为 1~2 片），并与刀架

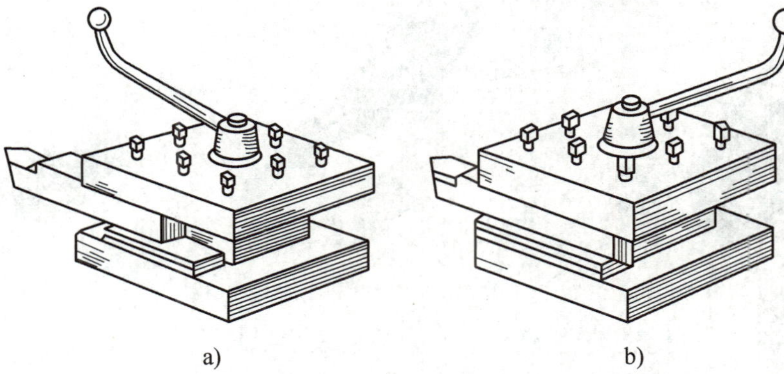

图 2-13 车刀的装夹

a）不正确 b）正确

边缘对齐。

2）如图 2-14 所示，要保证车刀的实际主偏角 κ_r。例如 90°车刀应保证粗车时 $\kappa_r=85°\sim90°$，精车时 $\kappa_r=90°\sim93°$。

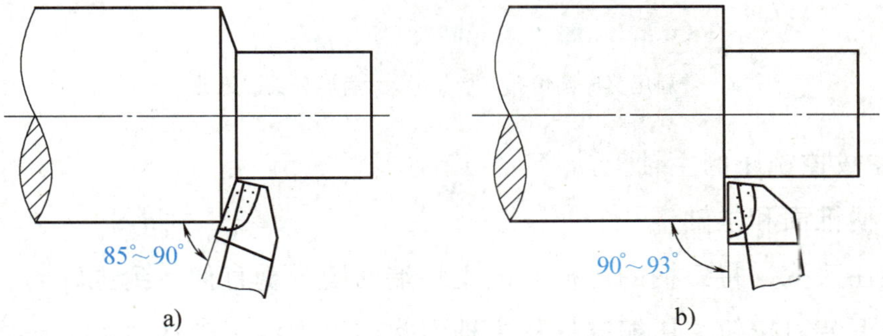

图 2-14 车刀实际主偏角

a）粗车 b）精车

3）至少用两个螺钉轮流压紧车刀，以防振动。

4）增减车刀下面的垫片，使车刀刀尖与工件轴线等高。

3. 数控铣床刀具的安装

数控铣床用刀具通过刀柄与主轴相连，刀柄通过拉钉紧固在主轴上，由刀柄夹持铣刀传递转速、转矩。刀柄与主轴的配合锥面一般采用 7∶24 的锥度。工厂中应用最广的是 BT40 和 BT50 系列刀柄和拉钉。

（1）弹簧夹头刀柄、卡簧及拉钉　弹簧夹头刀柄、卡簧及拉钉如图 2-15 所示。弹簧夹头刀柄用于装夹各种直柄立铣刀、键槽铣刀、直柄麻花钻等；卡簧装入弹簧夹头刀柄前端夹持数控铣刀，拉钉拧紧在弹簧夹头刀柄尾部的螺纹孔中，用于将数控刀柄拉紧在主轴上。

（2）莫氏锥度刀柄　莫氏锥度刀柄如图 2-16 所示。莫氏锥度刀柄有莫氏锥度 2 号、3 号、4 号等型号，可装夹相应的莫氏钻夹头、立铣刀、攻螺纹夹头等。

（3）装刀　数控铣床装刀，首先根据加工工艺选择刀柄、拉钉和刀具，并将它们装配

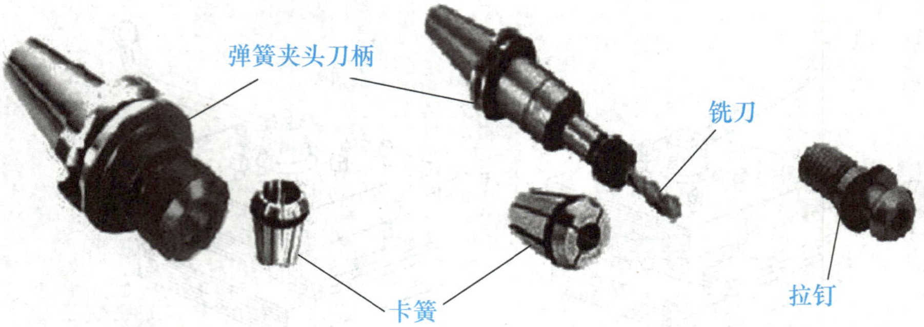

数控铣床刀柄装拆

图 2-15　弹簧夹头刀柄、卡簧及拉钉

图 2-16　莫氏锥度刀柄

a）带扁尾莫氏圆锥孔刀柄　b）无扁尾莫氏圆锥孔刀柄

好，然后装夹在数控铣床的主轴上。

1）清洁刀柄锥面和主轴锥孔。

2）左手握住刀柄，将刀柄的键槽对准主轴端面键，垂直伸入到主轴内，不可倾斜。

3）右手按下装刀按钮，压缩空气从主轴内吹出以清洁主轴和刀柄。按住此按钮，直到刀柄锥面与主轴锥孔完全贴合后，松开按钮，刀柄即被自动夹紧，确认夹紧后方可松手。

4）刀柄装上后，用手转动主轴检查刀柄是否正确装夹。

5）卸刀柄时，先用左手握住刀柄，再用右手按装刀按钮（否则刀具会从主轴内掉下，可能损坏刀具、工件和夹具等），取下刀柄。

检测评价

将任务完成情况的检测与评价填入表 2-8 中。

表 2-8　螺纹轴和牵引钩前支架座加工刀具选择和安装检测评价表

序号	检测项目	检测内容及要求	配分	学生自检	学生互检	教师检测	得分
1	职业素养	文明、礼仪	10				
2		安全、纪律	10				
3		行为习惯	10				
4		工作态度	10				
5		团队合作	10				

（续）

序号	检测项目	检测内容及要求	配分	学生自检	学生互检	教师检测	得分
6	刀具选择	螺纹轴外圆加工刀具选择合理	5				
7		螺纹轴内孔加工刀具选择合理	5				
8		牵引钩前支架座凸台和 $\phi62^{+0.046}_{0}$mm 孔加工刀具选择合理	5				
9		牵引钩前支架座 4 个 $\phi11$mm 孔加工刀具选择合理	5				
10	刀具安装	外圆车刀安装正确	15				
11		铣刀安装正确	15				
综合评价							

任务拓展

刀位点是指在加工程序编制中，用以表示刀具位置的点。对刀、编程、加工中使用的刀具均以刀具刀位点来表示其位置。常用数控车刀的刀位点如图 2-17 所示。数控铣床使用的刀具大部分刀位点位于刀具中心，镗刀刀位点与外圆车刀类似。了解本校实习工厂刀具的使用种类情况，找到各刀具的刀位点。

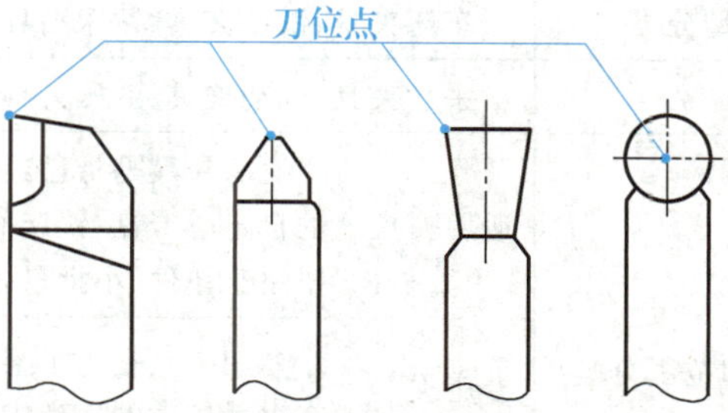

图 2-17 常用刀具的刀位点

数控车床刀具简介，刀位点介绍

任务三 工件装夹方式的选择与使用

任务描述

在机床上加工工件时，为了保证加工精度，同时为了克服加工时较大的切削力的影响，必须进行工件装夹。工件装夹包括工件定位和夹紧两部分内容。用于装夹工件的工艺装备就是机床夹具。本任务通过对图 2-1 所示螺纹轴和图 2-12 所示牵引钩前支架座的分析，使学生学会数控加工工件的装夹方式选择和工件装夹方法。

知识目标

1. 了解数控机床常用夹具的分类。
2. 了解数控机床常用夹具的组成和作用。

3. 掌握数控车床和数控铣床常用夹具的用途。

技能目标

1. 会根据加工工件选择合适装夹方式。
2. 能正确完成数控车床和数控铣床加工工件的装夹。

知识准备

1. 夹具的分类

夹具的分类方法很多，常见分类方法及类别见表 2-9。

表 2-9 夹具的分类

分类方法	类别	
按使用机床类型分类	车床夹具、铣床夹具、钻床夹具、磨床夹具、镗床夹具、齿轮加工机床夹具等	
按动力来源分类	手动夹具、气动夹具、液压夹具、电动夹具、磁力夹具等	
按通用化程度和使用范围分类	通用夹具	通用夹具是指已经标准化的，可加工一定范围内工件的夹具。如车床的自定心卡盘、铣床的机用虎钳等。通用夹具适用性广，生产效率低，主要用于单件、小批量生产
	专用夹具	专用夹具是为了某个工件的某一工序的加工而专门设计的夹具，一般在批量较大的生产中使用
	组合夹具	组合夹具是由可以重复使用的标准夹具元件和部件组装而成的夹具。组合夹具适合于新产品的试制和单件小批量生产

2. 机床夹具的组成

机床夹具的组成见表 2-10。

表 2-10 机床夹具的组成

组成部分名称	作用
定位元件	用于确定工件在夹具中的位置
夹紧装置	用于将工件压紧夹牢，并保证工件在加工过程中的正确位置不变
安装连接元件	用于确定夹具在机床上的位置，从而保证工件与机床之间的正确加工位置
对刀或导向元件	用于确定刀具位置并引导刀具进行加工的元件，称为导向元件。用于确定刀具在加工前正确位置的元件，称为对刀元件
夹具体	用来连接夹具上各个元件或装置，使之成为一个整体
其他元件或装置	根据工序要求不同，有些夹具上还设有分度装置、靠模装置、上下料装置等，以及标准化了的其他连接元件

3. 数控车床常用装夹方式

数控车床常用装夹方式见表 2-11。

表 2-11　数控车床常用装夹方式

装夹方式	装夹图样	装夹特点和用途
自定心卡盘装夹工件	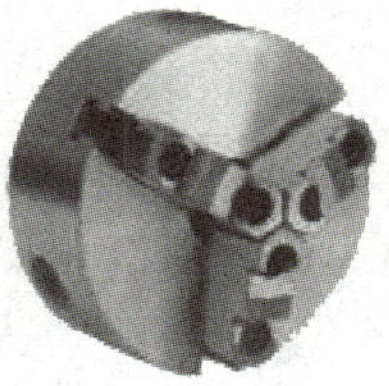	夹紧力较小，具有自动定心功能，一般不需找正，但装夹较长的工件时，工件离卡盘夹持部分较远处的旋转中心不一定与车床主轴旋转中心重合，需找正；自定心卡盘长时间使用后，精度会下降，也应进行找正。常用于装夹小型、形状规则的工件
单动卡盘装夹工件		单动卡盘每个卡爪独立运动，夹紧力大，但不能自动定心，装夹工件后需找正。用于装夹大型或形状不规则的工件
一夹一顶装夹工件	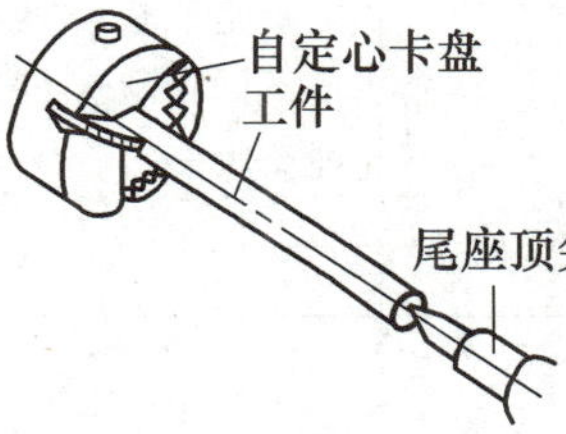	较长工件的粗加工及较重的工件，为安全起见，宜采用一夹一顶装夹。为防止工件轴向位移，必须在卡盘内装一限位支承或利用工件的阶台进行限位，同时承受较大的进给力
两顶尖装夹工件		较长的轴或必须经过多次装夹才能完成加工的轴宜采用两顶尖装夹，其定心精度高，但刚度差，适用于精加工。装夹前应在工件两端钻好中心孔，并用鸡心夹头夹住工件以传递动力
心轴装夹	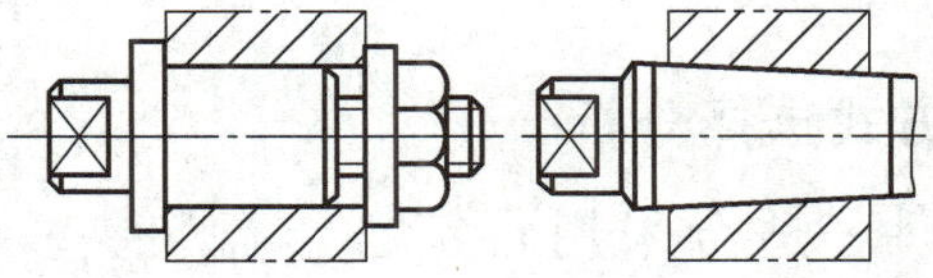 a）圆柱心轴　　b）锥度心轴	当工件内、外圆表面之间有较高的位置精度要求时，以内孔定位加工外圆，常使用心轴装夹。常用心轴有圆柱心轴和锥度心轴两类
液压卡盘自动装夹工件		使用液压装置自动控制卡爪夹紧与松开动作，不需找正，夹紧工件迅速，效率高，是高档数控车床常用的夹紧工件的方法

4. 数控铣床常用装夹方式

数控铣床常用装夹方式见表 2-12。

表 2-12 数控铣床常用装夹方式

装夹方式	装夹图样	装夹特点和用途
机用虎钳装夹	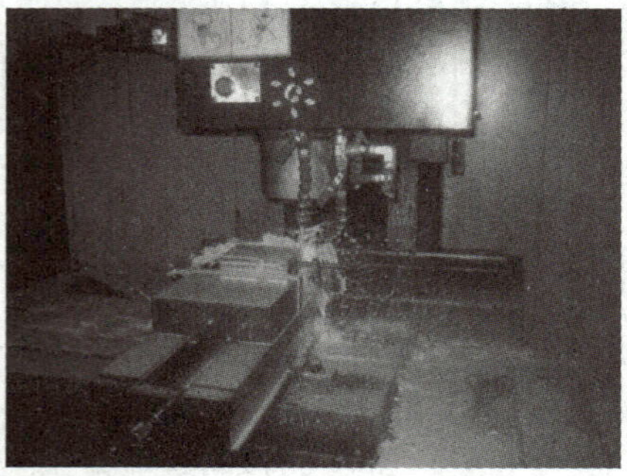	机用虎钳固定在工作台上，先校正钳口，再把工件装夹在机用虎钳上。这种方式装夹方便，应用广泛，适用于装夹形状规则的小型工件
压板、T形螺栓装夹	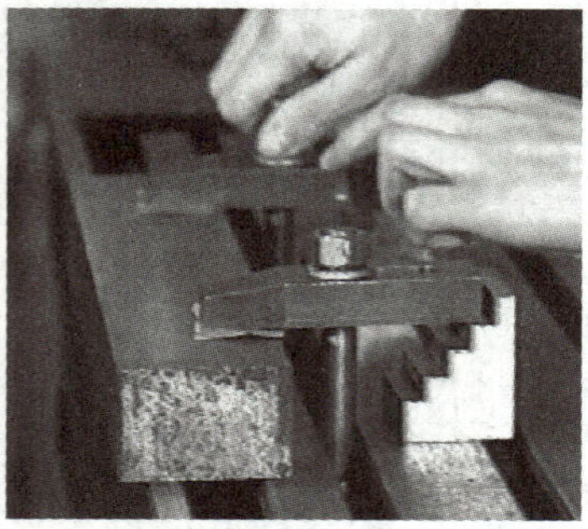	对中型、大型和形状比较复杂的工件，一般采用压板将工件夹紧在数控铣床工作台上。压板装夹工件时所用工具比较简单，主要是压板、垫铁、T形螺栓及螺母。为满足不同形状工件的装夹要求，压板的形状种类较多
自定心卡盘装夹		对于小型的圆柱体毛坯工件，常采用自定心卡盘装夹

任务实施

1. 螺纹轴和牵引钩前支架座加工装夹方式选择分析

螺纹轴需要调头加工，因为是轴类零件，适合采用自定心卡盘装夹。螺纹轴总长是148mm，左端加工长度为78mm，右端加工长度为70mm，长度都不算太长，所以两端加工时都选择自定心卡盘装夹，不需要一夹一顶装夹。

牵引钩前支架座可以用机用虎钳夹住底板长边，同时加工 $\phi62^{+0.046}_{0}$mm 孔、4个凸台和4个 $\phi11$mm 孔。

2. 自定心卡盘装夹

卡爪的装拆

（1）自定心卡盘卡爪的安装步骤

1）分清卡爪的编号顺序。

2）将卡盘扳手的方榫插入卡盘外壳圆柱面上的方孔中，按顺时针方向旋转，以驱动大锥齿轮背面的平面螺纹，当平面螺纹的端扣转到将要接近壳体上的 1 槽时，将 1 号卡爪插入壳体槽内。

3）继续顺时针方向转动卡盘扳手，用同样的方法，在卡盘壳体上的 2、3 槽装入 2、3 号卡爪。

（2）自定心卡盘装夹工件 将工件插入卡盘孔，用游标卡尺按照加工长度+5～10mm 确定装夹的长度，将卡盘扳手的方榫插入卡盘外壳圆柱面上的方孔中，按顺时针方向旋转夹紧工件，用加力棒和卡盘扳手配合在 3 个方孔中轮流夹紧。

（3）自定心卡盘装夹工件的找正 对于精度要求较高的工件或者调头装夹的工件，可使用百分表进行找正。自定心卡盘装夹工件的找正如图 2-18 所示，将百分表固定在工作台面上，测头触压在工件圆柱侧素线的上方，然后轻轻手动转动卡盘，根据百分表的读数用铜棒轻敲工件进行调整，当再次旋转主轴而百分表读数不变时，表示工件装夹表面的轴线与主轴轴线同轴。

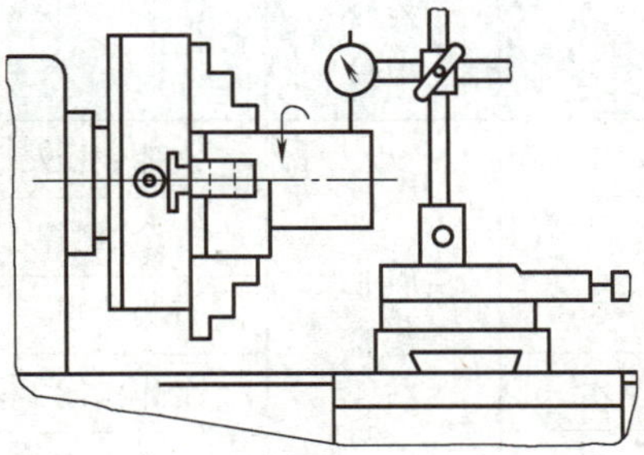

图 2-18 自定心卡盘装夹工件的找正

3. 机用虎钳装夹工件

（1）机用虎钳安装与校正

1）安装前，将机用虎钳的底面与工作台面擦干净，若有毛刺、凸起，应用磨石修磨平整。

2）检查机用虎钳底部的定位键是否紧固，定位键定位面是否同一方向安装。

3）将机用虎钳安装在工作台中间的 T 形槽内，钳口位置居中。用手拉动机用虎钳底座，使定位键向 T 形槽一侧贴合。

4）校正。可用百分表校正机用虎钳，如图 2-19 所示，校正后用 T 形螺栓将机用虎钳压紧在工作台面上。

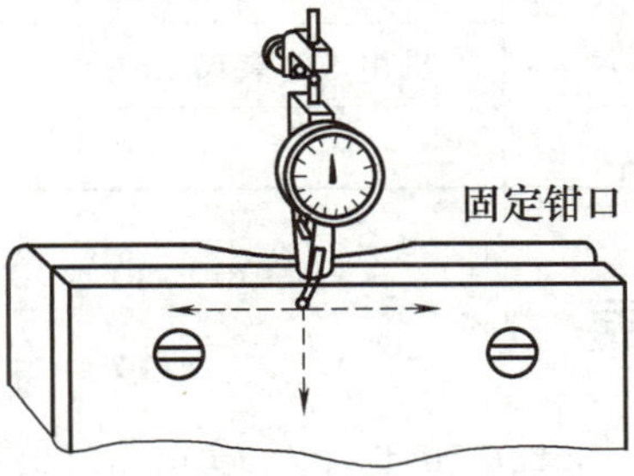

图 2-19 机用虎钳的校正

机用虎钳的装夹与校正

（2）用机用虎钳和平行垫铁装夹工件 用机用虎钳和平行垫铁装夹工件如图 2-20 所示。

1）装夹工件时，应擦净钳口平面、钳体导轨面及工件表面。

2）选择合适的平行垫铁，使工件装夹后铣削加工表面高出钳口 3～5mm。一般将平行垫铁紧贴钳口放置。

3）将工件放置在平行垫铁上，工件的基准面紧贴固定钳口或钳体的导轨面，使固定钳口承受铣削力。

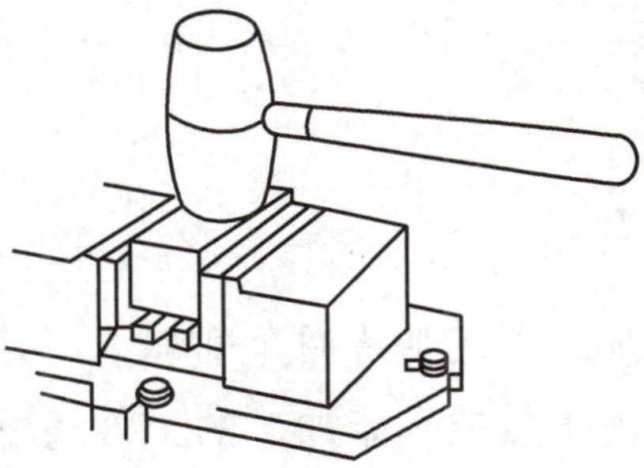

图 2-20 用机用虎钳和平行垫铁装夹工件

数控铣床上工件的装夹方法

4）为保护钳口与避免夹伤工件已加工表面，应在工件与钳口间垫一块铜皮。

5）转动机用虎钳夹紧手柄，将工件轻轻夹紧。为保证工件紧贴平行垫铁，用橡胶锤或铜棒敲击工件。

6）检查垫铁不松动后，转动机用虎钳夹紧手柄夹紧工件。

检测评价

将任务完成情况的检测与评价填入表2-13中。

表2-13 螺纹轴和牵引钩前支架座装夹检测评价表

序号	检测项目	检测内容及要求	配分	学生自检	学生互检	教师检测	得分
1	职业素养	文明、礼仪	10				
2		安全、纪律	10				
3		行为习惯	10				
4		工作态度	10				
5		团队合作	10				
6	装夹分析	螺纹轴安装分析合理	5				
7		牵引钩前支架座装夹方案合理	5				
8	工件装夹	自定心卡盘的卡爪安装	10				
9		自定心卡盘装夹工件	10				
10	刀具安装	机用虎钳安装与校正	10				
11		机用虎钳装夹工件	10				
综合评价							

任务拓展

对于细长、精度要求比较高的工件，常采用两顶尖装夹加工。搜集两顶尖装夹的有关资料，完成工件的两顶尖装夹。

任务四 编制数控车削加工工艺

任务描述

数控车削加工工艺与普通车削加工工艺有很多相同之处，许多工艺问题的处理方法也大致相同，但由于数控车床加工的工件通常比普通车床加工的工件更复杂，故数控加工的工艺规程也更为复杂。在数控加工前，编制加工程序时，需要知道机床的运动、工件的加工过程、刀具的参数、切削用量及走刀路线。本任务通过对图2-21所示螺纹锥轴的工艺分析，使学生学会分析数控车削加工工艺并能完成相应工艺文件的编制。图 2-21 所示螺纹锥轴的毛坯材料为 45 钢，尺寸为 ϕ30mm×70mm。

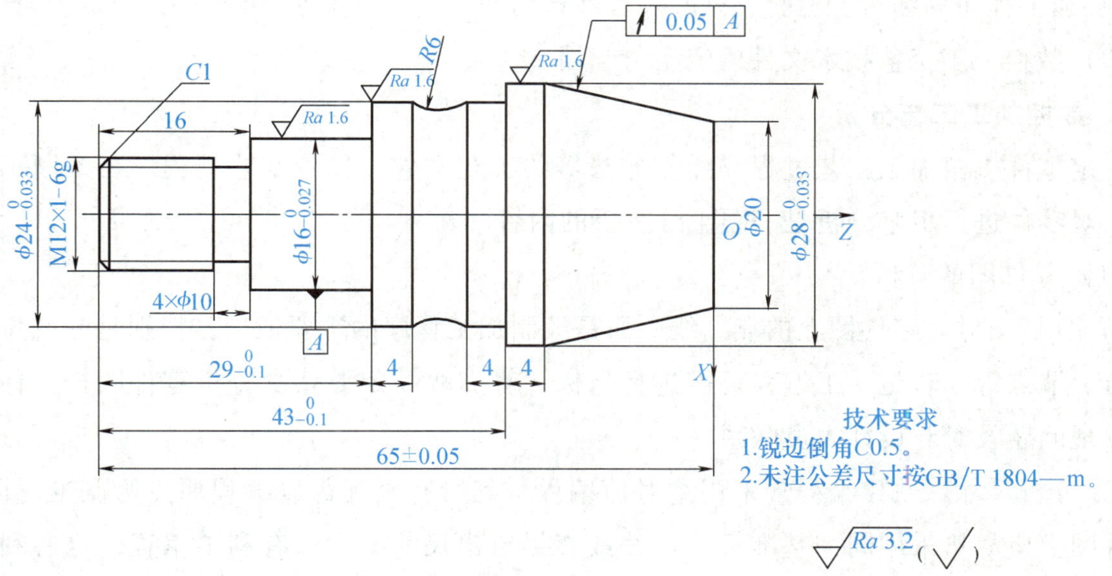

图 2-21　螺纹锥轴

知识目标

1. 了解数控加工工艺分析的主要内容。
2. 了解数控加工工艺分析的步骤。
3. 掌握加工方法的选择及加工工艺路线的确定方法。

技能目标

1. 会识读并填写常见数控车削加工工艺文件。
2. 会分析中等难度工件的数控车削加工工艺。

知识准备

1. 数控加工工艺分析的主要内容

根据实际需要，数控加工工艺主要包括以下内容。

1）选择并确定数控加工的内容。

2）对零件图样进行数控加工的工艺分析。

3）零件的数学处理和编程尺寸的确定。

4）数控加工工艺方案的制订。

5）进给路线的确定。

6）数控机床的选择。

7）刀具、夹具和量具的选择。

8）切削参数的确定。

9）加工程序的编写、检验、修改及首件试切加工。

10）数控加工工艺技术文件的定型与归档。

2. 数控加工工艺分析

规定零件机械加工工艺过程和操作方法等的工艺文件，称为工艺规程。在编制工艺规程前，对零件进行工艺分析是一项十分重要的内容。

（1）零件图的分析

1）分析图样。零件图上的点、线、面是编制加工程序的重要依据，特别是一些特殊点如基点、节点等，若是手工编程还需进行坐标计算，故一定要认真分析零件图样，仔细核算，发现问题及时与设计人员联系。

2）分析尺寸。数控编程常采用绝对值编程，其所有坐标都以编程原点为基准。因此，在零件图上应尽量采用同一基准标注尺寸或直接给出尺寸，这样有利于编程，也有利于设计基准、工艺基准和编程原点的统一。

3）分析技术要求。作为一个合格的零件，必须达到技术要求。在保证零件使用性能的前提下，零件加工应经济可靠。

4）分析材料。在满足使用要求的前提下尽量选用廉价、可加工性好的材料。

（2）零件的结构工艺性　零件的结构工艺性是指所设计的零件结构在满足使用要求的前提下，制造的方便性、可行性和经济性。即零件的结构应便于加工时工件的装夹、对刀和测量，可以提高切削效率等。结构工艺性不好会使加工困难，浪费材料和工时，有时甚至无法加工。所以应对零件的结构进行工艺性审查，提出对零件结构的意见或建议，供设计人员修改零件结构时参考。

3. 加工方法选择及工艺路线的确定

（1）加工方法的选择　选择加工方法一般根据零件的经济精度和表面粗糙度来考虑。经济精度和表面粗糙度是指在正常工作条件下，某种加工方法在经济效果良好（成本合理）时所能达到的加工精度和表面粗糙度。正常工作条件是指完好的设备，合格的夹具和刀具，标准职业等级的操作工人，合理的工时定额等。各种加工方法所能达到的经济精度和经济表面粗糙度可参考有关工艺手册。由于满足同样精度要求的加工方法有很多种，所以选择时应考虑以下因素。

1）各个加工表面的技术要求。

2）零件材料。如淬火钢的精加工必须采用磨削，非铁金属应采用切削加工方法，不宜采用磨削，铝合金的高精度零件加工宜采用高速切削。

3）生产类型。单件小批量生产，一般采用通用设备和通用夹具、量具、刃具，大批量生产则尽可能采用专用设备和专用夹具、量具、刃具。

4）企业现有设备和技术水平。

（2）加工阶段划分　当零件的加工精度要求较高时，通常将整个工艺路线划分为几个阶段，见表 2-14。

表 2-14　加工阶段的划分

加工阶段	主要任务	目的
粗加工	切除毛坯上大部分多余的金属	使毛坯在形状和尺寸上接近成品，提高生产效率
半精加工	使主要表面达到一定的精度，留有一定的精加工余量，并可完成一些次要表面加工，如扩孔、攻螺纹、铣键槽等	为主要表面的精加工（如精车、精磨）做好准备
精加工	保证各主要表面达到规定的尺寸精度和表面粗糙度要求	全面保证加工质量
光整加工	对零件上精度和表面质量要求很高（IT6 以上，表面粗糙度值为 $Ra0.2\mu m$ 以下）的表面，需进行光整加工	主要目标是提高尺寸精度、减小表面粗糙度值。一般不用来提高位置精度

划分加工阶段的意义如下。

1）有利于保证加工质量。

2）便于及时发现毛坯缺陷。

3）便于安排热处理工序。

4）可以合理使用设备。

（3）加工顺序的确定

1）机械加工顺序的安排。

① 先粗后精。先安排粗加工，后进行半精加工、精加工。

② 基准先行。先加工出精基准，再以它定位，加工其他表面。

③ 先主后次。先加工主要表面，后加工次要表面。

④ 先面后孔。对于箱体零件，一般先加工平面，再以平面为精基准加工孔。

2）数控加工顺序的安排。数控加工顺序的安排除了参照机械加工顺序的安排外，还应考虑以下几点。

① 先近后远原则。所谓先近后远原则，就是指粗加工时，离换刀点近的部分先加工，离换刀点远的部分后加工。这样可以缩短刀具移动距离，减少空行程时间。

② 内外交叉原则。对既有内表面（内型腔）又有外表面需加工的工件，安排加工顺序时，应先进行内、外表面的粗加工，后进行内、外表面的精加工。加工内、外表面时，通常先加工内型和内腔，然后加工外表面。

③ 刀具集中原则。刀具集中就是使用同一把刀具加工的部分应尽可能集中加工完后，再换另一把刀具加工。这样可以减少空行程和换刀时间。

（4）数控车削进给路线的确定

1）行程最短原则。加工时刀具切削行程最短，可以有效提高切削效率，降低刀具损耗。图2-22所示为数控车床粗加工时的几种不同切削进给路线的安排。通过对比可以发现，矩形循环进给路线走刀距离总和最短，而且编程较简单，所以可以优先选用矩形循环进给路线。

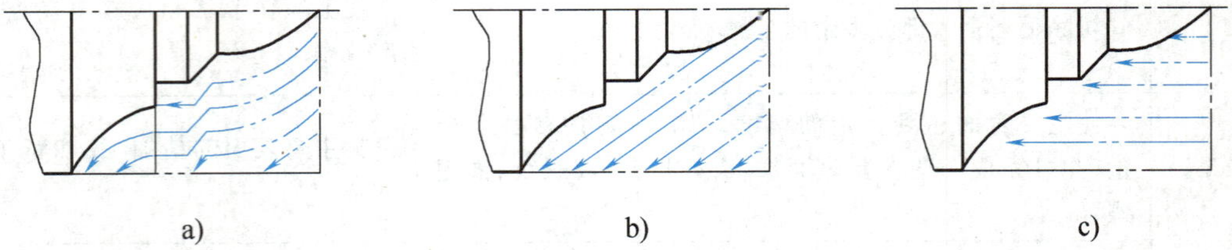

图2-22 数控车床粗加工进给路线

a）沿轮廓循环进给 b）三角形循环进给 c）矩形循环进给

2）空行程最短原则。图2-23所示为采用矩形循环进给粗加工一般情况示例。通过对比可以发现，图2-23b相比图2-23a，其刀具空行程路线缩短，节省了时间，提高了加工效率。

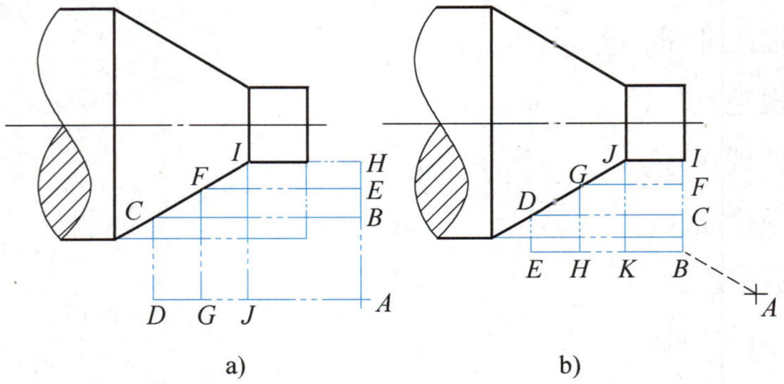

图2-23 数控车床粗加工空行程最短进给路线

3）数控车床粗加工圆弧面加工路线。数控车床加工圆弧面常用三种方法，即车梯法、车圆法和车锥法，如图2-24所示。车梯法和车锥法空行程少，但计算较复杂。车圆法编程计算简单，适合于内外圆弧面的粗加工，但空行程多、效率低。

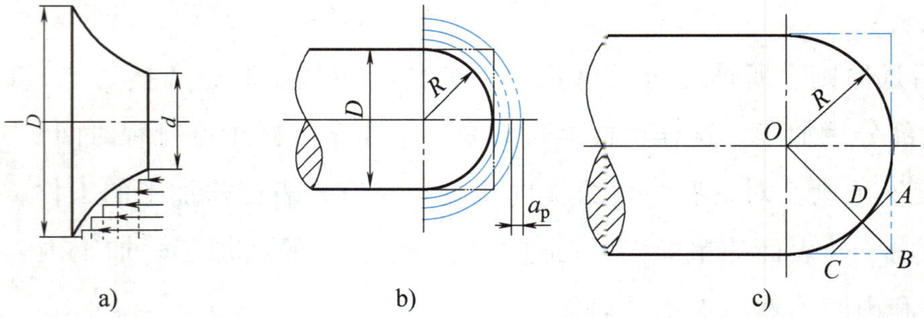

图2-24 数控车床粗加工圆弧进给路线

a）车梯法 b）车圆法 c）车锥法

车锥法计算公式为

$$BD=OB-OD=\sqrt{2}R-R\approx0.414R$$

$$AB=CB=\sqrt{2}BD\approx0.585R$$

4. 机床和工艺装备的选择及切削用量的确定

（1）机床的选择　选择数控机床一般主要考虑以下因素。

1）数控机床坐标轴行程范围应与工件的轮廓尺寸相适应。

2）数控机床的工作精度与工序的加工精度相适应。

3）数控机床的主轴电动机功率和刚度与工序切削用量相适应。

（2）夹具的选择　一般应优先考虑使用通用夹具、组合夹具，以缩短生产准备时间，提高生产效率；当成批生产时，可使用专用夹具。夹具的坐标方向与机床的坐标方向要相对固定，同时要协调工件与机床坐标系的尺寸。

（3）刀具的选择　数控加工要求刀具刚性好、精度高、使用寿命长、安装调整方便。因此，数控机床的刀具应选用适合高速切削的刀具，如采用硬质合金刀具或涂层刀具，一般选用标准刀具。结合实际情况，数控加工尽可能选用各种先进刀具，如可转位式刀具、整体式硬质合金刀具、陶瓷刀具等。

（4）量具的选择　数控加工一般采用通用量具，成批生产、大批大量生产一般选用量规和专用量具等。

（5）切削用量的确定　切削用量是切削过程中切削速度、进给量和背吃刀量的总称。数控加工程序中需要给定切削用量，所以在工艺处理中必须正确确定数控加工的切削用量。

1）粗加工阶段的主要任务是切除工件各加工表面的大部分余量，所以在选择粗加工切削用量时，首先根据机床主轴电动机功率，尽可能选取较大的背吃刀量；再根据机床及刀具刚度，选择较大的进给量；最后根据工件材料和刀具材料确定切削速度。

2）精加工阶段的主要任务是保证加工质量，所以通常选用较小的背吃刀量来保证加工精度；进给量依据表面粗糙度来选取，表面粗糙度值较小时，一般选取小的进给量。为了避免积屑瘤的形成，硬质合金刀具一般采用较高的切削速度，高速钢刀具一般采用较低的切削速度。

5. 数控加工工艺文件

数控加工工艺文件是规定数控加工工艺过程和操作方法等信息的工艺文件，这些工艺文件既可以指导工人生产，也是产品验收、组织生产的依据，同时还是对产品生产工艺资料的积累和储备。

数控加工工艺文件主要有数控加工工序卡、数控加工程序单、数控加工刀具卡等。数控加工工艺文件尚无统一的国家标准，各企业主要根据自身特点制订相应的工艺文件。

（1）数控加工工序卡　数控加工工序卡除包含每一工步内容，还包含其程序段号、所用刀具类型及材料、刀具号、刀具补偿号及切削用量等内容，见表 2-15。

表 2-15 数控加工工序卡

单位名称	×××	产品名称及代号		零件名称		零件图号	
		×××		×××		×××	
工序号	程序编号	夹具名称		使用设备		数控系统	车间
×××	×××	×××		×××		×××	×××
工步号	工步内容	刀具号	刀具规格/mm	主轴转速 n/(r/min)	进给量 f/(mm/r)	背吃刀量 a_p/mm	备注
1							
2							
3							
4							
5							
编制		审核		批准		共 1 页	第 1 页

（2）数控加工程序单　数控加工程序单主要记录数控机床的程序格式和指令代码等信息，可以帮助操作人员正确理解加工程序内容，也可以记录数控加工工艺参数、位移数据等，见表 2-16。

表 2-16 数控加工程序单

零件号	×××	零件名称	×××	编程原点		×××	
程序号	×××			数控系统	×××	编制	×××
程序内容				简要说明			
……				……			

（3）数控加工刀具卡　数控加工对刀具要求非常严格。数控加工刀具卡反映了刀具名称、结构、编号、长度及半径补偿、刀柄、刀片型号及材料等。数控加工刀具卡是组装刀具和调整刀具的主要依据，见表 2-17。

表 2-17 数控加工刀具卡

产品名称及代号		×××	零件名称	×××	零件图号	×××
序号	刀具号	刀具名称及规格	刀具材料或类型	加工表面	刀尖圆弧半径	刀尖方位
1						
2						
3						
4						
编制		审核		批准	共 1 页	第 1 页

任务实施

如图 2-21 所示的螺纹锥轴，材料为 45 钢，无热处理和硬度要求，选用 CK6140 数控车床加工，其车削加工工艺分析如下。

1. 加工工艺分析

由图 2-21 可知，螺纹锥轴需要加工的有外圆柱面、外槽、外圆锥面、外螺纹和圆弧面，结构形状较复杂，且尺寸精度和表面质量要求较高，还有圆跳动公差的要求。加工批量较小情况下，按单件生产编制其工艺。

2. 确定装夹方案

工件装夹在自定心卡盘中，用划线盘找正；调头装夹后，用百分表找正。

3. 确定加工顺序和进给路线

应采用调头装夹进行车削，先夹住毛坯外圆，车削左端外圆、螺纹表面；然后调头夹住 ϕ16mm 外圆，车削右端面、外圆、锥面等。调头装夹时，应用百分表找正，以保证位置精度，工艺路线如下。

（1）夹住毛坯外圆

1）车左端面。

2）粗、精车外轮廓。

3）车螺纹退刀槽。

4）粗、精车螺纹。

（2）调头夹住 ϕ16mm 外圆，找正

1）车右端面，控制总长。

2）粗、精车外轮廓。

3）去毛刺。

轮廓粗加工采用外圆粗车循环，R6mm 凹圆弧面采用等圆心法去除粗加工余量；精加工通过编写轮廓程序加工。

4. 选择刀具

粗、精加工外圆轮廓用 90°外圆车刀；车槽用车槽刀；加工螺纹表面用外螺纹车刀。因存在 R6mm 凹圆弧，外圆粗、精加工车刀副偏角应足够大，避免副切削刃切削时产生干涉。刀具规格、参数见表 2-18。

5. 选择切削用量

（1）背吃刀量的选择　因钢棒直径较细，刚度不足，轮廓粗车时选择 $a_p=1.5$mm，精车时选择 $a_p=0.1$mm。

（2）主轴转速的选择　根据加工工艺手册，选取粗车切削速度 $v_c=90$m/min，精车切削速度 $v_c=120$m/min，然后利用公式计算出主轴转速 n，粗车时 $n=800$r/min，精车时 $n=1200$r/min。

表 2-18 数控加工刀具卡

产品名称及代号			零件名称	螺纹锥轴	零件图号	021	
序号	刀具号	刀具名称及规格		刀具材料或类型	加工表面	刀尖圆弧半径/mm	刀尖方位
1	T01	外圆粗车刀		可转位式	粗车外轮廓	0.4	3
2	T02	外圆精车刀		可转位式	精车外轮廓	0.2	3
3	T03	外槽车刀,刀头宽 4mm		可转位式	车槽	0.2	8
4	T04	外螺纹车刀		可转位式	车外螺纹	0.2	3
编制		审核		批准		共 1 页	第 1 页

(3) 进给量的选择。粗车时选择进给量为 0.2mm/r，精车时为 0.1mm/r。

根据前面分析，编制数控加工工序卡，见表 2-19、表 2-20。

表 2-19 加工左端轮廓数控加工工序卡

单位名称		产品名称及代号		零件名称		零件图号
				螺纹锥轴		021
工序号	程序号	夹具名称	使用设备	数控系统		车间
001	O0062	自定心卡盘	CK6140	FANUC 0i-Mate		

工步号	工步内容	刀具号	刀具规格/mm	主轴转速 n/(r/min)	进给量 f/(mm/r)	背吃刀量 a_p/mm	备注
1	车端面	T01	20×20	600	0.2	1.5	自动
2	粗车外轮廓，留余量 0.2mm	T01	20×20	800	0.2	1.5	自动
3	精车各表面至尺寸	T02	20×20	1200	0.1	0.1	自动
4	车槽 4mm×ϕ10mm 至尺寸	T03	20×20	300	0.08	4	自动
5	粗、精车 M12×1-6g 螺纹至尺寸	T04	20×20	400	1		自动
编制	审核			批准		共 1 页	第 1 页

表 2-20 加工右端轮廓数控加工工序卡

单位名称		产品名称及代号		零件名称		零件图号
				螺纹锥轴		021
工序号	程序号	夹具名称	使用设备	数控系统		车间
002	O0620	自定心卡盘	CK6140	FANUC 0i-Mate		

工步号	工步内容	刀具号	刀具规格/mm	主轴转速 n/(r/min)	进给量 f/(mm/r)	背吃刀量 a_p/mm	备注
1	车端面	T01	20×20	600	0.2	1.5	手动
2	粗车外轮廓，留余量 0.2mm	T01	20×20	800	0.2	1.5	自动
3	精车各表面至尺寸	T02	20×20	1200	0.1	0.1	自动
编制	审核			批准		共 1 页	第 1 页

检测评价

将任务完成情况的检测与评价填入表 2-21 中。

表 2-21　编制螺纹锥轴车削加工工艺检测评价表

序号	检测项目	检测内容及要求	配分	学生自检	学生互检	教师检测	得分
1	职业素养	文明、礼仪	10				
2		安全、纪律	10				
3		行为习惯	10				
4		工作态度	10				
5		团队合作	10				
6	车削加工工艺	螺纹锥轴加工工艺分析	10				
7		螺纹锥轴装夹方案	10				
8		螺纹锥轴加工顺序和进给路线规划	10				
9		螺纹锥轴加工刀具选择	10				
10		切削用量选择	10				
综合评价							

任务拓展

1）了解本校实习工厂或本地区企业数控车床加工工艺文件的种类、填写要求等情况。

2）思考一下，图 2-21 所示螺纹锥轴小批量生产和大批量生产，加工工艺有何区别？

任务五　编制数控铣削加工工艺

任务描述

数控加工工艺的编制是数控加工的首要工作，“1+X”数控车铣加工职业技能等级标准对工艺文件的填写也有比较高的要求。本任务通过对图 2-25 所示十字凹台的工艺分析，使学生学会分析数控铣削加工工艺并能完成相应工艺文件的编制。图 2-25 所示十字凹台毛坯材料为 45 钢，尺寸为 80mm×80mm×20mm。

知识目标

1. 掌握数控铣削加工方法的选择及加工工艺路线的确定方法。
2. 掌握基点坐标的数值计算方法。
3. 掌握编程尺寸的计算方法。

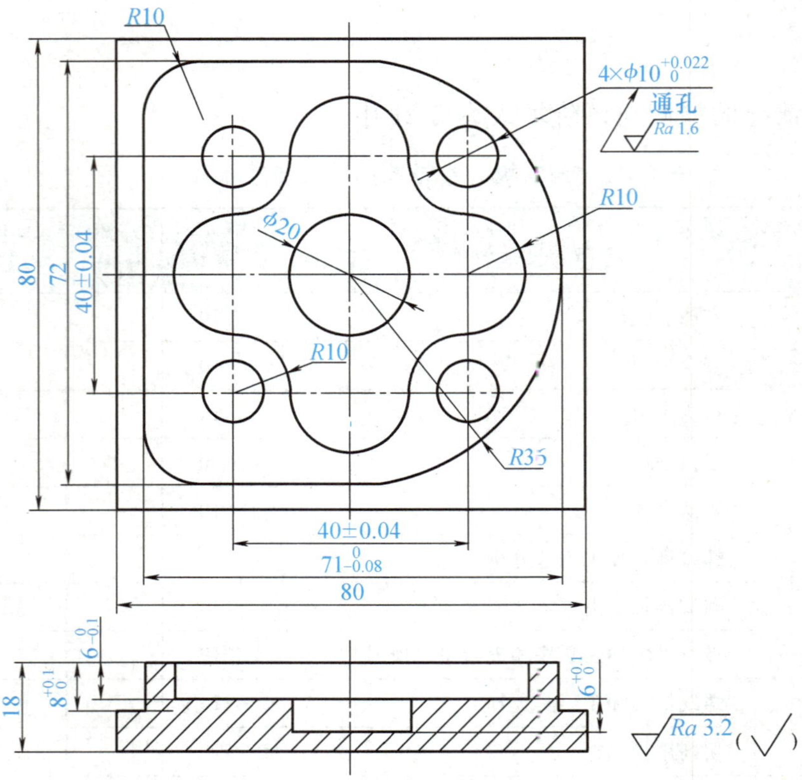

图 2-25　十字凹台

技能目标

1. 会识读并编写常见数控铣削加工工艺文件。
2. 会分析中等难度工件数控铣削加工工艺。

知识准备

1. 数控铣削进给路线的确定

(1) 铣削内外轮廓的进给路线　如图 2-26 所示，当铣削平面外轮廓时，刀具切入工件时应避免沿轮廓法向切入，而应沿外轮廓曲线的延长线切线方向切入，以避免在切入处产生切痕而影响加工质量。同理，刀具切出时，也应沿外轮廓曲线延长线切线方向切出。铣削内轮廓时，若内轮廓曲线能延长，则应沿切线方向切入切出；若内轮廓曲线不能延长，则刀具只能沿内轮廓曲线法向切入切出，刀具切入切出点应尽量选择内轮廓曲线两几何元素的交点处，如图 2-27 所示。

当内部几何元素相切无交点时，为防止刀补取消时在轮廓拐角处留下切口，刀具切入切出点应远离拐角，如图 2-28 所示。

圆弧插补铣削内、外圆时进给路线如图 2-29 所示，铣削时应该从切向切入，当整圆加工完毕后，刀具还应沿切向多运动一段距离，以免取消刀补时，刀具与工件表面接触。

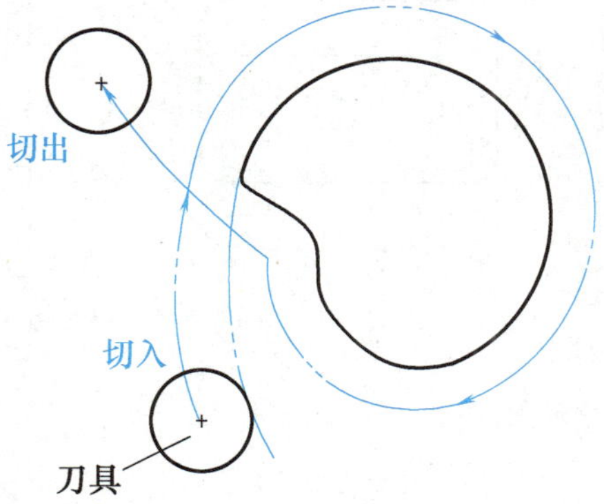

图 2-26 外轮廓加工刀具的切入和切出

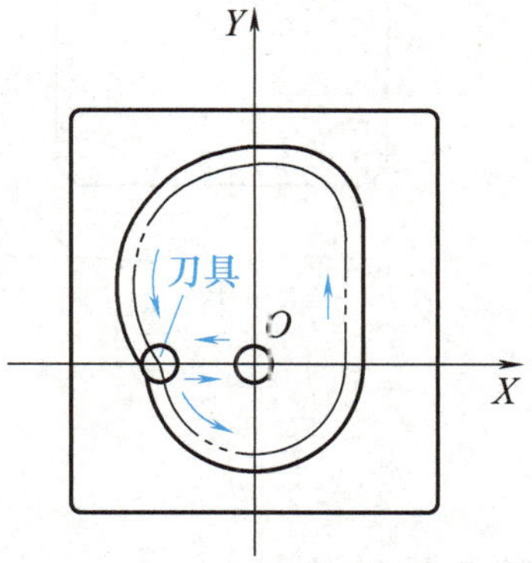

图 2-27 内轮廓加工刀具的切入和切出

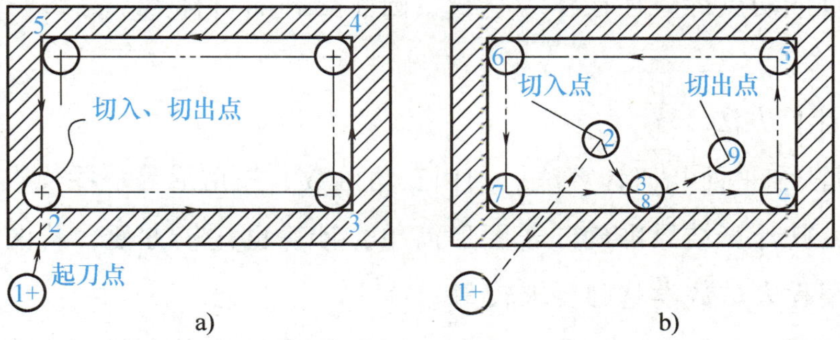

a) b)

图 2-28 无交点内轮廓加工刀具的切入和切出

a）错误 b）正确

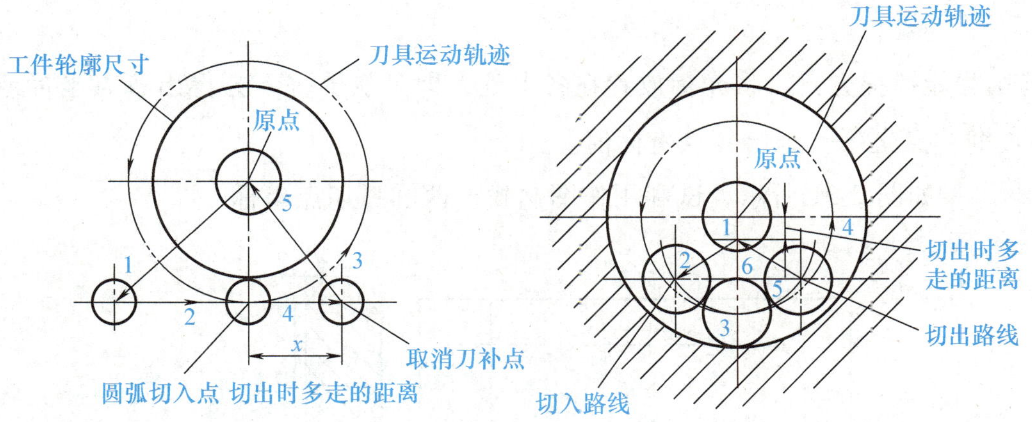

a) b)

图 2-29 铣内外圆的切入和切出路线

a）铣削外圆的加工路线 b）铣削内孔的加工路线

（2）型腔的加工路线 如图 2-30 所示，型腔的常见加工进给路线有行切法、环切法和先行切后环切法三种。行切法进给路线较短，但加工表面切削不连续，表面粗糙度值大；环切法可获得较好的表面质量，但进给路线长，生产效率低；先行切后环切法兼顾了两者的优点，是最佳方案。

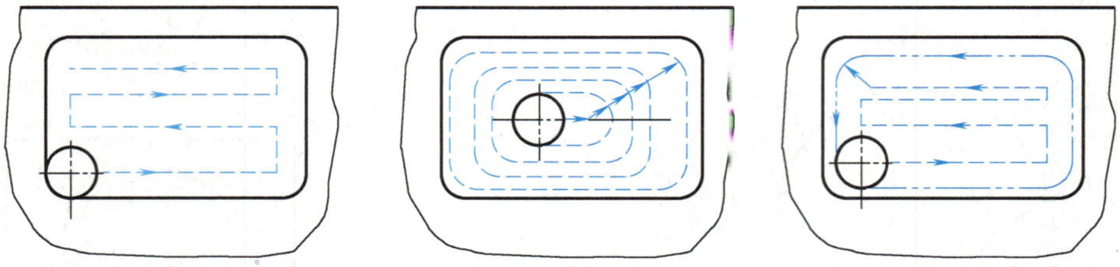

图 2-30 型腔的加工进给路线

a）行切法 b）环切法 c）先行切后环切法

2. 基点的数值计算

（1）基点 零件各几何要素之间的连接点称为基点；如零件轮廓上两条直线的交点、直线与圆弧的交点或切点等，往往作为直线、圆弧插补的目标点，是编写数控程序的重要数据。

（2）基点的计算方法

1）代数计算法和平面几何计算法。利用三角函数、三角形等一些代数和几何知识来计算基点的坐标值，其计算结果准确。若图形简单，计算也比较方便，若图形复杂，往往计算过程繁杂，对编程人员数学基础要求较高。

2）作图法。借助于 CAXA 电子图板或 AutoCAD 等绘图软件即可查找所需各点坐标。如用 CAXA 电子图板进行基点坐标查询，其步骤如下：

① 用 CAXA 电子图板绘出零件图，使工件原点与 CAXA 电子图板软件坐标系原点重合。

② 选用智能捕捉方式，将光标放置在各点处，即可从屏幕下方得出各点坐标或采用工具菜单→查询→点坐标，查出各点坐标值。

[例 2-1] 如图 2-31 所示，试利用作图法找出两圆弧切点坐标。

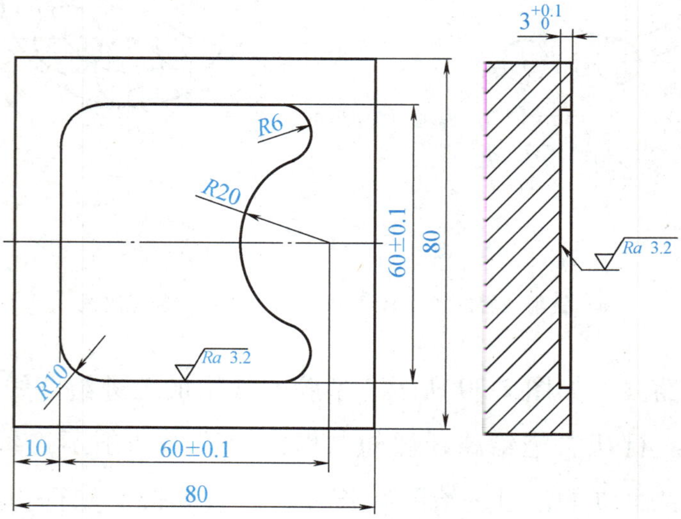

图 2-31 利用作图法求基点坐标

解： 打开 CAXA 电子图板，画出如图 2-32 所示零件图草图，注意使绘图软件坐标系与工件原点重合。

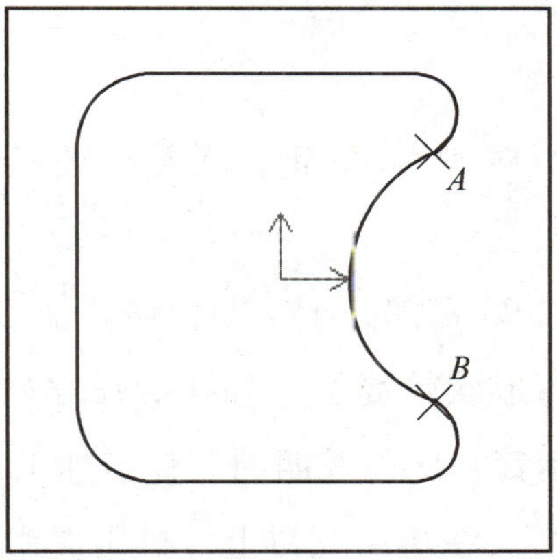

图 2-32　画出零件图草图

如图 2-33 所示，单击工具菜单→查询→坐标点，即可查询出 *A* 点坐标。

数控车削时如需查找基点坐标，可参考数控铣削基点坐标查找方法。

3. 编程尺寸

数控加工尺寸精度，常通过设置刀具磨损量或刀具半径进行控制，在一次轮廓加工中，其控制量是相同的，对于不同精度的尺寸，必须以其极限尺寸平均值作为编程尺寸，才能实现所有轮廓精度控制。编程尺寸的计算公式为

$$编程尺寸=公称尺寸+\frac{上极限偏差+下极限偏差}{2}$$

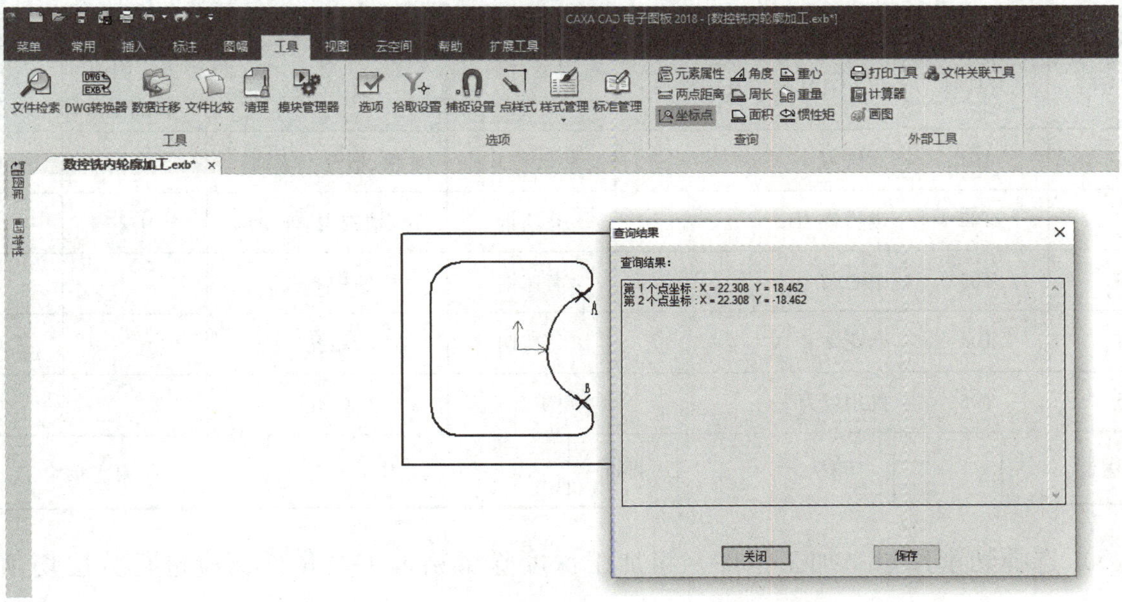

图 2-33　利用工具查询坐标值

[例 2-2] 图 2-25 所示十字凹台中的 $71_{-0.08}^{0}$mm 尺寸的编程尺寸 = 71mm+(0−0.08)mm/2≈70.96mm，孔中心距 40±0.04mm 尺寸的编程尺寸为 40mm。

任务实施

如图 2-25 所示的十字凹台，材料为 45 钢，无热处理和硬度要求，选用 XK800 数控铣床加工，其铣削加工工艺分析如下。

（1）零件工艺分析　由图 2-25 可知，十字凹台需要加工的有外轮廓、内轮廓、孔和平面，外轮廓结构较简单，内轮廓形状较复杂，且孔的尺寸精度和表面质量要求较高。毛坯为预制的 80mm×80mm×20mm 钢锭，底面及四周已提前加工好。

（2）确定装夹方案　工件装夹在机用虎钳上，机用虎钳用百分表校正，X、Y 方向用寻边器对刀，Z 方向用对刀仪对刀。

（3）确定加工顺序和进给路线　该工件的内、外轮廓及孔需要加工。首先粗、精铣毛坯上表面，以便保证深度尺寸精度；然后粗、精铣内、外轮廓，最后钻、铰孔。

1）粗、精铣毛坯上表面，粗铣余量根据毛坯情况由程序控制，留精铣余量 0.5mm。

2）用 ϕ16mm 键槽铣刀粗、精铣内、外轮廓和 ϕ20mm 内轮廓。

3）用中心钻钻 $4\times\phi10_{0}^{+0.022}$mm 中心孔。

4）用 ϕ9.7mm 麻花钻钻 $4\times\phi10_{0}^{+0.022}$mm 孔。

5）用 ϕ10H8 机用铰刀铰 $4\times\phi10_{0}^{+0.022}$mm 孔。

（4）选择刀具　上表面铣削用面铣刀；内、外轮廓铣削用键槽铣刀；孔加工用中心钻、麻花钻、铰刀，刀具规格、参数见表 2-22。

表 2-22　数控加工刀具卡

产品名称及代号			零件名称	十字凹台	零件图号	025	
序号	刀具号	刀具名称及规格		刀具材料或类型	加工表面	刀尖圆弧半径/mm	刀尖方位
1	T01	面铣刀		可转位式	粗、精铣上表面	0.4	0
2	T02	键槽铣刀		高速钢	粗、精铣内、外轮廓	0.2	0
3	T03	中心钻		高速钢	钻中心孔		0
4	T04	麻花钻		高速钢	钻孔		0
5	T05	机用铰刀		硬质合金	铰孔		0
编制		审核		批准		共 1 页	第 1 页

（5）选择切削用量　加工钢件，粗加工深度除留精加工余量外，应进行分层切削。切削速度不可太大，垂直下刀进给量应小，参考切削用量见表 2-23。

表 2-23 十字凹台数控加工工序卡

单位名称		产品名称及代号		零件名称			零件图号
				十字凹台			025
工序号	程序号	夹具名称	使用设备		数控系统		车间
001	O0033	机用虎钳	XK800		FANUC 0i-Mate		
工步号	工步内容	刀具号	刀具规格 /mm	主轴转速 n/(r/min)	进给量 f/(mm/r)	背吃刀量 a_p/mm	备注
1	粗铣毛坯上表面	T01	$\phi60$	500	100	1.5	
2	精铣毛坯上表面	T01	$\phi60$	800	80	0.5	
3	粗铣外轮廓、内轮廓	T02	$\phi16$	800	100	7.5(外) 5.5(内)	
4	精铣外轮廓、内轮廓	T02	$\phi16$	1200	100	0.5	
5	钻中心孔	T03	A2	1000	100		
6	钻 $4\times\phi10^{+0.022}_{0}$mm 的底孔	T04	$\phi9.7$	800	100		
7	铰 $4\times\phi10^{+0.022}_{0}$mm 的孔	T05	ϕ10H8	1200	100		
编制		审核		批准		共 1 页	第 1 页

检测评价

将任务完成情况的检测与评价填入表 2-24 中。

表 2-24 编制十字凹台铣削加工工艺检测评价表

序号	检测项目	检测内容及要求	配分	学生自检	学生互检	教师检测	得分
1	职业素养	文明、礼仪	10				
2		安全、纪律	10				
3		行为习惯	10				
4		工作态度	10				
5		团队合作	10				
6	铣削加工工艺	十字凹台加工工艺分析	10				
7		十字凹台装夹方案	10				
8		十字凹台加工顺序和进给路线规划	10				
9		十字凹台加工刀具选择	10				
10		切削用量选择	10				
综合评价							

任务拓展

1）计算图 2-25 所示十字凹台零件基点坐标及编程尺寸。

2）如果零件既需要车削加工又需要铣削加工，应如何编制加工工艺？

项目小结

本项目通过螺纹轴、牵引钩前支架座、螺纹锥轴、十字凹台等工件有关工艺处理，介绍了数控加工中常用量具、刀具、装夹方式的选择和使用方法，数控车和数控铣加工工艺的编制方法，为后续数控车和数控铣加工的工艺编制奠定了基础。本项目在检测评价环节借鉴了“1+X”数控车铣加工职业技能等级标准，同时还考虑了学生职业素养和工匠精神的培养。通过5个任务的实施，学生可掌握数控加工工艺编制方法，熟悉量具使用、刀具和工件的安装方法，为后续学习打下良好基础。

延伸阅读

强国利器之二：大国工匠

我国工业的高速发展，离不开各种现代化设备，更离不开高素质的劳动者。大国工匠就是高素质劳动者的杰出代表（图2-34）。他们追求职业技能的完美和极致，靠着传承和钻研，凭着专注和坚守，缔造了一个个“中国制造”神话。

图2-34 大国工匠

胡双钱，中国商飞上海飞机制造有限公司数控加工车间钳工组组长。航空工业要的就是精细活，大飞机的零件加工精度要求达到0.01mm级，相当于人的头发丝的1/3。35年间，胡双钱加工了数十万件飞机零件，从没出现过一件次品。要做好一件事，不难；要做好一天的工作，也不难。但是，要在35年间，不出差错，做好每一件事，却是难上加难。“大国工匠”胡双钱为蓝天梦，甚而为中国梦诠释了最敬业的“工匠精神”。

高凤林，中国航天科技集团有限公司第一研究院211厂发动机车间班组长，是给火箭焊“心脏”的第一人。“长征五号”火箭发动机的喷管上，有数百根几毫米粗的空心管线，管壁的厚度只有0.33mm，焊点宽0.16mm，高凤林需要通过3万多次精密的焊接操作，才能把它们编织在一起，焊缝细到接近头发丝，而长度相当于绕一个标准足球场两周。为避免失误，需要练习十分钟不眨眼。35 年来，130 多枚长征系列运载火箭，在他焊接的发动机的助推下，成功飞向太空。高凤林用 35 年的坚守，诠释了一个航天匠人对理想信念的执着追求。

张冬伟是个 80 后，沪东中华造船（集团）有限公司总装二部围护系统车间电焊二组班组长，主要从事 LNG（液化天然气）船围护系统的焊接工作。LNG 船是国际上公认的高技术、高难度、高附加值的“三高”船舶。作为 LNG 船核心的围护系统，其焊接是重中之重。围护系统使用的殷瓦大部分为 0.7mm 厚，殷瓦焊接犹如在钢板上“绣花”。张冬伟潜心研究焊接工艺，为了攻破技术难关，他与技术人员放弃休息时间，日夜埋头在图样堆中，潜心钻研技术突破。最终，他取得专利方的认可，并用于 LNG 船实船生产。张冬伟，是我国广大“造船工匠”的杰出代表，他用自己火红的青春谱写了一曲执着于国家海洋装备建设的奉献之歌。

胡双钱等优秀工匠只是众多大国工匠的代表. 他们具有爱国敬业、执着专注、精益求精、传承创新、无私奉献的工匠精神。正是因为拥有他们，中国制造才能够跨过“品质”这道门槛，跃升为“优质制造”，让更多的中国产品在全球市场释放更耀眼的光芒。

思考与练习

1. 简述游标卡尺的读数方法。
2. 游标深度卡尺与游标卡尺有何异同之处？
3. 游标万能角度尺的测量原理是什么？
4. 简述千分尺的读数方法。
5. 简述螺纹塞规和环规检测螺纹的方法。
6. 数控刀具如何分类？数控刀具有何特点？
7. 常用刀具材料有哪些？各有何特点？各适合加工何种材料？
8. 数控车床常用刀具有哪些？各有何用途？
9. 数控铣床常用刀具有哪些？各有何用途？
10. 常用夹具如何分类？
11. 机床夹具由哪些组成部分？
12. 常用数控车床夹具有哪些？常用数控车床工件装夹方式有哪些？
13. 常用数控铣床工件装夹方式有哪些？
14. 数控机床加工工艺分析的主要内容是什么？
15. 数控加工的工艺性分析包含哪些内容？
16. 加工方法的选取一般根据什么来考虑？在选取时，要考虑哪些因素？
17. 机械加工顺序应按什么原则安排？
18. 数控加工顺序还应考虑哪几点？

19. 数控车床进给路线应如何确定？

20. 数控铣床进给路线应如何确定？

21. 选择数控机床时应考虑哪些因素？

22. 夹具、量具和刀具应如何选择？

23. 切削用量如何选取？

24. 常见数控机床加工工艺文件有哪些？各有何用途？

25. 简要分析图 2-35 所示工件的数控车削加工工艺。

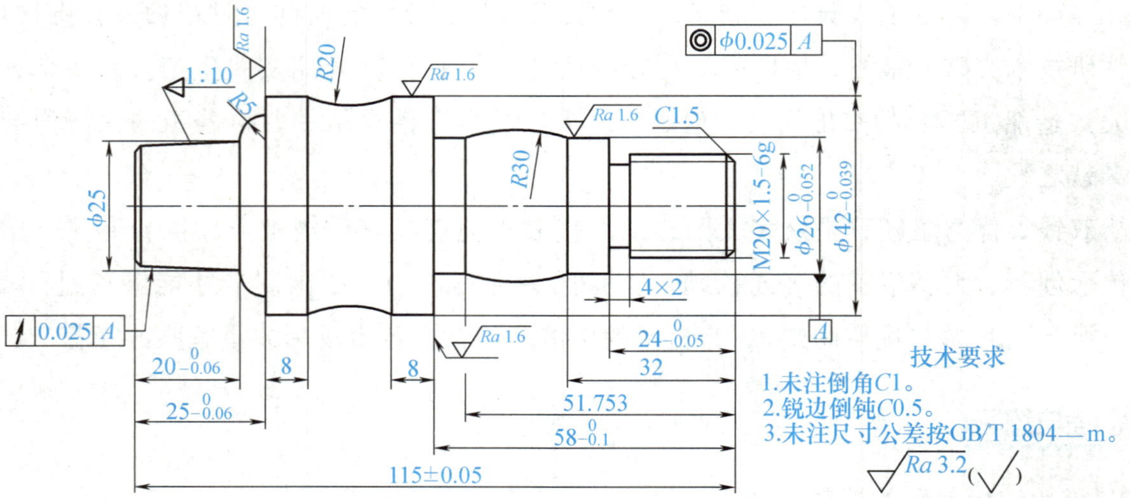

图 2-35　数控车削加工工艺分析练习

26. 何为基点？基点的计算方法有哪些？

27. 分别建立图 2-35 所示工件调头装夹前后的工件坐标系并计算各基点坐标。

28. 简要分析图 2-36 所示零件的数控铣削加工工艺。

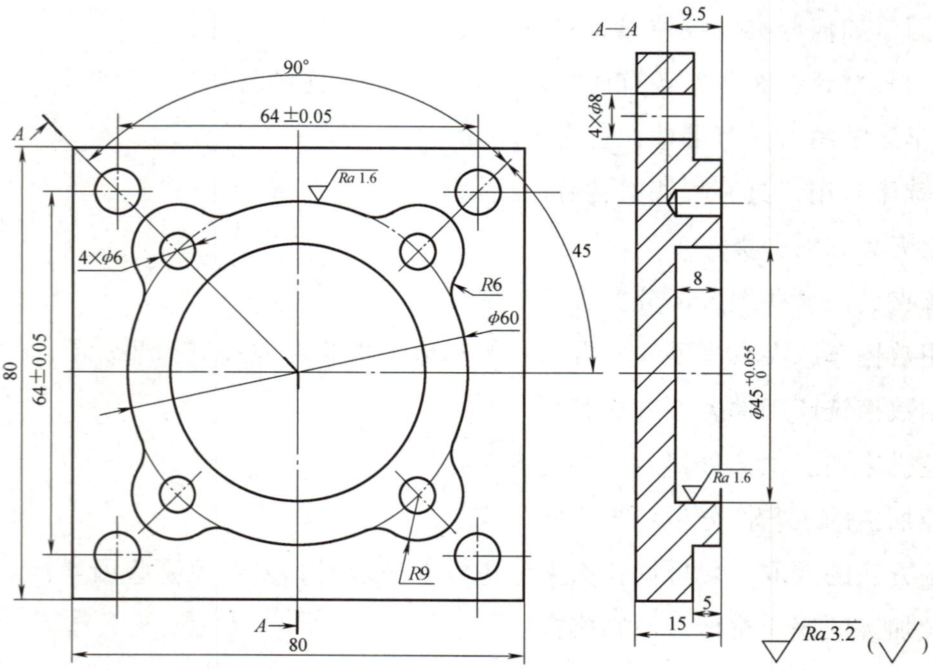

图 2-36　零件数控铣削加工工艺分析练习

项目三

零件的数控车削编程与加工

数控车削加工是在数控车床上完成的，主要加工轴类、套类和盘类等回转体零件，其表面有内外圆柱面、内外圆锥面、普通螺纹、槽等；除此之外，由各种曲线构成的回转面、非标准螺纹、变螺距螺纹等在普通车床上无法加工，只能在数控车床上加工。本项目以汽车中常见回转体零件为例学习数控车削编程与加工相关知识和技能，达到数控车工及数控车铣“1+X”证书中关于数控车削部分知识和技能的要求，满足企业用人需要。

学习目标

1. 能熟练操作数控车床。
2. 了解数控车床报警信息及处理方法。
3. 会编制汽车中常见车削类零件的加工工艺。
4. 掌握常见数控车削编程指令、格式及应用。
5. 会编写汽车中常见车削类零件数控加工程序。
6. 能加工汽车中常见车削类零件并达到一定精度要求。

任务一　认识数控车床基本操作

任务描述

熟悉 FANUC 0i-M 系统数控车床面板功能，进行 FANUC 0i-M 系统数控车床开关机、程序输入与编辑、手动操作与试切削、回机床参考点等操作。

知识目标

1. 熟悉 FANUC 0i-M 数控系统面板按键功能。
2. 熟悉 FANUC 0i-M 数控车床机床操作面板按键功能。
3. 了解数控车床报警信息及处理方法。

技能目标

1. 能进行数控系统页面切换。
2. 能按次序起动和关闭数控车床。
3. 能手动回机床参考点、手动试切削工件。
4. 会输入及编辑数控加工程序。

知识准备

1. FANUC 0i-M 系统数控车床面板功能

（1）FANUC 0i-M 数控系统面板功能　如图 3-1 所示为 FANUC 0i-M 数控系统面板，各按键的名称及功能见表 3-1。

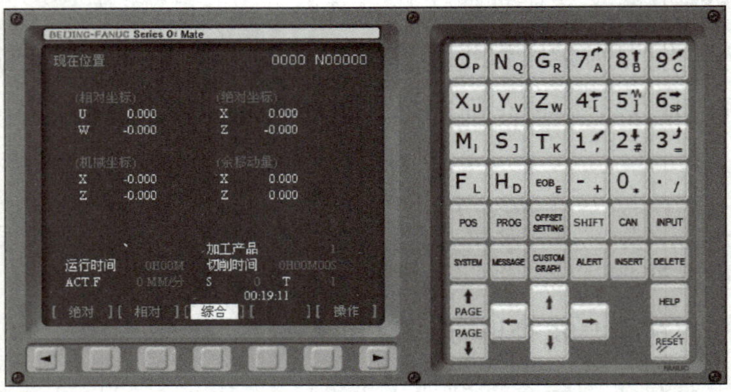

图 3-1　FANUC 0i-M 数控系统面板

发那科系统数控面板介绍

表 3-1　FANUC 0i-M 数控系统面板各按键的名称及功能

按键		名称及功能
O P　N Q　G R　7 A　8 B　9 C X U　Y V　Z W　4 [　5]　6 SP M I　S J　T K　1 ,　2 #　3 = F L　H D　EOB E　- +　0 .　· /		数字/字母键。用于输入数据到输入区域，系统自动判别取字母还是取数字。字母和数字键通过 SHIFT（上档）键切换输入，如：O—P，7—A
编辑键	ALERT	替换键。用输入的数据替换光标所在处的数据
	DELETE	删除键。删除光标所在处的数据；或者删除一个程序或全部程序
	INSERT	插入键。把输入区内的数据插入到当前光标之后的位置
	CAN	取消键。清除输入区内的数据
	EOB E	回车换行键。结束一段程序的输入并且换行

（续）

按键		名称及功能
编辑键	SHIFT	上档键。用于切换数字/字母键中的输入字符
页面切换键	PROG	程序显示与编辑页面键
	POS	位置显示页面键。位置显示有三种方式，用 PAGE 键选择
	OFFSET SETTING	参数输入页面键。按第一次进入坐标系设置页面，按第二次进入刀具补偿参数页面。进入不同的页面以后，用 PAGE 键切换
	SYSTEM	系统参数页面键
	MESSAGE	信息页面键，如“报警”信息页面
	CUSTOM GRAPH	图形参数设置页面键
	HELP	系统帮助页面键
翻页键	↑ PAGE	向上翻页
	PAGE ↓	向下翻页
光标移动键	↑	向上移动光标
	←	向左移动光标
	↓	向下移动光标
	→	向右移动光标
输入键	INPUT	输入键。把输入区内的数据输入参数页面
	RESET	复位键

（2）机床操作面板（以 FANUC 0i-Mate 标准操作面板为例） 机床操作面板如图 3-2 所

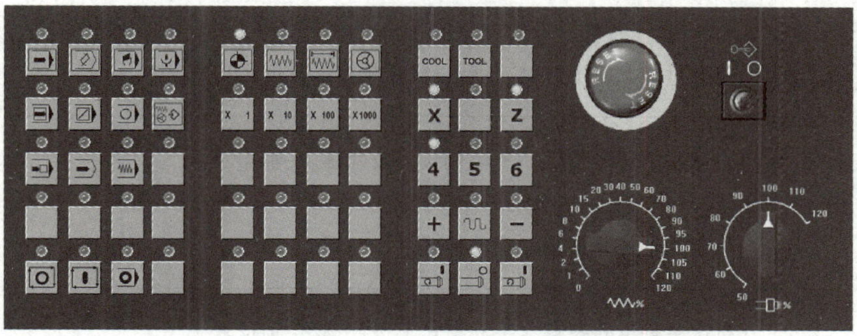

图 3-2 FANUC 0i-Mate 标准操作面板

发那科系统机床面板介绍

示，主要用于控制机床的运动和选择机床运行状态，由模式选择按键、数控程序运行控制旋钮等多个部分组成，每一部分的详细说明见表 3-2。

表 3-2　FANUC 0i-Mate 机床操作面板按键及功能

按键或旋钮	名称及功能
	AUTO(MEM)键(自动模式键),用于进入自动加工模式
	EDIT 键(编辑键),用于直接通过操作面板输入数控程序和编辑程序
	MDI 键(手动数据输入键),用于直接通过操作面板输入数控程序和编辑程序
	文件传输键,通过 RS232 接口把数控系统与计算机相连并传输文件
	REF 键(回参考点键),通过手动回机床参考点
	JOG 键(手动模式键),通过手动连续移动各轴
	INC 键(增量进给键),以手动脉冲方式进给
	HNDL 键(手轮进给键),按此键切换为以手摇轮移动各坐标轴
	切削液开关键。按下此键,切削液开
	刀具选择键。按下此键,在刀库中选刀
	SINGL 键(单段执行键)。自动加工模式和 MDI 模式中按下此键,单段运行程序
	程序段跳键。在自动模式下按此键,跳过程序段开头带有"/"的程序
	程序停键。自动模式下,遇有 M00 指令程序停止
	程序重启键。由于刀具破损等原因程序自动停止后,程序可以从指定的程序段重新启动
	机床锁住按键。按下此键,机床各轴被锁住
	空运行键。按下此键,各轴以机床规定的速度运动
	机床主轴正转按键。手动模式下按此键,主轴正转
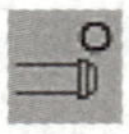	机床主轴停止按键。手动模式下按此键,主轴停止
	机床主轴反转按键。手动模式下按此键,主轴反转

（续）

按键或旋钮	名称及功能
	循环（数控）停止键。数控程序运行中按下此键，停止程序运行
	循环（数控）启动键。在“AUTO”或“MDI”工作模式下按此键，自动加工程序，其余时间按下无效
	*X* 轴方向手动进给键
	*Z* 轴方向手动进给键
	正方向进给键
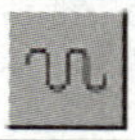	快速进给键。手动方式下，同时按住此键和一个坐标轴点动方向键，坐标轴以快速进给速度移动
	负方向进给键
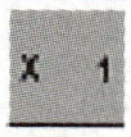	选择手动移动（步进增量方式）时每一步的距离，X1 为 0.001mm
	选择手动移动（步进增量方式）时每一步的距离，X10 为 0.01mm
	选择手动移动（步进增量方式）时每一步的距离，X100 为 0.1mm
	选择手动移动（步进增量方式）时每一步的距离，X1000 为 1mm
	程序编辑开关。置于“ON”或“1”位置，可编辑程序
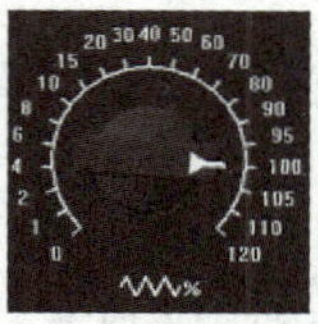	进给速度（F）调节旋钮。调节进给速度，调节范围为 0～120%
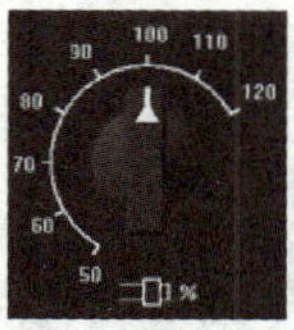	主轴转速调节旋钮。调节主轴转速，调节范围为 50%～120%
	紧急停止按钮。按下此按钮，可使机床和数控系统紧急停止，旋转可释放该按钮
	手持式操作器（手摇轮） 1）左上侧旋钮为功能选择旋钮，用于选择所需移动的轴，OFF 为关闭手轮模式 2）右上侧为步距选项旋钮，可选择 0.001×1（mm）、0.001×10（mm）、0.001×100（mm）的进给速度 3）下方为手摇轮，顺时针方向旋转手摇轮，各坐标轴正向移动；逆时针方向旋转手摇轮，各坐标轴负向移动（机床移动轴由功能旋钮确定，机床移动速度由步距选项旋钮确定）

2. 数控车床开机操作

数控车床开机前，应先检查电压、气压是否正常，各开关、旋钮、按键是否完好，机床有无异常，检查完毕后才可进行开机操作，操作步骤见表 3-3。

数控车床开机与关机操作

表 3-3 数控车床开机操作

步序	操作内容	图示
1	接通机床电源	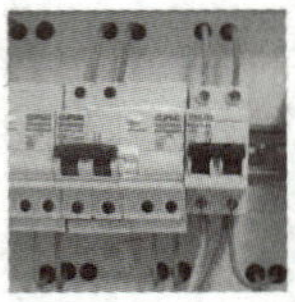
2	打开机床电源开关(将机床侧面或背面开关拨至“ON”或“1”位置)	
3	打开机床钥匙开关(有些数控车床无)	
4	按数控系统电源开按钮(数控车床操作面板中绿色的 ON 按钮)	

3. 回机床参考点操作

数控车床开机后一般都需进行手动回参考点操作，操作步骤见表 3-4。

表 3-4 数控车床回参考点操作

步序	操作内容	图示
1	按 (REF)键，选择回参考点工作方式	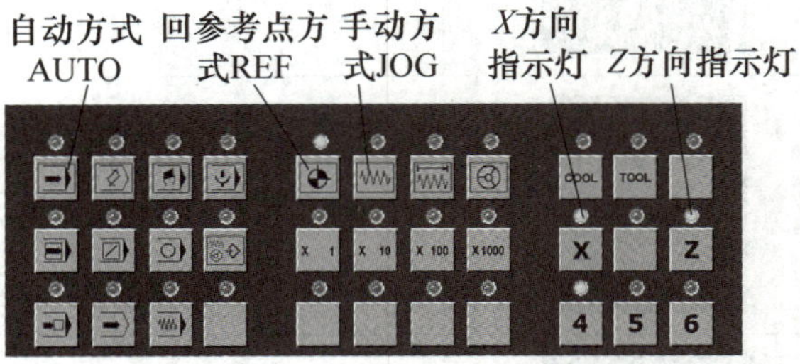
2	先按住+X 键，直至参考点指示灯亮，屏幕 X 轴机械坐标显示为 0	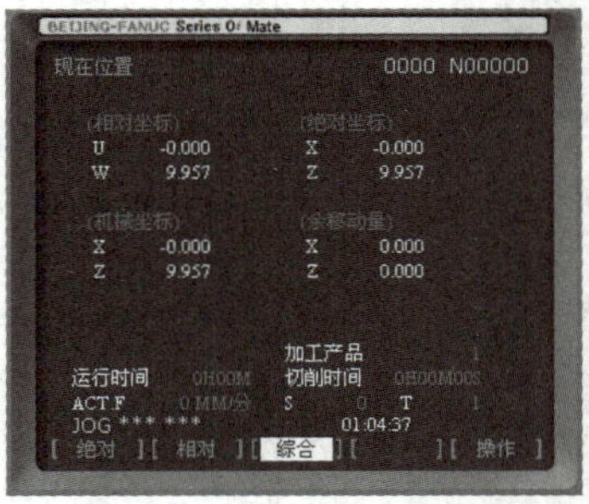

（续）

步序	操作内容	图　示
3	再按住+Z 键，直至参考点指示灯亮，屏幕 *Z* 轴机械坐标显示为 0	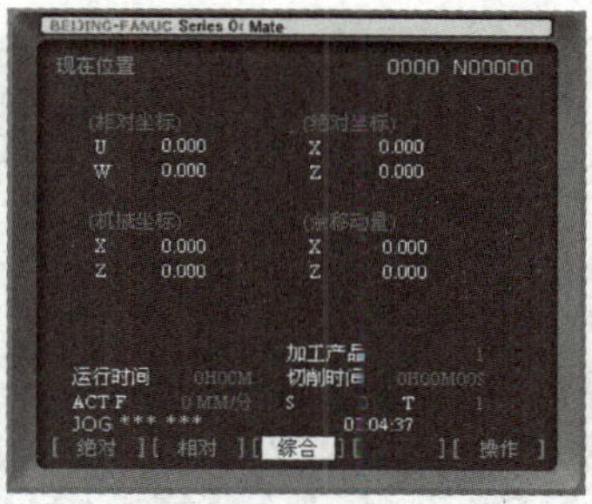
4	按 JOG、AUTO 或 MDI 模式键，结束回参考点方式	见步序 1 回参考点工作方式图示

回参考点前，若刀具已在参考点位置，则手动反方向移动刀具至一定距离再进行回参考点操作。当数控机床出现以下几种情况时，应重新回机床参考点。

1）机床关机以后重新接通电源开关。

2）机床解除紧急停止状态以后。

3）机床超程报警信号解除之后。

4）空运行之后。

4. 数控车床关机操作

1）将数控车床打扫干净，导轨面浇注防锈油。

2）将刀架 *X* 方向移至正向极限位置，再将刀架移至床尾。

3）按车床数控系统电源关按钮（数控车床操作面板上红色的 OFF 按钮）。

4）关闭钥匙开关（有些数控车床无）。

5）关闭数控车床电源开关。

6）切断数控车床电源。

5. 数控程序输入、打开与编辑

输入数控程序前先输入程序名，然后输入程序内容；打开数控程序是指打开已经输入到数控系统中的数控程序。

发那科系统程序输入与编辑

1）输入程序的步骤如下：

① 按 EDIT 键，选择编辑工作模式。

② 按 PROG 程序键，显示程序编辑页面或程序目录页面，如图 3-3、图 3-4 所示。

③ 输入新程序名，如“O0003”。

④ 按 INSERT 输入键，开始输入程序。

⑤ 按 EOB E→INSERT 键，换行后继续输入程序，如图 3-3 所示。

⑥ 按CAN键可依次删除输入区最后一个字符，按 DIR 软键可显示数控系统中已有的程序目录，如图 3-4 所示。

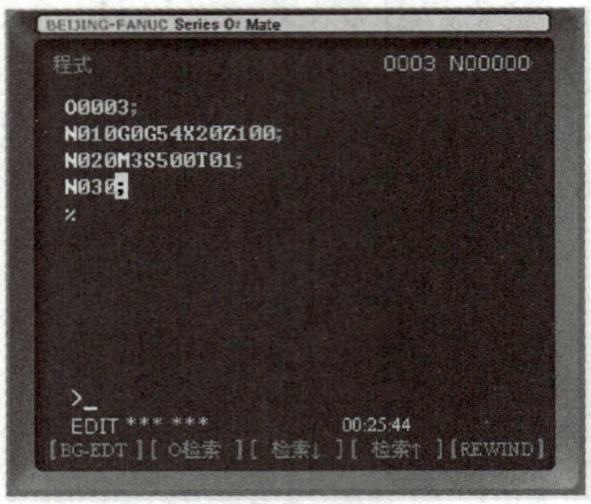

图 3-3　发那科系统程序编辑页面

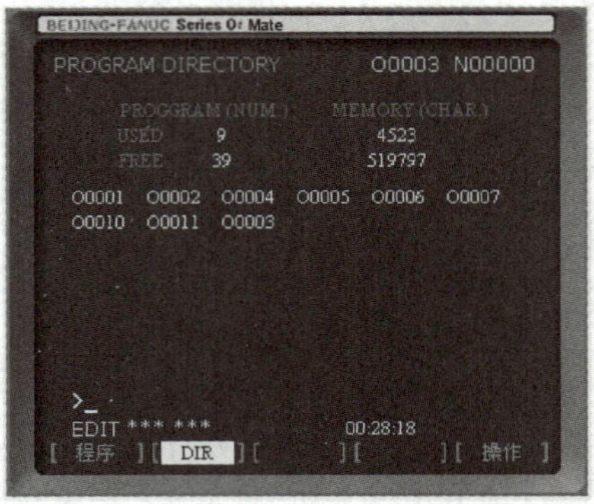

图 3-4　发那科系统程序目录页面

2）查找与打开程序的步骤如下：

方法一：

① 按 EDIT 键或 MEM 键，使机床处于编辑或自动工作模式下。

② 按PROG程序键，显示程序页面。

③ 按［程序］软键，按［操作］软键，出现［O 检索］软键，如图 3-3 所示。

④ 按［O 检索］软键，便可依次打开存储器中的程序。

⑤ 输入程序名，如“O0003”，按［O 检索］软键便可打开该程序。

方法二：

① 按 EDIT 键或 MEM 键，使机床处于编辑或自动工作模式下。

② 按PROG程序键，显示程序页面。

③ 输入要打开的程序名，如“O0003”。

④ 按光标向下移动键即可打开该程序。

3）复制程序的步骤如下：

① 按 EDIT 键，使机床处于编辑工作模式下。

② 按PROG程序键，显示程序页面。

③ 按［操作］软键。

④ 按扩展键。

⑤ 按软键［EX-EDT］。

⑥ 检查复制的程序是否已经被选择，并按软键［COPY］。

⑦ 按软键［ALL］。

⑧ 输入新建的程序号（只输入数字，不输入地址“O”）并按INPUT键。

⑨ 按软键［EXEC］即可。

4）删除程序的步骤如下：

① 按 EDIT 键，使机床处于编辑工作模式下。

② 按 PROG 程序键，显示程序页面。

③ 输入要删除的程序名。

④ 按 DELETE 删除键，即可把该程序删除。

⑤ 如输入“O-9999”，再按 DELETE 键，可删除所有程序。

5）查找字的步骤如下：

打开程序，并处于 EDIT（编辑）工作模式下。

方法一：

① 按光标键 →，光标向后一个字一个字地移动，光标显示在所选的字上。

② 按光标键 ←，光标往前一个字一个字地移动，光标显示在所选的字上。

③ 按光标键 ↑，光标检索上一程序段的第一个字。

④ 按光标键 ↓，光标检索下一程序段的第一个字。

⑤ 按翻页键 PAGE ↓，显示下一页，并检索该页中的第一个字。

⑥ 按翻页键 ↑ PAGE，显示前一页，并检索该页中的第一个字。

方法二：

① 输入要查找的字，如“T03”。

② 按软键［检索↑］向上查找，光标停留在“T03”上。

③ 按软键［检索↓］向下查找，光标停留在“T03”上。

④ 当按下的软键方向相反时，会执行相反方向的检索操作。

6）插入字的步骤如下：

① 打开程序，并处于 EDIT（编辑）工作模式下。

② 查找字要插入的位置。

③ 输入要插入的字。

④ 按 INSERT 键即可。

7）替换字的步骤如下：

① 打开程序，并处于 EDIT（编辑）工作模式下。

② 查找将要被替换的字。

③ 输入替换的字。

④ 按 ALERT 键即可。

8）删除字的步骤如下：

① 打开程序，并处于 EDIT（编辑）工作模式下。

② 找到将要删除的字。

③ 按DELETE键即可删除。

6. 数控车床报警与诊断

当数控车床出现故障、操作失误或程序错误时，数控系统就会报警，出现报警页面（或报警信息 ALM 显示），机床将停止运行；数控机床报警后应查找报警原因并加以消除才能继续进行机床操作。

1）发那科系统报警信息页面。发那科系统报警信息页面如图 3-5 所示，报警信息由报警号（错误代码及编号）、报警原因组成，有时不出现报警页面，但在显示屏下方有ALM显示，按MESSAGE信息功能键，则显示报警信息页面。

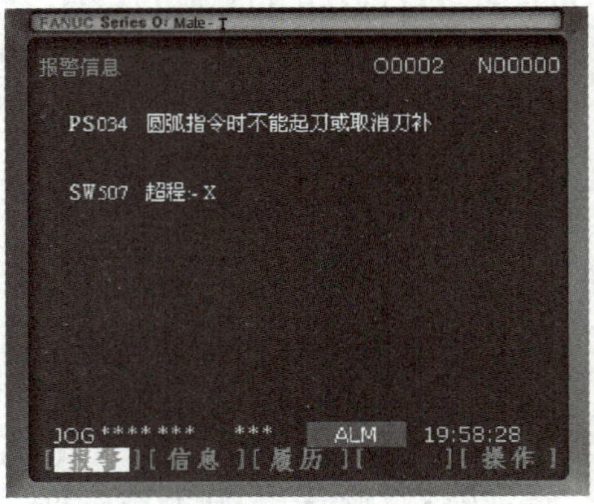

图 3-5 发那科系统报警信息页面

2）报警履历。发那科系统有多达 50 个最近发生的 CNC 报警被存储起来并显示在报警页面上，查找报警信息的操作步骤如下：

① 按MESSAGE信息功能键出现报警页面。

② 按［履历］软键，页面上显示报警履历。

报警履历内容包括：报警发生的日期和时刻、报警类别、报警号、报警信息和存储报警件数等。若要删除记录的报警信息，按软键［操作］，然后再按软键［DELETE］。

③ 按翻页键进行换页，查找其他报警信息。

3）报警处理及报警页面切换。根据报警原因或查阅发那科系统说明书中的报警一览表，消除引起报警的原因，然后按复位键。处于报警页面时，可通过清除报警或按下MESSAGE信息功能键返回到显示报警页面前所显示的页面。

4）常见报警情况及原因。数控车床常见报警情况、原因及删除方法见表 3-5。

表 3-5 数控车床常见报警情况、原因及删除方法

序号	报警情况	报警原因及删除方法
1	回参考点失败	原因：回参考点时，方向选择错误；回参考点时起点太靠近参考点或紧急停止按钮被按下等 删除方法：反方向移动坐标轴、释放紧急停止按钮，按复位键后重回参考点
2	*X*、*Z* 方向超程	原因：手动移动各坐标轴过程中或编写程序时，刀具移动位置超出+X、+Z 或-X、-Z 极限开关 删除方法：手动（JOG）方式下，反方向移动该坐标轴或修改程序中的 X、Z 数据
3	操作模式错误	原因：在前一工作模式未结束情况下，启用另一工作模式 删除方法：按复位键后重新启用新的工作模式
4	程序错误	原因：非法 G 代码、指令格式错误、数据错误等 删除方法：修改程序
5	机床硬件故障	原因：机床限位开关松动、接触器跳闸、变频器损坏等 删除方法：修理机床硬件

任务实施

1. 实施条件

1）FANUC 0i-M 系统数控车床若干台或 FANUC 0i-M 系统数控车床仿真软件，外圆车刀和 ϕ30mm 棒料。

2）给定数控程序，程序名为“O0012”，程序内容见表 3-6。

表 3-6 给定参考程序

程序段号	程序内容	程序段号	程序内容
N10	M03 S800 T0101；	N90	Z-25.0；
N20	M08；	N100	G00 X30 0；
N30	X100.0 Z250.0；	N110	G01 Z5.0；
N40	X20.0 Z5.0；	N120	X15.0；
N50	G01 Z-35.0；	N130	Z-15.0；
N60	X25.0；	N140	G01 X20.0；
N70	G00 Z5.0；	N150	G00 X100.0 Z200.0；
N80	G00 X20.0；	N160	M09；

2. 实施步骤

1）熟悉数控车床安全文明生产内容，进行安全纪律教育。

2）进行开机前检查。开机前检查数控车床开关、按键、润滑油等情况。

3）开机。按数控车床开机步骤打开数控车床。

4）回机床参考点。将工作方式选择为回参考点方式，按+X 键至回参考点指示灯亮，完成 *X* 轴回参考点；再按+Z 键至回参考点指示灯亮，完成 *Z* 轴回参考点。

5）认识 FANUC 0i-M 数控车床面板功能。

① 认识数控系统面板各按键功能。

② 认识数控机床操作面板各按键功能。

③ 进行数控车床面板页面切换。

6）程序输入。将给定的程序按“O0012”程序名输入数控系统中。

7）程序编辑。将已输入的“O0012”程序按下面要求进行编辑。

① 将程序“O0012”复制一个新程序，新程序名为“O1212”。

② 将程序“O0012”改名为“O2121”。

③ 搜索程序。

④ 打开程序“O2121”，编辑如下程序内容：

a. 将 N10 程序段中的 S800 改为 S500。

b. 在“N30 X100.0”程序字之间插入 G00 指令。

c. 在“N50 G01 Z-35.0;”程序段之后增加 F0.2 指令。

d. 删除“N80 G00 X20.0;”程序段中的 G00 指令。

e. 将“N90 Z-25.0;”程序段中的 Z-25.0 改为 Z-20.0 且插入 G01 指令。

f. 删除“N100 G00 X30.0;”程序段中的 G00 指令。

g. 将“N110 G01 Z5.0;”程序段中的 G01 指令改为 G00 指令。

h. 在“N130 Z-15.0;”程序字之间插入 G01 指令。

i. 在“N160 M09;”程序段后增加一段结束程序指令“N170 M30;”

⑤ 删除程序目录中其他无用途程序。

8）手动操作与试切削工件。将 ϕ30mm 棒料按要求装夹在车床卡盘上，伸出 50mm。外圆车刀按要求装夹在 T01 号刀位。

① 试切削工件端面。按主轴正转按钮使主轴正转，选择（JOG）手动方式，移动刀具接近工件外圆，Z 方向过工件右端面 0.5～1mm。将进给倍率调至 2%～4%，按-X 键试切削端面。刀具切至工件中心时，按+Z 键，退出刀具，再按+X 键退回刀具。

手动操作与试切削

② 试切削工件外圆。按主轴正转按钮使主轴正转，选择（JOG）手动方式，移动刀具接近工件端面，X 方向过工件外圆 0.5～1mm。将进给倍率调至 2%～4%，按-Z 键试切削工件外圆。刀具切至所需长度时，按+X 键，退出刀具，再按+Z 键退回刀具。

9）关机。操作结束后，打扫机床，按关机次序，正确关闭数控车床。

检测评价

将学生任务完成情况的检测与评价填入表 3-7 中。

表 3-7 数控车床基本操作检测评价表

序号	检测项目	检测内容及要求	配分	学生自检	学生互检	教师检测	得分
1	职业素养	文明、礼仪	5				
2		安全、纪律	10				
3		行为习惯	5				
4		工作态度	5				
5		团队合作	5				
6	开机、回参考点及关机操作	开机前检查	5				
7		开机步骤	5				
8		回参考点操作步骤	5				
9		关机步骤	5				
10		数控车床操作面板按键功能	10				

（续）

序号	检测项目	检测内容及要求	配分	学生自检	学生互检	教师检测	得分
11	开机、回参考点及关机操作	数控车床数控系统面板功能及页面切换	10				
12		程序输入正确	10				
13		程序编辑正确	10				
14		手动操作与试切削	10				
综合评价							

任务拓展

MDI 手动数据输入方式用于简单的程序测试，一般最多可运行 10 段程序，其程序输入步骤如下：

1）使机床运行于 MDI（手动输入）工作模式。

2）按PROG程序键，出现如图 3-6 所示页面。

3）按［MDI］软键，自动出现加工程序名“O0000”。

4）输入测试程序。

5）按程序编辑方式可进行程序内容的编辑。

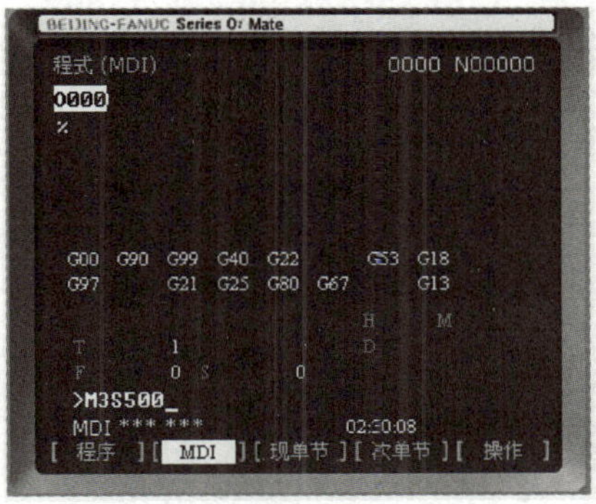

图 3-6　发那科系统 MDI 程序输入页面

发那科系统 MDI 操作

任务二　汽车转向助力油泵输出轴的加工

任务描述

图 3-7 所示为某汽车转向助力油泵，现用 FANUC 0i-M 系统数控车床完成转向助力油泵输出轴的粗加工，零件图如图 3-8 所示，毛坯为 45 钢，ϕ20mm 棒料。该零件由三个外圆面构成，精度要求较低，加工后三维效果图如图 3-9 所示。

图 3-7　汽车转向助力油泵

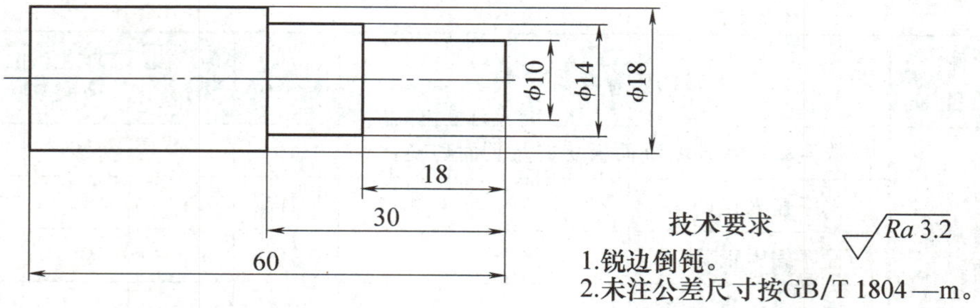

图 3-8 汽车转向助力油泵输出轴零件图

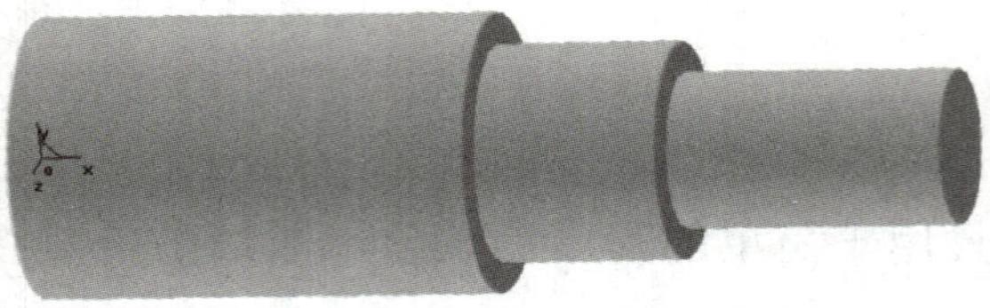

图 3-9 汽车转向助力油泵输出轴三维效果图

知识目标

1. 掌握 G00、G01 指令及其应用。
2. 掌握进给速度单位设定指令及其应用。
3. 理解直径编程含义。
4. 掌握汽车转向助力油泵输出轴加工工艺的制订方法。
5. 掌握一般轴类零件数控程序编写流程。

技能目标

1. 熟练数控车床基本操作。
2. 会进行外圆车刀试切法对刀。
3. 能进行工件单段加工、自动加工。
4. 能完成汽车转向助力油泵输出轴加工并达到图样要求。

知识准备

1. 粗、精车外圆路径

粗车外圆，应先车削大直径外圆，后车削小直径外圆，避免一开始加工就明显降低工件的刚度，引起弯曲变形和振动，同时可均分背吃刀量，如图 3-10 所示。精车路径则从小直径外圆车至大直径外圆，以保证切削路径的连贯性，如图 3-11 所示。

2. 编程指令

汽车转向助力油泵输出轴加工中除用到刀具功能指令 T、主轴转速功能指令 S、尺寸功能指令（X、Z）、进给功能指令 F，还用到 G00、G01 等指令。

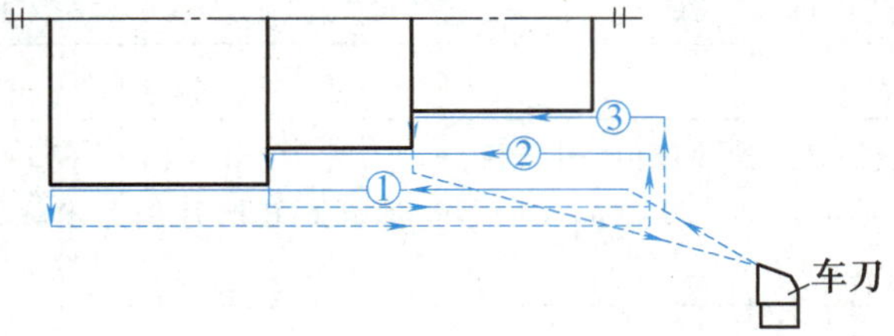

图 3-10　粗车外圆路径

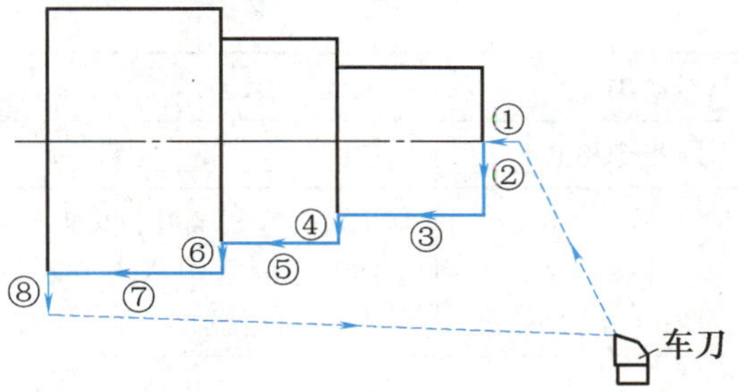

图 3-11　精车外圆路径

（1）快速点定位指令 G00　指刀具以机床规定的快速移动速度从所在位置移动到目标点位置。G00 指令格式、参数含义及使用说明见表 3-8。

表 3-8　G00 指令格式、参数含义及使用说明

类别	内　容
指令格式	G00 X __ Z __;
参数含义	X、Z 为目标点坐标 如程序段“G00 X30.0 Z5.0;”是指刀具快速移动到坐标为(5,30)位置
指令使用说明	1)G00 指令刀具移动速度由机床规定,无须在程序段中指定 2)G00 指令为模态有效代码,一经使用持续有效,直到被同组代码(G01、G02 等)取代为止 3)G00 指令移动速度快,只能使用在空行程或退刀场合,以缩短时间,提高效率 4)G00 指令目标点不能设置在工件表面,应距离工件表面有 2~5mm 的安全距离,且在移动过程中不能碰到机床、夹具等,如图 3-12 所示

（2）直线插补指令 G01　指刀具以编程指定的进给速度移动到目标点。G01 指令格式、参数含义及使用说明见表 3-9。

（3）进给速度单位设定指令 G98、G99　G98、G99 指令含义及使用说明见表 3-10。

（4）直径编程　数控车床加工的是回转体零件，一般都以直径方式编程，即以直径表示 *X* 坐标值；更改数控系统内部参数 1006 号，也可以半径值作为编程坐标。

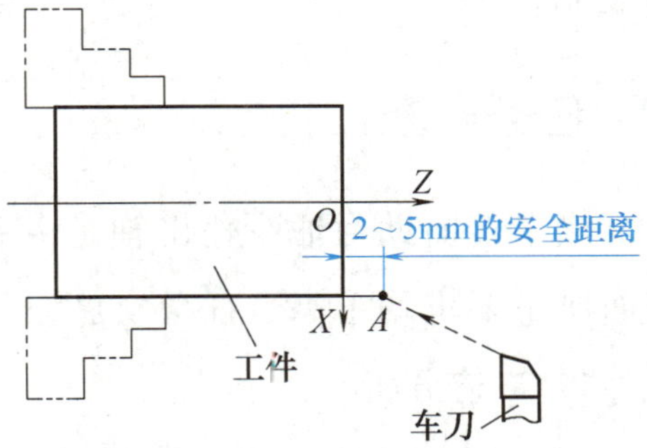

图 3-12　刀具快速移动时的安全距离

（5）零件加工程序编制方法　编制一个完整的零件加工程序主要步骤如下：

1）建立工件坐标系。根据工件坐标系建立原则建立恰当的工件坐标系（编程坐标系），便于程序编制。

2）拟订加工工艺并计算轮廓基点坐标及工艺点坐标，作为快速点定位或直线（圆弧）插补目标点坐标。

3）给程序命名。发那科系统程序名以字母 O 开头，后跟四位数字，如“O2245”。

表 3-9 G01 指令格式、参数含义及使用说明

类别	内　　容
指令格式	G01 X__ Z__ F__;
参数含义	X、Z 为直线插补目标点坐标，F 为直线插补进给速度值（进给量） 如程序段“G01 X20.0 Z-5.0 F0.2;”是指刀具以 0.2mm/r 的移动速度直线插补到点坐标为（-5,20）位置
指令使用说明	1）G01 指令用于工件切削加工，加工中必须指定刀具进给速度，且一段程序中只能指定一个进给速度 2）G01 指令移动速度较慢，空行程或退刀过程中用此指令则刀具移动时间长、效率低 3）G01 指令为模态有效代码，一经使用持续有效，直至被同组 G 代码（G00、G02 等）取代为止

表 3-10 G98、G99 指令、含义及使用说明

指令代码	含义	使用说明
G98	每分钟进给量，单位为 mm/min	常用于数控铣床和加工中心
G99	每转进给量，单位为 mm/r	常用于数控车床，是模态有效代码，且机床开机有效
示例：程序“G01 X10.0 Z-20.0 G99 F0.3;”表示的进给速度为 0.3mm/r。 程序“G01 X10.0 Z-20.0 G98 F100;”表示的进给速度为 100mm/min。		

4）编写数控加工程序。编写程序时首先给出机床做好准备工作的动作指令，如主轴正转指令（M03）、转速指令（S）、所用刀具指令（T），切削液开指令（M08）等，以及设置数控系统初始状态指令，如米制数据输入指令 G21、每转进给量指令 G99 等。然后，根据零件加工工艺路线，依次编写刀具移动过程的程序指令。最后，写入程序结束指令 M02 或 M30。

任务实施

汽车转向助力油泵输出轴是由 3 个外圆、台阶与端面构成的简单零件，外圆尺寸精度、表面质量要求均不高，任务实施以编写数控加工程序和加工出零件形状为主。

1. 工艺分析

（1）刀具选择　用一把车刀加工所有表面，车刀装夹在 T01 号刀位；零件有两个台阶面，故车刀主偏角应大于 90°。实际工作中，可根据条件选用硬质合金焊接式外圆车刀或可转位式车刀。手动切断选用刀头宽度为 4mm 的切断刀。

（2）量具选择　外圆直径及台阶长度选择游标卡尺测量即可。

（3）零件加工工艺路线制订　本任务按粗车路径安排，如图 3-13 所示。刀具从起点快速移动至进刀点 A→直线加工至 P_5 点→沿 $+X$ 方向切出至 D 点→刀具沿 $+Z$ 方向退回→沿 $-X$ 方向进刀至 B 点→直线加工至 P_3 点→刀具沿 $+X$ 方向切出至 E 点→刀具沿 $+Z$ 方向退回→沿 $-X$ 方向进刀至 C 点→直线加工至 P_1 点→刀具沿 $+X$ 方向切出至 F 点→刀具快速退回至起点→结束。

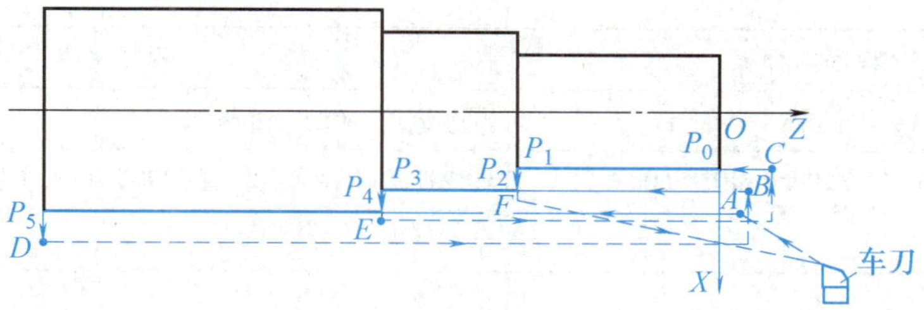

图 3-13 汽车转向助力油泵输出轴车削路线

（4）切削用量选择 切削用量选择主要考虑工艺系统刚度、加工表面质量、工件材料等因素，工件材料为45钢，表面质量要求不高，背吃刀量选2~3mm，进给量选0.2mm/r，主轴转速选600r/min。手动切断，主轴转速选400r/min，进给率调至2%。具体切削用量见表3-11。

表 3-11 汽车转向助力油泵输出轴车削加工工艺

工序名	定位（装夹面）	工步序号及内容	刀具及刀号	主轴转速 $n/(r/min)$	进给量 $f/(mm/r)$	背吃刀量 a_p/mm
车	夹住毛坯外圆	1)车 ϕ18mm 外圆	外圆车刀，刀号 T01	600	0.2	2~3
		2)车 ϕ14mm 外圆	外圆车刀，刀号 T01	600	0.2	2
		3)车 ϕ10mm 外圆	外圆车刀，刀号 T01	600	0.2	2
		4)手动切断工件	车断刀，刀号 T02	400	0.1	4
	调头，夹住 ϕ18mm 外圆	手动车端面，控制总长	外圆车刀，刀号 T01	600	0.2	2~3

2. 程序编制

加工零件右端轮廓时，工件坐标系原点选择在零件右端面中心点，取刀尖为刀位点，如图3-13所示，加工中工艺点如 A、B、C 等进刀点及外圆加工后沿 X 轴方向车出点（D、E、F）及基点 P_0~P_5 坐标见表3-12。

表 3-12 基点及各工艺点坐标

基点	坐标(Z,X)	工艺点	坐标(Z,X)
P_0	(0,10)	A	(4,18)
P_1	(-18,10)	B	(4,14)
P_2	(-18,14)	C	(4,10)
P_3	(-30,14)	D	(-65,25)
P_4	(-30,18)	E	(-30,20)
P_5	(-65,18)	F	(-18,16)

参考程序见表3-13，程序名为“O0321”，手动切断及调头手动车左端面控制总长，不需编程。

表 3-13　汽车转向助力油泵输出轴加工参考程序

程序段号	程序内容	程序说明
N10	G99 G21;	每转进给量,米制尺寸输入
N20	G00 X100.0 Z200.0 M03 S600;	刀具快速运动到起点位置(200,100),主轴正转,转速 600r/min
N30	T0101;	选择 1 号刀
N40	G00 X18.0 Z4.0;	刀具快速运动到 A 点
N50	G01 Z-65.0 F0.2;	以 G01 速度从 A 点直线加工到 P_5 点
N60	X25.0;	刀具沿+X 方向车出至 D 点
N70	G00 Z4.0;	刀具沿+Z 方向快速退回
N80	X14.0;	X 方向进刀至 B 点
N90	G01 Z-30.0;	刀具直线加工到 P_3 点
N100	X20.0;	刀具沿+X 方向车出至 E 点
N110	G00 Z4.0;	刀具沿+Z 方向快速退回
N120	X10.0;	X 方向进刀至 C 点
N130	G01 Z-18.0;	刀具直线加工到 P_1 点
N140	X16.0;	刀具沿+X 方向车出至 F 点
N150	G00 X100.0 Z200.0;	刀具退回至起点
N160	M02;	程序结束

注：无变化的模态有效指令代码在下一程序段中一般省略不写。

3. 加工操作

1）开机回参考点，建立机床坐标系。

2）装夹工件。夹住毛坯外圆，伸出长度 70mm 左右。

3）装夹刀具。将外圆车刀装夹在 T01 号刀位，车断刀装夹在 T02 号刀位；刀具刀尖与工件回转中心等高，外圆车刀主偏角大于或等于 90°，车断刀刀头垂直于工件轴线。

4）对刀操作。使用刀具长度补偿对刀。

使用刀具长度补偿对刀是通过试切法将工件原点在机床坐标系中的位置测出并输入到刀具长度补偿号中的一种对刀方法，对刀前要将基本工件坐标系 EXT 中的数值清零。以外圆车刀为例，对刀时选择工件右端面中心点为工件坐标系原点，刀尖为编程与对刀刀位点，操作步骤如下：

① 刀具 *Z* 方向对刀。MDI 模式下输入“M3 S400”；程序，按数控启动键，使主轴正转。切换成手动（JOG）模式，移动刀具车削工件右端面，再按+X 键退出刀具（刀具 *Z* 方向位置不能移动），如图 3-14 所示。然后进行面板操作，操作步骤见表 3-14。

② 刀具 *X* 方向对刀。MDI 模式下输入“M3 S400;”程序，按数控启动键，使主轴正转。切换成手动（JOG）模式，移动刀具车削工件外圆（长 2~5mm），再按+Z 键退出刀具（刀具 *X* 方向位置不能移动），如图 3-15 所示。停机，测量所车外圆直径，然后进行面板操作，操作步骤见表 3-14。

外圆车刀对刀操作

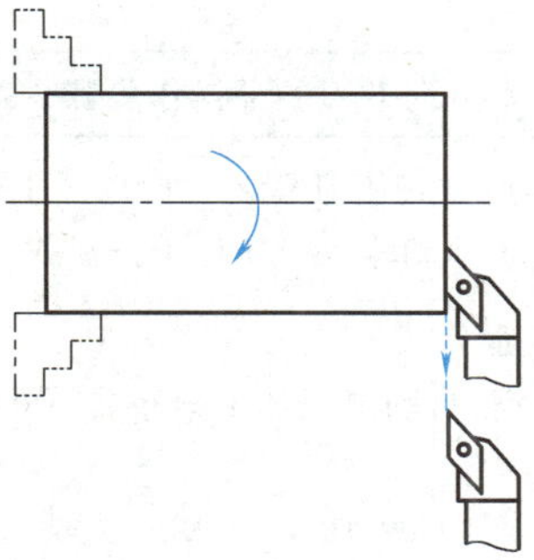

图 3-14　刀具 *Z* 方向对刀

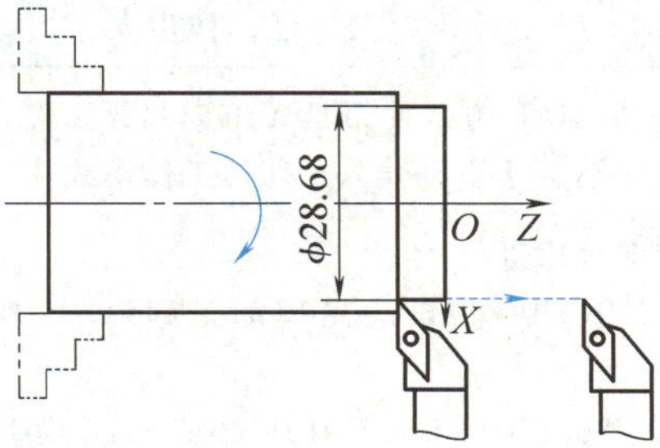

图 3-15　刀具 *X* 方向对刀

表 3-14　外圆车刀长度补偿对刀操作步骤

Z 方向对刀面板操作步骤	*X* 方向对刀面板操作步骤
1）按 OFFSET SETTING 参数键，出现如图 3-16 所示页面 2）按［补正］软键，出现页面如图 3-17 所示 3）将光标移至该刀具号的 *Z* 轴数据处 4）按［操作］软键，出现页面如图 3-18 所示 5）输入刀具在工件坐标系中的 *Z* 坐标值，此处为 Z0，按［测量］软键，完成 *Z* 轴对刀	1）按 OFFSET SETTING 参数键，出现如图 3-16 所示页面 2）按［补正］软键，出现页面如图 3-17 所示 3）将光标移至该刀具号的 *X* 轴数据处 4）按［操作］软键，出现页面如图 3-18 所示 5）输入刀具在工件坐标系中的 *X* 坐标值（直径），此处为 X28.68，按［测量］软键，完成 *X* 轴对刀

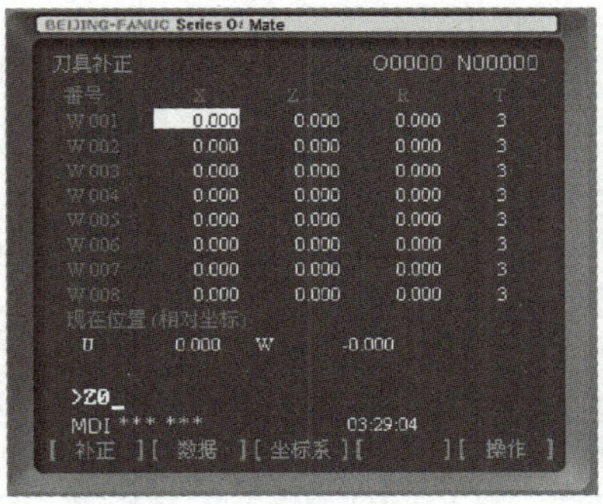

图 3-16　*Z* 轴零点偏置测量值窗口

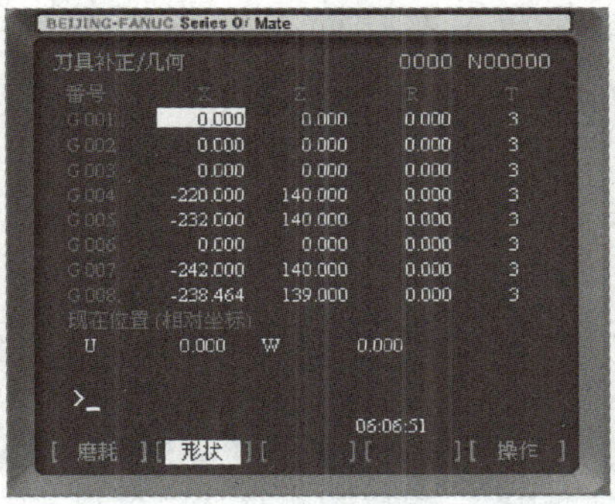

图 3-17　发那科系统刀具补偿窗口

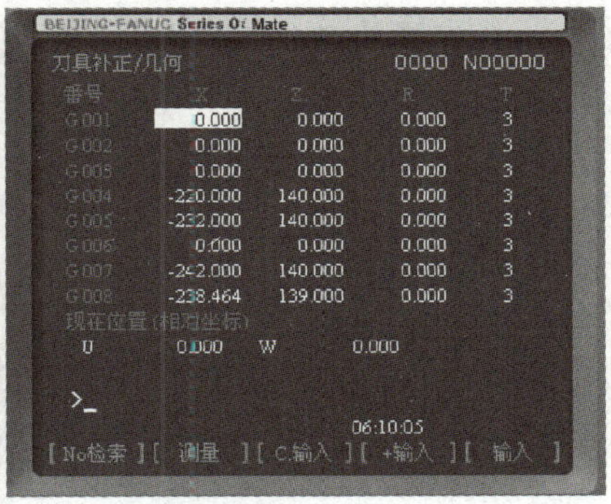

图 3-18　发那科系统刀具补偿操作测量窗口

③ 对刀验证。对刀验证操作步骤见表 3-15。

5）输入程序及校验。采用数控仿真软件进行程序校验，程序正确后将其输入机床数控系统。

6）零件加工。首次进行零件加工，尽可能采用单段加工。程序单段加工即按数控启动键后只执行一段程序便停止，再按数控启动键，再执行一段程序，如此一段一段地执行程序，便于仔细检查和校验。

设置方法：按数控机床面板上的单段运行键，单段运行指示灯亮，再按一次该键，可取消单段运行。

单段加工与自动加工

① 加工零件右端轮廓。

表 3-15　外圆车刀对刀验证操作步骤

Z 方向对刀验证操作步骤	X 方向对刀验证操作步骤
1)以手动(JOG)方式使刀具 X 方向离开工件 2)使机床运行于手动输入(MDI)工作模式 3)按 PROG 程序键 4)按[MDI]软键,自动出现加工程序名"O0000",如图 3-6 所示 5)输入测试程序"G00 T0101 Z0;"(或"G01 T0101 Z0 M3 S300 F2;") 6)按数控启动键,运行测试程序 7)程序运行结束后,观察刀尖是否与工件右端面处于同一平面,如是则对刀正确;如不是则对刀操作不正确,查找原因,重新对刀	1)以 JOG(手动)方式使刀具 Z 方向离开工件 2)使机床运行于手动输入(MDI)工作模式 3)按 PROG 程序键 4)按[MDI]软键,自动出现加工程序名"O0000",如图 3-6 所示 5)输入测试程序"G00 T0101　X0;"(或"G01 T0101 X0 M3 S300 F2;") 6)按数控启动键,运行测试程序 7)程序运行结束后,观察刀尖是否处于工件轴线上,如是则对刀正确;如不是则对刀操作不正确,查找原因,重新对刀

a. 调出“O0321”程序，检查工件、刀具是否按要求夹紧，刀具是否已对刀。

b. 选择自动加工方式，调小进给倍率，按数控机床面板上单段运行键，按数控启动键进行加工，每段程序运行结束后继续按数控启动键，即可一段一段执行程序加工工件。加工中注意观察切削情况，逐步将进给倍率调至适当位置。

c. 手动切断工件。

② 调头夹住 ϕ18mm 外圆，手动车左端面，控制总长。

③ 加工结束后，切断机床电源并及时清扫机床。

检测评价

将学生任务完成情况的检测与评价填入表 3-16 中。

表 3-16　汽车转向助力油泵输出轴加工检测评价表

序号	检测项目	检测内容及要求	配分	学生自检	学生互检	教师检测	得分
1	职业素养	文明、礼仪	5				
2		安全、纪律	10				
3		行为习惯	5				
4		工作态度	5				
5		团队合作	5				
6	工艺制订	1)选择装夹与定位方式 2)选择刀具 3)选择加工路径 4)选择合理的切削用量	5				
7	程序编制	1)编程坐标系选择正确 2)指令使用与程序格式正确 3)基点坐标正确	10				

（续）

序号	检测项目	检测内容及要求	配分	学生自检	学生互检	教师检测	得分
8	机床操作	1）开机前检查、开机、回参考点 2）工件装夹与对刀 3）程序输入与校验	5				
9	零件加工	ϕ18mm	10				
10		ϕ14mm	10				
11		ϕ10mm	10				
12		60mm	5				
13		30mm	5				
14		18mm	5				
15		表面粗糙度值 *Ra*3.2μm	5				
综合评价							

任务拓展

图 3-19 所示为某汽车销轴零件，毛坯为 45 钢，ϕ28mm 棒料。

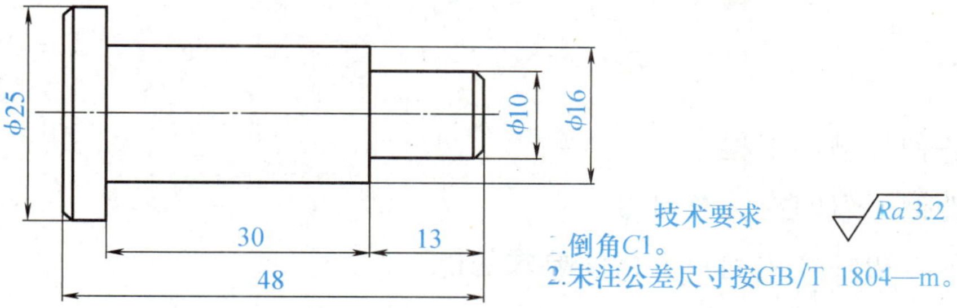

图 3-19 汽车销轴零件

任务实施提示：汽车销轴零件也由 3 个外圆、台阶与端面构成，尺寸精度与表面质量要求也不高，但 ϕ25mm 外圆与 ϕ16mm 外圆相差 4.5mm 余量（单边），ϕ10mm 外圆与 ϕ16mm 外圆相差 3mm 余量（单边），余量较大，不能一次车完，需分 2~3 次走刀才能完成，编程和加工中应注意分层切削。

任务三 汽车多槽轴的加工

任务描述

图 3-20 所示为一种改型后的汽车多槽轴零件，毛坯为 45 钢，ϕ30mm 棒料，其中 4mm×1mm 窄槽 3 个，6mm×2mm 宽槽 3 个，零件表面粗糙度值全部为 *Ra*3.2μm，使用 FANUC 0i-M 系统数控车床完成该零件的加工，加工后三维效果图如图 3-21 所示。

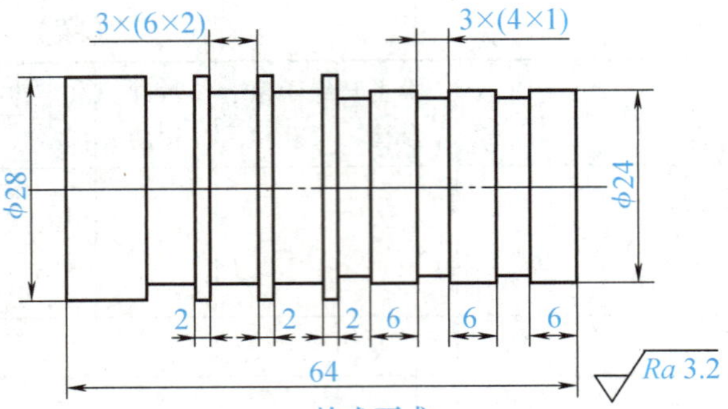

图 3-20 多槽轴零件图

图 3-21 多槽轴三维效果图

知识目标

1. 掌握 G04 指令及应用。
2. 掌握绝对坐标和相对坐标指令的含义及应用。
3. 掌握直线切削循环指令的格式及应用。
4. 掌握子程序定义及应用。
5. 会制订各种外槽加工工艺。

技能目标

1. 会编写各种外槽加工程序。
2. 会进行外槽车刀的安装及对刀。
3. 具有加工多槽轴并达到一定精度要求的能力。

知识准备

1. 车外槽的进刀方式

轴类零件表面上有各种类型槽，如直槽、V（梯）形槽、圆形槽等，如图 3-22 所示，主要用作螺纹退刀槽、砂轮越程槽、密封槽、冷却槽等，精度要求不是很高，在数控车床上进行加工主要考虑刀具选择、进退刀方式等。

（1）车窄直槽的进、退刀方式　车窄直槽进、退刀方式与车断工件的进、退刀方式相同，用外槽车刀一次进给切入、切出，如图 3-23 所示（图中 a 为刀头宽度）。

（2）车宽直槽进、退刀方式　用车槽刀沿横向多次粗车，槽侧和槽底留精车余量，最后精车槽侧和槽底，如图 3-24 所示。

（3）车 V（梯）形槽进刀方式　V 形槽根据槽尺寸大小采用成形槽刀直进法、直槽刀左右切削法切削。当 V 形槽尺寸较小时，用 V 形槽刀直进法，如图 3-25a 所示。V 形槽也可用直槽刀分三次切削完成，第 1 刀车直槽，第 2 刀车右侧 V 形部分，第 3 刀车左侧 V 形部分，如图 3-25b 所示。

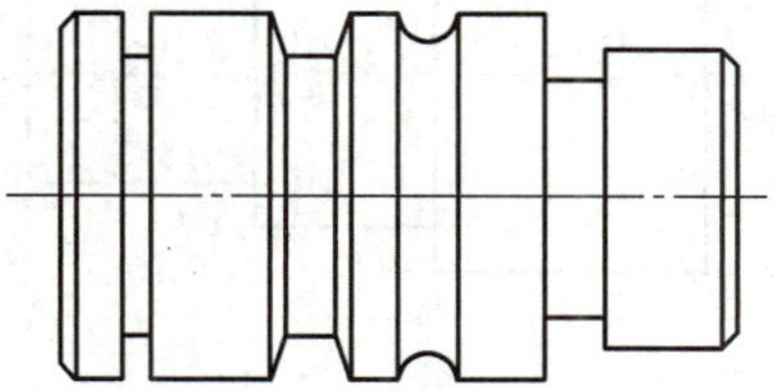

图 3-22　各种外槽形状

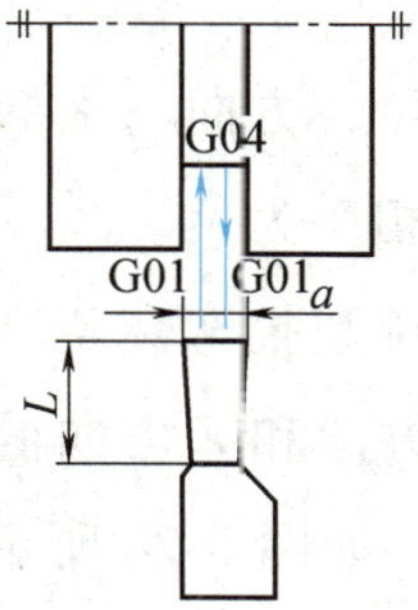

图 3-23　车窄直槽进、退刀方式

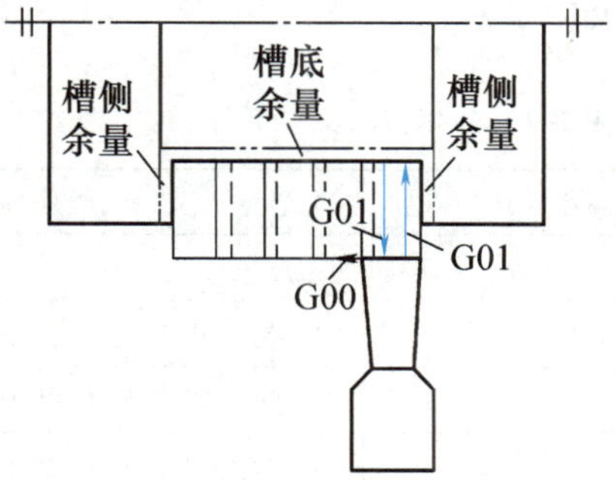

a)　　b)

图 3-24　车宽直槽进、退刀方式

a）车宽直槽粗车进、退刀方式　b）车宽直槽精车进、退刀方式

2. 编程知识

（1）暂停指令 G04　加工宽度不大的槽用 G01 直线插补指令直进法切入、切出，为保证槽底光滑圆整，车至槽底时需用 G04 指令暂停，以光整槽底表面，如图 3-23 所示。G04 指令格式、参数含义及使用说明见表 3-17。

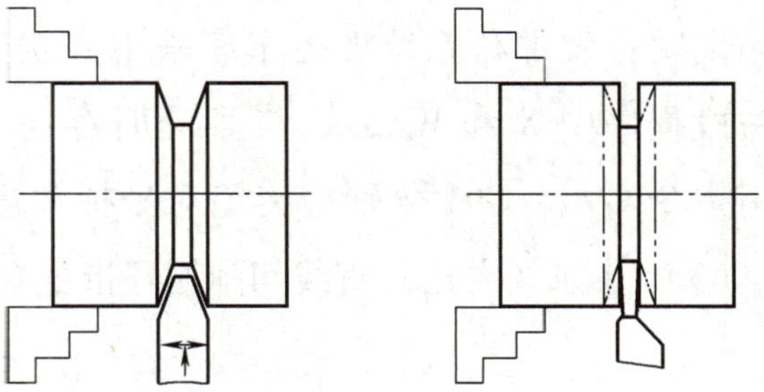

a)　　b)

图 3-25　车 V（梯）形槽进刀方式

a）V 形槽刀一次直进方式　b）直槽刀分三次进刀切削方式

（2）绝对坐标、增量（相对）坐标

1）绝对坐标：刀具的位置坐标是以工件原点为基准计量的，即刀具当前位置在工件坐标系中的坐标。

表 3-17　G04 指令格式、参数含义及使用说明

类别	内　容
指令格式	G04 X(U)__；或 G04 P __；
参数含义	X、U 后跟暂停时间，单位为 s，其后需带小数点，表示暂停数秒时间；P 后跟暂停时间，单位为 ms，不可用带小数点的数，表示暂停数毫秒时间
使用说明	G04 指令是程序段有效指令

2）增量（相对）坐标：刀具位置坐标是相对于前一位置的增量，方向与坐标轴方向一致为正，方向与坐标轴方向相反为负。

发那科系统数控车床以 X、Z 表示绝对坐标，用 U、W 表示 *X* 方向和 *Z* 方向的增量坐标。

[例 3-1] 如图 3-26 所示零件，从 *A* 点加工至 *F* 点，工件坐标系原点设在 *O* 点，用绝对坐标、增量坐标编写加工程序。

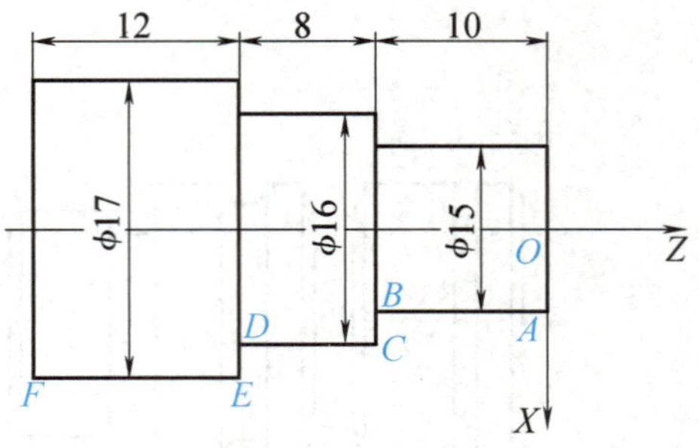

图 3-26 绝对坐标、增量坐标编程零件图

绝对坐标、增量坐标编程示例程序见表 3-18。

表 3-18 绝对坐标、增量坐标编程示例程序

绝对坐标编程	增量坐标编程	程序说明
……	……	……
N40 G01 X15.0 Z0 F0.2;	N40 G01 X15.0 Z0 F0.2;	直线加工至 *A* 点
N50 Z-10.0;	N50 U0 W-10.0;	直线加工至 *B* 点
N60 X16.0;	N60 U1.0 W0;	直线加工至 *C* 点
N70 Z-18.0;	N70 U0 W-8.0;	直线加工至 *D* 点
N80 X17;	N80 U1.0 W0;	直线加工至 *E* 点
N90 Z-30;	N90 U0 W-12.0;	直线加工至 *F* 点
……	……	……

说明：发那科系统数控车床采用 A 类 G 代码体系，可以绝对、增量坐标混合编程，即在一段程序中 X 和 W 或 U 与 Z 同时存在。数控铣床中常用 B 类（或 C 类）G 代码体系，即用指令 G90、G91 分别指定绝对坐标和增量坐标，具体情况见附录。

（3）外圆（内孔）直线切削循环指令 G90 G90 指令格式、参数含义及使用说明见表 3-19。

表 3-19 G90 指令格式、参数含义及使用说明

类别	内容
指令格式	G90 X(U)__ Z(W)__ F__;
参数含义	X、Z：指定纵向切削终点绝对坐标 U、W：指定至纵向切削终点的移动量，纵向切削终点相对于循环起点的增量坐标 F：指定切削进给速度
切削循环动作次序图示	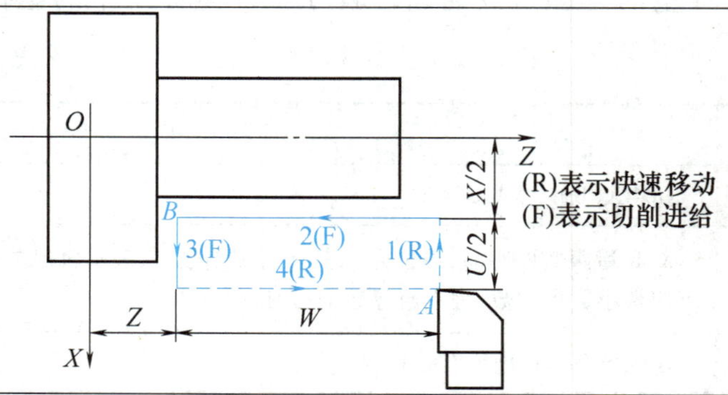

（续）

类别	内　　容
使用说明	1）图示中 A 点为循环起点，B 点为纵向切削终点；注意设置循环起点位置以保证不发生撞刀 2）G90 为模态有效代码；取消方式为指定 G90、G92、G94 指令以外的 01 组 G 代码，如 G01、G02、G03、G32 等 3）在单段方式下，按一次数控启动键，将执行 1~4 四个动作

（4）子程序　当加工零件上形状和结构相同的部分时，可将这部分形状和结构的加工编写成子程序，在主程序适当位置调用、运行子程序，以简化程序结构。

发那科系统子程序命名规则与主程序相同，以字母“O”开头，后跟四位数字表示，但子程序结束用指令 M99 表示。如子程序“O2233”如下：

N10 G00 W-10.0 ;　　　$-Z$ 方向快速移动 10mm

N20 G01 U-8.0 ;　　　$-X$ 方向直线进给 8mm

N30 G04 X2.0;　　　暂停时间 2s

N40 G01 U8.0;　　　X 方向直线切出 8mm

N50 M99;　　　子程序结束

子程序结束指令 M99 不一定要构成一个独立程序段。

子程序调用

（5）子程序调用指令 M98　M98 指令格式、参数含义及使用说明见表 3-20。

表 3-20　M98 指令格式、参数含义及使用说明

类别	内　　容
指令格式	M98 P×××××××;
参数含义	P 后跟子程序被重复调用次数及子程序名，后四位数表示子程序名 例：N20 M98 P2233；调用子程序“O2233”； … N40 M98 P30113；重复调用子程序“O0113”3 次
使用说明	主程序可以调用子程序，子程序还可以继续调用子程序，一般可嵌套 10 层
调用子程序后，程序执行次序图	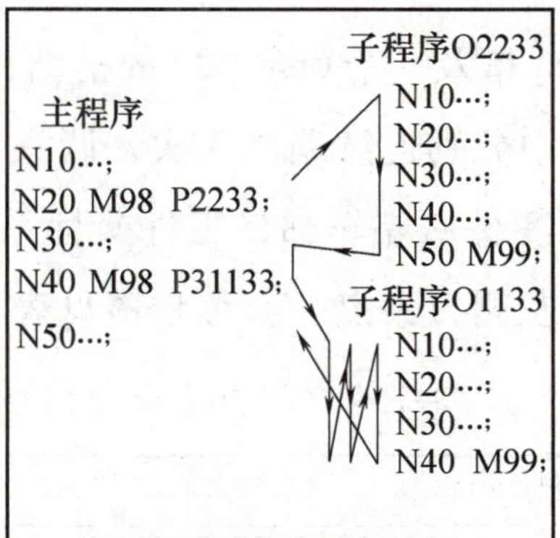发那科系统程序运行路线

任务实施

本任务零件的3个窄槽和3个宽槽分别处于不同台阶面上，为方便加工，选用刀头宽度相同的同一把车槽刀，窄槽一次车削至尺寸要求，宽槽分几次粗车，最后再精车完成。此外，车槽前还需完成相应外圆表面车削。

1. 工艺分析

（1）刀具选择　加工外圆、端面选用可转位式外圆车刀；车槽刀选用宽度为4mm的可转位式外槽车刀。

（2）量具选择　量具选用游标卡尺。

（3）车削零件工艺路线的制订　夹住毛坯外圆，车工件端面、外圆，然后换车槽刀分别加工6个外槽，最后车断工件；再调头车左端面控制总长。车削加工工艺见表3-21。

（4）选择切削用量　粗、精车外圆切削用量同前面任务，车槽主轴转速选择350r/min，进给量选择0.08mm/r。所有表面加工切削用量见表3-21。

表 3-21　车削多槽轴加工工艺

工序名	定位（装夹面）	工步序号及内容	刀具及刀号	主轴转速 n/(r/min)	进给量 f/(mm/r)	背吃刀量 a_p/mm
车	夹住毛坯外圆,车工件右端轮廓、槽	1）粗车 ϕ28mm 及 ϕ24mm 外圆	外圆车刀,刀号T01	600	0.2	2
		2）精车 ϕ28mm 及 ϕ24mm 外圆	外圆车刀,刀号T01	800	0.1	0.3
		3）车3个4mm×1mm窄槽	外槽车刀,刀号T02	350	0.08	4
		4）车3个6mm×2mm宽槽	外槽车刀,刀号T02	350	0.08	4
		5）车断	外槽车刀,刀号T02	350	0.08	4
	调头装夹	手动车端面,控制总长	外圆车刀,刀号T01	600	0.2	2

2. 程序编制

右端3个4mm×1mm槽及3个6mm×2mm槽结构形状相同，采用增量方式分别编写两个子程序，然后在主程序中分别连续调用3次，调头车端面控制总长不需编写加工程序。

（1）主程序　加工零件右端轮廓，工件坐标系原点选择在零件右端面中心点；加工槽时外槽车刀刀位点选取左侧刀尖点。参考程序见表3-22，程序名为“O0331”。

表 3-22　车零件右端轮廓参考程序

程序段号	程序内容	程序说明
N10	G40 G18 G21 G99;	参数初始化
N20	M3 S600 T0101;	主轴正转,转速600r/min,选T01号外圆车刀

（续）

程序段号	程序内容	程序说明
N30	G00 X32.0 Z5.0 M08;	刀具快速移至循环起点，切削液开
N40	G90 X28.6 Z-69.0 F0.2;	调用循环，粗车 ϕ28mm 外圆，进给量为 0.2mm/r
N50	G90 X24.6 Z-29.8;	调用循环，粗车 ϕ24mm 外圆
N60	S800;	主轴转速调为 800r/min
N70	G00 X0 Z5.0;	刀具快速移至进刀点
N80	G01 Z0 F0.1;	精车至端面，进给量为 0.1mm/r
N90	X24.0;	精车端面
N100	Z-30.0;	精车 ϕ24mm 外圆
N110	X28.0;	精车台阶面
N120	Z-69.0;	精车 ϕ28mm 外圆
N130	X32.0;	刀具沿 *X* 方向切出
N140	G28 X60.0 Z50.0;	刀具返回机床参考点
N150	T0202;	换外槽车刀
N160	G00 X32.0 Z0 S350;	刀具返回切削起点，主轴转速为 350r/min
N170	M98 P30001;	调用车窄槽子程序，加工 3 个窄槽
N180	M98 P30002;	调用车宽槽子程序，加工 3 个宽槽
N190	G00 Z-69.0;	刀具移至 Z-69 处，留车断余量
N200	G01 X0 F0.08;	车断工件，进给量为 0.08mm/r
N210	X32.0;	刀具切出
N220	G28 X60.0 Z50.0 M09;	刀具返回机床参考点，切削液关
N230	M05;	主轴停
N240	M30;	程序结束

（2）车 4mm×1mm 窄槽子程序　车窄槽子程序见表 3-23，程序名为“O0001”。

表 3-23　车窄槽子程序

程序段号	程序内容	程序说明
N10	G00 W-10 ;	-*Z* 方向移动 10mm
N20	G01 U-10 F0.08;	-*X* 方向切入 10mm，进给量 0.08mm/r
N30	G04 X3;	槽底暂停 3s
N40	U10;	*X* 方向切出 10mm
N50	M99;	子程序结束并返回

（3）车 6mm×2mm 宽槽子程序　车宽槽子程序见表 3-24，程序名为“O0002”。

3. 加工操作

1）开机回参考点，建立机床坐标系。

表 3-24 车宽槽子程序

程序段号	程序内容	程序说明
N10	G00 W-6.3 ;	-Z 方向移动 6.3mm，槽侧留 0.3mm 余量
N20	G01 U-7.7 F0.08;	-X 方向切入 7.7mm，槽底留 0.15mm 余量
N30	G04 X3;	槽底暂停 3s
N40	U7.7;	+X 方向切出 7.7mm
N50	G00 W-1.4;	-Z 方向移动 1.4mm
N60	G01 U-7.7 F0.08;	-X 方向切入 7.7mm，槽底留 0.15mm 余量
N70	G04 X3;	槽底暂停 3s
N80	U7.7;	+X 方向切出 7.7mm
N90	G00 W1.7;	+Z 方向移动 1.7mm
N100	G01 U-8 F0.08;	-X 方向切入 8mm，进给量 0.08mm/r
N110	W-2;	-Z 方向切削 2mm
N120	U8;	X 方向切出 8mm
N130	M99;	子程序结束并返回

2）装夹工件。加工零件右端轮廓时，夹住毛坯外圆，伸出长度 75mm 左右，调头夹住 ϕ28mm 外圆，手动车端面时需进行找正，保证工件不歪斜。

3）装夹刀具。将外圆车刀、外槽车刀分别装夹在 T01、T02 号刀位中；保证刀具刀尖与工件回转中心等高，外槽车刀刀头严格垂直于工件轴线。

4）对刀操作，外圆车刀采用试切法对刀。外槽车刀对刀刀位点选左侧刀尖，对刀步骤如下：

① *Z* 方向对刀。MDI 模式下输入程序“M3 S400”；按数控启动键，使主轴正转；切换成手动模式，将外槽车刀左侧刀尖移至工件端面，沿+*X* 方向退出刀具，如图 3-27 所示。然后进行面板操作，面板操作步骤与外圆车刀+*Z* 方向对刀相同。

② *X* 方向对刀。MDI 模式下输入程序“M3 S400;”，按数控启动键，使主轴正转；切换成手动模式，用外槽车刀主切削刃试车工件外圆面（长 3~5mm），沿+*Z* 方向退出刀具，如图 3-28 所示。停机，测量所车外圆直径，然后进行面板操作，面板操作步骤与外圆车刀

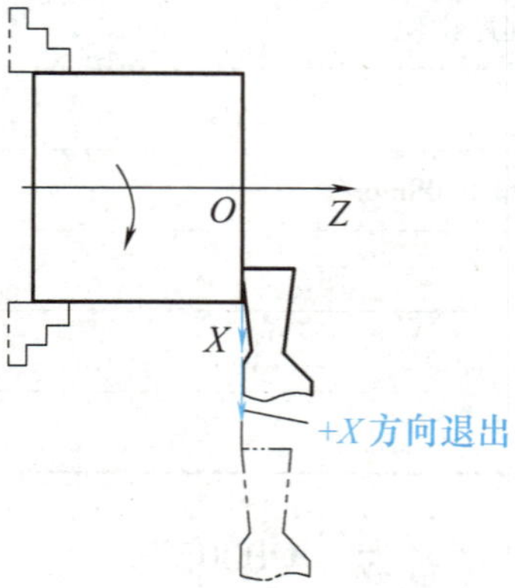

图 3-27 外槽车刀 *Z* 方向对刀操作过程

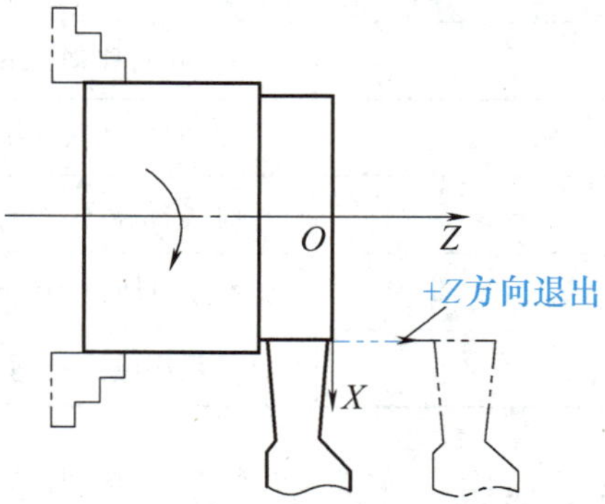

图 3-28 外槽车刀 *X* 方向对刀操作过程

外槽车刀对刀操作

X 方向对刀相同。

刀具对刀完成后，分别进行 X、Z 方向对刀测试，检验对刀是否正确。

5）输入程序并校验。将“O0331”“O0001”“O0002”3 个程序全部输入机床数控系统，调出“O0331”程序，设置空运行及仿真，校验程序并观察刀具加工轨迹，操作步骤如下：

工作方式选择自动模式，打开程序“O0331”，按空运行键，按图形参数键，在图形参数页面中可根据需要设置：毛坯尺寸、坐标位置、比例等，按［图形］软键，显示加工轨迹页面，如图 3-29 所示，按数控启动键，执行程序并在屏幕上显示刀具加工轨迹。

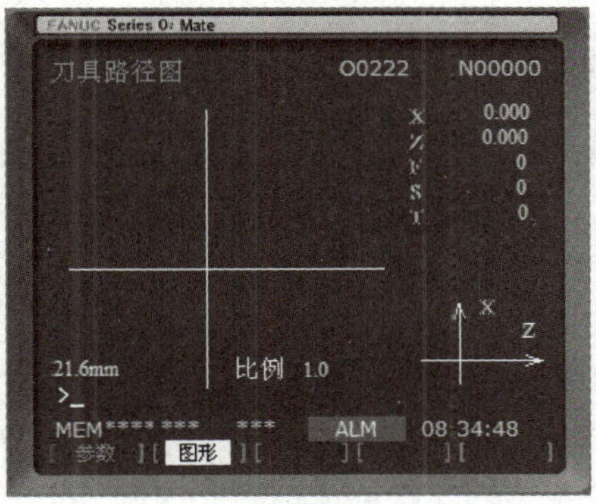

图 3-29　数控仿真刀具加工轨迹显示页面

空运行与仿真加工

6）零件加工。

① 加工零件右端轮廓。打开“O0331”程序，选择自动加工模式，调小进给倍率，按数控启动键进行自动加工。加工中注意观察切削情况，逐步将进给倍率调至适当位置。

② 调头夹住 ϕ28mm 外圆，车端面，控制总长。

③ 加工结束后，及时清扫机床。

检测评价

将学生任务完成情况的检测与评价填入表 3-25 中。

表 3-25　多槽轴加工检测评价表

序号	检测项目	检测内容及要求	配分	学生自检	学生互检	教师检测	得分
1	职业素养	文明、礼仪	5				
2		安全、纪律	10				
3		行为习惯	5				
4		工作态度	5				
5		团队合作	5				
6	工艺制订	1）选择装夹与定位方式 2）选择刀具 3）选择加工路径 4）选择合理的切削用量	5				
7	程序编制	1）编程坐标系选择正确 2）指令使用与程序格式正确 3）基点坐标正确	10				

（续）

序号	检测项目	检测内容及要求	配分	学生自检	学生互检	教师检测	得分
8	机床操作	1）开机前检查、开机、回参考点 2）工件装夹与对刀 3）程序输入与校验	5				
9	零件加工	ϕ28mm	5				
10		ϕ24mm	5				
11		4mm×1mm 槽（3 个）	12				
12		6mm×2mm 槽（3 个）	12				
13		6mm	3				
14		2mm	3				
15		表面粗糙度值 $Ra3.2\mu m$	10				
综合评价							

任务拓展

加工如图 3-30 所示零件，毛坯材料为 45 钢，尺寸为 ϕ46mm×55mm。

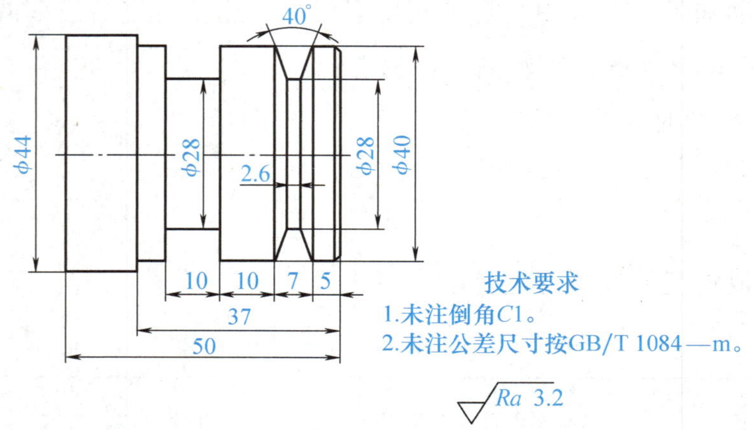

图 3-30 任务拓展训练题

拓展任务实施提示：零件主要由外圆、端面、台阶、V 形槽及宽直槽构成，槽底宽分别为 2.6mm、10mm，加工时先粗、精车外圆、端面，车削 V 形槽时，先用刀头宽为 2.6mm 的车槽刀加工宽度等于槽底尺寸的直槽，然后分别加工两侧边部分，其他编程和加工步骤与本任务相同。

任务四 汽车变速器输出轴的加工

任务描述

汽车动力传递都是采用机械传动装置，其中变速机构大多采用齿轮变速，而传递动力的轴是汽车传动系统中最常见零件之一，也是典型的轴类零件。图 3-31 所示为一种汽车变速器结构图，现在数控车床上加工带锥齿轮的汽车变速器输出轴，零件图如图 3-32 所示，毛坯材料为 45 钢，尺寸为 ϕ70mm×300mm，锥齿轮由后续铣齿工序完成，本任务主要完成车床上加工的外圆柱面、外圆锥面和槽等的加工，加工后三维效果图如图 3-33 所示。

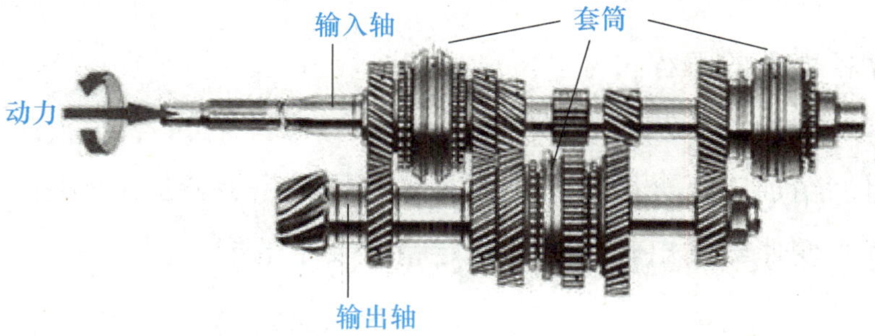

图 3-31　汽车变速器

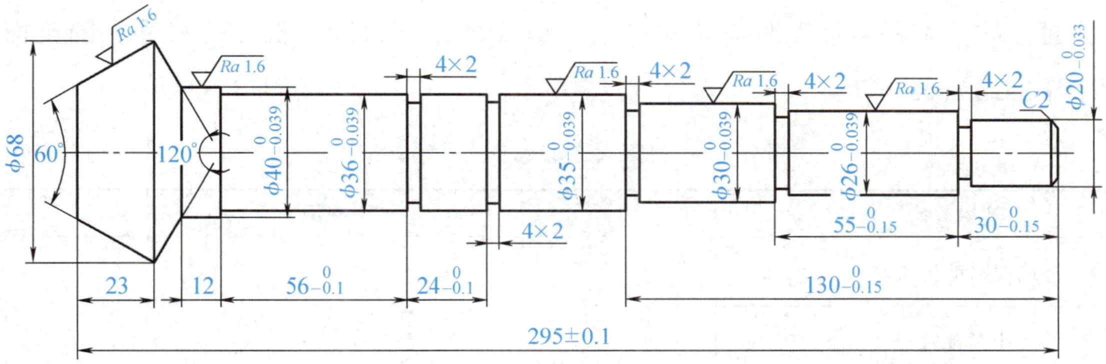

技术要求

未注公差尺寸按GB/T 1804—m。

Ra 3.2 (√)

图 3-32　汽车变速器输出轴零件图

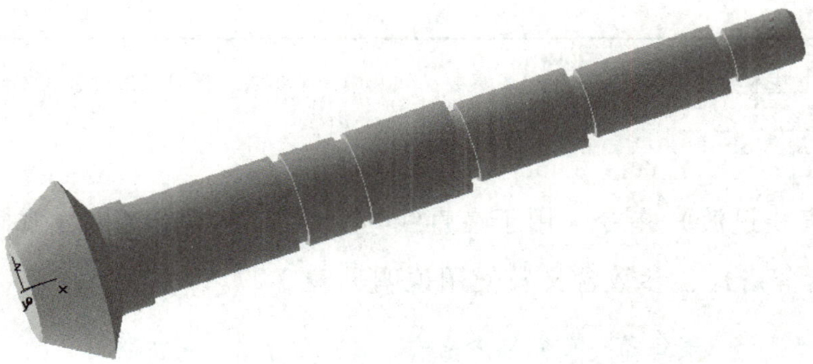

图 3-33　汽车变速器输出轴三维效果图

知识目标

1. 掌握直线过渡指令及应用。

2. 掌握锥度切削循环指令及应用。

3. 掌握恒定切削速度指令及应用。

4. 掌握发那科系统轮廓粗、精加工复合循环指令及应用。

技能目标

1. 能熟练计算各表面的编程尺寸。

2. 会制订多阶梯轴加工工艺。

3. 会用轮廓粗、精加工复合循环指令编写多阶梯轴粗、精加工程序。

4. 具备加工汽车变速器输出轴并达到一定精度要求的能力。

知识准备

1. 圆锥面各部分尺寸计算

圆锥面在数控编程与加工时需要知道大、小端直径或圆锥面长度等尺寸，圆锥面基本参数及计算公式见表 3-26。

表 3-26 圆锥面基本参数及计算公式

基本参数	图例
最大圆锥直径 D	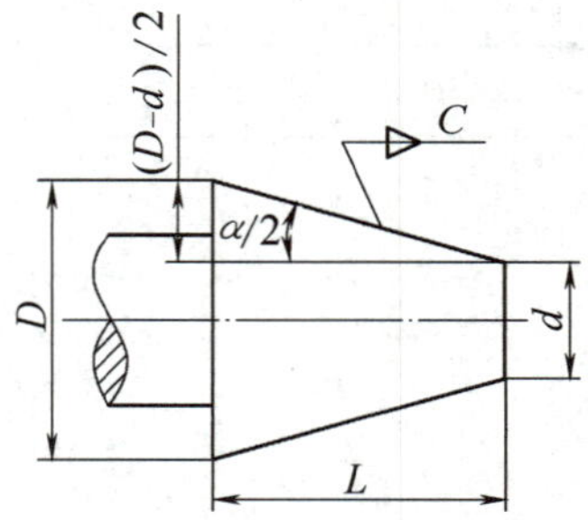
最小圆锥直径 d	
圆锥长度 L	
锥度：$C=(D-d)/L$ 圆锥半角 $\alpha/2$ $C/2=\tan(\alpha/2)$	

注：圆锥面具有 4 个基本参数（C、D、d、L），只要已知其中三个参数，便可以通过公式 $C=\frac{D-d}{L}$ 计算出未知参数。

2. 编程知识

（1）倒角（直线过渡）指令　用于在直线与直线插补或直线与圆弧插补之间自动插入直线过渡。倒角指令格式、参数含义及使用说明见表 3-27。

表 3-27 倒角指令格式、参数含义及使用说明

类别	内　容
指令格式	G01 X __ Z __ F __ ,C __;
参数含义	X、Z：指定拐角点的坐标 F：指定进给速度 C：指定拐角顶点到拐角起点或拐角终点的距离

（续）

类别	内　容
示例	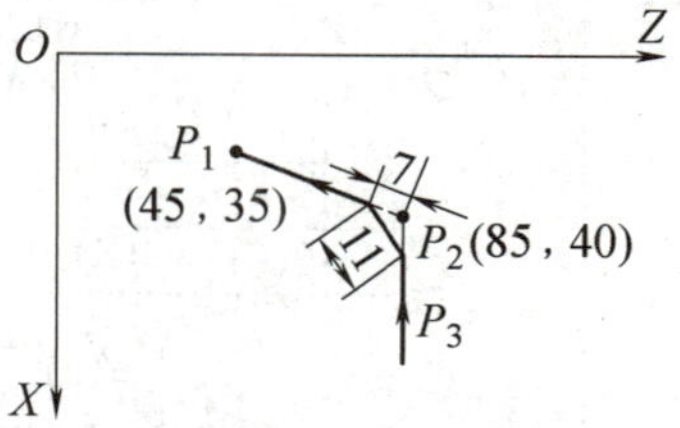 N20 G01 X40.0 Z85.0 F0.2，C7.0； N30 X35.0 Z45.0；
使用说明	1）指定倒角程序段后面必须是直线插补（G01）或圆弧插补（G02、G03）刀具移动程序段，其间可插入 G04 程序段，否则会报警 2）用直线插补（G01）或圆弧插补（G02、G03）以外的程序段指定倒角，“，C”将被忽略 3）指定倒角后使插补超出原先的移动范围，将会报警

（2）锥度切削循环指令 G90　G90 指令格式、参数含义及使用说明见表 3-28。

表 3-28　G90 指令格式、参数含义及使用说明

类别	内　容
指令格式	G90 X(U)__ Z(W)__ R__ F__；
参数含义	X、Z：指定纵向切削终点绝对坐标值 U、W：至纵向切削终点的移动量，即纵向切削终点相对于循环起点的增量坐标 R：指定锥度量，即圆锥大、小端直径差的 1/2，有正负规定若 R 为正，则为直线切削循环 F：指定切削进给速度
切削循环动作次序图示	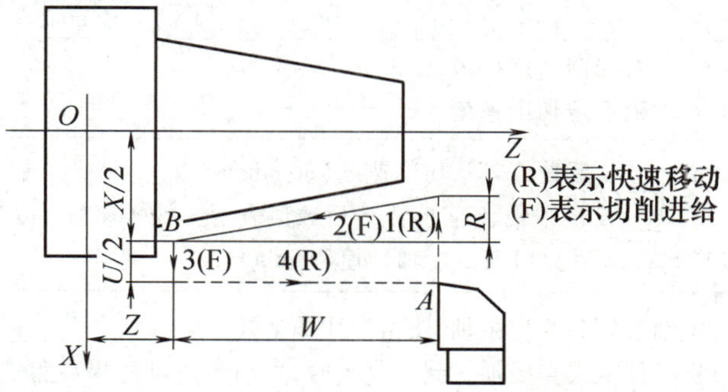
使用说明	1）图示中 A 点为循环起点，B 点为纵向切削终点；注意起点位置以确认安全 2）G90 指令为模态有效代码；取消方式为指定 G90、G92、G94 指令以外的 01 组 G 代码，如 G01、G02、G03、G32 指令等 3）在单段方式下，按一次循环启动按钮，执行 1～4 四个动作
锥度量 R 正负规定	车削外圆锥 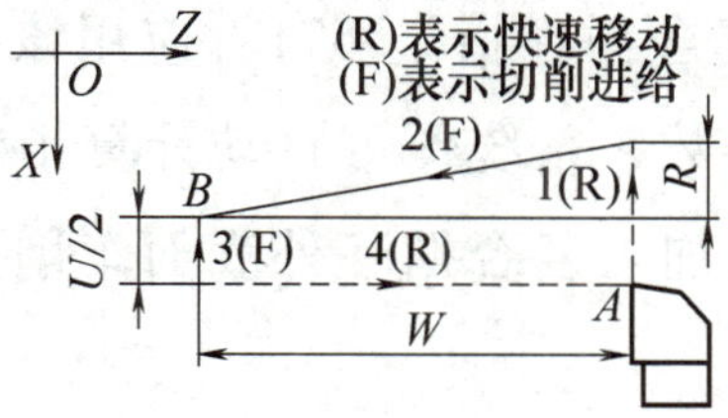 $U<0，W<0，R<0$ 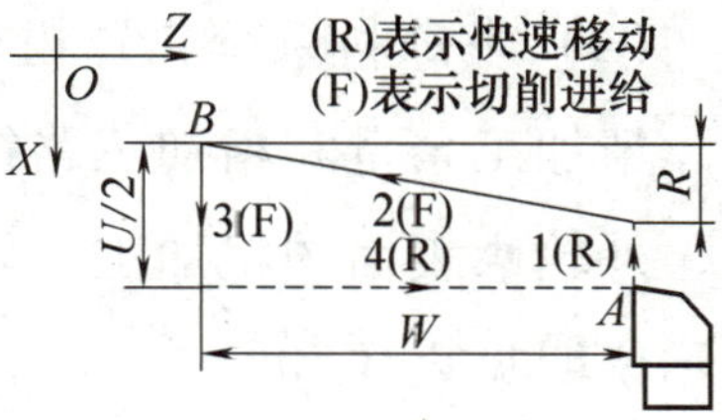 $U<0，W<0，R>0$ 右小左大的外圆锥，R 值为负，反之为正

（续）

类别	内　　容	
锥度量 R 正负规定	车削内圆锥	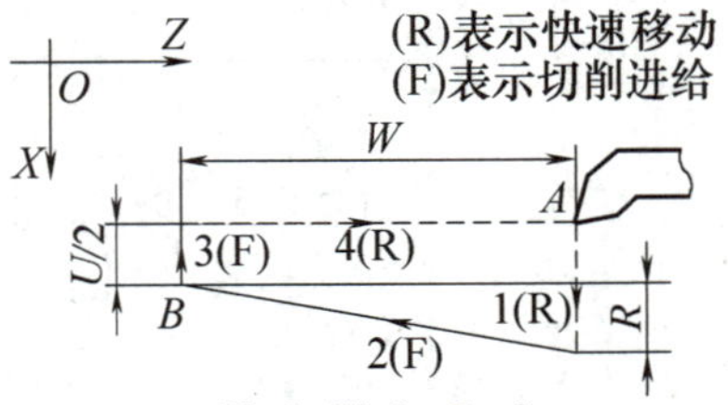 $U>0,\ W<0,\ R<0$ 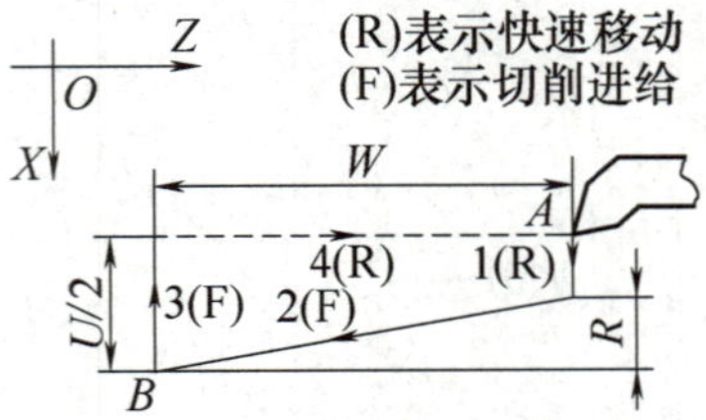 $U>0,\ W<0,\ R>0$ 右小左大的内圆锥，R 值为正，反之为负

（3）恒定切削速度指令 G96、取消恒定切削速度指令 G97　使用恒定切削速度功能后，可以使刀具切削点切削速度始终为常数（主轴转速×直径×π＝常数），保证各表面加工质量一致，如图 3-34 所示，即切削速度不随刀具位置而发生变化，切削时工件直径发生变化，主轴转速随之变化，保证各点切削速度 v_A、v_B、v_C 恒定。

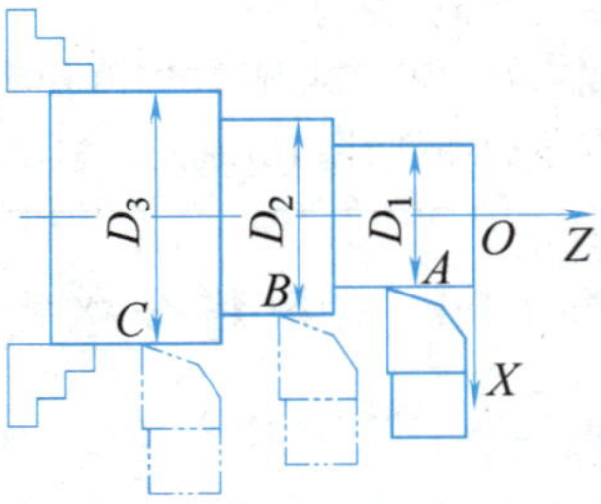

$v_A=\pi n_A D_1$　$v_B=\pi n_B D_2$　$v_C=\pi n_C D_3$

$v_A=v_B=v_C$

v_A、v_B、v_C 为切削速度

n_A、n_B、n_C 为主轴转速

D_1、D_2、D_3 为直径

图 3-34　恒定切削速度主轴转速与直径的关系

发那科系统恒定切削速度功能指令含义、格式及使用说明见表 3-29。

表 3-29　发那科系统恒定切削速度功能指令含义、格式及使用说明

类别	内　　容
指令含义	G96：恒定切削速度生效 G97：取消恒定切削速度
指令格式	G96 S __；S 后数值表示切削速度（m/min） G50 S __；设定主轴转速上限，S 后数值表示主轴转速（r/min） G97 S __；S 后数值表示主轴转速（r/min）
使用说明	1）主轴必须为受控主轴，该指令才能生效 2）当工件从大直径加工到小直径时，主轴转速可能提高得非常快，因此使用恒定切削速度时，必须设定主轴转速上限 3）用 G00 快速移动指令时，主轴转速不改变 4）取消恒定切削速度后，S 地址下数值生效，单位为 r/min，如果没有重新写地址 S，则主轴以 G96 指令生效前转速旋转

（4）发那科系统轮廓粗加工复合循环指令 G71　应用该指令，只需指定粗加工背吃刀量、精加工余量和精加工路线等参数，系统便可自动计算出粗加工路线和加工次数，完成内、外轮廓表面的粗加工。轮廓粗加工复合循环外表面车削路线、指令格式、参数含义及使用说明见表 3-30。

（5）发那科系统轮廓精加工复合循环指令 G70　用 G71、G73 指令粗车完毕后，用精加工循环指令，使刀具进行 $A \to A' \to B$ 的精加工。

表 3-30 轮廓粗加工复合循环外表面车削路线、指令格式、参数含义及使用说明

类别	内容
轮廓粗加工复合循环外表面车削路线	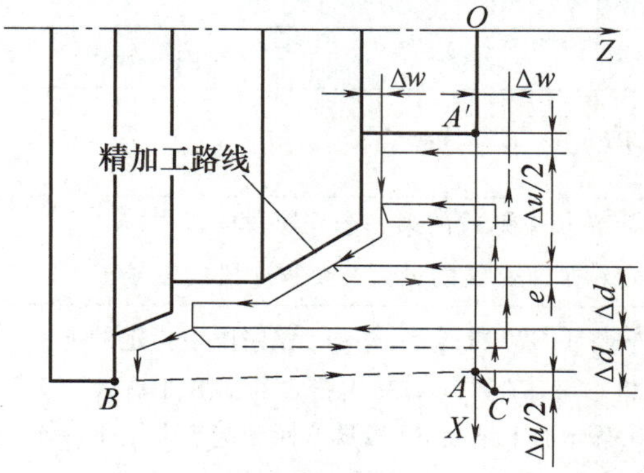 轮廓切削复合循环指令 G71 图中 A 点为刀具循环起点，执行粗车循环时，刀具从 A 点移动到 C 点，粗车循环结束后，刀具返回 A 点
轮廓粗加工复合循环指令格式	G71 U(Δd) R(e); G71 P(n_s) Q(n_f) U(Δu) W(Δw); N(n_s)…; F__S__T__; … N(n_f)…; （N(n_s)…至 N(n_f)…：顺序号 n_s~n_f 的程序段为 A′点到 B 点的运行指令）
参数含义	Δd：每刀背吃刀量，半径值。一般 45 钢件取 1~3mm，铝件取 1.5~4mm e：退刀量，半径值。一般取 0.5~1mm n_s：指定精加工路线的第一个程序段的段号 n_f：指定精加工路线的最后一个程序段的段号 Δu：X 方向精加工余量，直径值；一般取 0.2~0.6mm。加工内轮廓时，为负值 Δw：Z 方向精加工余量，一般取 0.05~0.2mm
使用说明	1）循环动作由带有地址 P 和 Q 的 G71 指令实现。在 n_s 和 n_f 程序段中指定的 F、S、T 功能无效，在 G71 指令程序段中或前面程序段中指定的 F、S、T 功能有效 2）区别外圆、内孔；正、反阶梯由 X、Z 方向精加工余量（Δu、Δw）正负值来确定，具体如图 3-35 所示 3）精车形状程序段开头（n_s 程序段中）应指定 G00 指令或 G01 指令，否则会报警 4）使用 G71 指令时，工件径向尺寸必须单向递增或递减 5）调用 G71 指令前，刀具应处于循环起点 A 点处，A 点位置随加工表面不同而不同 6）顺序号 n_s~n_f 之间程序段不能调用子程序

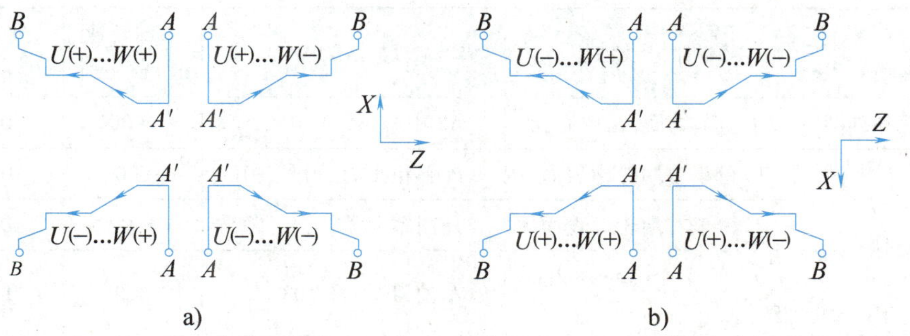

图 3-35 后置刀架和前置刀架加工不同表面时 Δu、Δw 正负情况

a）后置刀架 b）前置刀架

轮廓精加工复合循环指令格式、参数含义及使用说明见表 3-31。

表 3-31　发那科系统轮廓精加工复合循环指令格式、参数含义及使用说明

类别	内　容
轮廓精加工复合循环指令格式	G70　P(n_s)　Q(n_f)；
参数含义	n_S：指定精加工路线的第一个程序段的段号 n_f：指定精加工路线的最后一个程序段的段号
使用说明	1）精车循环 G70 状态下，$n_s \sim n_f$ 程序段中指定的 F、S、T 有效；当 $n_s \sim n_f$ 程序段中不指定 F、S、T 时，粗车循环(G71、G73)中指定的 F、S、T 有效 2）G70 循环加工结束时，刀具返回到起点并读下一个程序段 3）G70 中 $n_s \sim n_f$ 间的程序段不能调用子程序

任务实施

1. 分析工艺

（1）圆锥面相关参数及各表面编程尺寸计算　圆锥面参数如圆锥面小端直径：$d=D-2L\tan30°=68\text{mm}-2\times23\text{mm}\times0.5773=41.444\text{mm}$。背锥面长度 $L=(D-d)/(2\tan60°)=(68\text{mm}-40\text{mm})/3.464=8.083\text{mm}$。各表面应以其极限尺寸平均值作为编程尺寸，计算方法见项目二任务五。

（2）刀具的选择　根据组成轴的基本表面，需选择相应的外圆粗、精车刀和车槽刀。由于有台阶面及圆锥表面，精加工车刀主偏角应大于或等于 90°。

（3）零件装夹方式　汽车变速器输出轴长径比较大、刚度低，粗、半精加工采用一夹一顶装夹，精加工采用两顶尖装夹，必要时选用中心架或跟刀架来提高工件刚度。

（4）量具选择　汽车变速器输出轴轴颈尺寸精度较高，采用外径千分尺测量；长度用深度千分尺测量；圆锥角用游标万能角度尺测量；表面粗糙度用粗糙度样板比对。汽车变速器输出轴加工工艺见表 3-32。

表 3-32　汽车变速器输出轴加工工艺

工序名	定位（装夹面）	工步序号及内容	刀具及刀号	主轴转速 n/(r/min)	进给量 f/(mm/r)	背吃刀量 a_p/mm
车	夹住毛坯外圆	手动车端面、钻中心孔	A3 中心钻	1000	0.1	—
	一夹一顶	1）粗车右端轮廓表面	外圆粗车刀，刀号 T01	600	0.2	2~3
		2）精车右端轮廓表面	外圆精车刀，刀号 T02	1000	0.1	0.3
		3）车 5 个 4mm×2mm 槽	车槽刀，刀号 T03	400	0.08	4
	调头，夹住 $\phi36_{-0.039}^{\ 0}$mm 外圆	1）粗车左端轮廓表面	外圆粗车刀，刀号 T01	600	0.2	2~3
		2）精车左端轮廓表面	外圆精车刀，刀号 T02	1000	0.1	0.3

2. 编写程序

零件需调头加工，应分别编写左右端轮廓加工程序，右端轮廓加工采用轮廓切削复合循环指令 G71 粗加工，G70 指令精加工。左端轮廓采用 G90 指令编程粗加工，外圆及长度都需要计算出平均尺寸作为编程尺寸，5 个宽度相同的槽编写成子程序，以简化程序结构。

（1）零件右端轮廓加工参考程序　加工零件右端轮廓参考程序见表 3-33，程序名为“O0341”。

表 3-33　加工零件右端轮廓参考程序

程序段号	程序内容	程序说明
N10	G40 G21 G99；	参数初始化
N20	M3 S600 F0.2；	设置粗车用量
N30	T0101；	选择 T01 号外圆粗车刀
N40	G00 X80.0 Z5.0 M08；	刀具快速移动至循环起点，切削液开
N50	G71 U2 R1；	设置循环参数，调用轮廓粗加工复合循环粗加工轮廓
N60	G71 P70 Q220 U0.6 W0.2；	
N70	G00 X0；	刀具移至 X0 处（轮廓精加工第一段程序）
N80	G01 Z0；	刀具车至端面
N90	X19.984，C2；	车右端面并倒角
N100	Z-29.925；	车 $\phi20_{-0.033}^{0}$mm 外圆
N110	X25.9805；	车台阶
N120	Z-84.925；	车 $\phi26_{-0.039}^{0}$mm 外圆
N130	X29.9805；	车台阶
N140	Z-129.925；	车 $\phi30_{-0.039}^{0}$mm 外圆
N150	X34.9805；	车台阶
N160	Z-195.917；	车 $\phi35_{-0.039}^{0}$mm 外圆
N170	X35.9805；	车台阶
N180	Z-251.917；	车 $\phi36_{-0.039}^{0}$mm 外圆
N190	X39.9805；	车台阶
N200	Z-263.917；	车 $\phi40_{-0.039}^{0}$mm 外圆
N210	X68 Z-272.0；	车圆锥面
N220	X70.0；	*X* 方向车出（轮廓精加工最后一段程序）
N230	G28 X100.0 Z100.0；	刀具返回参考点
N240	T0202；	换外圆精车刀
N250	M3 S1000 F0.1 M08；	精车转速为 1000r/min，进给量为 0 1mm/r，切削液开
N260	G00 X70.0 Z5.0；	刀具移至循环起点
N270	G70 P70 Q220；	调用轮廓精加工复合循环精车轮廓
N280	G28 X100.0 Z200.0；	刀具返回机床参考点
N290	M00 M05 M09；	主轴停，程序停，切削液关

（续）

程序段号	程序内容	程序说明
N300	T0303；	换车槽刀
N310	M03 S400 ；	车槽转速为 400r/min
N320	G00 X42.0 Z-29.925；	刀具移至进刀点
N330	G01 X16.0 F0.08；	车第 1 个槽
N340	M98 P0130；	
N350	G00 Z-84.925；	车第 2 个槽
N360	G01 X22.0 F0.08；	
N370	M98 P0130；	
N380	G00 Z-129.925；	车第 3 个槽
N390	G01 X26.0 F0.08；	
N400	M98 P0130；	
N410	G00 Z-171.925；	车第 4 个槽
N420	G01 X31.0 F0.08；	
N430	M98 P0130；	
N440	G00 Z-195.925；	车第 5 个槽
N450	G01 X31.0 F0.08；	
N460	M98 P0130；	
N470	G28 X100.0 Z200.0；	刀具返回机床参考点
N480	M05 M09；	主轴停，切削液关
N490	M30；	程序结束

（2）车槽子程序　程序名为“O0130”，程序见表 3-34。

表 3-34　车槽子程序

程序段号	程序内容	程序说明
N10	G04 X2.0；	刀具在槽底停留 2s
N20	G01 X40 F0.2；	刀具切出至 X40 处
N30	M99；	子程序返回

（3）加工零件左端轮廓参考程序　参考程序见表 3-35，程序名为“O0342”。

表 3-35　加工零件左端轮廓参考程序

程序段号	程序内容	程序说明
N10	G40 G21 G99；	参数初始化
N20	T0101；	选择 T01 号外圆粗车刀
N30	M3 S600 F0.2 M08；	设置粗车用量，切削液开
N40	G00 X80.0 Z5.0 F0.2；	刀具快速移动至循环起点

（续）

程序段号	程序内容	程序说明
N50	G90 X78.6 Z-23.0 R-16.12；	第 1 次车轮廓余量
N60	G90 X74.6 Z-23.0 R-16.12；	第 2 次车轮廓余量
N70	G90 X68.6 Z-23.0 R-16.12；	第 3 次车轮廓余量
N80	G00 X100.0 Z200.0；	刀具退回
N90	T0202；	换外圆精车刀
N100	M03 S1000；	设置精车转速
N110	G00 X41.444 Z5.0；	刀具移至进刀点
N120	G01 Z0 F0.1；	车端面
N130	X68.0 Z-23.0；	车圆锥
N140	X70.0；	*X* 方向车出
N150	G28 X100.0 Z100.0；	刀具返回机床参考点
N160	M00 M09；	程序停，切削液关
N170	M30；	程序结束

3. 加工操作

1）开机回参考点，建立机床坐标系。

2）装夹工件。加工零件右端轮廓时，采用一夹一顶，夹住毛坯外圆，伸出长度 280mm 左右；加工零件左端轮廓时夹住 $\phi36_{-0.039}^{0}$mm 外圆并进行找正，必要时采用软卡爪以保证位置精度要求。

3）装夹车刀并对刀。将外圆粗车刀、外圆精车刀、车槽刀按要求分别装入刀架相应刀号位置。零件调头装夹前后所用到的刀具均需采用试切法对刀。

4）程序输入与校验。将数控程序全部输入数控机床，进行模拟仿真。

5）零件加工。加工零件右端轮廓时打开程序“O0341”，选择自动加工模式进行自动加工，加工中控制零件尺寸精度。加工零件左端轮廓时打开程序“O0342”，选择自动加工模式进行自动加工，加工中控制零件尺寸精度。

6）加工结束后，及时打扫机床，切断电源。

检测评价

将学生任务完成情况的检测与评价填入表 3-36 中。

表 3-36　汽车变速器输出轴加工检测评价表

序号	检测项目	检测内容及要求	配分	学生自检	学生互检	教师检测	得分
1	职业素养	文明、礼仪	5				
2		安全、纪律	10				

（续）

序号	检测项目	检测内容及要求	配分	学生自检	学生互检	教师检测	得分
3	职业素养	行为习惯	5				
4		工作态度	5				
5		团队合作	5				
6	工艺制订	1)选择装夹与定位方式 2)选择刀具 3)选择加工路径 4)选择合理的切削用量	5				
7	程序编制	1)编程坐标系选择正确 2)指令使用与程序格式正确 3)基点坐标正确	10				
8	机床操作	1)开机前检查、开机、回参考点 2)工件装夹与对刀 3)程序输入与校验	5				
9	零件加工	$\phi68$mm	1				
10		$\phi40_{-0.039}^{0}$mm	3				
11		$\phi36_{-0.039}^{0}$mm	3				
12		$\phi35_{-0.039}^{0}$mm	3				
13		$\phi30_{-0.039}^{0}$mm	3				
14		$\phi26_{-0.039}^{0}$mm	3				
15		$\phi20_{-0.033}^{0}$mm	3				
16		295mm±0.1mm	2				
17		$130_{-0.15}^{0}$mm	2				
18		$56_{-0.1}^{0}$mm	2				
19		$55_{-0.15}^{0}$mm	2				
20		$30_{-0.15}^{0}$mm	2				
21		$24_{-0.1}^{0}$mm	2				
22		23mm、12mm	1				
23		60°	3				
24		120°	3				
25		4mm×2mm 槽（5 个）	5				
26		$C2$	1				
27		表面粗糙度值 $Ra1.6\mu m$（5 处）	5				
28		表面粗糙度值 $Ra3.2\mu m$	1				
综合评价							

任务拓展

加工如图 3-36 所示多阶梯轴，毛坯材料为 45 钢，尺寸为 $\phi32$mm×75mm。

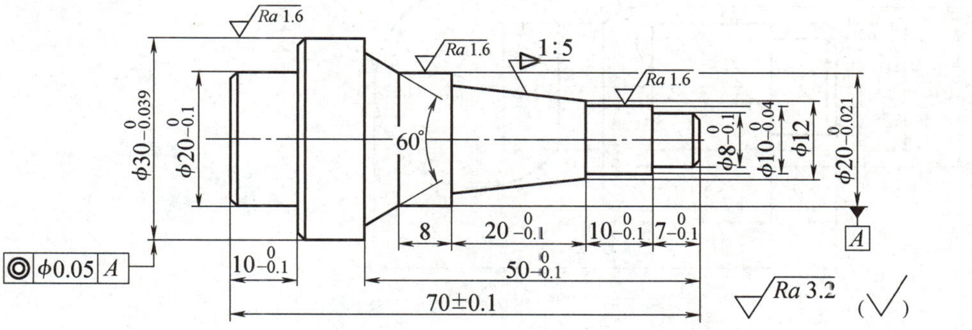

图 3-36 多阶梯轴零件图

任务实施提示：零件由外圆、端面、台阶、圆锥面组成，两边均呈台阶状，需调头装夹车削，先夹住毛坯外圆，车右端轮廓；再调头夹住 $\phi20_{-0.021}^{\ 0}$ mm 外圆车左端轮廓。两边径向尺寸呈单向递增，粗、精加工采用轮廓切削循环完成，零件轮廓精度较高，以极限尺寸的平均尺寸作为编程尺寸。零件调头加工时，所有刀具均应重新对刀。

任务五 汽车转向器球头销的加工

任务描述

汽车转向器是用来改变或恢复汽车行驶方向的专设机构，其中球头销又是转向器中重要的零件，可以避免转向过程中转向直拉杆空间运动的干涉。图 3-37 所示为各种汽车球头销，现使用 FANUC 0i-M 系统数控车床加工一种汽车转向器球头销，零件图如图 3-38 所示，毛坯材料为 45 钢，尺寸为 ϕ28mm×60mm。零件典型表面是由圆弧回转成的成形面，形状较复杂，表面粗糙度值为 $Ra3.2\mu m$，外圆尺寸精度要求较高。加工后效果图如图 3-39 所示。

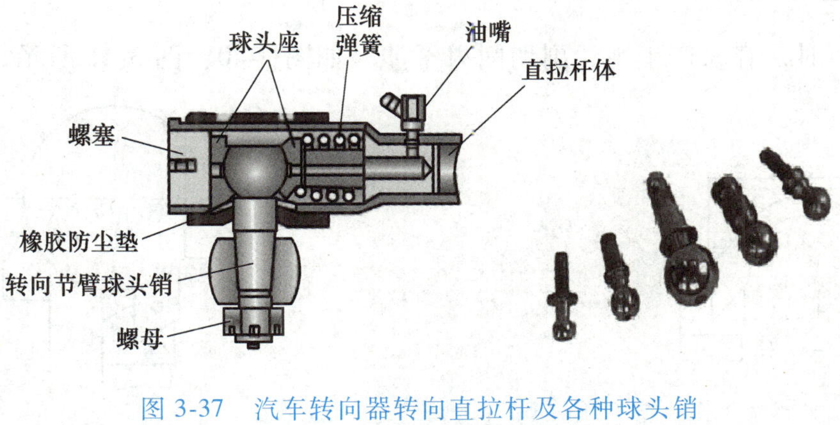

图 3-37 汽车转向器转向直拉杆及各种球头销

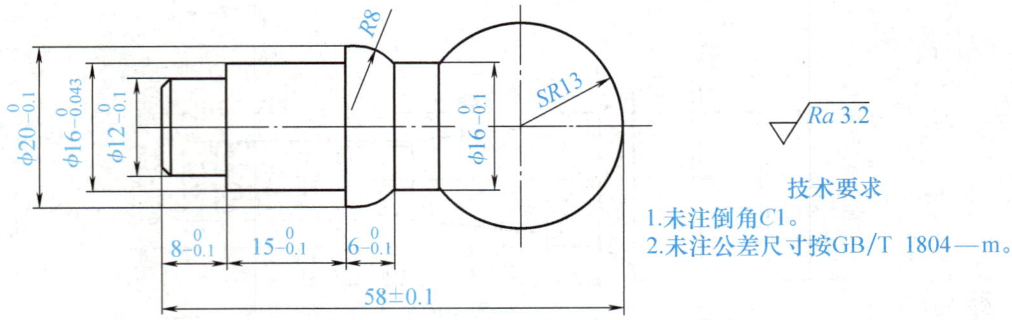

图 3-38 汽车转向器球头销零件图

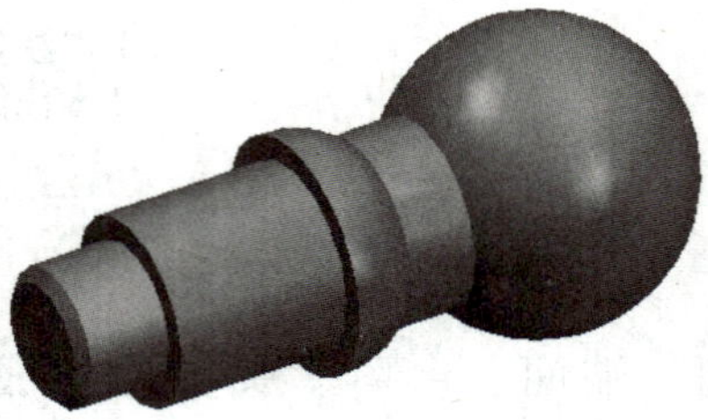

图 3-39 汽车转向器球头销三维效果图

知识目标

1. 掌握圆弧插补指令的格式及应用。
2. 掌握轮廓封闭切削循环指令 G73 及应用。
3. 了解成形面类零件工艺特点。

技能目标

1. 会制订成形面类零件的加工工艺。
2. 掌握成形面测量方法及尺寸控制方法。
3. 能加工汽车转向器球头销并达到一定的精度要求。

知识准备

1. 加工工艺

加工成形面时，容易产生主、副切削刃干涉。如图 3-40、图 3-41 所示，加工凹圆弧面

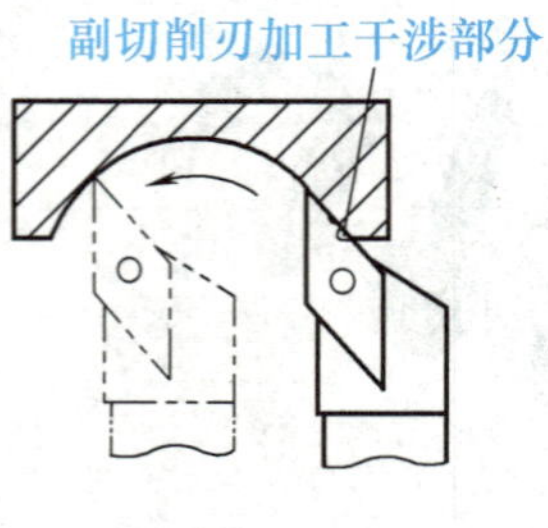

图 3-40 车凹圆弧面发生切削刃干涉现象

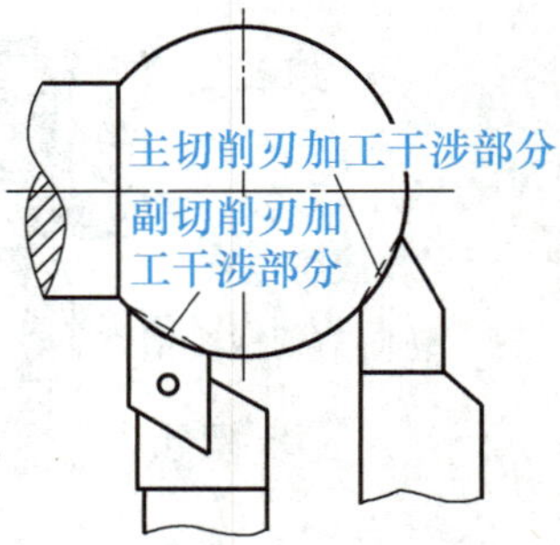

图 3-41 车凸圆弧面发生切削刃干涉现象

通常会产生副切削刃干涉，加工凸圆弧面会产生主、副切削刃干涉情况，加工时应根据实际情况选择合适的主偏角和副偏角，防止发生干涉。

2. 编程知识

数控车床中，加工圆弧采用圆弧插补指令，根据图样上圆弧尺寸标注不同，可以用不同的圆弧插补指令格式进行编程。此外，卧式数控车床编程加工前还需指定圆弧插补平面，即 *XZ* 平面，指令为 G18。

（1）圆弧插补指令 G02 、G03　圆弧插补指令是使刀具按给定的进给速度沿圆弧方向进行切削加工。圆弧插补指令代码、插补方向判别、指令格式及参数含义见表 3-37。

表 3-37　圆弧插补指令代码、插补方向判别、指令格式及参数含义

<table>
<tr><th>类别</th><th colspan="2">内　　容</th></tr>
<tr><td>指令代码</td><td colspan="2">G02(或 G2):顺时针圆弧插补
G03(或 G3):逆时针圆弧插补</td></tr>
<tr><td rowspan="3">顺、逆时针插补方向判别</td><td colspan="2">判别原则:从不在圆弧插补平面的坐标轴正方向向负方向看,顺时针插补用 G02,逆时针插补用 G03</td></tr>
<tr><td colspan="2">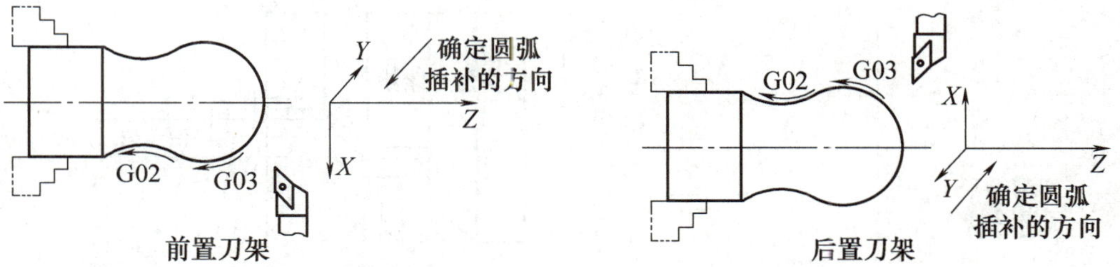
</td></tr>
<tr><td colspan="2">不论是前置刀架还是后置刀架,对同一段圆弧,顺时针、逆时针插补方向是一致的,即外轮廓凸圆弧用 G03,凹圆弧用 G02;内轮廓则相反</td></tr>
<tr><td>指令格式</td><td>终点坐标+半径指令格式
G18 G02/G03 X(U)__ Z(W)__ R __ F __;</td><td>终点坐标+圆心坐标指令格式
G18 G02/G03 X(U)__ Z(W)__ I __ K __ F __;</td></tr>
<tr><td>参数含义</td><td>X、Z:指定圆弧插补终点绝对坐标
U、W:指定圆弧插补终点相对于起点的增量坐标
R:指定圆弧半径,大于 180°的圆弧为负值,小于等于 180°的圆弧为正值
F:指定进给速度</td><td>X、Z:指定圆弧插补终点绝对坐标
U、W:指定圆弧插补终点相对于起点的增量坐标
I、K:指定圆弧圆心相对圆弧起点的增量坐标,有正负之分,与坐标轴方向相同为正,相反为负,且 I 一般为半径值
F:指定进给速度</td></tr>
<tr><td>图例(前置刀架)</td><td>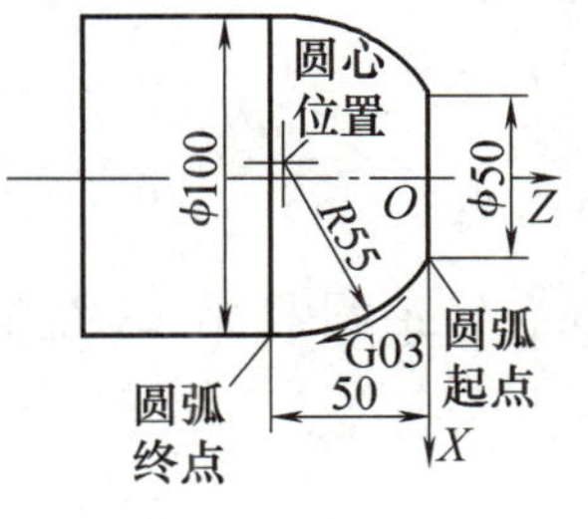

圆弧插补程序:G18 G03 X100.0 Z-50.0 R55.0 F0.2;</td><td>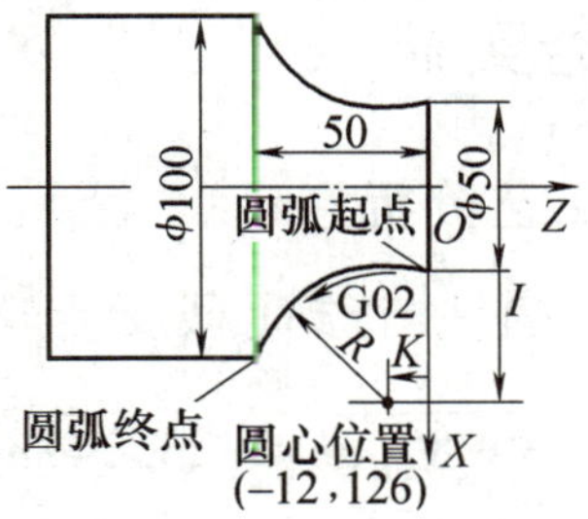

圆弧插补程序:G18 G02 X100.0 Z-50.0 I38.0 K-12.0 F0.2;</td></tr>
</table>

（2）轮廓封闭切削循环（固定形状粗车循环）指令 G73　径向尺寸不呈单向递增或单向递减的轮廓，可以调用轮廓封闭切削循环进行粗加工，调用 G70 循环进行精加工。轮廓封闭切削循环指令格式、参数含义、动作次序及使用说明见表 3-38。

表 3-38　轮廓封闭切削循环指令格式、参数含义、动作次序及使用说明

类别	内　容
指令格式	G73　U(Δi)　W(Δk)　R(d); G73　P(n_s)　Q(n_f)　U(Δu)　W(Δw)　F(f);
参数含义	Δi:X 方向总退刀量,半径值 Δk:Z 方向总退刀量 d:分割次数,该值与粗车次数相等 n_s:指定精加工路线的第一个程序段的段号 n_f:指定精加工路线的最后一个程序段的段号 Δu:X 方向精加工余量,直径值,一般取 0.2~0.6mm。加工内轮廓时,为负值 Δw:Z 方向精加工余量,一般取 0.05~0.2mm f:粗车时的进给量
切削循环动作次序	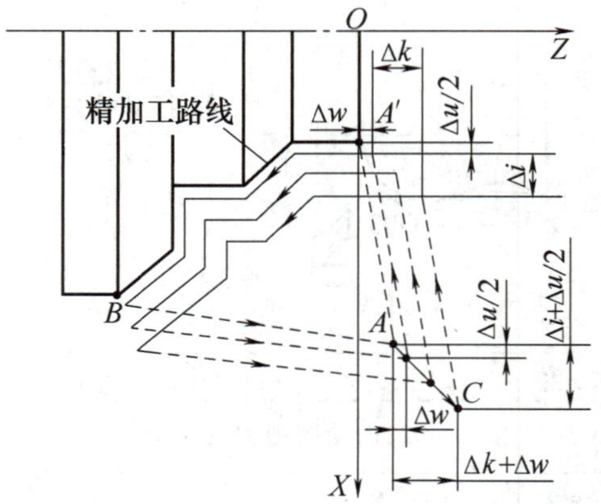
使用说明	1)循环动作由带有地址 P 和 Q 的 G73 指令实现。在 n_s~n_f 程序段中指定的 F、S、T 功能无效,在 G73 指令程序段中或前面程序段中指定的 F、S、T 功能有效 2)精车形状与 G71 指令一样有 4 种模式,需注意 Δu、Δw、Δi、Δk 的符号 3)精车形状程序段开头(n_s 程序段中)应指定 G00 或 G01 指令,否则会报警 4)调用 G73 指令前,刀具应处于循环起点 A 处,该点应距离零件 1~2mm,粗车循环结束后,刀具返回 A 点 5)G73 指令较 G71 指令走刀路径长,空行程多

任务实施

1. 工艺分析

（1）圆柱与球面截交点 Z 坐标计算　$\phi16_{-0.1}^{\ 0}$mm 圆柱和球面截交点 Z 方向坐标 $=-13\text{mm}-\sqrt{13^2-8^2}\text{mm}=-23.247\text{mm}$。

（2）刀具选择　本任务要用到粗、精加工外圆车刀，车刀主偏角应大于等于 90°；此外，为防止刀具副切削刃干涉，刀具副偏角应足够大。

（3）零件加工工艺路线制订 零件需分粗、精加工，按单件加工原则，先粗、精车左端轮廓表面，再粗、精车右端轮廓表面。具体工艺见表 3-39。

（4）量具选择 外圆尺寸选用外径千分尺测量，长度尺寸选用游标卡尺测量，两圆弧面则分别选 R8mm、R13mm 半径样板测量，表面粗糙度用粗糙度样板比对。

（5）切削用量选择 粗、精车圆弧表面切削用量同车外圆切削用量，具体切削用量见表 3-39。

表 3-39 汽车转向器球头销加工工艺

工序名	定位（装夹面）	工步序号及内容	刀具及刀号	主轴转速 n/(r/min)	进给量 f/(mm/r)	背吃刀量 a_p/mm
车	夹住毛坯外圆，伸出 30mm，粗、精车左端轮廓	1)粗车左端轮廓	外圆粗车刀，刀号 T01	600	0.2	2~3
		2)精车左端轮廓	外圆精车刀，刀号 T02	1000	0.1	0.2
	调头，夹住 $\phi16_{-0.043}^{0}$mm 外圆	1)粗车右端轮廓	外圆粗车刀，刀号 T01	600	0.2	2~3
		2)精车右端轮廓	外圆精车刀，刀号 T02	1000	0.1	0.2

2. 程序编制

（1）粗、精车零件左端轮廓参考程序 编程时工件坐标系原点选择在装夹后的零件右端面中心点，采用轮廓封闭切削循环指令 G73 粗车，用 G70 指令循环精车，参考程序见表 3-40，程序名“O0351”。

表 3-40 粗、精车零件左端轮廓参考程序

程序段号	程序内容	程序说明
N10	G40 G21 G99 G18 G80;	参数初始化
N20	M3 S600 T0101 F0.2;	选择 T01 外圆粗车刀，转速 600r/min，进给量为 0.2mm/r
N30	G00 X36.0 Z5.0 M08;	刀具快速移动至循环起点，切削液开
N40	G73 U2.0 W2.0 R3.0;	设置循环参数，调用封闭切削循环粗加工轮廓
N50	G73 P60 Q120 U0.4 W0.1;	
N60	G00 X0;	刀具移至 X=0 处（以下为轮廓精加工程序段）
N70	G01 Z0;	车至端面
N80	X11.95,C1.0;	车右端面，倒角
N90	Z-7.95;	车 $\phi12_{-0.1}^{0}$mm 外圆
N100	X15.979;	车台阶
N110	Z-22.95;	车 $\phi16_{-0.043}^{0}$mm 外圆
N120	X30.0;	车至毛坯外圆（轮廓精加工最后一段程序）
N130	G00 X100.0 Z200.0;	刀具退至换刀点
N140	T0202;	换 T02 号外圆精车刀

（续）

程序段号	程序内容	程序说明
N150	M3 S1000 F0.1 M08；	设置精车转速和进给量
N160	G70 P60 Q120；	调用轮廓精车循环，精车轮廓
N170	G00 X100.0 Z200.0 M09；	刀具返回换刀点，切削液关
N180	M05；	主轴停
N190	M30；	程序结束

（2）粗、精车零件右端成形面程序　工件坐标系原点选择在装夹后零件右端面的中心点，采用轮廓封闭切削循环指令 G73 粗车，G70 指令循环精车，圆弧表面使用圆弧插补指令加工，参考程序见表 3-41，程序名“O0352”。

表 3-41　粗、精加工零件右端成形面参考程序

程序段号	程序内容	程序说明
N10	G40 G21 G99 G18 G80；	参数初始化
N20	M3 S600 T0101 F0.2；	选择 T01 外圆粗车刀，设置粗车用量
N30	G00 X36.0 Z5.0 M08；	刀具快速移动至循环起点，切削液开
N40	G73 U2.0 W2.0 R3.0；	设置循环参数，调用封闭切削循环粗加工轮廓
N50	G73 P60 Q120 U0.4 W0.1；	
N60	G00 X0；	刀具移至 X=0 处（以下为轮廓精加工程序段）
N70	G01 Z0；	车至端面
N80	G03 X7.95 Z-23.247 R13.0；	车 $SR13$mm 球
N90	G01 Z-29.0；	车 $\phi16_{-0.1}^{0}$mm 外圆
N100	G03 X19.95 Z-34.95 R8.0；	车 $R8$mm 圆弧
N110	G01 Z-36.0；	车毛刺
N120	X32.0；	X 方向车出（轮廓精加工最后一段程序）
N130	G00 X100.0 Z200.0；	刀具退至换刀点
N140	T0202；	换 T02 号外圆精车刀
N150	M3 S1000 F0.1 M08；	设置精车用量
N160	G70 P60 Q120；	调用轮廓精车循环精车轮廓
N170	G00 X100.0 Z200.0 M09；	刀具返回换刀点，切削液关
N180	M05；	主轴停
N190	M30；	程序结束

3. 加工操作

1）开机回参考点，建立机床坐标系。

2）装夹工件。本任务需调头装夹工件，第一次是夹住毛坯外圆，伸出长度 30mm 左右；第二次是夹住 $\phi16_{-0.043}^{0}$mm 外圆，粗、精车右端轮廓，第二次装夹需要注意不能破坏已加工表面，且装夹后还需要找正工件。

3）装夹车刀并对刀。将外圆粗车刀、外圆精车刀按要求分别装入刀架相应刀号位置。零件调头装夹前后所用到的刀具均需采用试切法对刀。

4）程序输入与校验。将数控程序全部输入数控机床，进行模拟仿真。

5）零件加工。加工零件左端轮廓时打开程序“O0351”，选择自动加工模式进行自动加工，加工中控制零件尺寸精度。

加工零件右端轮廓时打开程序“O0352”，选择自动加工模式进行自动加工，加工中控制零件尺寸精度。

6）加工结束后，及时打扫机床，切断电源。

检测评价

将学生任务完成情况的检测与评价填入表 3-42 中。

表 3-42 汽车转向器球头销加工检测评价表

序号	检测项目	检测内容及要求	配分	学生自检	学生互检	教师检测	得分
1	职业素养	文明、礼仪	5				
2		安全、纪律	10				
3		行为习惯	5				
4		工作态度	5				
5		团队合作	5				
6	工艺制订	1）选择装夹与定位方式 2）选择刀具 3）选择加工路径 4）选择合理的切削用量	5				
7	程序编制	1）编程坐标系选择正确 2）指令使用与程序格式正确 3）基点坐标正确	10				
8	机床操作	1）开机前检查、开机、回参考点 2）工件装夹与对刀 3）程序输入与校验	5				
9	零件加工	$\phi20_{-0.1}^{0}$mm	3				
10		$\phi16_{-0.043}^{0}$mm	5				
11		$\phi12_{-0.1}^{0}$mm	3				
12		$\phi16_{-0.1}^{0}$mm	3				
13		58±0.1mm	5				
14		$15_{-0.1}^{0}$mm	3				
15		$8_{-0.1}^{0}$mm	3				
16		$6_{-0.1}^{0}$mm	3				
17		$C1$	2				
18		$SR13$mm	8				
19		$R8$mm	8				
20		表面粗糙度值 $Ra3.2\mu m$	4				
综合评价							

任务拓展

加工如图 3-42 所示手柄，毛坯材料为 45 钢，尺寸为 ϕ24mm×82mm。

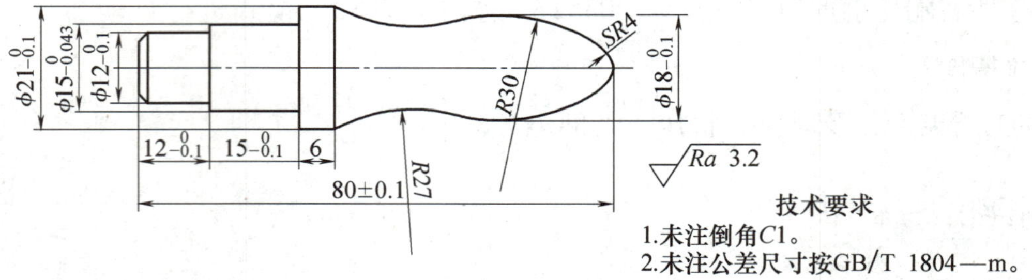

图 3-42　任务拓展训练题

任务实施提示：该零件是由凹、凸圆弧组成的手柄，3 段圆弧相切，切点坐标需通过二维 CAD 软件查找，加工时应先粗、精加工左端圆柱面，再夹住 $\phi 15_{-0.043}^{\ 0}$ mm 外圆面车右端成形面，外圆精车刀主、副偏角应选择得较大一些，以防发生干涉；手柄直径较小，切削用量应选择较小值，粗车去除余量采用轮廓封闭切削循环加工，其他工艺同本任务。

任务六　汽车制动系统制动毂的加工

任务描述

汽车制动系统是汽车安全行驶的重要保障，制动毂是汽车制动系统中的重要零件，如图 3-43 所示。现使用 FANUC 0i-M 系统数控车床加工一种汽车制动毂，零件图如图 3-44 所示，毛坯为 HT250 空心铸件，本任务加工表面为左右端面、凸缘及内轮廓表面等，内轮廓表面中还有圆弧构成的成形面。

图 3-43　汽车制动系统制动毂

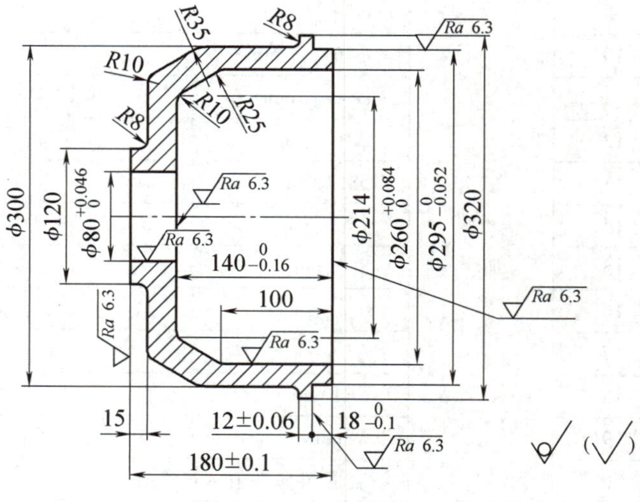

图 3-44　汽车制动系统制动毂零件图

知识目标

1. 掌握圆弧过渡指令格式及应用。
2. 掌握刀尖圆弧半径补偿指令格式及应用。
3. 了解套类零件工艺特点。

技能目标

1. 会进行内孔车刀对刀。
2. 掌握孔径测量方法及尺寸控制方法。
3. 能加工汽车制动系统制动毂零件并达到一定的精度要求。

知识准备

1. 加工工艺

经济型数控车床上的车孔工艺主要考虑刀具角度的选择，车通孔时，车刀主偏角一般小于90°，以提高刀头强度。车不通孔、阶梯孔或内圆弧无预制底孔时，为避免主切削刃发生干涉，车刀主偏角必须大于90°。车不通孔刀杆尺寸还应满足 $a<R$ 要求（a 是刀尖到刀背的尺寸，R 是内孔半径），如图 3-45 所示。

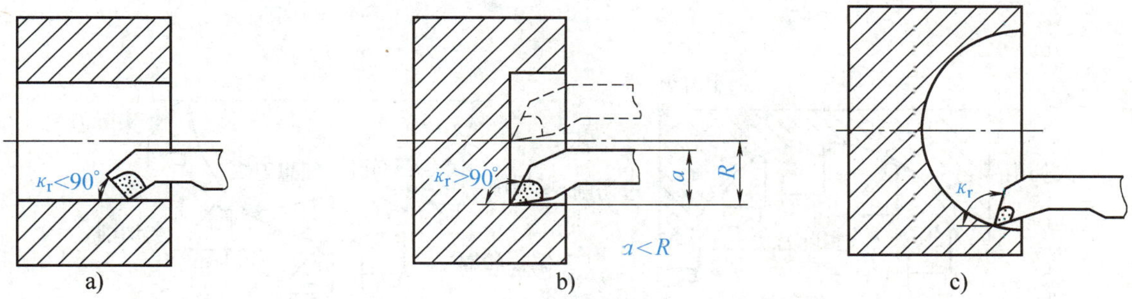

图 3-45　内圆弧车刀角度选择

a）通孔车刀　b）不通孔及阶梯孔车刀　c）内圆弧车刀

2. 编程知识

（1）圆弧过渡指令　轮廓间有圆弧过渡时，为方便编程，可采用圆弧过渡（倒圆）指令编程，其指令格式、参数含义和示例说明见表 3-43。

表 3-43　圆弧过渡指令格式、参数含义和示例说明

类别	内容
指令格式	G01 X(U)__　Z(W)__　F__,R__;
参数含义	X、Z:指定拐角点的绝对坐标 U、W:指定拐角点相对于起点的增量坐标 F:指定进给速度 R:指定拐角半径

（续）

<table>
<tr><th>类别</th><th colspan="2">内容</th></tr>
<tr><td rowspan="2">示例说明</td><td>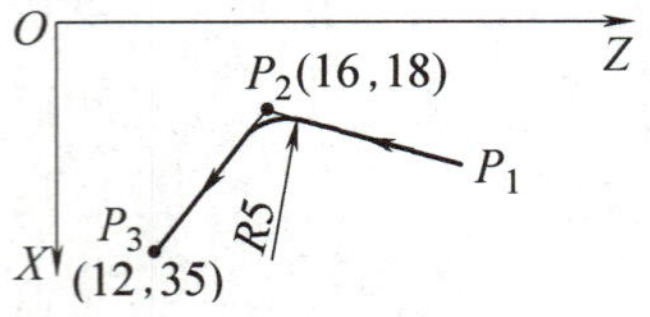
直线与直线间圆弧过渡</td><td>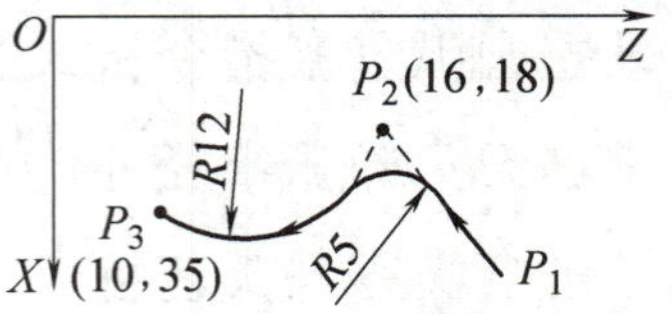
直线与圆弧间圆弧过渡</td></tr>
<tr><td>N20 G01 X18.0 Z16.0 F0.2,R5.0;
N30 X35.0 Z12.0;</td><td>N20 G01 X18.0 Z16.0 F0.2,R5.0;
N30 G03 X35.0 Z10.0 R12.0;</td></tr>
</table>

（2）刀尖圆弧半径补偿指令　加工精度较高的内、外圆锥面及成形表面，刀尖圆弧会对加工工件精度和形状产生一定影响，主要原因是编程时以理想刀尖为刀位点进行编程，对刀时也以理想刀尖作为刀位点对刀，车削过程中因刀尖圆弧半径会产生欠切削或过切削现象，如图 3-46、图 3-47 所示。

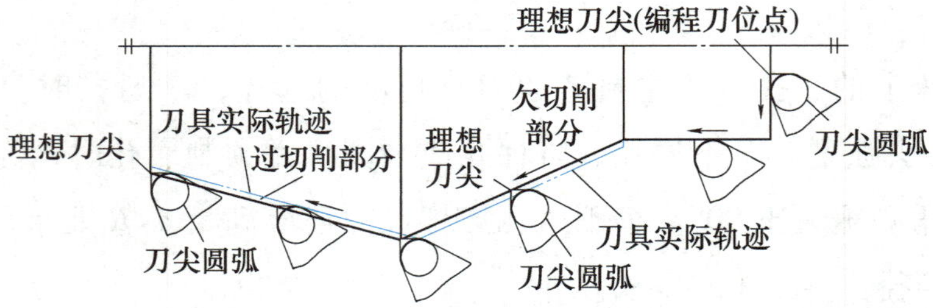

图 3-46　刀尖圆弧在车圆锥时产生欠切削或过切削

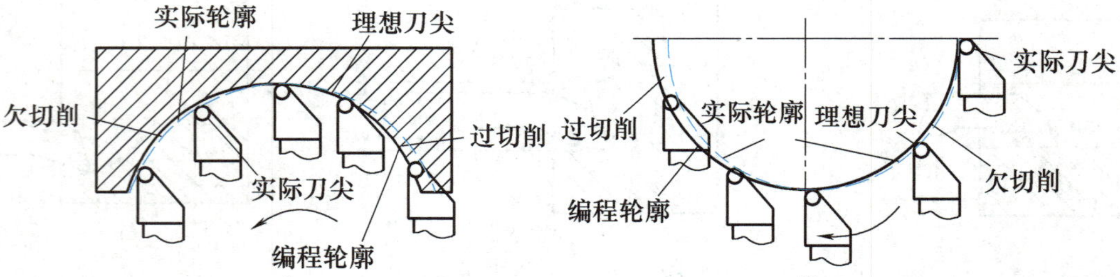

a)　　b)

图 3-47　刀尖圆弧对圆弧面尺寸及形状的影响

a）刀尖圆弧对凹圆弧面尺寸、形状的影响　b）刀尖圆弧对凸圆弧面尺寸、形状的影响

为消除刀尖圆弧的影响，需要使用刀尖圆弧半径补偿功能指令，使刀具往工件轮廓左边或右边偏离一个刀尖圆弧半径值，避免车削时产生欠切削或过切削现象。刀尖圆弧半径补偿指令代码、指令格式、参数含义及使用说明见表 3-44。

表 3-44　刀尖圆弧半径补偿指令代码、指令格式、参数含义及使用说明

类别	内容
指令代码	G41：刀尖圆弧半径左补偿（沿加工方向看，刀具位于轮廓左侧时为左补偿） G42：刀尖圆弧半径右补偿（沿加工方向看，刀具位于轮廓右侧时为右补偿） G40：取消刀尖圆弧半径补偿

（续）

类别	内容
指令格式	G00/G01 G41 X＿ Z＿；建立刀尖圆弧半径左补偿 G00/G01 G42 X＿ Z＿；建立刀尖圆弧半径右补偿 G00/G01 G40 X＿ Z＿；取消刀尖圆弧半径补偿
参数含义	X、Z 为建立或取消刀尖圆弧半径补偿时刀具移动目标点坐标
使用说明	1）建立或取消刀尖圆弧半径补偿必须在刀具直线移动命令中进行 2）建立刀尖圆弧半径补偿应在轮廓加工前进行 3）取消刀尖圆弧半径补偿应在轮廓加工完毕后进行 4）G41、G42 指令不能同时使用，使用 G41 指令后也不能直接使用 G42 指令，必须用 G40 指令取消刀尖圆弧半径补偿后才能进行左、右补偿的转换
补偿方向判别	左、右补偿判别方法是在补偿平面内，沿加工方向看，刀具位于轮廓左边用左补偿，刀具位于轮廓右边用右补偿。数控车床前置刀架从后往前看，后置刀架从前往后看，如图 3-48 所示。不论是前置刀架还是后置刀架，自右往左车外轮廓都是用刀尖圆弧半径右补偿 G42 指令，车内轮廓都是用刀尖圆弧半径左补偿 G41 指令
机床刀补值和位置号输入	使用刀尖圆弧半径补偿指令，还需要在数控车床对应刀具号中输入刀尖圆弧半径值及刀尖位置号，作为刀尖圆弧半径补偿的依据。刀尖圆弧半径值粗加工取 0.8mm，半精加工取 0.4mm，精加工取 0.2mm；不论是前置刀架还是后置刀架，刀尖位置号是一样的，自右至左车外圆，刀尖位置号都是 3，自右至左车内孔，刀尖位置号都是 2，如图 3-49 所示

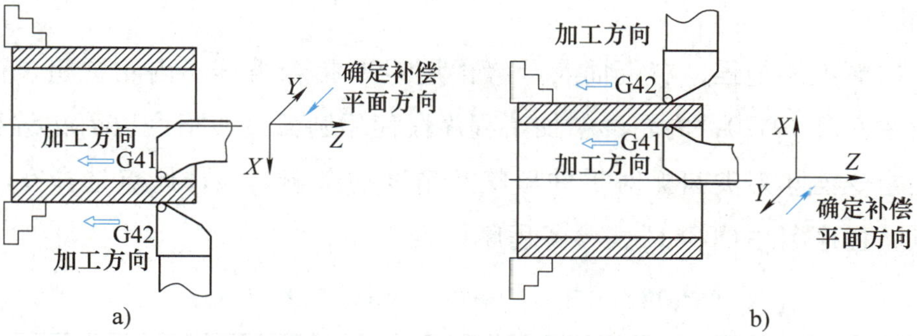

图 3-48　前置、后置刀架刀尖圆弧半径补偿平面及补偿方向

a）前置刀架　b）后置刀架

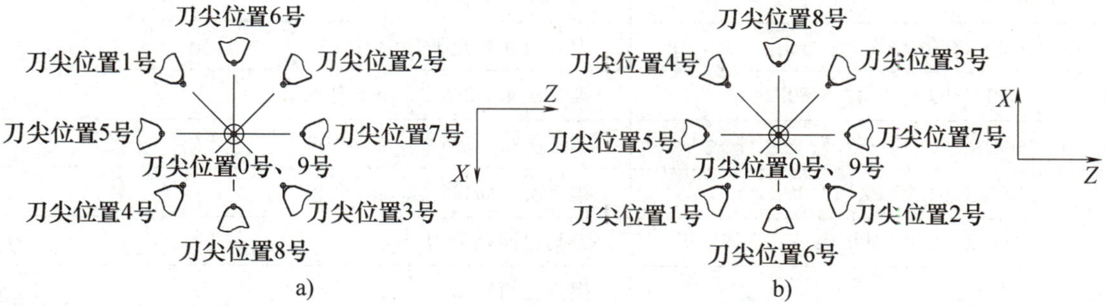

图 3-49　前置、后置刀架刀尖位置代号

a）前置刀架　b）后置刀架

任务实施

1. 工艺分析

本任务零件内表面具有内阶梯面及内圆弧面，选可转位式内孔粗、精车刀，主偏角大

于 90°。车孔前还要用到中心钻、麻花钻进行钻中心孔和钻孔。

确定装夹方法：车左端面时以内表面为定位基准用反爪支承内孔；车右端轮廓及内表面采用自定心卡盘装夹。由于零件尺寸较大，测量时选择相应规格的外径千分尺、游标卡尺和内径千分尺等量具。

零件材料为灰铸铁，切削中不需要使用切削液，车削工艺及各表面切削用量见表 3-45。

表 3-45　汽车制动系统制动毂加工工艺

工序名	定位（装夹面）	工步序号及内容	刀具及刀号	主轴转速 n/(r/min)	进给量 f/(mm/r)	背吃刀量 a_p/mm
车	反爪支承毛坯内孔	车左端面	外圆车刀，刀号 T01	600	0.2	2~7
	夹住外圆毛坯	1）车端面及 $\phi295_{-0.052}^{0}$mm 外圆	外圆车刀，刀号 T01	600	0.2	2~7
		2）粗车内轮廓	内孔粗车刀，刀号 T02	600	0.2	2~7
		3）精车内轮廓	内孔精车刀，刀号 T03	800	0.1	0.3~0.5

2. 程序编制

手动车左端面不需编程，右端面及凸缘面用 G90 指令编程。内轮廓粗、精加工采用轮廓切削循环指令 G71、G70，内轮廓精加工程序段使用圆弧过渡指令以简化编程，使用刀尖圆弧半径补偿指令消除刀尖圆弧对零件形状及精度的影响。工件原点选择在工件装夹后的右端面中心点，程序名“O0361”，参考程序见表 3-46。

表 3-46　汽车制动毂右端轮廓加工参考程序

程序段号	程序内容	程序说明
N10	G40 G99 M3 S600;	主轴正转，转速为 600r/min
N20	T0101;	选 T01 号外圆车刀
N30	G00 X330.0 Z5.0 ;	刀具快速移至循环起点
N40	G90 X303.0 Z-17.5 F0.2;	第 1 次车 $\phi295_{-0.052}^{0}$mm 外圆
N50	G90 X296.0 Z-17.5;	第 2 次车 $\phi295_{-0.052}^{0}$mm 外圆
N60	G90 X294.974 Z-17.95;	第 3 次车 $\phi295_{-0.052}^{0}$mm 外圆
N70	G00 X100.0 Z200.0;	刀具退回至换刀点
N80	T0202;	换内孔粗车刀
N90	M3 S600;	主轴正转，转速 600r/min
N100	G00 X40.0 Z5.0 F0.2;	刀具快速移至循环起点
N110	G71 U2.0 R1.0;	设置循环参数，调用轮廓切削循环粗车内孔
N120	G71 P130 Q180 U-0.6 W0.3;	
N130	G01 X260.042 Z5.0;	刀具移至孔口（精加工路径第一段程序）
N140	Z-100.0,R25;	车 $\phi260_{0}^{+0.084}$mm 内孔并倒圆
N150	X214.0 Z-139.92,R10;	车内圆锥并倒圆

（续）

程序段号	程序内容	程序说明
N160	X80.023;	车内阶台面
N170	Z-182.0;	车 $\phi80^{+0.046}_{0}$mm 内孔
N180	X70.0;	刀具 X 方向切出（精加工路径最后一段程序）
N190	G00 X100.0 Z200.0;	刀具退回至换刀点
N200	T0303;	换内孔精车刀
N210	M03 S800 F0.1;	设置精车用量
N220	G70 P130 Q180;	调用循环精车内轮廓
N230	G00 X100.0 Z200.0;	刀具退回
N240	M05;	主轴停
N250	M30;	程序结束

3. 加工操作

1）开机回参考点，建立机床坐标系。

2）装夹工件。加工零件左端面时，用反爪支承毛坯内孔表面；调头加工零件右端轮廓时夹住 ϕ300mm 外圆并进行找正，以保证加工余量均匀。

3）将外圆粗车刀、内孔粗车刀、内孔精车刀按要求分别装入刀架相应刀号位置。工件装夹后将用到的刀具采用试切法进行对刀。其中内孔车刀对刀方法如下：

① *Z* 轴对刀。借助钢直尺等使刀具刀尖与工件右端面平齐，如图 3-50 所示，然后进行面板操作，面板操作内容与外圆车刀 *Z* 方向对刀相同。

② *X* 轴对刀。主轴正转，转速 400r/min，以手动方式移动内孔车刀试车内孔，深 2~3mm，再沿+*Z* 方向退出，停机，测量所车内孔直径，如图 3-51 所示，然后通过面板操作将其值输入刀具相应长度补偿中。

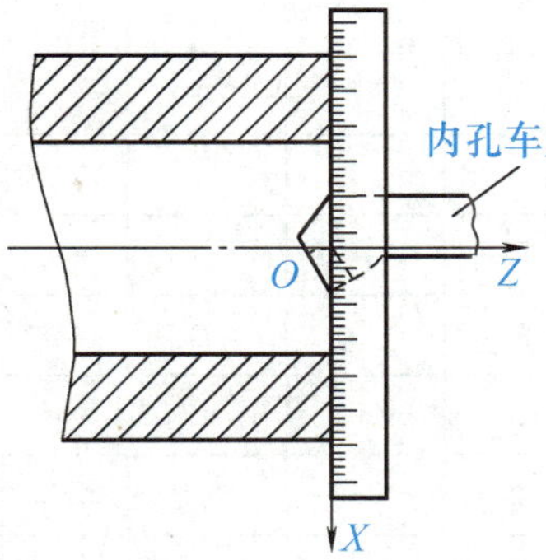

图 3-50　*Z* 轴对刀示意图

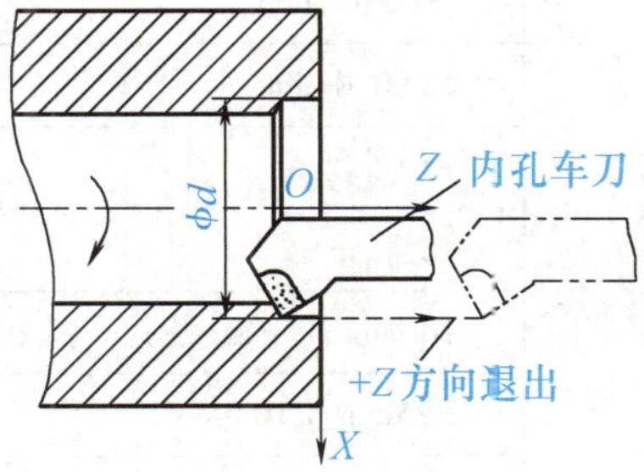

图 3-51　*X* 轴对刀示意图

内孔车刀对刀操作

4）将数控程序输入数控机床中，进行模拟仿真。

5）加工零件左端面。手动车平零件左端面。手动钻中心孔，钻 ϕ60mm 孔。

6）加工零件右端轮廓。打开程序“O0361”，采用自动模式进行自动加工，在加工中控制尺寸精度，控制精度时应注意内孔车刀刀具磨损量设置与外圆车刀相反。

7）加工结束后，及时打扫机床，切断电源。

检测评价

将学生任务完成情况的检测与评价填入表 3-47 中。

表 3-47　汽车制动系统制动毂加工检测评价表

序号	检测项目	检测内容及要求	配分	学生自检	学生互检	教师检测	得分
1	职业素养	文明、礼仪	5				
2		安全、纪律	10				
3		行为习惯	5				
4		工作态度	5				
5		团队合作	5				
6	工艺制订	1）选择装夹与定位方式 2）选择刀具 3）选择加工路径 4）选择合理的切削用量	5				
7	程序编制	1）编程坐标系选择正确 2）指令使用与程序格式正确 3）基点坐标正确	10				
8	机床操作	1）开机前检查、开机、回参考点 2）工件装夹与对刀 3）程序输入与校验	5				
9	零件加工	$\phi295_{-0.052}^{0}$mm	6				
10		$\phi260_{0}^{+0.084}$mm	5				
11		$\phi80_{0}^{+0.046}$mm	6				
12		$\phi214$mm	2				
13		180±0.1mm	5				
14		12±0.06mm	5				
15		$140_{-0.16}^{0}$mm	5				
16		$18_{-0.1}^{0}$mm	5				
17		100mm、15mm	2				
18		$R25$mm、$R10$mm	4				
19		表面粗糙度值 $Ra6.3\mu m$	5				
综合评价							

任务拓展

加工如图 3-52 所示汽车制动器制动盘零件，毛坯材料为 HT250，尺寸为 $\phi310mm\times90mm$。

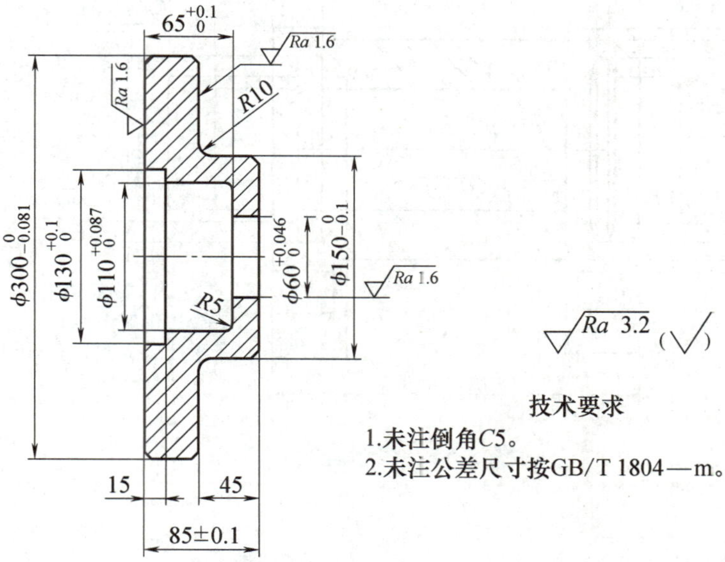

图 3-52　任务拓展训练题

任务实施提示：该零件是由外圆、内孔表面构成的，精度要求较高，加工时应先粗、精加工右端外圆轮廓，再夹住 $\phi150^{0}_{-0.1}$ mm 外圆车左端轮廓；零件壁厚较薄，应注意加工变形问题。

任务七　汽车缸套的加工

任务描述

汽车零件中有许多套类零件，如轴套、气缸套、液压缸及其缸套等，如图 3-53 所示。现使用 FANUC 0i-M 系统数控车床加工一种汽车缸套，零件图如图 3-54 所示，毛坯为 45 钢 ϕ45mm×64mm 棒料。零件典型表面是内孔表面、内沟槽面、外沟槽面，表面质量和尺寸精度要求较高，$\phi20^{+0.033}_{0}$mm 内孔轴线对 $\phi40^{0}_{-0.039}$mm 轴线有较高的同轴度要求。加工后效果图如图 3-55 所示。

图 3-53　汽车零件中的套类零件

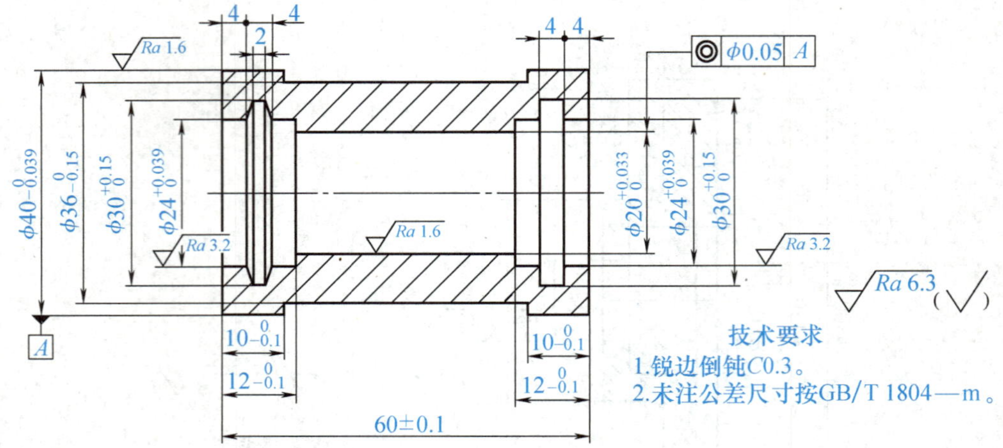

图 3-54　汽车缸套零件图

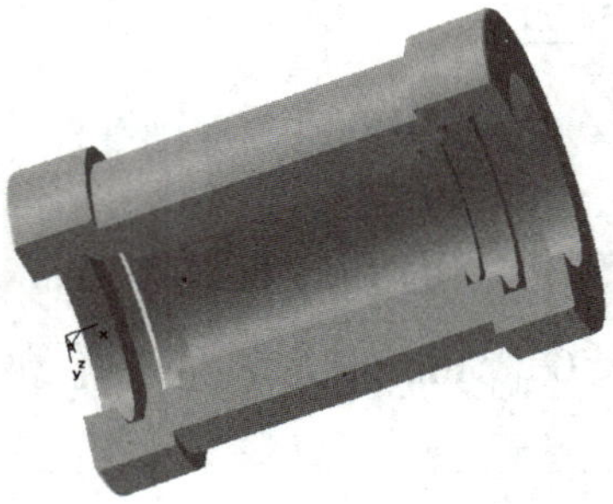

图 3-55　汽车缸套三维效果图

知识目标

1. 掌握径向沟槽复合切削循环指令 G75 及应用。
2. 了解套类零件加工时防止变形的方法。
3. 了解套类零件位置精度的保证方法。

技能目标

1. 会制订套类零件加工工艺。
2. 掌握内槽车刀对刀方法及内槽加工方法。
3. 能加工汽车缸套并达到一定的精度要求。

知识准备

1. 套类零件防止变形的工艺措施

套类零件由于壁厚较薄，刚度较差，加工过程中因夹紧力、切削力和切削热等因素容易产生变形，是套类零件加工中需重点关注的问题。防止变形的措施如下：

1）将粗、精加工分开进行，减少切削力和切削热的影响。

2）改变夹紧力的方向，改径向夹紧为轴向夹紧，或使用弹性套夹具使径向夹紧力沿圆周均匀分布，从而减小夹紧力的影响。

3）若需要进行热处理，则将热处理安排在粗、精加工工序之间，使热处理变形在精加工中予以纠正，适当增大精加工余量，减小热处理的影响。

2. 编程指令

径向沟槽复合切削循环指令 G75 加工尺寸较大槽或多个相同尺寸的槽可通过调用径向沟槽复合切削循环指令 G75 进行编程。G75 指令格式、切削循环路径、参数含义及使用说明见表 3-48。

表 3-48　径向沟槽复合切削循环指令格式、切削循环路径、参数含义及使用说明

类别	内容
指令格式	G75 R（e）； G75 X(U)__ Z(W)__ P(Δi) Q(Δk) R(Δd) F(f)；
切削循环路径	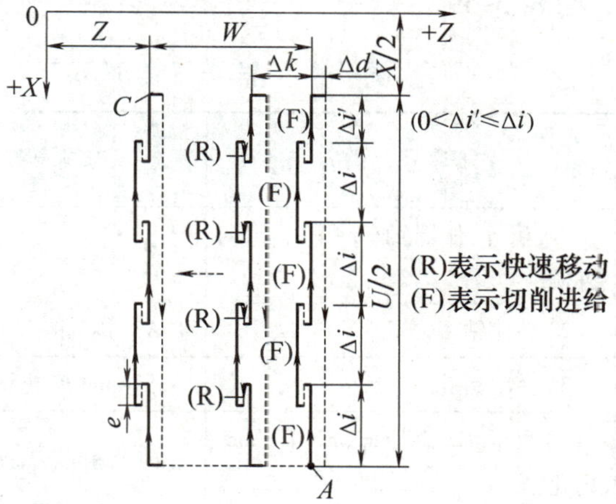
参数含义	e：返回量 X、Z：槽底终点绝对坐标 U、W：槽底终点相对于循环起点的增量坐标 Δi：X 轴方向的背吃刀量，无符号，半径值，输入单位 μm Δk：Z 轴方向的移动量，无符号，输入单位 μm Δd：槽底位置 Z 方向的退刀量，无要求时可省略 f：进给速度
使用说明	1）X(U)或 Z(W)指定，而 Δi 或 Δk 未指定或值为零将发生报警 2）Δk 值一般小于刀头宽度，Δk 值为负将发生报警，Δk 值大于槽宽将切多个相同槽 3）Δi 值大于 $U/2$ 或设置为负将发生报警 4）返回量 e 大于 X 轴方向背吃刀量 Δi 将发生报警

任务实施

本任务除了外圆面、内孔表面外，最主要的加工表面是内沟槽面。此外，外圆轴线对内孔轴线还有较高的位置精度要求，任务实施时需重点考虑。

1. 工艺分析

（1）刀具选择　车外圆选用外圆粗、精车刀，车内孔选用内孔粗、精车刀，车内直沟槽选用刀头宽度为4mm内槽车刀，车内梯形槽选用刀头宽度为2mm的内槽车刀分3次车削完成；内孔车削之前还要用到中心钻、麻花钻等刀具进行钻中心孔和钻孔，具体见表3-49。

（2）零件加工工艺路线的制订　汽车缸套精度高且壁厚较薄，需分粗、精加工完成；内、外圆轴线间位置精度不能在一次装夹中同时加工两平面来保证，只能采用先精加工内孔，再将工件装夹在心轴上以内孔为定位基准精加工外圆的工艺方法。为防止切屑刮伤内孔表面，精加工$\phi24^{+0.039}_{0}$mm内孔前车削内沟槽，具体加工工艺见表3-49。

（3）量具选择　长度尺寸用游标卡尺测量；外圆尺寸用外径千分尺测量，内圆柱孔采用内径百分表测量，内沟槽直径采用内沟槽游标卡尺测量，槽宽和位置尺寸用游标宽度卡尺及带爪深度尺测量。

（4）切削用量选择　工件材料为45钢，需考虑粗、精加工外圆、内孔面、内沟槽面等切削用量，具体数值见表3-49。

表3-49　汽车缸套加工工艺

工序名	定位（装夹面）	工步序号及内容	刀具及刀号	主轴转速 n/(r/min)	进给量 f/(mm/r)	背吃刀量 a_p/mm
车	夹住毛坯外圆，工件伸出40mm左右	1）粗车右端面、$\phi40^{0}_{-0.039}$mm外圆	外圆粗车刀，刀号T01	600	0.2	2~3
		2）手动钻中心孔	A3中心钻	1000	0.1	—
		3）手动钻孔	ϕ16mm麻花钻	300	0.1	—
		4）粗车$\phi20^{+0.033}_{0}$mm、$\phi24^{+0.039}_{0}$mm内孔	内孔粗车刀，刀号T03	600	0.2	2~3
		5）车内直沟槽	内槽车刀，刀号T05	400	0.08	4
		6）精车$\phi24^{+0.039}_{0}$mm内孔	内孔精车刀，刀号T04	1000	0.1	0.3
	调头，夹住$\phi40^{0}_{-0.039}$mm外圆，工件伸出30mm左右	1）粗、精车左端面，控制总长	外圆粗车刀，刀号T01	600	0.2	2~3
		2）粗车$\phi40^{0}_{-0.039}$mm外圆，留半精车余量	外圆粗车刀，刀号T01	600	0.2	2~3
		3）粗车$\phi24^{+0.039}_{0}$mm内孔	内孔粗车刀，刀号T03	600	0.2	2~3
		4）车内梯形槽	内槽车刀，刀号T06	400	0.08	2
		5）精车$\phi24^{+0.039}_{0}$mm、$\phi20^{+0.033}_{0}$mm内孔	内孔精车刀，刀号T04	1000	0.1	0.3
	将工件装夹在圆柱心轴上，心轴装夹在车床主轴上	1）车外沟槽	外槽车刀，刀号T07	400	0.08	4
		2）精车$\phi40^{0}_{-0.039}$mm外圆	外圆精车刀，刀号T02	1000	0.1	0.3

2. 编制程序

（1）粗、精车右端面，粗车外圆及粗、精车内轮廓程序 工件坐标系原点选择在零件装夹后的右端面中心点；内槽车刀取左侧刀尖为刀位点，参考程序见表3-50，程序名“O0571”。

表 3-50 汽车缸套右端面、外圆及内轮廓加工参考程序

程序段号	程序内容	程序说明
N10	G40 G99 M03 S600 T0101;	设置初始参数,选 T01 外圆粗车刀,主轴转速 600r/min
N20	G00 X50.0 Z5.0 M08;	刀具移至循环起点,切削液开
N30	G90 X42.0 Z-35.0 F0.2;	调用循环粗车外圆
N40	X0;	刀具移至工件中心
N50	G01 Z0;	切削至工件端面
N60	X40.6, C0.6;	车端面并倒钝
N70	Z-35.0;	车外圆
N80	X50;	刀具 *X* 方向退出
N90	G00 X100.0 Z200.0;	刀具退回至换刀点
N100	M03 S1000;	设置钻中心孔转速
N110	M00;	手动钻中心孔
N120	M03 S300;	设置钻孔转速
N130	M00;	手动钻 ϕ16mm 孔
N140	M03 S600 T0303 ;	主轴正转,转速 600r/min,选 T03 号内孔粗车刀
N150	G00 X15.0 Z5.0 ;	刀具快速移至循环起点
N160	G90 X19.4 Z-62.0 F0.2;	用轮廓单一循环粗车 $\phi20^{+0.033}_{0}$mm 内孔,进给量 0.2mm/r
N170	G90 X23.4 Z-11.9 F0.2;	用轮廓单一循环粗车 $\phi24^{+0.039}_{0}$mm 内孔,进给量 0.2mm/r
N180	G00 X100.0 Z200.0;	刀具退到换刀位置
N190	T0505;	换刀头宽度为 4mm 的内槽车刀,车内直槽
N200	M03 S400;	设置车内直槽主轴转速为 400r/min
N210	G00 X22.0 Z5.0;	刀具移近工件端面
N220	Z-8.0;	刀具轴向移至内直槽位置
N230	G01 X30.075 F0.08;	车内直槽,进给量 0.08mm/r
N240	G04 X2.0;	刀具暂停 2s
N250	X22.0;	刀具 *X* 方向切出
N260	G00 Z5.0;	刀具退出
N270	X100.0 Z200.0;	刀具退回至换刀位置
N280	M00 M05 M09;	程序停,主轴停,测量
N290	T0404;	换 T04 号内孔精车刀
N300	M03 S1000 M08;	设置精车内孔转速为 1000r/mim,切削液开
N310	G00 X22.0 Z5.0;	刀具移至循环起点
N320	G90 X24.02 Z-11.95 F0.1;	调用循环精车内孔
N330	G00 X100.0 Z200.0;	刀具退回至换刀位置
N340	M05 M09;	主轴停、切削液关
N350	M30;	程序结束

（2）粗、精车左端面，粗车外圆及粗、精车左端内轮廓程序 编程时工件坐标系原点选择在零件装夹后右端面中心点；内槽车刀取左侧刀尖为刀位点，参考程序见表 3-51，程序名“O0572”。

表 3-51　汽车缸套左端面、外圆及内轮廓加工参考程序

程序段号	程序内容	程序说明
N10	G40 G99 M03 S600 T0101；	设置初始参数，选 T01 外圆粗车刀，主轴转速为 600r/min
N20	G00 X50.0 Z5.0 M08；	刀具移至循环起点，切削液开
N30	G90 X42.0 Z-26.0 F0.2；	调用循环粗车外圆
N40	X0；	刀具移至工件中心
N50	G01 Z0；	切削至工件端面
N60	X40.6，C0.6；	车端面并倒钝
N70	Z-26.0；	车外圆
N80	X50；	刀具 *X* 方向退出
N90	G00 X100.0 Z200.0；	刀具退回至换刀点
N100	T0303；	选 T03 号内孔粗车刀
N110	G00 X16.0 Z5.0；	刀具快速移至循环起点
N120	G90 X23.4 Z-11.9 F0.2；	用轮廓单一循环粗车 $\phi24^{+0.039}_{0}$mm 内孔，进给量 0.2mm/r
N130	G00 X100.0 Z200.0；	刀具退到换刀位置
N140	M03 S400 T0606；	设置车槽转速，换刀头宽度为 2mm 的内槽车刀，车内梯形槽
N150	G00 X22.0 Z5.0；	刀具移近至工件端面
N160	Z-7.0；	刀具移至梯形槽位置
N170	G01 X30.075 F0.08；	第 1 刀车内直槽
N180	G04 X2.0；	
N190	X22.0；	
N200	G00 Z-6.0；	第 2 刀车内梯形槽右侧面
N210	G01 X24.02；	
N220	X30.075 Z-7.0；	
N230	G04 X2.0；	
N240	X22.0；	
N250	G00 Z-8.0；	第 3 刀车内梯形槽左侧面
N260	G01 X24.02；	
N270	X30.075 Z-7.0；	
N280	G04 X2.0；	
N290	G00 X22.0；	
N300	Z5.0；	刀具退出
N310	X100.0 Z200.0；	刀具退回至换刀位置
N320	M00 M05 M09；	程序停，主轴停，测量

（续）

程序段号	程序内容	程序说明
N330	T0404;	换 T04 号内孔精车刀
N340	M03 S1000 M08;	设置精车内孔转速为 1000r/mim,切削液开
N350	G00 X24.02 Z5.0;	刀具移至切削起点
N360	G01 Z-11.95 F0.1;	精车 $\phi24^{+0.039}_{0}$mm 内孔
N370	X20.017,C0.3;	精车内台阶面
N380	Z-50.0;	精车 $\phi20^{+0.033}_{0}$mm 内孔
N390	X18.0;	刀具 *X* 方向切出
N400	G00 Z5.0;	刀具 *Z* 方向退出
N410	G00 X100.0 Z200.0;	刀具退回至换刀点
N420	M05 M09;	主轴停、切削液关
N430	M30;	程序结束

（3）车外沟槽及精车 $\phi40^{0}_{-0.039}$mm 外圆参考程序　外沟槽采用 G75 复合循环指令编程加工，编程时工件坐标系原点选择在零件装夹后的右端面中心点，车槽刀取左侧刀尖为刀位点，参考程序见表 3-52，程序名“O0573”。

表 3-52　加工汽车缸套外沟槽及 $\phi40^{0}_{-0.039}$mm 外圆参考程序

程序段号	程序内容	程序说明
N10	G40 G99 M03 S400 T0707;	设置初始参数,选 T07 外槽车刀
N20	G00 X45.0 Z-14.0;	刀具移至循环起点
N30	G75 R0.5;	调用循环车外沟槽
N40	G75 X35.95 Z-50.0 P1000 Q3000 F0.08;	
N50	G00 X100.0 Z200.0;	刀具退至换刀点
N60	T0202;	换 T02 号外圆精车刀
N70	M03 S1000;	设置精车外圆转速为 1000r/min
N80	G00 X50.0 Z5.0 M08;	刀具快速移至循环起点,切削液开
N90	G90 X39.98 Z-61.0 F0.1;	精车 $\phi40^{0}_{-0.039}$mm 外圆,进给量为 0.1mm/r
N100	M05 M09;	主轴停,切削液关
N110	M30;	程序结束

3. 加工操作

1）开机回参考点，建立机床坐标系。

2）装夹工件。本任务共需要三次装夹，第一次夹住毛坯外圆，伸出长度为 40mm 左右，车削右端轮廓；第二次调头夹住 $\phi40^{0}_{-0.039}$mm 外圆，伸出长度为 30mm 左右，粗、精车左端内外轮廓；第三次是以 $\phi20^{+0.033}_{0}$mm 内孔为定位基准，将工件装夹在圆柱心轴上，再将心轴装夹在机床主轴上，精加工零件外轮廓面。由于汽车缸套壁较薄，第二次装夹时需注意不能将工件夹变形了，第三次装夹时，不能破坏已加工面，且需要找正工件。

3）装夹刀具。将外圆粗车刀、外圆精车刀、内孔粗车刀、内孔精车刀、刀头宽度为4mm的内槽车刀、刀头宽度为2mm的内槽车刀、外槽车刀按要求分别装夹在T01、T02、T03、T04、T05、T06、T07号刀位，中心钻、麻花钻分别装夹在尾座套筒中；若机床刀位数量有限，则每次装夹要用的刀具且需保证该刀具所处刀位与编程时的刀位号一致。

4）对刀操作。每次装夹工件后，将用到的车刀分别采用试切法对刀，其中内槽车刀对刀步骤如下。

① Z 轴对刀。MDI模式下使主轴正转，转速400r/min，切换成手动方式移动内槽车刀试切工件端面后，再沿+X 方向退出，如图3-56所示，然后通过面板操作将其值输入刀具相应长度补偿中。

② X 轴对刀。MDI模式下使主轴正转，转速400r/min，切换成手动方式移动内槽车刀试切内孔，深2~3mm，再沿+Z 方向退出，停机，测量所车内孔直径，如图3-57所示，然后通过面板操作将其值输入刀具相应长度补偿中。

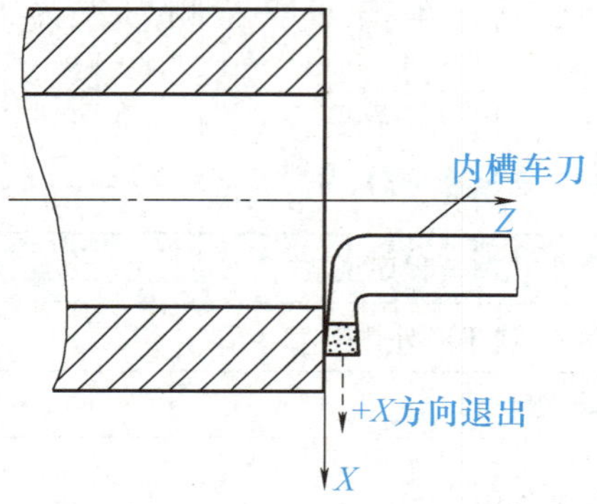

图3-56 内槽车刀 Z 轴对刀示意图

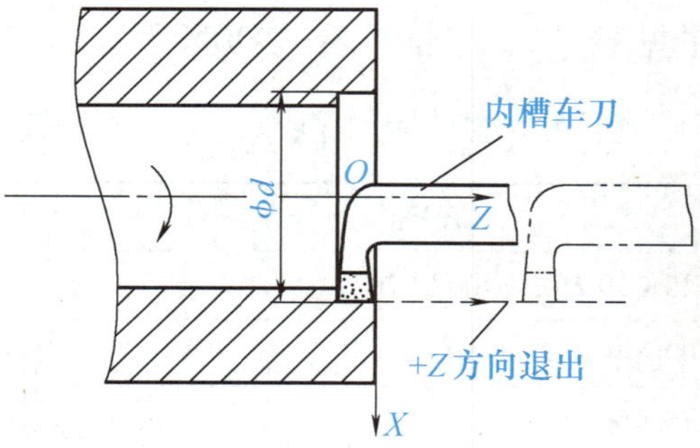

图3-57 内槽车刀 X 轴对刀示意图

内槽车刀对刀操作

5）输入程序并校验。将程序全部输入机床数控系统，分别进行程序校验。

6）零件加工。

① 车削右端面、粗车 $\phi40_{-0.039}^{0}$mm外圆等，加工步骤如下：

a. 打开“O0571”程序，选择自动加工模式进行自动加工。

b. 程序运行至N110，手动钻中心孔。

c. 程序运行至N130，换上 $\phi16$mm麻花钻，手动钻 $\phi16$mm孔。

d. 继续运行程序，车削内轮廓面并控制内孔、内直槽精度。

② 打开“O0572”程序，选择自动加工模式加工左端面、$\phi40_{-0.039}^{0}$mm外圆及内轮廓面。加工中控制内孔、内梯形槽尺寸精度。

③ 打开“O0573”程序，选择自动加工模式精加工外沟槽及 $\phi40_{-0.039}^{0}$mm外圆并控制尺寸精度。

④ 加工结束后，及时清扫机床。

检测评价

将学生任务完成情况的检测与评价填入表 3-53 中。

表 3-53 汽车缸套加工检测评价表

序号	检测项目	检测内容及要求	配分	学生自检	学生互检	教师检测	得分
1	职业素养	文明、礼仪	5				
2		安全、纪律	10				
3		行为习惯	5				
4		工作态度	5				
5		团队合作	5				
6	工艺制订	1)选择装夹与定位方式 2)选择刀具 3)选择加工路径 4)选择合理的切削用量	5				
7	程序编制	1)编程坐标系选择正确 2)指令使用与程序格式正确 3)基点坐标正确	10				
8	机床操作	1)开机前检查、开机、回参考点 2)工件装夹与对刀 3)程序输入与校验	5				
9	零件加工	$\phi40_{-0.039}^{0}$mm	2				
10		$\phi36_{-0.15}^{0}$mm	3				
11		$\phi30_{0}^{+0.15}$mm(两处)	5				
12		$\phi24_{0}^{+0.039}$mm(两处)	8				
13		$\phi20_{0}^{+0.033}$mm	5				
14		60±0.1mm	2				
15		$10_{-0.1}^{0}$mm(2 处)	5				
16		$12_{-0.1}^{0}$mm(2 处)	5				
17		2mm、4mm(4 个)	2				
18		同轴度 $\phi0.05$mm	4				
19		$C0.3$	1				
20		表面粗糙度值 $Ra1.6\mu m$(两处)	3				
21		表面粗糙度值 $Ra3.2\mu m$(两处)	3				
22		表面粗糙度值 $Ra6.3\mu m$	2				
综合评价							

任务拓展

加工如图 3-58 所示某汽车缸套零件，毛坯材料为 45 钢，ϕ65mm×60mm 棒料。

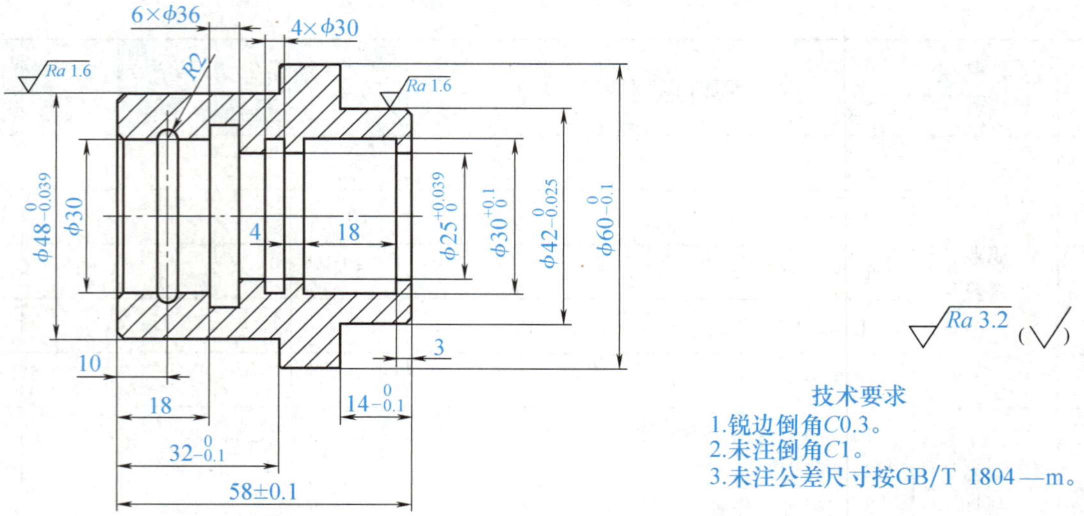

图 3-58　某汽车缸套零件图

任务实施提示：该零件外圆柱面、一个内圆柱面要求较高；内表面有一个宽矩形沟槽、两个窄矩形沟槽及一个圆弧沟槽；圆弧内沟槽尺寸较小，可采用半径为 2mm 的圆头内槽车刀以一次直进法编程加工，矩形内沟槽编程加工及其他工艺同本任务。

任务八　汽车液压系统螺纹管接头的加工

任务描述

液压系统在汽车中广泛应用，如冷却系统、润滑系统、制动系统及燃油系统等。液压系统中，螺纹管接头是最常见的零件之一，如图 3-59 所示为汽车液压系统中常见螺纹管接头零件。现使用 FANUC 0i-M 系统数控车床加工一种汽车液压系统的螺纹管接头，零件图如图 3-60 所示，毛坯为 45 钢 ϕ40mm×50mm 的无缝钢管，凸缘部分六角形状车削后在铣床上完成加工，车削主要完成圆锥外螺纹、外沟槽及圆柱外螺纹表面的加工。

图 3-59　汽车液压系统中常见螺纹管接头零件

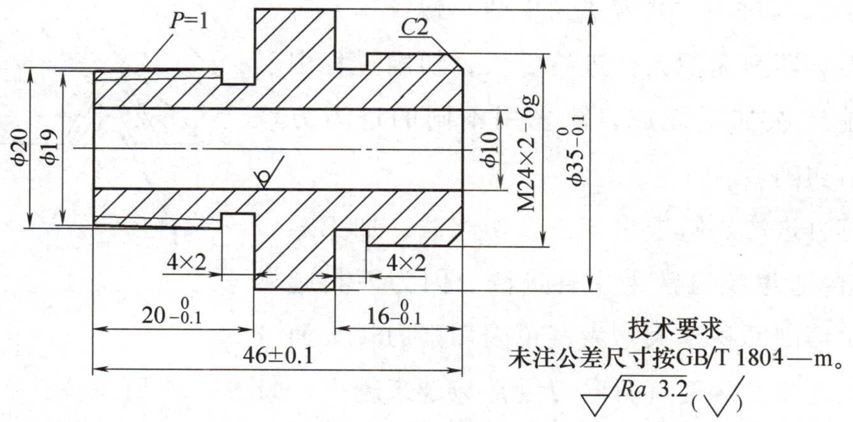

图 3-60 汽车液压系统螺纹管接头零件图

知识目标

1. 掌握螺纹切削指令 G32 及应用。
2. 掌握螺纹切削单一循环指令 G92 及应用。
3. 熟悉螺纹类零件加工工艺特点。

技能目标

1. 会进行外螺纹车刀对刀。
2. 会编制螺纹类零件加工工艺。
3. 能加工汽车液压系统螺纹管接头零件并达到一定的精度要求。

知识准备

1. 加工工艺

（1）普通圆柱螺纹实际加工、编程相关尺寸计算 普通圆柱螺纹实际加工和编程中涉及的尺寸有外螺纹圆柱直径、螺纹牙深、外螺纹小径等，加工中因刀尖圆弧、挤压等因素影响与其理论计算公式略有差别，一般参照经验公式计算，见表 3-54。

表 3-54 普通圆柱外螺纹实际加工、编程相关尺寸计算公式

参数名称	代号	计算公式	原因及用途
外螺纹圆柱直径	$d_{圆}$	$d_{圆}=d-0.1P$ 式中，d 为公称直径；P 为螺距	受刀具挤压影响，外径尺寸会胀大，故车外螺纹前圆柱直径应比螺纹大径小 0.2~0.4mm，作为车外螺纹前圆柱编程、加工依据
螺纹牙深	$h_{1实}$	$h_{1实}=0.65P$ 式中，P 为螺距	关系到车螺纹时进刀次数、每次背吃刀量分配等
外螺纹小径	$d_{1实}$	$d_{1实}=d-2h_{1实}=d-1.3P$ 式中，d 为公称直径；P 为螺距	编程时计算外螺纹牙底坐标

(2) 车普通螺纹进刀方式及进刀次数　螺纹车刀属于成形车刀，刀具切削面积大，进给量大，切削过程中切削力大，不能一次加工而成，需采用不同的进刀方式，分多次进给切削。

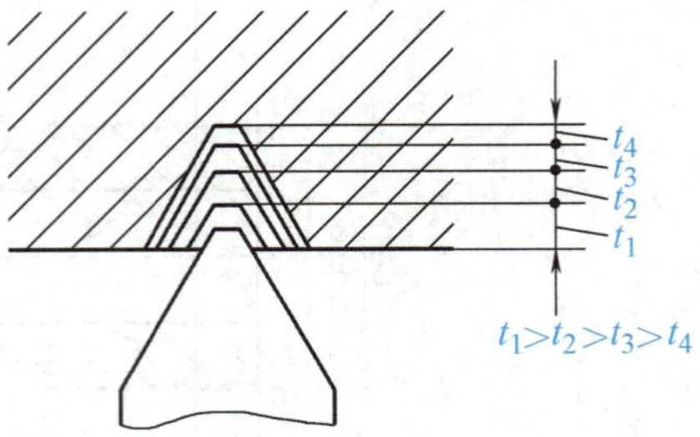

图 3-61　车螺纹背吃刀量的分配

进刀方式有直进法、斜进法、左右切削法，加工螺距小于 3mm 的普通螺纹通常采用直进法。因为刀具越接近螺纹牙底，切削面积越大，为避免因切削力过大而损坏刀具，每次进刀的深度（背吃刀量）应越来越小，如图 3-61 所示。

车削常用螺距的螺纹进刀次数及背吃刀量分配见表 3-55。

表 3-55　车削常用螺距的螺纹进刀次数及背吃刀量

螺距/mm	1	1.5	2	2.5	3	3.5	4
牙深(半径值)/mm	0.65	0.975	1.3	1.625	1.95	2.275	2.6
背吃刀量(直径值)/mm	1.3	1.95	2.6	3.25	3.9	4.55	5.2
进刀次数	每次背吃刀量(直径值)/mm						
1	0.7	0.8	0.8	1.0	1.2	1.5	1.5
2	0.4	0.5	0.6	0.7	0.7	0.7	0.8
3	0.2	0.5	0.6	0.6	0.6	0.6	0.6
4		0.15	0.4	0.4	0.4	0.6	0.6
5			0.2	0.4	0.4	0.4	0.4
6				0.15	0.4	0.4	0.4
7					0.2	0.2	0.4
8						0.15	0.3
9							0.2

注：螺距为 1.25mm、1.75mm 的螺纹及其他非标准螺距螺纹参照上表分配走刀次数及背吃刀量。

(3) 螺纹切削空刀导入量和空刀退出量　由于数控机床伺服系统反应滞后，主轴加速和减速过程中，会在螺纹切削起点和终点产生不正确的导程，因此在进刀和退刀时要留有一定的空刀导入量和空刀退出量，即螺纹切削行程要大于实际螺纹长度，如图 3-62 所示。空刀导入量 δ_1 取 2~5mm；空刀退出量应小于螺纹退刀槽宽度，一般取 $\delta_2=0.5\delta_1$。

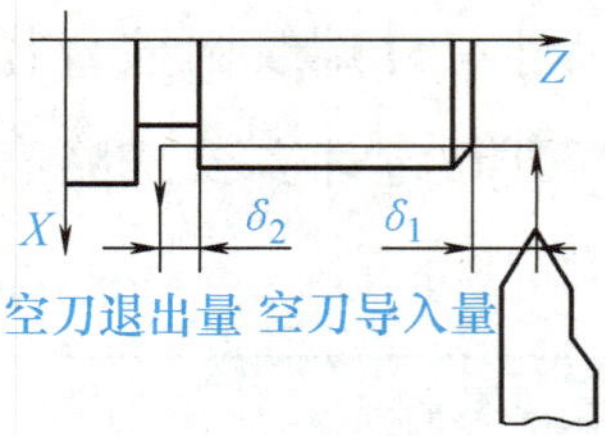

图 3-62　螺纹切削空刀导入量和空刀退出量

(4) 圆锥螺纹实际加工、编程参数及计算　圆锥螺纹实际加工和编程中涉及的尺寸有内外圆锥螺纹加工前圆锥（孔）大小端直径、螺纹牙深、内外螺纹起始点底径、内外螺纹终点底径、实际加工螺纹长度等。其中，内、外螺纹加工前圆锥（孔）大小端直径、螺纹牙深等参数与圆柱螺纹计算公式相同；实际加工圆锥螺纹长度需考虑空刀导入量 δ_1 和空刀退出量 δ_2，如图 3-63 所示，即需计算图中1、2、1′、2′点的直径，一般计算图中2与3点、2′与3′点半径差得出圆锥螺纹相关参数值，计算公式见式（3-1）。

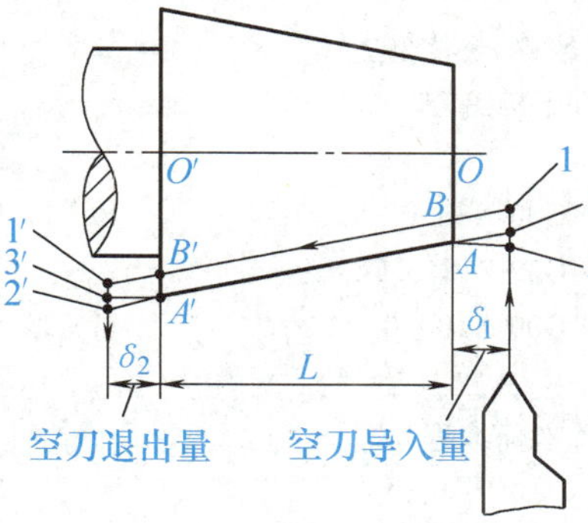

a)

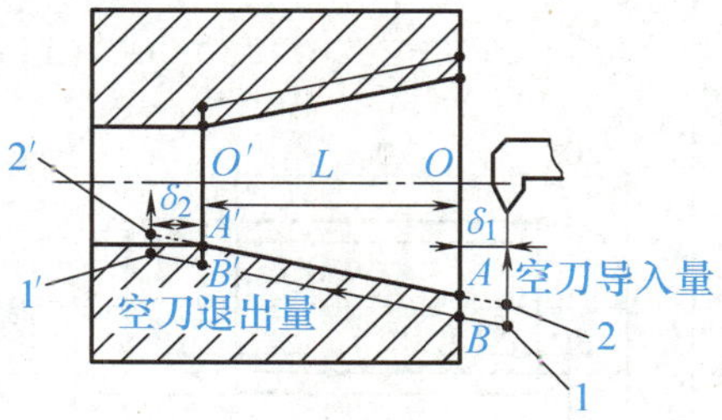

b)

图3-63 圆锥螺纹实际切削路径

a）圆锥外螺纹切削路径 b）圆锥内螺纹切削路径

$$t_1=\delta_1\tan\frac{\alpha}{2}\text{或 }t_2=\delta_2\tan\frac{\alpha}{2} \tag{3-1}$$

式中 δ_1——空刀导入量；

δ_2——空刀退出量；

$\alpha/2$——圆锥半角；

t_1——圆锥小端半径与考虑空刀导入量时的小端半径差绝对值（图3-63a中2、3点距离）；

t_2——圆锥大端半径与考虑空刀导入量时的大端半径差绝对值（图3-63a中2′、3′点距离）。

精度不高的圆锥螺纹，也可采用圆锥大小端的牙顶或牙底直径作为编程尺寸，加工中通过设置刀具磨损量来控制圆锥实际尺寸。

2. 编程知识

（1）用G32指令切削圆柱螺纹的指令格式及参数含义见表3-56。

表3-56 用G32指令切削圆柱螺纹的指令格式及参数含义

类别	内容
指令格式	G32 Z(W)__ F__ Q__;
参数含义	Z:指定圆柱螺纹终点绝对坐标 W:指定圆柱螺纹终点相对于起点的增量坐标 F:指定螺纹导程 Q:指定螺纹切削起始角(车多线螺纹用,若车双线螺纹,车第一条螺旋线螺纹时设为0°,车第二条螺旋线螺纹时设为180°)
使用说明	1)螺纹切削起点与终点 *X* 坐标一致,即车圆柱螺纹时 *X* 坐标不变 2)螺纹切削中进给速度倍率无效,被固定在100% 3)螺纹切削中,主轴倍率无效,被固定在100% 4)螺纹切削中,进给暂停功能无效

（续）

类别	内容	
示例	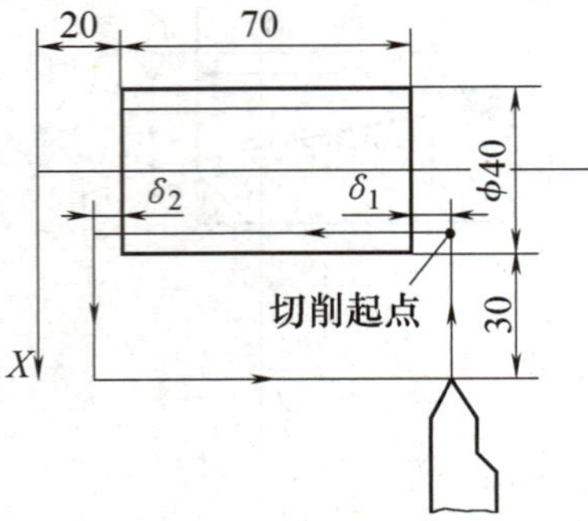	螺纹导程为 4mm，δ_1 = 3mm，δ_2 = 1.5mm，背吃刀量为 1mm（直径编程）参考程序 绝对坐标编程 …… N30 G00 X38.0 Z93.0; N40 G32 Z18.5 F4.0; N50 G00 X100.0; …… 增量坐标编程 …… N30 G00 U-62.0; N40 G32 W-74.5 F4.0; N50 G00 U62.0; …… 外螺纹加工指令 G32

（2）用 G32 指令切削圆锥螺纹的指令格式及参数含义见表 3-57。

表 3-57　用 G32 指令切削圆锥螺纹的指令格式及参数含义

类别	内容	
指令格式	G32 X(U)__ Z(W)__ F__ Q__;	
切削路径	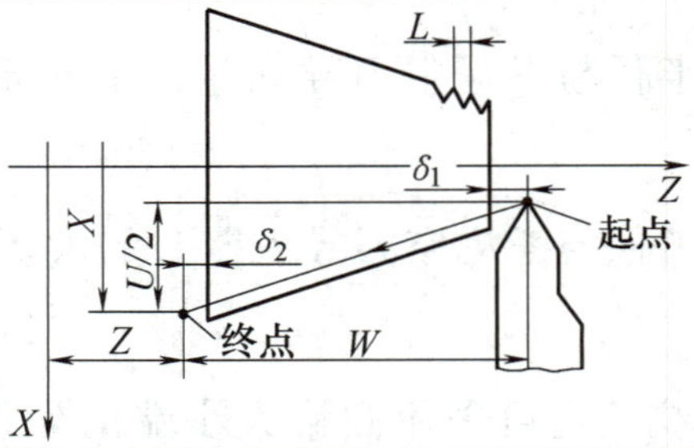	
参数含义	X、Z：指定圆锥螺纹终点绝对坐标 U、W：指定圆锥螺纹终点相对于起点的增量坐标 F：指定螺纹导程（图中 L） Q：指定螺纹切削起始角（车多线螺纹用）	
使用说明	1）车圆锥螺纹前，刀具应处于起点位置，若起点与终点 X 坐标相同则为圆柱螺纹 2）当圆锥半角 $\alpha/2 \leqslant 45°$ 时，F 指 Z 方向导程；$\alpha/2 \geqslant 45°$ 时，F 指 X 方向导程 3）螺纹切削中进给速度倍率、主轴倍率、进给暂停功能同切削圆柱螺纹	
示例	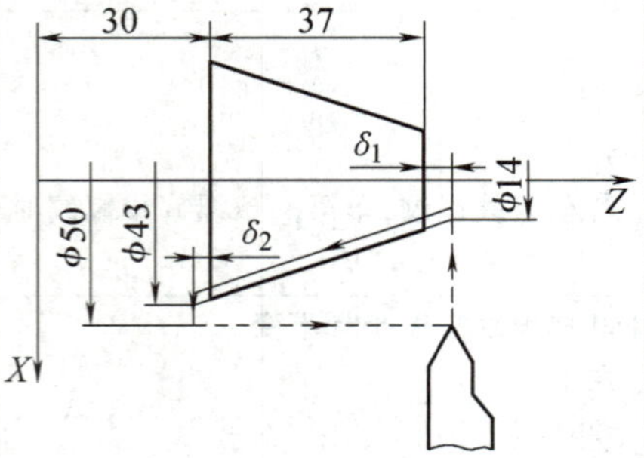	螺纹 Z 方向导程为 3.5mm，δ_1 = 2mm，δ_2 = 1mm，X 方向背吃刀量为 1mm（直径编程）参考程序 绝对坐标编程 …… N30 G00 X12.0 Z69.0; N40 G32 X41.0 Z29.0 F3.5; N50 G00 X50.0; N60 Z69.0; N70 X10.0; ……

（3）用单一循环指令 G92 切削圆柱螺纹的指令格式及参数含义见表 3-58。

表 3-58 用单一循环指令 G92 切削圆柱螺纹的指令格式及参数含义

类别	内容
指令格式	G92 X(U)__ Z(W)__ F__ Q__;
参数含义	X、Z:指定圆柱螺纹终点绝对坐标 U、W:指定圆柱螺纹终点相对于循环起点的增量坐标 F:指定螺纹导程 Q:指定螺纹切削起始角(车多线螺纹用)
使用说明	用 G90、G92、G94 以外的 01 组的指令代码取消固定循环方式，其他说明同 G32
切削循环路径	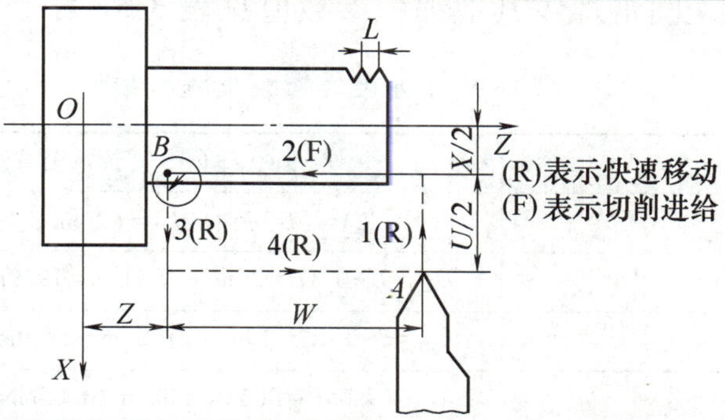

螺纹切削单一循环指令 G92

（4）用单一循环指令 G92 切削圆锥螺纹的指令格式及参数含义见表 3-59。

表 3-59 用单一循环指令 G92 切削圆锥螺纹的指令格式及参数含义

类别	内容
指令格式	G92 X(U)__ Z(W)__ R__ F__ Q__;
切削循环路径	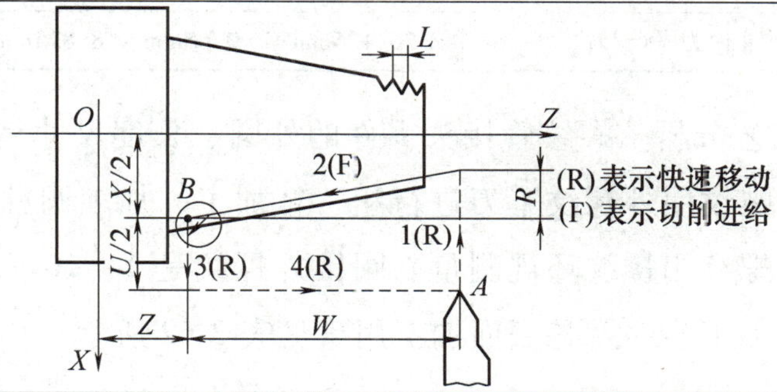
参数含义	X、Z:指定圆锥螺纹终点绝对坐标 U、W:指定圆锥螺纹终点相对于循环起点的增量坐标 R:指定锥度量 r，是指大小端半径差，外螺纹左大右小，R 后值为负，反之为正；内螺纹左小右大，R 后值为正，反之为负；R 后的值为 0，则为圆柱螺纹 F:螺纹导程(图中 L) Q:指定螺纹切削起始角
使用说明	用 G90、G92、G94 以外的 01 组的指令代码取消固定循环方式，其他注意事项同 G32

任务实施

1. 分析工艺

（1）M24×2-6g 圆柱外螺纹尺寸计算 螺纹螺距为 2mm，需分 5 次进刀，每次进刀背吃刀量分别为：0.8mm、0.6mm、0.6mm、0.4mm、0.2mm，其他编程参数计算结果见表 3-60。

表 3-60 加工普通圆柱外螺纹编程参数计算结果

螺纹特征代号	螺纹牙深	螺纹小径	外螺纹底圆柱直径
M24×2-6g	$h_{1实}=0.65P$ $=0.65\times2\text{mm}=1.3\text{mm}$	$d_{1实}=d-2h_{1实}=d-1.3P$ $=24\text{mm}-1.3\times2\text{mm}=21.4\text{mm}$	$d_{圆}=d-0.1P$ $=24\text{mm}-0.2\text{mm}=23.8\text{mm}$

（2）圆锥外螺纹编程尺寸计算　圆锥外螺纹螺距为 1mm，需分 3 次进刀，每次进刀背吃刀量分别为：0.7mm、0.4mm、0.2mm，拟采用 G32 指令编程，空刀导入量 δ_1 取 4mm，空刀退出量 δ_2 取 2mm，圆锥螺纹其他编程参数值见表 3-61。

表 3-61 圆锥外螺纹编程参数值

参数名称	计算公式及数值
圆锥半角 $\alpha/2$	$\tan(\alpha/2)=(D-d)/(2L)=(20\text{mm}-19\text{mm})/32\text{mm}=1/32, \alpha/2=1°47'$
底圆锥大端直径	$D_{圆}=D-0.1P=20\text{mm}-0.1\text{mm}=19.9\text{mm}$
底圆锥小端直径	$d_{圆}=d-0.1P=19\text{mm}-0.1\text{mm}=18.9\text{mm}$
螺纹牙深	$h_{1实}=0.65P=0.65\times1.0\text{mm}=0.65\text{mm}$
圆锥螺纹起始点牙顶直径为 $2x$	$t_1=\delta_1\tan(\alpha/2)=4\text{mm}\times(1/32)=0.125\text{mm}$ $2x=19\text{mm}-2\times0.125\text{mm}=18.75\text{mm}$
圆锥螺纹终点牙顶直径为 $2y$	$t_2=\delta_2\tan(\alpha/2)=2\text{mm}\times(1/32)=0.0625\text{mm}$ $2y=20\text{mm}+2\times0.0625\text{mm}=20.125\text{mm}$
圆锥螺纹起始点牙底直径为 $2x-2h_{1实}$	$18.75\text{mm}-2\times0.65\text{mm}=17.45\text{mm}$
圆锥螺纹终点牙底直径为 $2y-2h_{1实}$	$20.125\text{mm}-2\times0.65\text{mm}=18.825\text{mm}$

（3）其他工艺分析　螺纹管接头零件的外圆、长度尺寸精度不高，用外圆车刀粗车即可。圆柱、圆锥螺纹用外螺纹车刀进行粗、精加工，加工圆柱螺纹前还需用车槽刀加工螺纹退刀槽。圆柱螺纹用螺纹环规测量。圆锥外螺纹是 1∶16 标准圆锥螺纹，选用标准圆锥螺纹量规测量，加工步序及各表面加工用量见表 3-62 所示。

表 3-62 汽车液压系统螺纹管接头加工工艺

工序名	定位（装夹面）	工步序号及内容	刀具及刀号	主轴转速 $n/(\text{r/min})$	进给量 $f/(\text{mm/r})$	背吃刀量 a_p/mm
车	夹住毛坯外圆，伸出长度为 35mm 左右	1）车右端面、外圆	外圆车刀，刀号 T01	800	0.15	2~4
		2）车螺纹退刀槽	外槽车刀，刀号 T02	400	0.1	4
		3）粗、精车圆柱螺纹	外螺纹车刀，刀号 T03	350	2	0.2~0.8
	调头，夹住 $\phi35_{-0.1}^{0}$mm 外圆	1）车左端外轮廓	外圆车刀，刀号 T01	800	0.15	2~4
		2）粗、精车圆锥螺纹	外螺纹车刀，刀号 T03	350	1	0.2~0.8

2. 编写程序

（1）车零件右端轮廓程序　用复合循环指令 G71 加工右端面及外圆，用螺纹单一循环指令 G92 车削圆柱外螺纹，工件坐标系原点选择在工件装夹后的右端面中心点，参考程序见表 3-63，程序名“O0381”。

表 3-63　车零件右端轮廓参考程序

程序段号	程序内容	程序说明
N10	G40 G99 G80 G21;	设置初始状态
N20	M3 S800 M08 T0101 F0.15;	设置主轴转速,切削液开,调用外圆车刀
N30	G00 X40.0 Z5.0;	刀具移至循环起点
N40	G71 U2 R1;	调用轮廓复合循环指令车外轮廓
N50	G71 P60 Q120 U0 W0;	
N60	G01 X8.0;	精车轮廓第一段程序
N70	Z0;	刀具车至端面
N80	X23.8,C2;	车端面并倒角
N90	Z-15.95;	车外螺纹底圆柱
N100	X34.95;	车台阶
N110	Z-30.0;	车 $\phi35_{-0.1}^{0}$mm 外圆
N120	X38.0;	X 方向切出(精车轮廓最后一段程序)
N130	G00 X100.0 Z200.0;	刀具返回换刀点
N140	M03 S400 T0202;	设置车槽转速,换外槽车刀
N150	G00 X40.0 Z-15.95;	刀具移至车槽位置
N160	G01 X20.0 F0.1;	车外槽
N170	G04 X2.0;	槽底暂停 2s
N180	X40.0;	刀具 X 方向切出
N190	G00 X100.0 Z200.0 M09;	刀具返回换刀点,切削液停
N200	T0303;	换外螺纹车刀
N210	M03 S350 M08;	设置车螺纹转速,切削液开
N220	G00 X30.0 Z4.0;	刀具移至循环起点
N230	G92 X23.2 Z-14.0 F2.0;	第 1 次车螺纹
N240	G92 X22.6 Z-14.0 F2.0;	第 2 次车螺纹
N250	G92 X22.0 Z-14.0 F2.0;	第 3 次车螺纹
N260	G92 X21.6 Z-14.0 F2.0;	第 4 次车螺纹
N270	G92 X21.4 Z-14.0 F2.0;	第 5 次车螺纹
N280	G00 X100.0 Z200.0;	刀具返回换刀点
N290	M05 M09;	主轴停,切削液停
N300	M30;	程序结束

（2）车零件左端轮廓程序　加工左端轮廓主要编程难点在于加工圆锥外螺纹，此处采用 G32 指令编程。工件坐标系原点选择在工件装夹后的右端面中心点，参考程序见

表 3-64，程序名“O0382”。

表 3-64　车零件左端轮廓参考程序

程序段号	程序内容	程序说明
N10	G40 G99 G80 G21;	设置初始状态
N20	M3 S800 M08 F0.15;	设置主轴转速，切削液开
N30	T0101;	调用外圆车刀
N40	G00 X40.0 Z5.0;	刀具移至循环起点
N50	G71 U2.0 R1.0;	调用轮廓循环指令车外轮廓
N60	G71 P70 Q120 U0 W0;	
N70	G01 X8 ;	精车轮廓子程序第一段
N80	Z0;	刀具车至端面
N90	X19.0 ;	车端面
N100	X19.95 Z-16.1;	车圆锥
N110	Z-23.95;	车外圆
N120	X38.0;	*X* 方向切出（精车轮廓最后一段程序）
N130	G00 X100.0 Z200.0;	刀具返回换刀点
N140	T0303;	换外螺纹车刀
N150	M03 S350 M08;	设置车螺纹转速，切削液开
N160	G00 X18.05 Z4.0;	刀具移至切削起点
N170	G32 X19.425 Z-18.0 F1.0;	第 1 次车螺纹
N180	G00 X24;	刀具 *X* 方向退出
N190	Z4.0;	刀具 *Z* 方向退回
N200	G00 X17.65 Z4.0;	刀具移至切削起点
N210	G32 X19.025 Z-18.0 F1.0;	第 2 次车螺纹
N220	G00 X24;	刀具 *X* 方向退出
N230	Z4.0;	刀具 *Z* 方向退回
N240	G00 X17.45 Z4.0;	刀具移至切削起点
N250	G32 X18.825 Z-18.0 F1.0;	第 3 次车螺纹
N260	G00 X24;	刀具 *X* 方向退出
N270	G00 X100.0 Z200.0 M09;	刀具退回至换刀点，切削液停
N280	M05;	主轴停
N290	M30;	程序结束

3. 加工零件

1）开机回参考点，建立机床坐标系。

2）装夹工件。加工零件右端轮廓时，夹住毛坯外圆，伸出 35mm；调头加工零件左端轮廓时夹住 $\phi35_{-0.1}^{0}$mm 外圆并进行找正。

3）装夹刀具。将外圆车刀、外槽车刀及外螺纹车刀按要求分别装入 T01、T02、T03 号刀位，其中外螺纹车刀刀尖角平分线垂直于工件轴线。采用试切法对刀，外圆车刀及外槽车刀对刀方法同前面任务，外螺纹车刀对刀步骤如下：

① Z 方向对刀。以手动方式移动外螺纹车刀，使刀尖与工件右端面平齐，可目测或借助钢直尺操作，如图 3-64 所示。然后将刀具长度补偿值输入相应的刀具号中。

② X 方向对刀。使主轴正转，转速为 400r/min，以手动方式移动外螺纹车刀试车一段外圆，然后沿 Z 方向退出，如图 3-65 所示。停机，测量外圆直径，将其值输入到相应的刀具号中。

刀具对刀完成后，分别进行 X、Z 方向对刀测试，检验对刀是否正确。

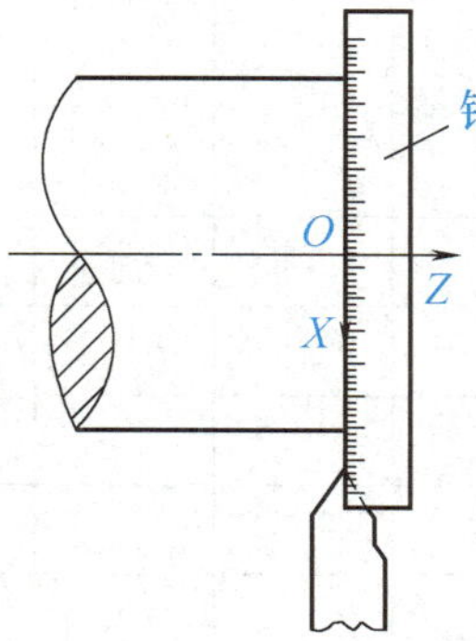

图 3-64　外螺纹车刀 Z 方向对刀操作示意图

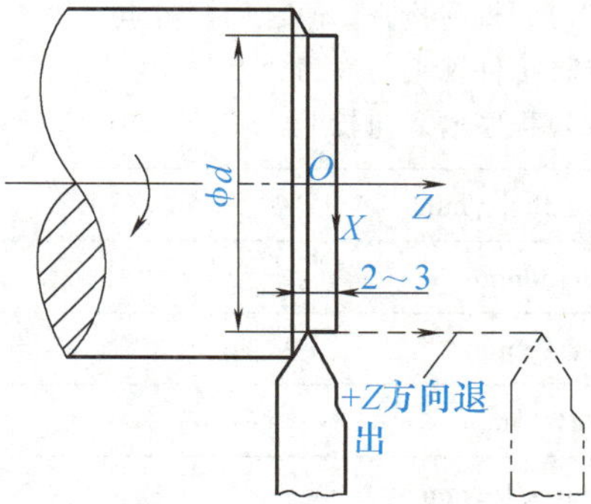

图 3-65　外螺纹车刀 X 方向对刀操作示意图

外螺纹车刀对刀操作

4）将数控程序输入数控机床中，进行模拟仿真。

5）加工零件右端轮廓时打开程序“O0381”，采用自动模式运行程序加工轮廓并进行尺寸精度控制，圆柱外螺纹精度仍然通过设置刀具磨损量来控制。

6）加工零件左端轮廓时打开程序“O0382”，采用自动模式运行程序加工轮廓并进行尺寸精度控制。

7）加工结束后，及时打扫机床，切断电源。

检测评价

将学生任务完成情况的检测与评价填入表 3-65 中。

表 3-65　汽车液压系统螺纹管接头加工检测评价表

序号	检测项目	检测内容及要求	配分	学生自检	学生互检	教师检测	得分
1	职业素养	文明、礼仪	5				
2		安全、纪律	10				
3		行为习惯	5				
4		工作态度	5				
5		团队合作	5				

（续）

序号	检测项目	检测内容及要求	配分	学生自检	学生互检	教师检测	得分
6	工艺制订	1）选择装夹与定位方式 2）选择刀具 3）选择加工路径 4）选择合理的切削用量	5				
7	程序编制	1）编程坐标系选择正确 2）指令使用与程序格式正确 3）基点坐标正确	10				
8	机床操作	1）开机前检查、开机、回参考点 2）工件装夹与对刀 3）程序输入与校验	5				
9	零件加工	$\phi35_{-0.1}^{0}$mm	5				
10		ϕ20mm	4				
11		ϕ19mm	4				
12		P=1mm	3				
13		46±0.1mm	5				
14		$20_{-0.1}^{0}$mm	5				
15		$16_{-0.1}^{0}$mm	5				
16		M24×2-6g	8				
17		槽 4mm×2mm（两处）	4				
18		$C2$	1				
19		表面粗糙度值 Ra3.2μm	6				
综合评价							

任务拓展

加工如图 3-66 所示汽车双头螺塞，毛坯材料为 45 钢，尺寸为 ϕ35mm×60mm。

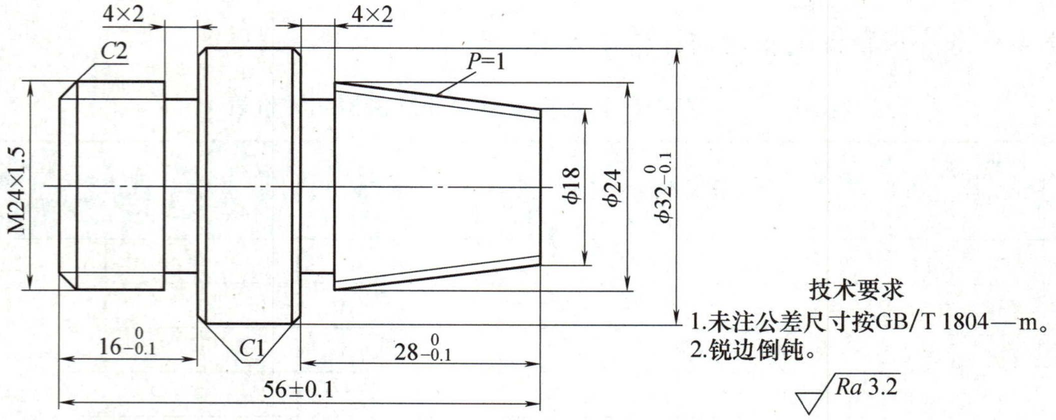

图 3-66 汽车双头螺塞零件图

任务实施提示：该零件外圆柱面、长度精度要求较低，主要加工圆柱螺纹和圆锥螺纹表面，需计算相关螺纹编程参数，其他工艺同本任务。

任务九　汽车驱动桥连接盘的加工

任务描述

汽车驱动桥总成处于动力传动系统的末端，其功能是增大由传动轴或变速器传来的转矩，并将动力合理地分配给左、右驱动轮，另外还承受路面作用于车架或车身之间的作用力，一般由主减速器、差速器、车轮传动装置和驱动桥壳等组成，如图 3-67 所示。现使用 FANUC 0i-M 系统数控车床加工一种汽车驱动桥连接盘零件，零件图如图 3-68 所示，毛坯材料为 45 钢，尺寸为 ϕ65mm×55mm，加工后的三维效果图如图 3-69 所示。

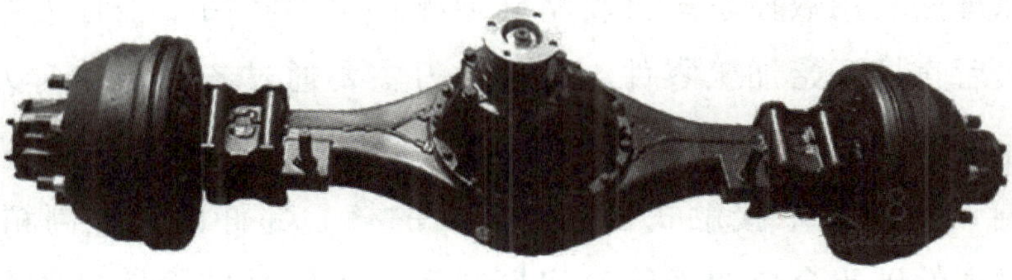

图 3-67　汽车驱动桥总成

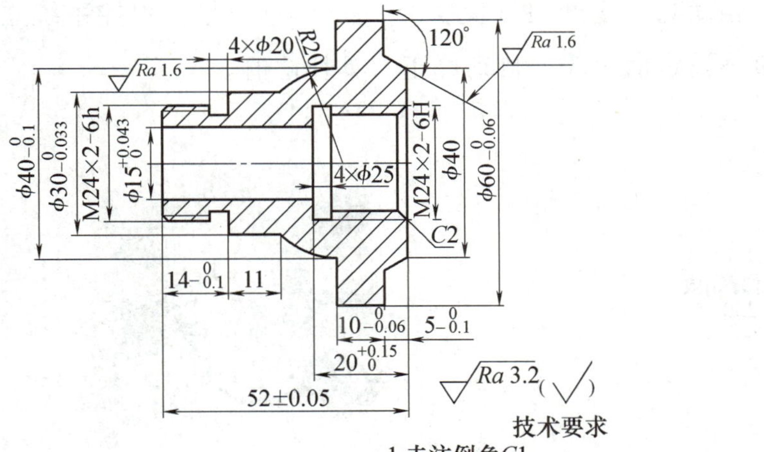

图 3-68　汽车驱动桥连接盘零件图

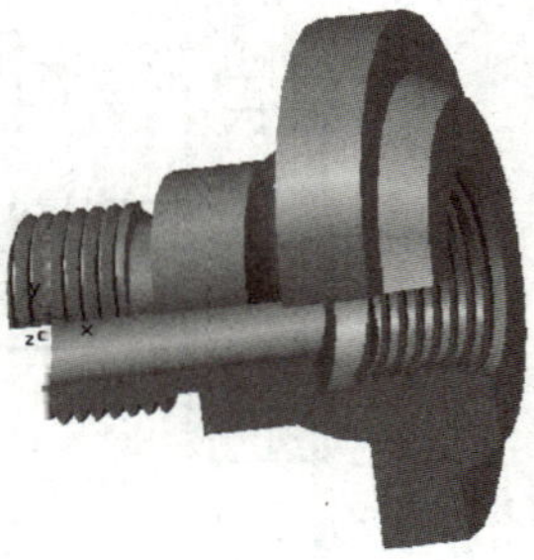

图 3-69　汽车驱动桥连接盘三维效果图

知识目标

1. 掌握螺纹切削复合循环指令 G76 及应用。
2. 了解内螺纹加工工艺特点。

3. 了解自动对刀仪的种类。

技能目标

1. 会进行内螺纹车刀对刀。
2. 会编制中等复杂零件加工工艺，会填写工艺文件。
3. 能加工汽车驱动桥连接盘零件并达到一定的精度要求。

知识准备

1. 自动对刀

自动对刀又称刀具检测功能，能够极其准确地检测刀具坐标，还能在加工过程中自动检测刀具的磨损或破损并报警或补偿，从而缩短刀具调节与设置时间，大大提高生产效率，是数控加工技术发展的方向之一。

自动对刀的原理是利用数控系统自动精确地测量出刀具两个坐标方向的长度，自动修正刀具补偿值，然后直接开始加工零件。自动对刀主要通过各种自动对刀仪实现，自动对刀仪有接触式和非接触式两大类。

（1）接触式自动对刀仪　接触式自动对刀仪的核心部件由一个高精度开关（测头），一个高硬度、高耐磨的硬质合金四面体对刀探针和一个信号传输接口器组成，四面体对刀探针用于与刀具进行接触。如图 3-70 和图 3-71 所示，刀尖随刀架向已设定了位置的接触传感器缓缓行进并与之接触，随之触动高精度开关（测头）并发出电信号，数控系统立即记下该瞬间的坐标值，接着将此值与设定值比较，自动修正刀具补偿值。

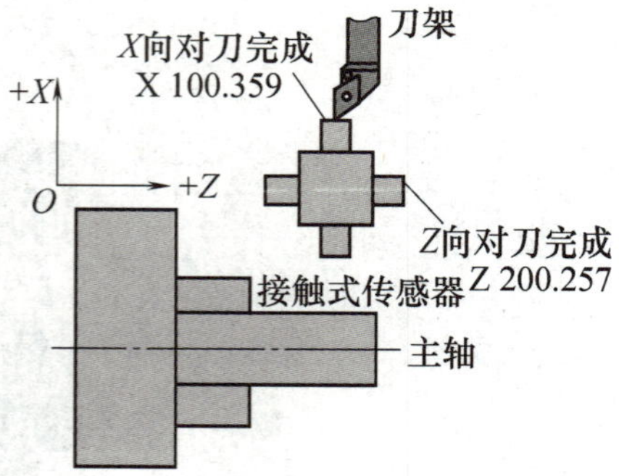

图 3-70　接触式自动对刀仪对刀示意图

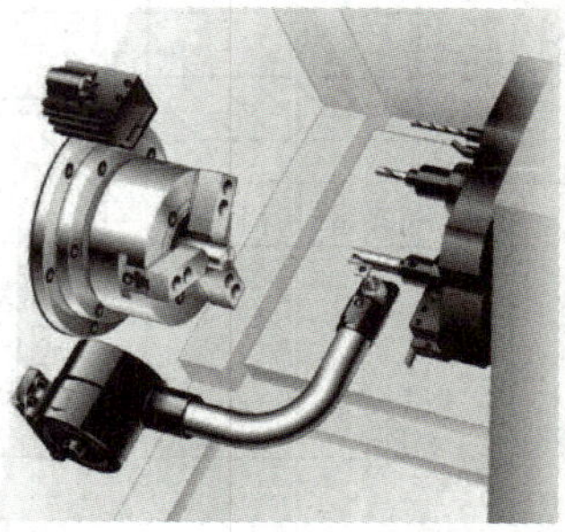

图 3-71　接触式自动对刀仪实物图

（2）非接触式自动对刀仪　非接触式自动对刀仪又称镭射对刀仪或激光对刀仪，其工作原理是采用穿过机床加工区域的激光束来对刀具进行检测和调整，激光发射器和接收器安装在机床床身上或床身的两侧，这样激光束可穿过机床加工区域，照射到接收器上。当刀具穿过激光束时，照射到接收器上的光束亮度将发生变化，从而产生一个触发信号，通过这个触发信号锁存机床当时的位置，由此获得刀具的几何尺寸（长度和直径）。激光对刀仪对刀实物图如图 3-72 所示。

激光对刀仪提供了快速、精确、灵活的工件尺寸控制手段，使加工过程自动化程度大大提高，但因其设备复杂、造价较高，主要用于高速加工中心。

图 3-72 激光对刀仪对刀实物图

2. 编程知识

螺纹需要分多次走刀才能完成加工，尤其是加工大螺距螺纹，编程时需多次使用 G32 指令或 G92 指令。而使用螺纹切削复合循环指令 G76，只需将相关参数设置好即可一次性加工螺纹，其指令格式及参数含义见表 3-66。

表 3-66 螺纹切削复合循环指令格式及参数含义

类别	内容
指令格式	G76 P(m)(r)(α) Q(Δd_{min}) R(d); G76 X(U)__ Z(W)__ R(i) P(k) Q(Δd) F(L);
切削循环路径	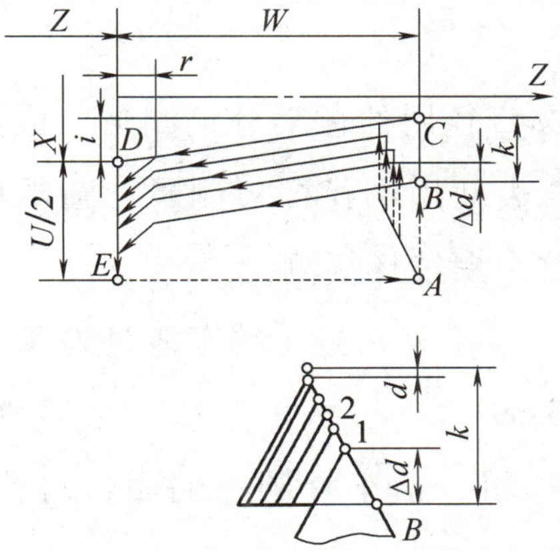
参数含义	m:精车重复次数,用两位数表示,为 01~99,该参数为模态量 r:螺纹尾端倒角量,该值大小可设置为(0.0~9.9)L,系数为 0.1 的整数倍,用 00~99 的两位整数表示,该参数为模态量,其中 L 为导程 α:刀尖角,可以从 80°、60°、55°、30°、29°、0°这 6 个角度中选择,用两位整数表示,该参数为模态量 Δd_{min}:最小车削深度,用半径值指定,单位为 μm,模态量 d:精车余量,半径值,单位为 μm 或 mm(由内部参数设定),模态量 X、Z:纵向切削终点(图中 D 点)的绝对坐标 U、W:至纵向切削终点(图中 D 点)的移动量 i:螺纹起点与终点半径差,当 $i=0$ 时为圆柱螺纹,并可省略 k:螺纹高度,用半径值指定,单位为 μm Δd:为第一次背吃刀量,用半径值指定,单位为 μm L:螺纹的导程,单位为 mm
使用说明	1)G76 指令车螺纹采用斜进法,常用于车削大螺距螺纹及无退刀槽的螺纹 2)调用循环前,刀具应处于循环起点位置;外螺纹起点位置应大于螺纹大径,内螺纹应小于螺纹顶径,Z 方向保证有空刀导入量 3)循环中 k、Δd、Δd_{min} 不支持小数点输入,i、d 支持小数点输入

任务实施

汽车驱动桥连接盘由外圆、端面、槽及圆锥、内外螺纹等多个表面构成，且主要表面尺寸精度和表面质量要求较高，应重点关注。

1. 工艺分析

（1）编程参数计算　外圆锥面需计算圆锥大端直径才能编程，计算方法：$C=2\tan(\alpha/2)=2\times\tan30°=1.155$，$D=d+LC=40\text{mm}+5\text{mm}\times1.155=45.775\text{mm}$。

M24×2-6H/6h 内、外螺纹编程参数计算结果见表 3-67。

表 3-67　加工三角形内、外螺纹编程参数计算结果

螺纹特征代号	螺纹牙深	螺纹小径	外螺纹底圆柱直径	内螺纹底孔直径
M24×2-6H/6h	$h_{1实}=0.65P$ $=0.65\times2\text{mm}$ $=1.3\text{mm}$	$D(d_1)_{1实}=D(d)-2h_{1实}$ $=D(d)-1.3P$ $=24\text{mm}-1.3\times2\text{mm}$ $=21.4\text{mm}$	$d_{圆}=d-0.1P$ $=24\text{mm}-0.2\text{mm}$ $=23.8\text{mm}$	$D_{圆}=D-P$ $=24\text{mm}-2\text{mm}$ $=22\text{mm}$

（2）刀具选择　本任务所用刀具种类、规格、刀具号、加工表面等内容见数控加工刀具卡（表 3-68）。

（3）量具选择　外圆直径用外径千分尺测量，内孔直径用内径百分表测量，长度及槽宽用游标卡尺测量，圆弧表面用半径样板测量，圆锥角度用游标万能角度尺测量，内螺纹用螺纹塞规测量，外螺纹用螺纹环规测量。

（4）工艺路线制订　本任务先粗、精车零件左端轮廓，再调头粗、精加工零件右端轮廓，具体工艺过程见表 3-69。

（5）选择切削用量　粗、精车外圆、端面、内孔、内螺纹等切削用量的具体数值见表 3-69。

表 3-68　汽车驱动桥连接盘数控加工刀具卡

产品名称或代号		汽车驱动桥总成		零件名称		汽车驱动桥连接盘		零件图号	图 3-68
序号	刀具号	刀具名称及规格		刀具材料或类型		加工表面		刀尖圆弧半径/mm	刀尖方位
1	无	中心钻，A3		高速钢		钻中心孔			
2	无	麻花钻，ϕ12mm		高速钢		钻内孔			
3	T01	外圆粗车刀		可转位式		粗车外圆面			
4	T02	外圆精车刀		可转位式		精车外圆面		0.2	3
5	T03	外槽车刀，刀头宽 4mm		可转位式		车外沟槽			
6	T04	外螺纹车刀		可转位式		车外螺纹			
7	T05	内孔粗车刀		可转位式		粗车内孔			
8	T06	内孔精车刀		可转位式		精车内孔			
9	T07	内槽车刀，刀头宽 4mm		可转位式		车内沟槽			
10	T08	内螺纹车刀		可转位式		车内螺纹			
编制		审核		批准		年　月　日		共　页	第　页

表 3-69 汽车驱动桥连接盘数控加工工序卡

单位名称	数控加工工序卡	产品名称及代号		零件名称		零件图号	
		汽车驱动桥总成		汽车驱动桥连接盘		图 3-68	
工序号	程序编号	夹具名称		使用设备		数控系统	车间
004	O0511、O0512	自定心卡盘		数控车床		FANUC	
工步号	工步内容	刀具号	刀具规格/mm	主轴转速 n/(r/min)	进给量 f/(mm/r)	背吃刀量 a_p/mm	备注
安装 1:夹住毛坯外圆							
1	粗车左端面、外轮廓	T01		600	0.2	2~4	
2	手动钻中心孔	中心钻	A3	1000	0.1		
3	手动钻 ϕ12mm 孔	麻花钻	ϕ12	500	0.1		
4	精车左端面及外轮廓	T02		1000	0.1	0.2~0.4	
5	车螺纹退刀槽	T03	4	400	0.08	4	
6	粗、精车 M24×2-6h 螺纹	T04		350	2	0.1~0.4	
安装 2:调头,夹住 $\phi30_{-0.033}^{0}$mm 外圆							
1	粗车右端面、圆锥及 $\phi60_{-0.06}^{0}$mm 外圆	T01		600	0.2	2~4	
2	粗车内孔及螺纹底孔	T05		600	0.2	2~4	
3	精车右端面、圆锥及 $\phi60_{-0.06}^{0}$mm 外圆	T02		1000	0.1	0.2	
4	精车内孔及螺纹底孔	T06		1000	0.1	0.2	
5	车内螺纹退刀槽	T07	4	400	0.08	4	
6	粗、精车 M24×2-6H 螺纹	T08		350	2	0.1~0.4	
编制	审核		批准		年 月 日	共 1 页	第 1 页

2. 编制程序

(1) 车零件左端轮廓程序　工件坐标系原点选择在装夹后的零件右端面中心点，外圆用轮廓复合循环编程，外螺纹用 G76 指令编程，参考程序见表 3-70，程序名“O0511”。

表 3-70 车零件左端轮廓参考程序

程序段号	程序内容	程序说明
N10	G40 G99 G80 G21;	设置初始状态
N20	M3 S600 M08;	设置主轴转速,切削液开
N30	T0101;	调用外圆粗车刀
N40	G00 X70.0 Z5.0 F0.2;	刀具移动至循环起点
N50	G71 U2.0 R1.0;	设置循环参数,调用循环指令粗车轮廓
N60	G71 P70 Q140 U0.4 W0.1;	
N70	G00 X0;	刀具移至 X0(精车轮廓第一段程序段)

（续）

程序段号	程序内容	程序说明
N80	G01 Z0 F0. 1;	刀具切削至端面
N90	X23. 8,C1. 0;	车端面并倒角
N100	Z-13. 95;	车外螺纹底圆柱
N110	X29. 983;	车阶台
N120	Z-24. 95;	车 $\phi 30_{-0.033}^{0}$mm 外圆
N130	G03 X39. 95 Z-37. 0 R20. 0;	车圆弧面
N140	G01 X68. 0;	X 方向切出（精车轮廓最后一段程序段）
N150	G00 X100. 0 Z200. 0;	刀具退至换刀点
N160	M3 S1000;	设置钻中心孔转速
N170	M00;	程序停，手动钻中心孔
N180	M3 S500;	设置钻孔转速
N190	M00;	程序停，手动钻 ϕ12mm 孔
N200	T0202;	换外圆精车刀
N210	M03 S1000 F0. 1;	设置精车外轮廓切削用量
N220	G70 P70 Q140;	调用精车循环指令精车轮廓表面
N230	G00 X100. 0 Z200. 0;	刀具退至换刀点
N240	M00 M05 M09;	程序停，主轴停，切削液关，测量
N250	T0303;	换外槽车刀
N260	M03 S400 M08;	设置车槽转速，切削液开
N270	G00 X32. 0 Z-13. 95;	刀具移至螺纹退刀槽处
N280	G01 X20. 0 F0. 08;	车螺纹退刀槽
N290	G04 X2. 0;	槽底暂停 2s
N300	G01 X32. 0 F0. 2;	刀具沿 X 方向切出
N310	G00 X100. 0 Z200. 0;	刀具退回至换刀点
N320	T0404;	换外螺纹车刀
N330	M03 S350;	设置车螺纹转速为 350r/min
N340	G00 X30. 0 Z3. 0;	车刀移至循环起点
N350	G76 P021160 Q100 R50;	设置螺纹参数，调用螺纹切削复合循环车外螺纹
N360	G76 X21. 4 Z-11. 0 R0 P1300 Q400 F2. 0;	
N370	G00 X100. 0 Z200. 0 M09;	刀具退回至换刀点，切削液关
N380	M05;	主轴停
N390	M30;	程序结束

（2）车零件右端轮廓程序　工件坐标系原点选择在零件装夹后的右端面中心点，车外轮廓用 G71 指令、G70 指令编程，内孔粗车用 G90 指令编程，车内螺纹用 G92 指令编程，参考程序见表 3-71，程序名“O0512”。

表 3-71　车零件右端轮廓参考程序

程序段号	程序内容	程序说明
N10	G40 G99 G80 G21;	设置初始状态
N20	M3 S600 M08;	设置主轴转速,切削液开
N30	T0101;	调用外圆粗车刀
N40	G00 X70.0 Z5.0 F0.2;	刀具移动至循环起点
N50	G71 U2.0 R1.0;	设置循环参数,调用循环指令粗车轮廓
N60	G71 P70 Q130 U0.4 W0.1;	
N70	G00 X0;	刀具移至 X0(精车轮廓第一段程序段)
N80	G01 Z0 F0.1;	刀具切削至端面
N90	X40.0;	车端面
N100	X45.775 Z-4.95;	车圆锥面
N110	X59.97;	车台阶
N120	Z-16.0;	车 $\phi 60_{-0.06}^{0}$mm 外圆
N130	X66.0;	X 方向切出(精车轮廓最后一段程序段)
N140	G00 X100.0 Z200.0;	刀具退至换刀点
N150	T0505;	换内孔粗车刀
N160	M03 S600 F0.2;	设置粗车内孔切削用量
N170	G00 X10.0 Z5.0 ;	刀具移至循环起点位置
N180	G90 X14.6 Z-54.0;	调用循环粗车 $\phi 15_{0}^{+0.043}$mm 内孔
N190	G90 X18.6 Z-19.8;	调用循环第一次粗车内螺纹底孔
N200	G90 X21.6 Z-19.8;	调用循环第二次粗车内螺纹底孔
N210	G00 X100.0 Z200.0;	刀具退至换刀点
N220	T0202;	换外圆精车刀
N230	M03 S1000 F0.1;	设置精车外轮廓切削用量
N240	G70 P70 Q130;	调用精车循环指令精车轮廓表面
N250	G00 X100.0 Z200.0;	刀具退至换刀点
N260	M00 M05M09;	程序停,主轴停,切削液关,测量
N270	T0606;	换内孔精车刀
N280	M03 S1000 F0.1 M08;	设置精车内孔切削用量,切削液开
N290	G00 X26.0 Z5.0;	刀具移至切削起点
N300	G01 Z0	车至工件端面
N310	X22.0 Z-2.0	孔口倒角
N320	Z-20.075;	精车内螺纹底圆
N330	X15.0215;	精车内台阶
N340	Z-53.0;	精车 $\phi 15_{0}^{+0.043}$mm 内孔
N350	X12.0;	刀具沿 X 方向切出
N360	G00 Z5.0;	刀具沿 Z 方向退出

（续）

程序段号	程序内容	程序说明
N370	X100.0 Z200.0；	刀具退至换刀点
N380	M00 M05 M09；	程序停，主轴停，切削液关，测量
N390	T0707；	换内槽车刀
N400	M03 S400 F0.08 M08；	设置车内槽切削用量，切削液开
N410	G00 X10.0 Z5.0；	刀具移至 $X=10$，$Z=5$ 位置
N420	Z-20.075；	刀具移至内螺纹退刀槽处
N430	G01 X25.0；	车内槽
N440	G04 X2.0；	槽底暂停 2s
N450	G01 X10.0 F0.2；	刀具沿 X 方向切出
N460	G00 Z5.0；	Z 方向退出刀具
N470	G00 X100.0 Z200.0；	刀具退回至换刀点
N480	T0808；	换内螺纹车刀
N490	M03 S350 M08；	设置车螺纹转速为 350r/min，切削液开
N500	G00 X10.0 Z4.0；	车刀移至循环起点
N510	G92 X22.2 Z-17.5 F2.0；	调用螺纹切削循环第一次车内螺纹
N520	G92 X22.8 Z-17.5 F2.0；	调用螺纹切削循环第二次车内螺纹
N530	G92 X23.4 Z-17.5 F2.0；	调用螺纹切削循环第三次车内螺纹
N540	G92 X23.8 Z-17.5 F2.0；	调用螺纹切削循环第四次车内螺纹
N550	G92 X24.0 Z-17.5 F2.0；	调用螺纹切削循环第五次车内螺纹
N560	G00 X100.0 Z200.0 M09；	刀具退回至换刀点，切削液关
N570	M05；	主轴停
N580	M30；	程序结束

3. 加工操作

1）开机回参考点，建立机床坐标系。

2）装夹工件。第一次夹住毛坯外圆，伸出长度 45mm 左右；第二次调头夹住 $\phi30_{-0.033}^{0}$mm 外圆时需进行找正，且不能破坏已加工表面。

3）装夹刀具。将外圆粗车刀、外圆精车刀、外槽车刀、外螺纹车刀、内孔粗车刀、内孔精车刀、内槽车刀、内螺纹车刀共 8 把刀具按要求分别装夹在 T01、T02、T03、T04、T05、T06、T07、T08 号刀位中；若车床刀架数不够，则依次安装用到的刀具，注意刀位号与程序中的编号保持一致。

4）对刀操作。所有刀具全部采用自动对刀方式对刀，若无条件则采用试切法对刀，其中内螺纹车刀对刀步骤如下：

① Z 方向对刀。以手动方式移动内螺纹车刀，使刀尖与工件右端面平齐，可目测或借助钢直尺操作，如图 3-73 所示，然后将长度补偿值输入到相应的刀具号中。

② X 方向对刀。MDI 模式下输入程序“M3 S300”，使主轴正转；切换成手动方式，用内螺纹车刀试切内孔长 2~3mm，然后沿+Z 方向退出，如图 3-74 所示。停机，测量所车内孔直径，将其值输入到相应的刀具号中。

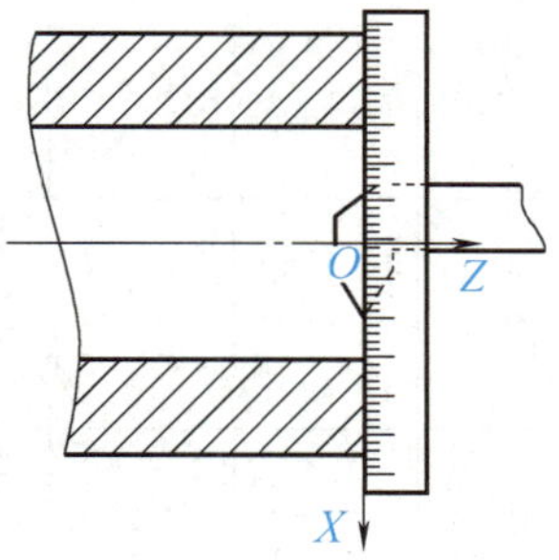

图 3-73 内螺纹车刀 Z 方向对刀

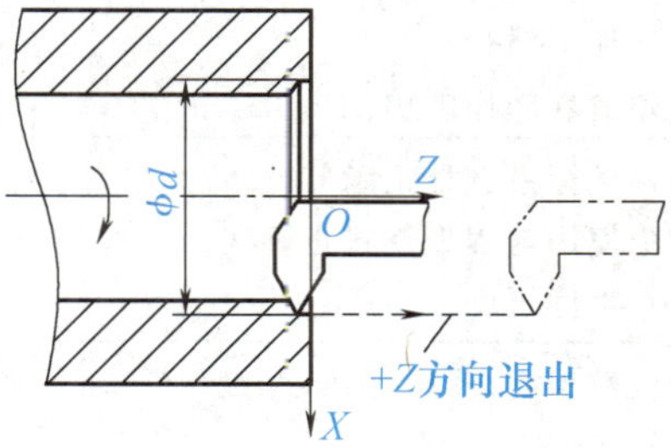

图 3-74 内螺纹车刀 X 方向对刀

内螺纹车刀
对刀操作

刀具对刀完成后，分别进行 X、Z 方向对刀测试，检验对刀是否正确。

5）输入程序并校验。将“O0511”“O0512”程序输入机床数控系统，分别调出各程序，进行程序校验并观察刀具轨迹。

6）零件加工。加工零件左端轮廓时打开“O0511”程序，采用自动加工模式进行自动加工。程序运行至 N170，手动钻中心孔；程序运行至 N190，手动钻 ϕ12mm 孔。程序运行至 N240 时，测量外圆尺寸并进行外圆尺寸控制。程序运行结束后，测量螺纹尺寸并修调外螺纹车刀磨损量，进行螺纹尺寸控制。

加工零件右端轮廓时打开“O0512”程序，采用自动加工模式进行自动加工。程序运行至 N260，测量外圆尺寸并进行外圆尺寸控制。程序运行至 N380，测量内孔尺寸并进行内孔尺寸控制。程序运行结束后，测量内螺纹尺寸并修调内螺纹车刀磨损量，重新打开程序，从 N550 段开始运行程序，进行螺纹尺寸控制。

7）加工结束后，及时清扫机床。

检测评价

将学生任务完成情况的检测与评价填入表 3-72 中。

表 3-72 汽车驱动桥连接盘加工检测评价表

序号	检测项目	检测内容及要求	配分	学生自检	学生互检	教师检测	得分
1	职业素养	文明、礼仪	5				
2		安全、纪律	10				
3		行为习惯	5				
4		工作态度	5				
5		团队合作	5				

（续）

序号	检测项目	检测内容及要求	配分	学生自检	学生互检	教师检测	得分
6	工艺制订	1)选择装夹与定位方式 2)选择刀具 3)选择加工路径 4)选择合理的切削用量	5				
7	程序编制	1)编程坐标系选择正确 2)指令使用与程序格式正确 3)基点坐标正确	10				
8	机床操作	1)开机前检查、开机、回参考点 2)工件装夹与对刀 3)程序输入与校验	5				
9	零件加工	$\phi60_{-0.06}^{\ 0}$mm	3				
10		$\phi30_{-0.033}^{\ 0}$mm	3				
11		$\phi40_{-0.1}^{\ 0}$mm	2				
12		$\phi15_{\ 0}^{+0.043}$mm	3				
13		52±0.05mm	3				
14		$14_{-0.1}^{\ 0}$mm	2				
15		$10_{-0.06}^{\ 0}$mm	3				
16		$5_{-0.1}^{\ 0}$mm	3				
17		$20_{\ 0}^{+0.15}$mm	3				
18		*R*20mm	3				
19		4mm×ϕ25mm	1				
20		4mm×ϕ20mm	1				
21		11mm、ϕ40mm	1				
22		120°	2				
23		M24×2-6h	5				
24		M24×2-6H	5				
25		*C*1、*C*2	1				
26		表面粗糙度值 *Ra*1.6μm	4				
27		表面粗糙度值 *Ra*3.2μm	2				
综合评价							

任务拓展

加工如图 3-75 所示零件，毛坯材料为 45 钢，尺寸为 ϕ50mm×150mm。

任务拓展实施提示：该零件由外圆柱面、圆弧面，不通孔及内螺纹等构成，尺寸精度及表面质量要求均较高，尤其内孔表面的加工较困难，应防止加工中出现干涉现象，其他工艺同本任务。

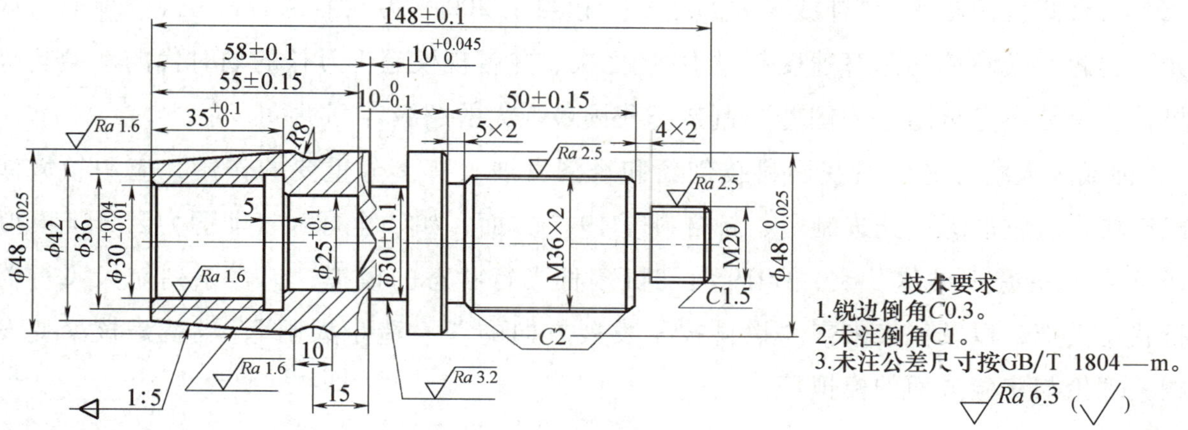

图 3-75 螺纹连接轴零件图

项目小结

本项目通过九个典型车削类零件加工任务，学习了发那科系统常用数控车削加工指令格式及编程方法，学会了轴类、套类、盘类、螺纹类车削零件的加工及精度控制方法，基本达到数控车工、数控车铣“1+X”证书中关于数控车削编程与加工的知识和技能要求，满足企业生产需要。通过 CAD 辅助编排工艺、自动对刀仪等的学习，了解了数控加工新技术、新工艺、新设备，拓展了学生视野，贴近企业先进技术，增强了学生就业竞争力。

延伸阅读

强国利器之三：神威·太湖之光

“神威·太湖之光”超级计算机位于国家超级计算无锡中心，是由国家并行计算机工程技术研究中心使用我国自主芯片研制而成的。2020 年 6 月 19 日，在德国法兰克福举行的全球超级计算大会上公布的新一期全球超级计算机 500 强榜单中，“神威·太湖之光”第三次出现在全球超算 500 强榜单（第四十九期）榜首的位置，实现三连冠。

“神威·太湖之光”由 40 个运算机柜和 8 个网络机柜组成，如图 3-76 所示。每个运算机柜由 4 组 32 块运算插件组成的超节点组成，每个插件由 4 个运算节点板组成，一个运算节点板又含 2 块“申威 26010”高性能处理器。一台机柜就有 1024 块处理器，整台“神威·太湖之光”共有 40960 块处理器。

图 3-76 神威·太湖之光超级计算机

“神威·太湖之光” 1min 的计算能力，相当于全球 72 亿人同时用计算器不间断计算 32 年；如果用 2016 年生产的主流便携式计算机或个人台式机做参照，“神威·太湖之光”相当于200多万台普通计算机。“神威·太湖之光”是世界首台峰值运算速度超过10亿亿次、并行规模超千万核的划时代的新型超级计算机，也是首次完全用“中国芯”制造的我国最强大的超级计算机。

“神威·太湖之光”对我国科技创新和经济发展具有十分重要的作用，应用领域涉及天气气候、航空航天、先进制造、新材料等19个方面，如“全球大气非静力云分辨模拟”，2016年获“戈登·贝尔”奖；C919大飞机多种飞行状态的模拟，天宫系列航天飞行器的飞行状态模拟，以及代表未来“黑科技”发展方向的“人造小太阳”，也就是核聚变发电的相关理论与实验方面的模拟等。

思考与练习

1. 简述数控车床的开机、关机动作次序。
2. 简述发那科系统数控车床手动回机床参考点的操作步骤。
3. 发那科系统数控机床在什么情况下需重新回机床参考点？
4. 简述粗车外圆的切削路径。
5. G00指令和G01指令有何区别？各使用在什么场合？
6. 简述外圆车刀的对刀操作步骤。
7. 什么是绝对坐标编程？什么是增量坐标编程？
8. 发那科系统如何调用子程序？
9. 简述车槽刀对刀的操作步骤。
10. 恒定切削速度的含义是什么？指令格式是什么？
11. 调用轮廓复合切削循环指令G71应注意哪些问题？
12. 如何判别圆弧插补的方向？
13. G73指令与G71指令相比有何区别？
14. 什么是刀尖圆弧半径补偿？常使用在什么情况下？
15. 简述内孔车刀对刀的操作步骤。
16. 加工套类零件时防止变形的方法有哪些？
17. 简述内槽车刀对刀的操作步骤。
18. 车削三角形螺纹有哪几种进刀方法？各有何特点？
19. 简述三角形外螺纹车刀的对刀操作步骤。
20. 车削螺纹为何要设置空刀导入量和空刀退出量？其值如何确定？
21. 用G32指令加工圆柱螺纹与圆锥螺纹的格式有何不同？
22. 用G92指令加工圆柱螺纹与圆锥螺纹的格式有何不同？
23. 常见自动对刀仪的种类有哪些？
24. 使用螺纹切削复合循环指令G76时应注意哪些问题？

项目四 零件的数控铣削编程与加工

数控铣床是在一般铣床上发展起来的自动加工设备，具有自动化程度高、加工效率高，加工精度高等优点，主要用于零件平面轮廓、斜面轮廓和曲面轮廓的铣削加工，以及零件上各种孔的钻、铰、镗、攻螺纹加工。本项目以汽车常用零部件中的板类、盘类、端盖类零件为例，讲解数控铣床编程与加工相关的理论知识与操作技能，并对接“1+X”数控车铣加工证书中铣削部分的知识与技能，满足企业对人才培养的需求。

学习目标

1. 掌握数控铣床回参考点、对刀、加工等基本操作。

2. 了解数控铣床常见报警的类别和处理方式。

3. 熟悉数控铣床平面加工、轮廓加工、各类孔加工的工艺方法。

4. 了解数控铣床刀具的结构、选用、下刀方式和切削参数的计算方法。

5. 掌握数控铣床常用直线指令、圆弧指令、孔加工指令、坐标系旋转指令、坐标系镜像指令、调用子程序指令等指令的使用。

6. 会使用寻边器、Z 轴设定器等常用辅助对刀工具。

7. 能在数控铣床上完成由轮廓、槽、孔、螺纹等元素构成的中等复杂零件的编程与加工，并达到相应精度要求。

任务一　认识数控铣床基本操作

任务描述

在使用数控铣床加工零件之前，首先需要掌握机床的基本操作，在项目三中已经介绍了数控车床的开机、关机、程序输入与编辑等基本操作，这些操作与数控铣床基本相同。本任务要求通过数控铣床手动操作完成零件的平面铣削，并通过对刀将工件坐标系建立在零件中心位置，零件图如图 4-1 所示，毛坯材料为 2A12，尺寸为 80mm×80mm×20mm，铣

削刀具采用 ϕ10mm 键槽铣刀。

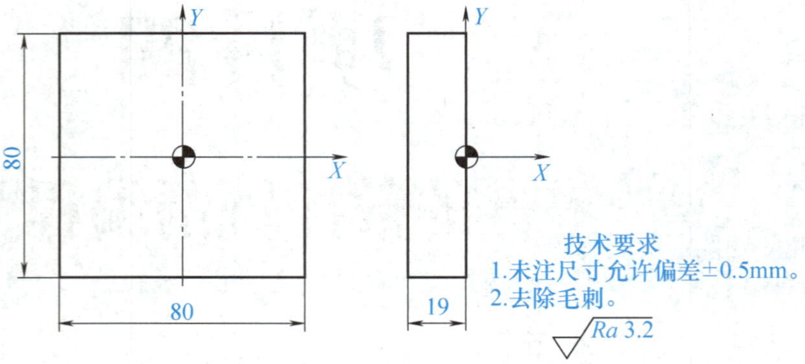

图 4-1 平面铣削零件图

知识目标

1. 了解数控铣床面板组成。
2. 掌握数控铣床手动操作和回参考点操作步骤。
3. 掌握数控铣床对刀的原理和步骤。

技能目标

1. 能够熟练进行数控铣床回参考点操作。
2. 能够通过手轮模式完成平面的铣削。
3. 能够熟练完成试切法对刀操作。

知识准备

数控铣床上配置的系统不同，机床的操作面板也不同，但各开关、按钮的功能及操作方法类似。同数控车床一样，数控铣床面板主要由 CRT/MDI 液晶显示面板和机床控制面板两部分组成，如图 4-2 所示。液晶显示面板一般在上方，由数控系统制造商提供，其界面布局已经固定；机床控制面板在液晶显示面板下方，由机床生产厂家自行设计制造，因此不同机床生产厂家的控制面板按钮和旋钮布局各不相同，但实现的功能基本一样。

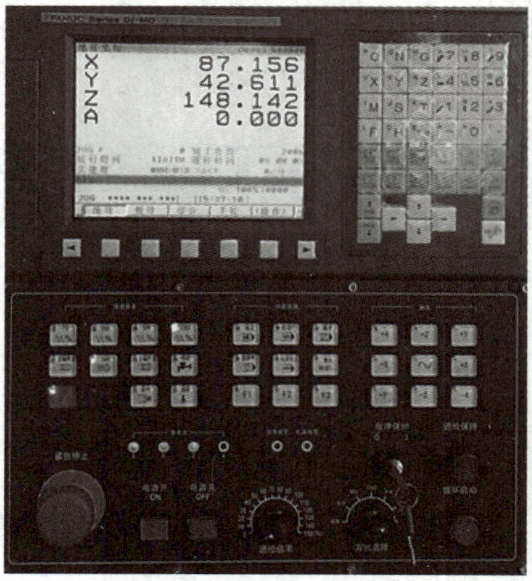

图 4-2 数控铣床面板

数控铣床系统面板介绍

数控铣床机床操作面板介绍

数控铣床的开机、关机、面板操作与数控车床大致相同，与数控车床不同的是数控铣床的液晶显示面板显示的是 X、Y、

Z 三个坐标轴，带有回转台的数控铣床还会显示第四个坐标轴 A 轴或者 B 轴。因此，数控铣床控制面板上的轴功能控制按钮比数控车床多一个 Y 轴，在机床的手轮旋钮位置上也有 Y 轴选项，所以数控铣床的手动操作、回参考点操作和对刀操作与数控车床略有区别。

1. 手动操作

（1）手动起动主轴　在 JOG（手动）模式或 HAND（手轮）模式下，按控制面板上的【主轴正转】按钮可起动主轴正转，需要注意的是此时转速为主轴上一次停止前的转速，因此一般在开机后需要通过 MDI 运行一段程序起动主轴，之后才能正常通过 JOG（手动）模式起动主轴。按【主轴停止】按钮可停止主轴转动。

（2）手动移动坐标轴

数控铣床手动操作与试切削

1）手动快速进给。当需要快速移动机床坐标轴时，要先将机床模式旋钮选择为 JOG（手动）模式，再按控制面板上相应的轴功能按钮，实现工作台前后左右移动和主轴上下移动。轴功能按钮如图 4-3 所示。只要一直按着相应的按钮，坐标轴就会一直以机床参数设定的速度连续运行。需要调节移动速度时，可以通过进给速度修调旋钮调节。如果同时按下面板上的加速按钮和相应的轴功能按钮，则坐标轴以机床参数设定的快速移动速度运行。

2）手轮微量进给。当需要微量移动机床坐标轴时，需要将模式旋钮选择为 HAND（手轮）模式，同时选择手轮上相应的坐标轴和倍率，旋转手轮上的脉冲发生器就可实现工作台精确移动。如选择 X 轴，倍率选择×10，手摇脉冲发生器转过 1 格，则 X 轴移动 0.01mm。坐标轴移动方向与手摇脉冲发生器的转向有关，手摇脉冲发生器顺时针方向转动，则坐标轴向正向移动；手摇脉冲发生器逆时针方向转动，则坐标轴向负向移动。手轮如图 4-4 所示。

图 4-3　轴功能按钮

图 4-4　手轮

数控铣床开机与关机

在 JOG（手动模式）及 HAND（手轮模式）下，除了可以移动坐标轴和起动主轴外，还可以进行开启、关闭切削液，装刀，卸刀等操作。

（3）手动回参考点　数控铣床的参考点是机床坐标系的原点，它的位置靠近各坐标轴的正向极限，是机床制造商设置在机床上的一个物理位置，其作用是使数控机床与控制系统同步，建立测量机床运动坐标的起始点。采用相对位置编码器的数控铣床，开机后要进行回参考点操作，以此确定机床坐标系原点。具体操作步骤如下：

1）将模式旋钮选择为 REF（回参考点）模式。

2）分别按住+Z、+X、+Y 按键，直至坐标系界面中的“机械坐标”值 Z、X、Y 值均显示为 0.000，即完成回参考点操作，如图 4-5 所示。

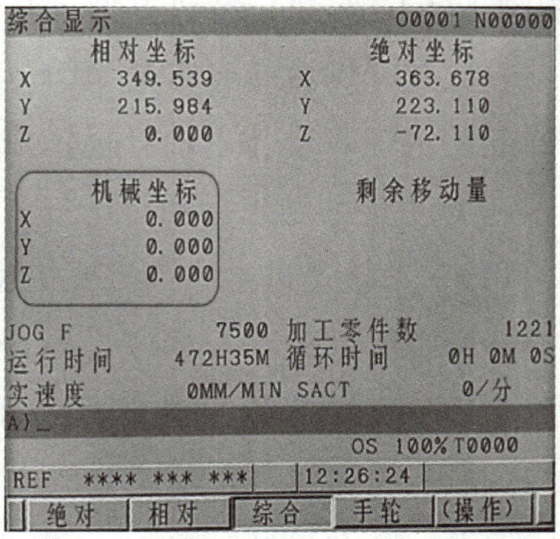

图 4-5　机械坐标回参考点页面

为了避免回参考点时刀具撞到工件或夹具，一般先回 Z 轴参考点，再回 X、Y 轴参考点。有些数控铣床回参考点时只要按一下对应轴的正向按钮，便可自行回参考点。对于采用绝对位置编码器的数控铣床，编码器能随时存储当前坐标轴位置，在机床断电后由备用电池给编码器供电，保证坐标轴位置不丢失，因此开机后不需要再进行回参考点操作。

由于机床的参考点一般处于行程极限位置，因此回参考点之后要把机床工作台移至机床正中间，避免工作台长时间偏在导轨一侧，造成导轨受力不均产生变形。此外，在每次关机之前同样也要把工作台移动到机床正中间，并把刀具抬到安全位置。

2. 对刀操作

对刀的目的是通过刀具（或对刀工具）确定工件坐标系原点在机床坐标系中的坐标值，以此建立工件坐标系，简化编程难度。数控铣床要分别进行 X、Y、Z 三个方向的对刀操作，如利用 ϕ10mm 刀具将 G54（工件坐标系）原点通过试切法建立在图 4-6 中 O 点位置，并检验对刀是否正确。

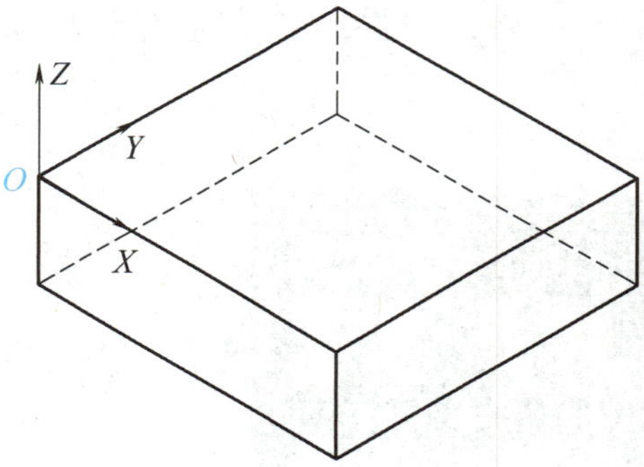

图 4-6　对刀操作

数控铣床试切法对刀操作

（1）对刀操作步骤

1）在 MDI 模式下输入程序“M3 S1000;”，按【循环启动】按钮起动主轴旋转。

2）X 轴对刀：选择 JOG（手动）模式或 HAND（手轮）模式，移动刀具至刚好碰到工件左侧面，如图 4-7 所示。按系统面板［OFS/SET］参数键，再按屏幕下方［坐标系］软键，出现如图 4-8 所示工件坐标系页面。将光标移至 G54 的 X 轴数据区，在缓存区输入当前刀具中心（即主轴中心）在工件坐标系中的 X 坐标，此处输入 X-5，按屏幕下方［测量］软键完成 X 轴对刀，完成后将刀具抬高至安全位置。

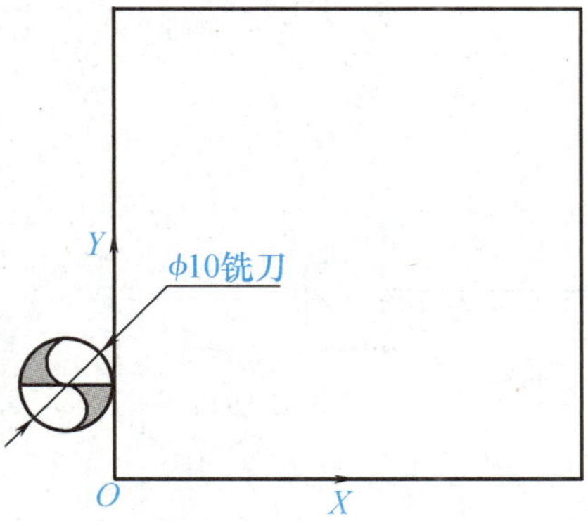

图 4-7　X 轴对刀

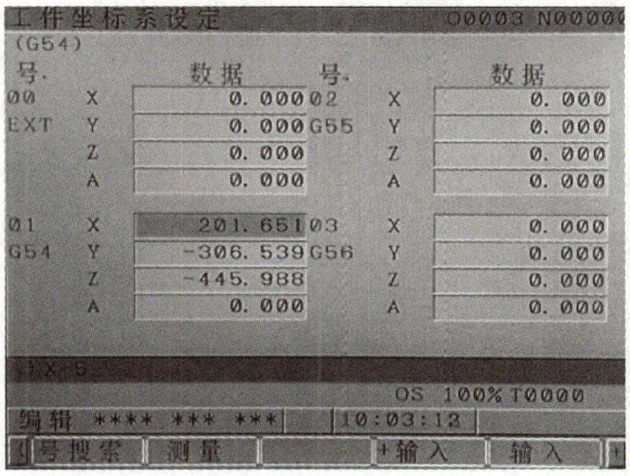

图 4-8　工件坐标系页面

3）Y 轴对刀：移动刀具至刚好碰到工件前侧面，如图 4-9 所示。将光标移至图 4-8 所示工件坐标系页面中 G54 的 Y 轴数据区，在缓存区输入刀具中心（即主轴中心）在工件坐标系中的 Y 坐标值，此处输入 Y-5，按［测量］软键完成 Y 轴对刀，完成后将刀具抬高至安全位置。

4）Z 轴对刀：继续移动刀具至刚好碰到工件上表面，如图 4-10 所示。将光标移至 G54 的 Z 轴数据区，在缓存区输入刀具底面在工件坐标系中的 Z 坐标值，此处输入 Z0，按［测量］软键完成 Z 轴对刀，完成后将刀具移动至安全位置。

（2）对刀检验方法　在 MDI 模式下运行“S1000 M03 G54 G90 G01 X0 Y0 Z10 F100;”程序，此时刀具若能移动到工件坐标系中的 X0 Y0 Z10 位置，说明对刀正确。

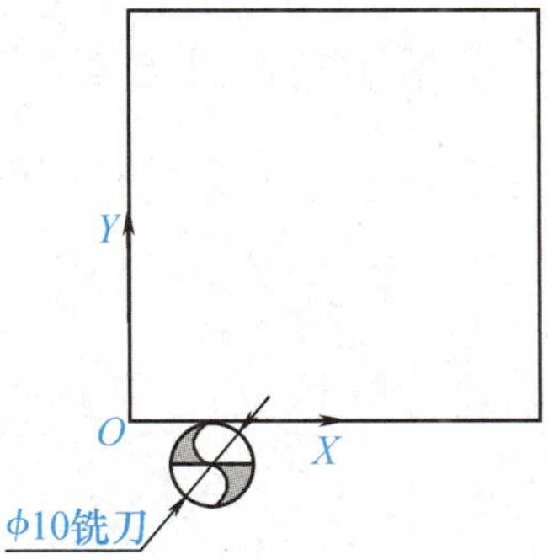

图 4-9　Y 轴对刀

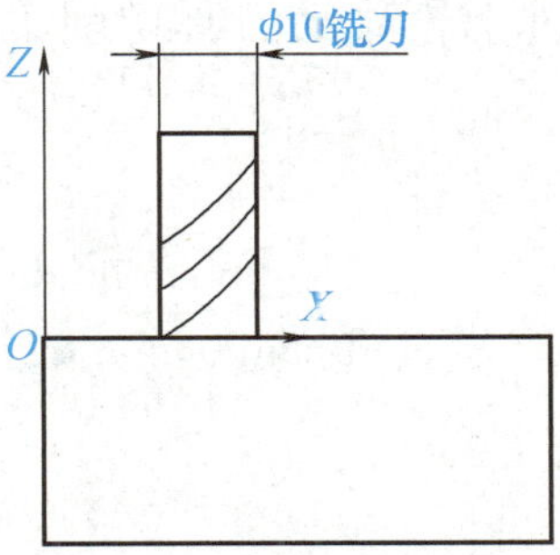

图 4-10　Z 轴对刀

试切法对刀操作简单，但会在工件表面留下切削痕迹，对刀精度较低，对于精度要求较高的场合，一般采用寻边器、百分表、Z 轴设定仪对刀。

任务实施

1. 手动铣削平面

1）开机回参考点，建立机床坐标系。

2）装夹工件。夹住零件毛坯，夹紧要可靠，夹持深度不小于 5mm，零件上表面高于钳口 10mm，如图 4-11 所示。

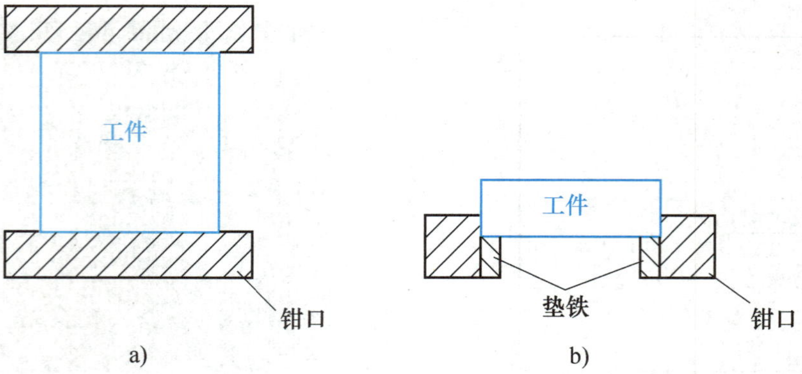

图 4-11 装夹示意图

a）俯视 b）左视

3）安装刀具。

4）机床模式选择为 MDI 模式，输入程序“S1000 M03;”，按［循环启动］按钮，起动主轴。

5）机床模式更改为手轮模式，选择坐标轴方向和倍率，匀速旋转手轮上的脉冲发生器移动坐标轴靠近工件。注意靠近工件时要把手轮倍率调整为×10 或者×1，以免速度过快造成撞刀。如果旋转脉冲发生器而机床坐标轴不移动，应检查是否按住了手轮侧面的功能按钮，以及机床倍率旋钮是否被调整为 0。

6）通过手轮使刀具轻轻碰到工件表面，记下机床坐标，再将刀具移动到工件外侧，观察机床坐标，将刀具沿 Z 轴下刀 1mm。

7）通过手轮移动刀具切削工件，切削路径可参考图 4-12 所示的两种方案。

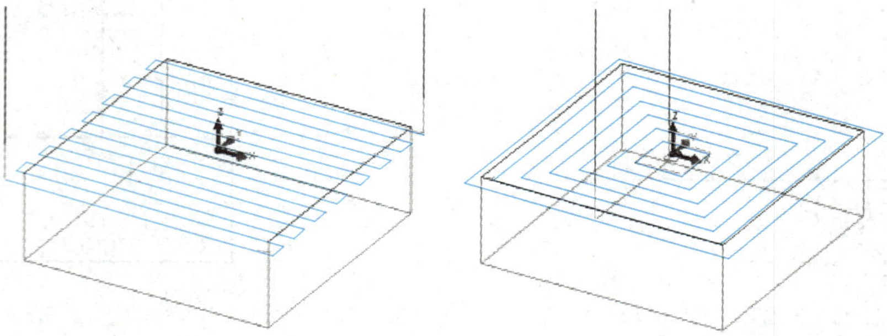

图 4-12 平面铣削路径方案

8）加工结束后，按复位按钮，停止主轴，并将刀具抬到工件表面 100mm 以上位置，避免太靠近工件，在下次移动时因误操作造成撞刀。

9）取下工件，去除毛刺，检测是否达到要求。

10）加工结束后，及时清扫机床。

2. 对刀

1）装夹工件、安装刀具。

2）机床模式选择为 MDI 模式，输入程序“S1000 M03”；按［循环启动］按钮起动主轴。

3）机床模式更改为手轮模式，通过手轮，慢速移动刀具以靠近工件。

4）移动刀具碰到工件左侧面，按［OFS/SET］参数键，再按［坐标系］软键，选择G54坐标系，输入X-45，按［测量］软键，完成 *X* 轴对刀。

5）移动刀具碰到工件前侧面，输入Y-45，按［测量］软键，完成 *Y* 轴对刀。

6）移动刀具碰到工件上表面，输入Z0，按［测量］软键，完成 *Z* 轴对刀。

7）抬起刀具，机床模式更改为MDI模式，输入程序“S1000 M03 G54 G90 G01 X0 Y0 Z10 F100”，按［循环启动］按钮，检验刀具中心是否处于X0 Y0 Z10位置。

8）操作结束后，切断机床电源并及时清扫机床。

检测评价

将学生任务完成情况的检测与评价填入表4-1中。

表4-1 对刀操作和平面铣削加工检测评价表

序号	检测项目	检测内容及要求	配分	学生自检	学生互检	教师检测	得分
1	职业素养	文明、礼仪	5				
2		安全、纪律	10				
3		行为习惯	5				
4		工作态度	5				
5		团队合作	5				
6	工艺制订	1）选择装夹与定位方式 2）选择刀具 3）选择加工路径 4）选择合理的切削用量	10				
7	机床操作	1）开机前检查、开机、回参考点 2）工件装夹与对刀 3）手动移动坐标轴	10				
8	零件加工	平面铣削	20				
9		对刀操作	20				
10		去除毛刺	5				
11		表面粗糙度值 $Ra3.2\mu m$	5				
综合评价							

任务拓展

完成图4-13所示零件的平面铣削与对刀操作，毛坯材料为2A12，尺寸为80mm×80mm×20mm。

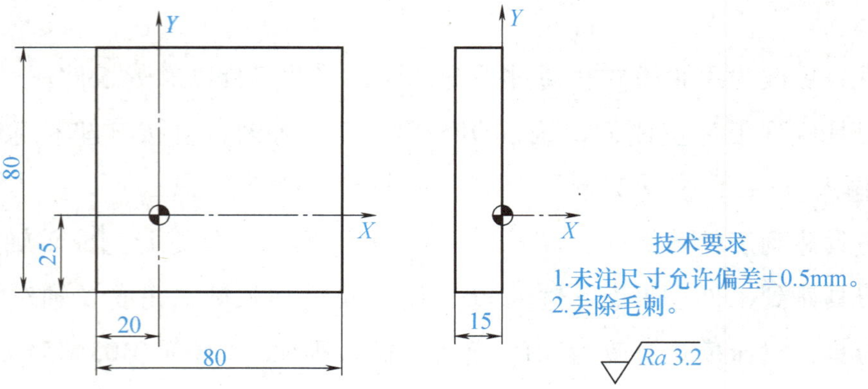

图 4-13　平面铣削练习图

任务拓展实施提示：该零件毛坯厚度为 20mm，需要通过铣平面去除 5mm 厚的材料，余量较大，为避免背吃刀量过大损坏刀具，所以尽量采用分层铣削，每次背吃刀量 1～2mm。另外，工件坐标系不在零件中心，对刀时要注意对刀数据输入准确，在检查时，为方便检查对刀是否正确，可运行“S1000 M03 G54 G90 G01 X-20 Y-25 Z10 F100;”程序，观察刀具是否定位到零件左下角位置。

任务二　汽车变速器齿轮箱端盖的加工

任务描述

汽车变速器是用来协调发动机转速和车轮行驶速度的变速装置。为提高变速器的效率延长其寿命，变速器一般采用齿轮传动，并将齿轮安装在齿轮箱内。图 4-14 所示为一种典型的汽车手动变速器结构图，现使用数控铣床加工图 4-15 所示变速器齿轮箱端盖，毛坯材料为 2A12，尺寸为 80mm×80mm×20mm。

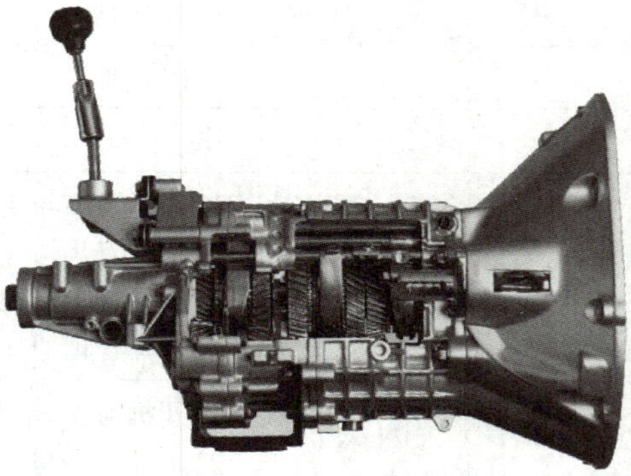

图 4-14　汽车手动变速器结构图

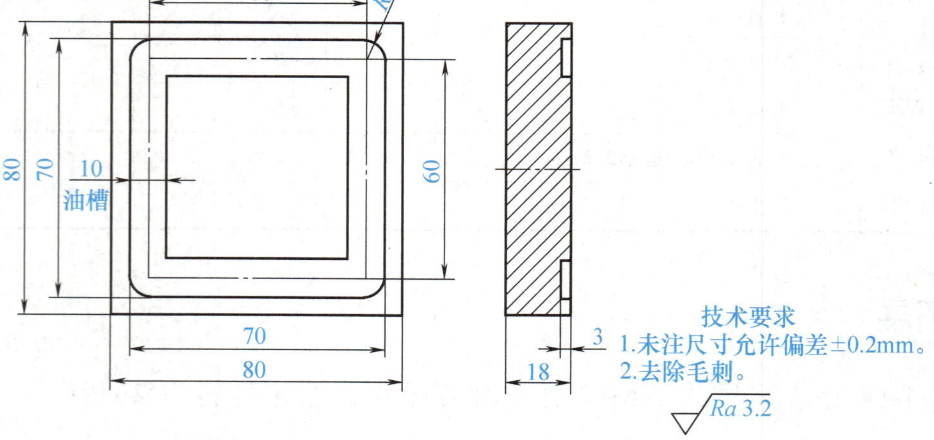

图 4-15　汽车变速器齿轮箱端盖零件图

知识目标

1. 了解数控铣床平面加工工艺。
2. 了解数控铣床铣刀下刀方式。
3. 掌握数控铣床 G00 指令和 G01 指令的应用。
4. 熟悉数控铣床报警处理方法。
5. 了解程序校验的操作方法。

技能目标

1. 会分析齿轮箱端盖的数控铣削工艺。
2. 会编写齿轮箱端盖的数控加工程序。
3. 能够使用数控铣床完成齿轮箱端盖的加工。
4. 能够独立进行单段加工和自动加工操作。

知识准备

1. 工艺知识

（1）平面加工工艺　在数控铣床上加工工件的平面可以采用盘铣刀和立铣刀。

用盘铣刀加工平面时，加工效率较高，适合加工较大的平面，如图 4-16 所示。依据盘铣刀与工件加工面相对位置的不同可分为三种铣削方式：对称铣、不对称逆铣和不对称顺铣，如图 4-17 所示。

图 4-16　盘铣刀铣平面

当铣刀轴线位于铣削弧长的对称中心位置时为对称铣。对称铣具有较大的平均吃刀量，适合加工淬硬钢件，但铣削时振动较大，对机床及工艺系统刚度要求较高，不宜用于铣削宽

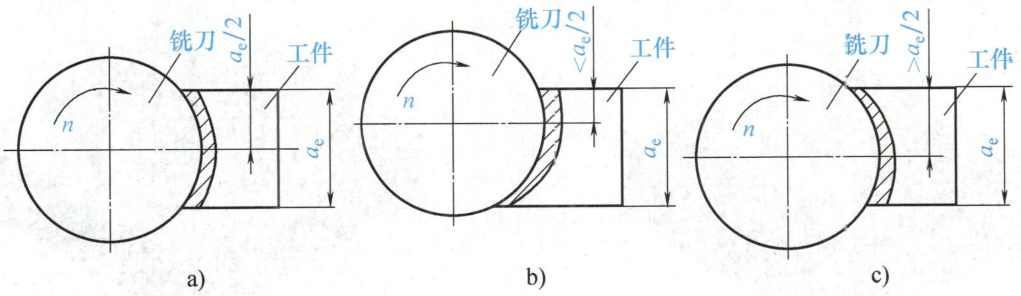

图 4-17　盘铣刀铣削方式

a）对称铣　b）不对称顺铣　c）不对称逆铣

度较窄的工件。切入时吃刀量小于切出时吃刀量为不对称逆铣。铣削碳钢和一般合金钢时，采用不对称逆铣方式，可减小切入时的冲击，延长刀具使用寿命。切入时吃刀量大于切出时吃刀量为不对称顺铣。铣削不锈钢和冷作硬化比较严重的材料，可选用不对称顺铣。不对称顺铣切入工件时的振动要比不对称逆铣大。

当采用立铣刀铣平面时，由于铣削宽度大于铣刀直径，需要采用往复平行进刀铣削平面，或沿工件轮廓边界等距环切铣削平面，如图 4-12 所示。为保证平面加工质量，采用立铣刀往复平行进刀铣削和等距环切铣削时，每次背吃刀量为刀具直径的 5%~20%，每行切削间距为刀具直径的 60%~80%。

（2）铣刀下刀方式　在数控铣床上加工轮廓一般采用立铣刀或键槽铣刀。加工外轮廓时，为提高加工效率和避免刀具底刃磨损，一般在工件外部下刀，如图 4-18 所示。加工内轮廓则必须要在工件表面下刀，如图 4-19 所示，而立铣刀的端面有中心孔，端面的切削刃没有通过铣刀中心，因此不能在工件表面直接下刀，否则会损坏刀具，在传统生产工艺中一般是通过键槽铣刀、钻头等刀具加工出工艺孔，让立铣刀从工艺孔内下刀，在数控铣床上则更多采用的是斜线下刀或螺旋下刀的方式，如图 4-20 和图 4-21 所示。键槽铣刀端部切削刃通过铣刀中心，可以直接在工件表面下刀，但相对侧刃，底刃切削能力较弱，因此下刀速度不能太快，一般进给速度以 30~50mm/min 为宜。键槽铣刀切削刃有 2 刃、4 刃、6 刃等类别，因能直接进行内外轮廓的加工，轮廓加工适应性好，且多刃键槽铣刀加工平稳，加工表面质量高，因此键槽铣刀使用越来越广泛。

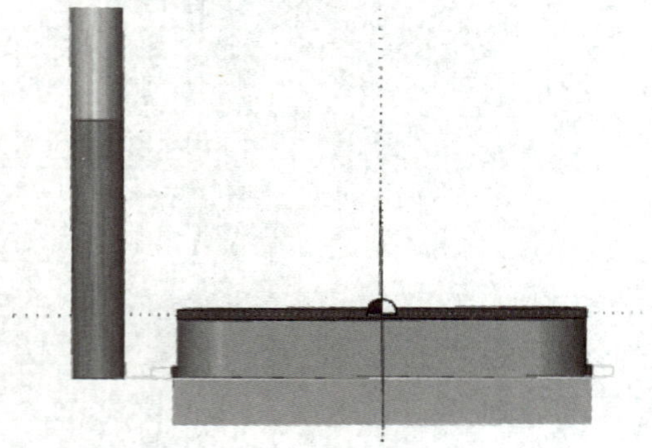
图 4-18　工件外部下刀

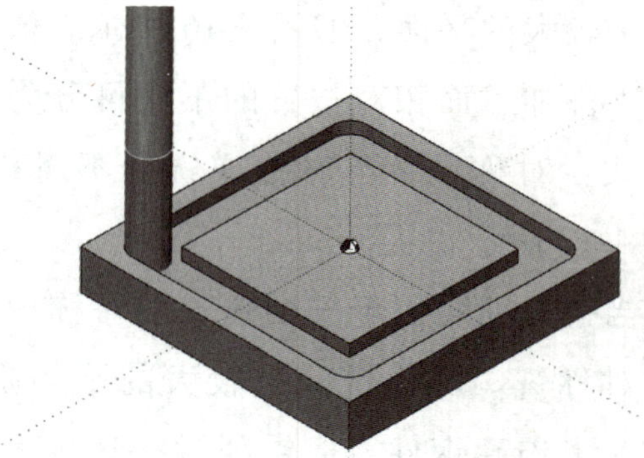
图 4-19　工件表面下刀

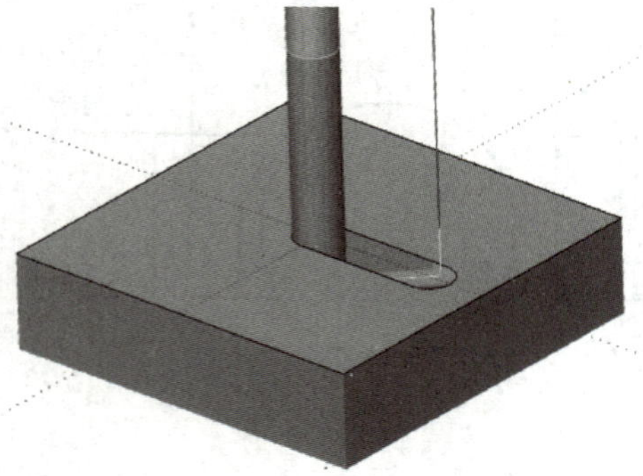
图 4-20　斜线下刀方式

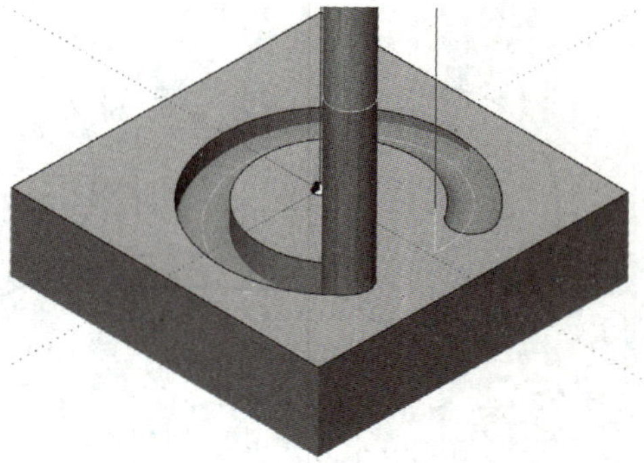
图 4-21　螺旋下刀方式

2. 编程知识

数控铣床编程中的 G00 指令、G01 指令的含义与数控车床相同，但数控铣床包含 *X*、*Y*、*Z* 三个坐标轴，因此指令格式上有所区别。

（1）快速点定位指令 G00　G00 指令是使刀具以机床参数设定的快速移动速度从所在位置移动到目标点位置，其指令格式、参数含义及使用说明见表 4-2。

表 4-2　G00 指令格式、参数含义及使用说明

类别	内容
指令格式	G00 X__　Y__　Z__;
参数含义	X、Y、Z 为目标点坐标 如程序段"G00 X50 Y50 Z100;"是指刀具快速移动到坐标为(50,50,100)位置
使用说明	1)G00 指令刀具移动速度由机床规定,无须在程序段中指定 2)G00 指令为模态有效代码,一经使用持续有效,直到被同组代码(G01、G02 等)取代为止 3)G00 指令移动速度快,只能使用在空行程或退刀场合,以缩短时间,提高效率 4)G00 指令目标点不能设置在工件表面上,如在工件表面下刀,应距离工件表面有 5~10mm 的安全距离,且在移动过程中不能碰到机床、夹具等

（2）直线插补指令 G01　G01 指令是使刀具以编程指定的进给速度移动到目标点。G01 指令格式、参数含义及使用说明见表 4-3。

表 4-3　G01 指令格式、参数含义及使用说明

类别	内容
指令格式	G01 X__　Y__　Z__　F__;
参数含义	X、Y、Z 为直线插补目标点坐标,F 为直线插补进给速度 如程序段"G01 X10 Y10 Z5 F100;"是指刀具以 100mm/min 的移动速度直线插补到点坐标为(10,10,5)位置
使用说明	1)G01 指令用于零件切削加工,加工中必须指定刀具进给速度,且一段程序中只能指定一个进给速度 2)G01 指令移动速度较慢,空行程或退刀过程中用此指令则刀具移动时间长,效率低 3)G01 指令为模态有效代码,一经使用持续有效,直至被同组 G 代码(G00、G02 等)取代为止 4)数控铣床默认进给速度单位为 mm/min

3. 报警处理

数控机床在使用的过程中由于外部故障、程序错误、操作错误等，均会造成机床报警，导致无法进行后续的操作与加工。根据报警的提示，正确地消除报警，恢复机床正常状态是数控机床操作者必备素质之一。同数控车床一样，数控铣床报警时也会在屏幕下方出现红色的"ALM"文字，按系统面板 MESSAGE 键可以查看报警的相关信息。数控铣床常见的报警类型及解决方法见表 4-4。

表 4-4 数控铣床常见的报警类型及解决方法

序号	报警类型	解决方法
1	急停报警	当出现急停报警时，会在屏幕下方显示"EMG"红色文字，出现"EMG"报警一般是面板上的急停按钮或手轮上的急停按钮被按下。当出现"EMG"报警时，机床所有运动部件均被制动。如果急停按钮没有按下还出现"EMG"急停报警，则需要专业维修人员进行机床电路部分检查与维修
2	超程报警	在数控铣床的三个坐标轴的正、负极限处，分别安装了两个行程开关，用于限制机床坐标轴在规定的范围内运行。在机床报警页面出现某个坐标轴超程报警时，应先判断是哪个方向超程，根据报警提示朝反向移动坐标轴。如机床提示"X 正向超程"报警，解除步骤为 1）模式选择为 JOG（手动）模式 2）按住-X 轴功能键，让坐标轴朝-X方向移动一段距离。部分机床面板配有[超程解除]按钮，在按-X 轴功能的同时，要按住[超程解除]按钮才能移动坐标轴 3）按 RESET 键解除报警提示 当"EMG"急停报警与超程报警同时显示时，要先解除"EMG"急停报警，之后才能移动坐标轴，解除超程报警。如果按照上述步骤操作后，还未解除超程报警，可检查对应行程开关是否没有正常释放
3	润滑和气压报警	数控铣床采用专用电动润滑泵对机床进行间歇润滑，当润滑泵油箱内油量过低或出现管道阻塞时，造成供油压力不足便会提示润滑报警，此时加入适量润滑油即可解除报警 数控铣床装刀、换刀需要压缩空气，当压缩空气压力过低时，机床会出现气压过低报警。当供气压力达到规定值，报警自动解除
4	程序报警	程序报警是机床报警中最多的一类报警，主要是由于程序中的错误造成报警。程序报警只有在执行程序时才会出现，出现程序报警时机床会暂停进给。由于数控机床具有程序预读功能，在执行程序时如果程序有错误，机床会提前报警。数控铣床常见的程序报警内容及解决方法见表 4-5

表 4-5 数控铣床常见的程序报警内容及解决方法

序号	报警内容	解决方法
1	X、Y、Z 向超程报警	检查程序中坐标值是否输入错误；检查工件坐标系设置是否正确
2	程序没有结束	在程序最后一行后增加 M30 或 M02；检查 M30、M02 后有没有"；"
3	G 代码不正确	检查程序中是否编写了系统不能识别的 G 代码；使用了 G68 指令、G52 指令、G51 指令后没有取消，应通过 MDI 模式运行相应的取消程序
4	切削速度为 0	G01 指令后没有编写 F 指令
5	地址重复	同一程序段中编写了两个地址，如编写了两个 X
6	未找到地址	检查程序中数值前是否没有编写字母地址
7	半径值超差	编写圆弧指令时圆弧半径错误；圆弧终点坐标错误
8	未发现 R 或 I、J、K 指令	编写圆弧指令时没有写半径 R 值或 I、J、K 值
9	G41 指令/G42 指令无交点	检查坐标值输入是否正确
10	G41 指令/G42 指令发生干涉	检查刀具半径是否设置得过大；检查半径补偿建立的移动距离是否过短

需要注意的是，程序报警只能提示程序中的代码编写错误和程序执行过程中的计算错误，不能提示程序中是否有撞刀、轨迹是否正确等错误。

任务实施

1. 工艺分析

（1）刀具选择 本任务主要加工表面为平面和油槽，采用 ϕ10mm 键槽铣刀进行加工。

（2）量具选择　根据零件结构和尺寸精度要求，本任务用到的量具有 0~150mm 游标卡尺。

（3）工艺路线制订　分析齿轮箱端盖零件可知，该零件为端盖类零件，表面有 10mm 宽、3mm 深的油槽，根据结构尺寸及加工要求分析，使用机用虎钳装夹比较合理。为保证油槽在每个位置的深度一致，在加工油槽前应先完成平面的铣削，再进行油槽的加工。平面加工采用往复走刀方式，每行加工轨迹间距为 8mm。

（4）切削用量选择　根据加工要求确定各表面的切削用量，见表 4-6。

表 4-6　变速器齿轮箱端盖零件加工工艺表

定位装夹	工步序号及内容		刀具	主轴转速 n/(r/min)	进给速度 f/(mm/min)	背吃刀量 a_p/mm
机用虎钳装夹毛坯	1	铣平面	ϕ10mm 键槽铣刀	1000	80	2
	2	铣油槽	ϕ10mm 键槽铣刀	1000	80	3

2. 程序编制

根据零件结构特点，将坐标系建立在零件表面中心位置，确定平面铣削加工基点和节点如图 4-22 所示，各点坐标见表 4-7。铣油槽加工基点和节点如图 4-23 所示，坐标见表 4-8。

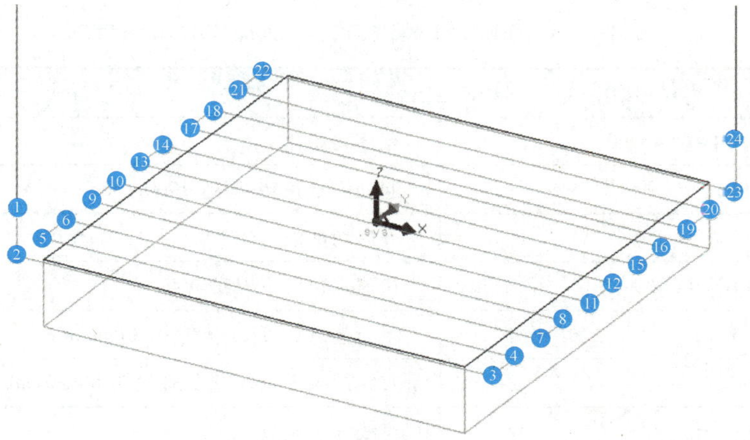

图 4-22　铣平面加工基点和节点

表 4-7　铣平面加工点位坐标

点	坐标(X,Y,Z)	点	坐标(X,Y,Z)	点	坐标(X,Y,Z)	点	坐标(X,Y,Z)
1	(-45,-40,10)	7	(45,-24,-2)	13	(-45,0,-2)	19	(45,24,-2)
2	(-45,-40,-2)	8	(45,-16,-2)	14	(-45,8,-2)	20	(45,32,-2)
3	(45,-40,-2)	9	(-45,-16,-2)	15	(45,8,-2)	21	(-45,32,-2)
4	(45,-32,-2)	10	(-45,-8,-2)	16	(45,16,-2)	22	(-45,40,-2)
5	(-45,-32,-2)	11	(45,-8,-2)	17	(-45,16,-2)	23	(45,40,-2)
6	(-45,-24,-2)	12	(45,0,-2)	18	(-45,24,-2)	24	(45,40,10)

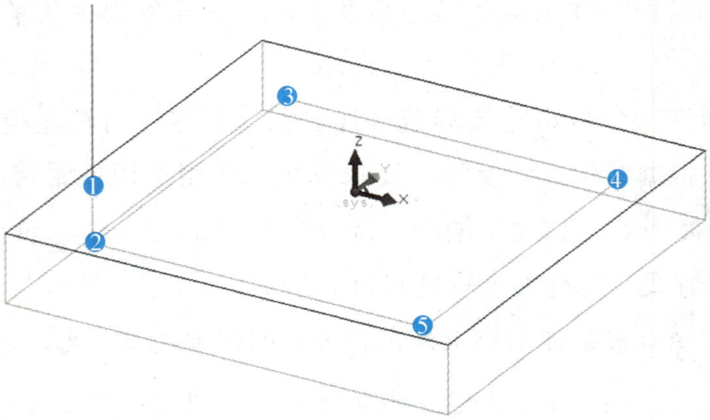

图 4-23 铣油槽加工基点和节点

表 4-8 铣油槽加工点位坐标

点	坐标(X,Y,Z)	点	坐标(X,Y,Z)	点	坐标(X,Y,Z)
1	(-30,-30,10)	3	(-30,30,-5)	5	(30,-30,-5)
2	(-30,-30,-5)	4	(30,30,-5)		

铣平面参考程序见表 4-9，程序名为“O4101”，铣油槽参考程序见表 4-10，程序名为“O4102”。

表 4-9 ϕ10mm 键槽铣刀铣平面加工参考程序

程序段号	程序内容	程序说明
N10	G21 G40 G49 G54 G90;	程序初始化
N20	M03 S1000;	起动主轴正转,转速 1000r/min
N30	M08;	开启切削液
N40	G00 X-45 Y-40 Z10;	快速定位到下刀安全点 1
N50	G01 Z-2 F50;	下刀至点 2,下刀速度为 50mm/min
N60	X45 F80;	直线加工至点 3,进给速度为 80mm/min
N70	Y-32;	直线加工至点 4
N80	X-45;	直线加工至点 5
N90	Y-24;	直线加工至点 6
N100	X45;	直线加工至点 7
N110	Y-16;	直线加工至点 8
N120	X-45;	直线加工至点 9
N130	Y-8;	直线加工至点 10
N140	X45;	直线加工至点 11
N150	Y0;	直线加工至点 12
N160	X-45;	直线加工至点 13
N170	Y8;	直线加工至点 14
N180	X45;	直线加工至点 15

（续）

程序段号	程序内容	程序说明
N190	Y16;	直线加工至点 16
N200	X-45;	直线加工至点 17
N210	Y24;	直线加工至点 18
N220	X45;	直线加工至点 19
N230	Y32;	直线加工至点 20
N240	X-45;	直线加工至点 21
N250	Y40;	直线加工至点 22
N260	X45;	直线加工至点 23
N270	Z10;	直线抬刀至点 24
N280	G00 Z100 M09;	快速抬刀至 Z100,关闭切削液
N290	M30;	程序结束

表 4-10 ϕ10mm 键槽铣刀铣油槽加工参考程序

程序段号	程序内容	程序说明
N10	G21 G40 G49 G54 G90;	程序初始化
N20	M03 S1000;	起动主轴正转,转速 1000r/min
N30	M08;	开启切削液
N40	G00 X-30 Y-30 Z10;	快速定位到下刀安全点 1
N50	G01 Z-5 F50;	下刀至点 2,下刀速度为 50mm/min
N60	Y30 F80;	直线加工至点 3,进给速度为 80mm/min
N70	X30;	直线加工至点 4
N80	Y-30;	直线加工至点 5
N90	X-30;	直线加工至点 2
N100	Z10;	直线抬刀至点 1
N110	G00 Z100 M09;	快速抬刀至 Z100,关闭切削液
N120	M30;	程序结束

3. 零件加工

1）开机回参考点，建立机床坐标系。

2）装夹工件。夹住零件毛坯，夹紧要可靠，夹持深度不小于 5mm，零件上表面高于机用虎钳钳口 10mm。

3）安装刀具。

4）对刀操作。采用 ϕ10mm 键槽铣刀进行试切法对刀，将对刀数据输入到 G54 工件坐标系中，并检验对刀是否正确。

5）输入程序及校验。程序输入后要仔细检查、校验，确保无误。

一般数控铣床都会带程序轨迹运行仿真功能以辅助操作者检查程序中的错误。按下机床操作面板上的［机床锁住］和［空运行］按钮，此时运行程序，机床将以系统设置的最快速度运行一遍程序，在程序运行的过程中，可以按下系统面板上的 CSTM/GRPH 按键，查看系统屏幕中的运行轨迹，如图 4-24 所示。如果程序有误，可修改程序后重新运行检查。

需要注意的是，在正式加工时一定要再按一次［机床锁住］和［空运行］按钮，取消相应功能，否则机床依旧被锁住或以最快速度加工零件，会造成撞刀。部分机床取消［机床锁住］功能后要再回一次参考点，否则机床会报警。

对于没有机床锁住和空运行功能的机床，可以将工件坐标系的 Z 轴向正向偏置一段距离，在图 4-25 所示坐标系 EXT 的 Z 轴中直接输入偏置数据，如输入 100mm，此时运行程序，刀具将在工件上方 100mm 处运行，这样也可以观察刀具运行轨迹，检查程序中的错误。程序无误后，要把 100mm 偏置值改为 0 之后再正式加工零件。

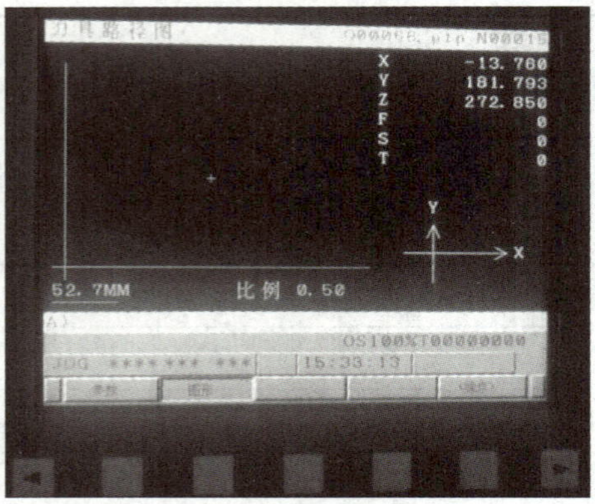

图 4-24　轨迹运行仿真页面

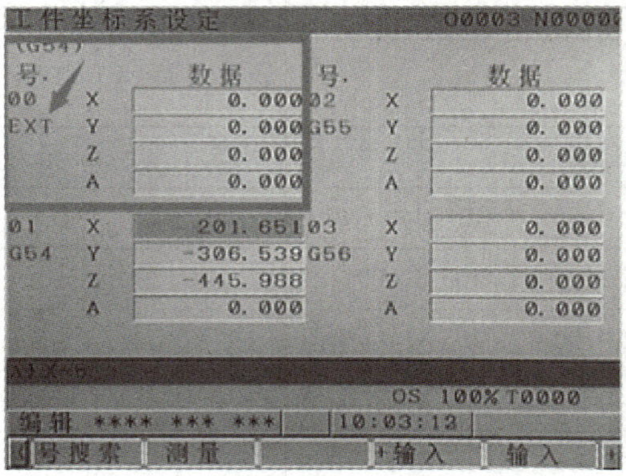

图 4-25　工件坐标系偏置页面

6）零件加工。首次进行零件加工时，为避免编程错误造成连续加工事故，应尽可能采用单段加工。程序单段加工是指按［循环启动］按钮后只执行一段程序机床便停止进给，再按［循环启动］按钮，再执行一段程序，如此一段一段地执行程序，便于程序的检查和校验。在确保单段加工没有问题的情况下，再进行自动加工。

单段加工方法：在 EDIT 模式下调入加工程序，切换模式到 MEM（自动）模式，按下操作面板上的［单段加工］按钮，操作面板上“单段按钮”灯亮，然后再按［循环启动］按钮，这样一段程序加工完成后，机床会暂停坐标轴移动，再按一下［循环启动］按钮才能进行下一程序段的加工。

自动加工方法：在 EDIT 模式下调入加工程序，切换模式到 MEM（自动）模式，按［循环启动］按钮即可实现自动连续加工，如图 4-26 所示。

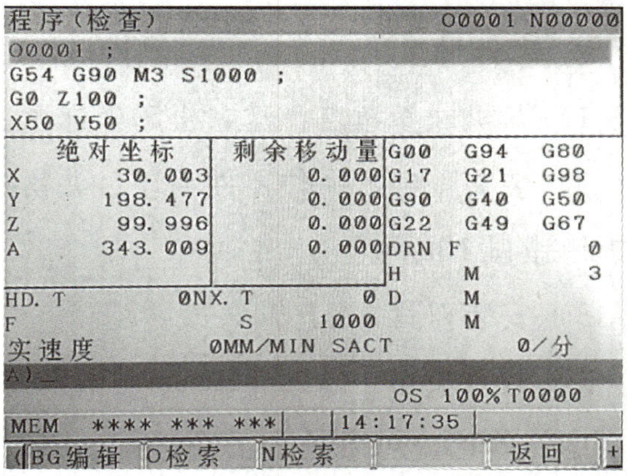

图 4-26　程序自动加工页面

不管是单段加工还是自动加工，都必须在已经对好刀的情况下进行，并且对刀建立的工件坐标系必须与程序中的工件坐标系一致，否则会导致加工出错，甚至出现撞刀事故。

① 分别打开、执行程序“O0001”和“O0002”。加工前检查工件、刀具是否按要求夹紧，刀具是否已对刀。

② 选择 MEM（自动）加工模式，调小进给倍率，设置单段运行，按［循环启动］按钮进行工件加工，加工中观察切削情况，逐步将进给倍率开关调至适当位置。

7）加工结束后，去除毛刺，切断机床电源并及时清扫机床。

检测评价

将学生任务完成情况的检测与评价填入表 4-11 中。

表 4-11 汽车变速器齿轮箱端盖加工检测评价表

序号	检测项目	检测内容及要求	配分	学生自检	学生互检	教师检测	得分
1	职业素养	文明、礼仪	5				
2		安全、纪律	10				
3		行为习惯	5				
4		工作态度	5				
5		团队合作	5				
6	工艺制订	1)选择装夹与定位方式 2)选择刀具 3)选择加工路径 4)选择合理的切削用量	5				
7	程序编制	1)编程坐标系选择正确 2)指令使用与程序格式正确 3)基点坐标正确	10				
8	机床操作	1)开机前检查、开机、回参考点 2)工件装夹与对刀 3)程序输入与校验	5				
9	零件加工	70mm(2 处)	10				
10		10mm(4 处)	10				
11		3mm	10				
12		18mm	10				
13		$R5$mm	5				
14		表面粗糙度值 $Ra3.2\mu m$	5				
综合评价							

任务拓展

完成图 4-27 所示变速器齿轮箱端盖零件的编程与加工，毛坯材料为 2A12，尺寸为 80mm×80mm×25mm。

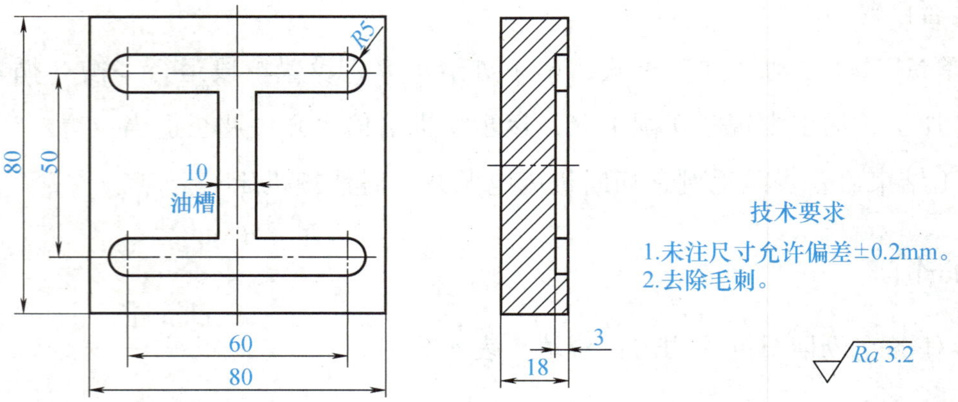

图 4-27 任务拓展零件图

任务拓展实施提示：完成该端盖零件的加工，需要进行多次的下刀和抬刀，加工前要注意检查下刀程序，不能在工件表面使用 G00 指令下刀，另外抬刀距离不要设置得太大，以 5~10mm 为宜，同时要合理规划走刀路线，以节省加工时间，提高加工效率。

任务三 汽车机油泵端盖的加工

任务描述

机油泵是汽车润滑系统必不可少的设备，其作用是将机油加压到一定压力后，强制压送到发动机各运动部件表面上。机油泵按照结构可以分为齿轮式、叶片式和转子式三类，图 4-28 所示为一种转子式机油泵。现使用数控铣床加工图 4-29 所示机油泵端盖零件，毛坯材料为 2A12，尺寸为 80mm×80mm×20mm。

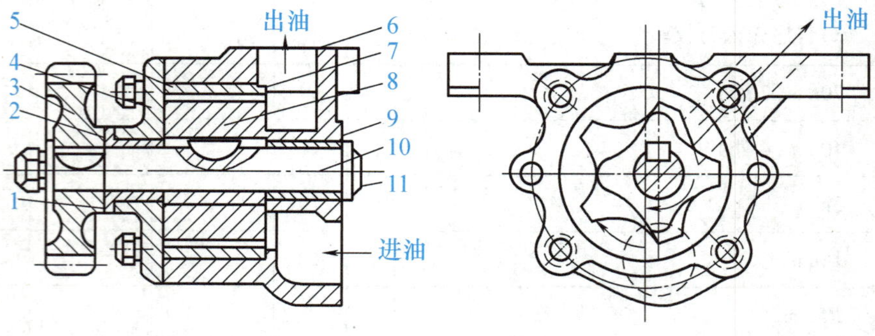

图 4-28 汽车转子式机油泵

1—推力轴承 2—轴套 3—传动齿轮 4—盖板 5，6—调整垫片 7—外转子 8—内转子 9—外壳 10—主动轴 11—轴套

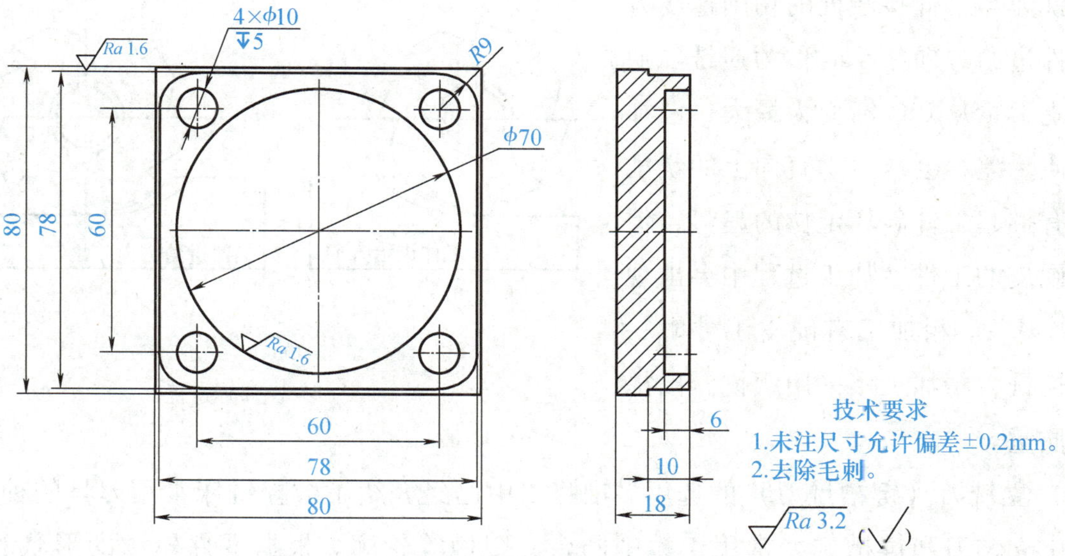

图 4-29 机油泵端盖零件图

知识目标

1. 理解顺铣、逆铣加工工艺。
2. 了解立铣刀（键槽铣刀）的选用方法。
3. 掌握铣床刀具切削参数的计算方法。
4. 掌握 G02、G03 圆弧加工指令的应用。
5. 掌握 G41、G42 半径补偿指令的应用。

技能目标

1. 会分析端盖类零件数控铣削工艺。
2. 会编写机油泵端盖零件数控加工程序。
3. 能在数控铣床上完成机油泵端盖的加工并达到相应的精度要求。
4. 能够进行加工中心的装刀、换刀操作。

知识准备

1. 工艺知识

（1）轮廓顺铣和逆铣工艺 铣削加工根据铣刀的旋转方向和工件的进给方向之间的关系，可以分为顺铣和逆铣两种工艺，如图 4-30 所示。

当铣刀与工件接触处的切削速度方向和工件进给方向相同时称为顺铣，顺铣时背吃刀量从最大逐渐变为 0，已加工表面质量好，会产生垂直向下的铣削分力，有助于工件的定位夹紧，但不可铣带硬皮的工件，加工过程中会出现“欠切”现象。

当铣刀与工件接触处的切削速度方向和工件进给方向相反时称为逆铣。逆铣时背吃刀量从0逐渐变为最大，已加工表面质量差，会产生垂直向上的铣削分力，有挑起工件破坏定位的趋势，但可铣带硬皮的工件，加工过程中会出现“过切”现象。粗加工有硬皮工件时一般采用逆铣，精加工多采用顺铣，以提高表面质量。

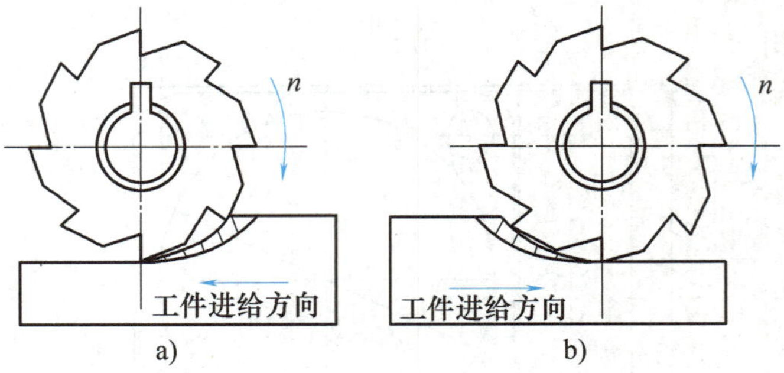

图 4-30　顺铣和逆铣图示

a）顺铣　b）逆铣

（2）立铣刀（键槽铣刀）的选用　项目二中已经介绍了数控铣床常用刀具的种类和用途，其中立铣刀和键槽铣刀常用于铣削凸台、凹槽等轮廓。根据零件轮廓的形状和要求，在选用立铣刀和键槽铣刀时要考虑以下几个方面。

1）铣刀的半径 r 应小于零件内凹轮廓最小曲率半径 ρ，否则会造成过切或余量去除不干净，一般 $r<(0.8\sim0.9)\rho$，如图 4-31 所示。

2）尽量选择大直径铣刀以提高加工效率。当轮廓上有较小的凹圆弧时，为提高加工效率，一般先用大直径铣刀进行粗加工，再用半径小于凹圆弧半径的铣刀进行精加工。

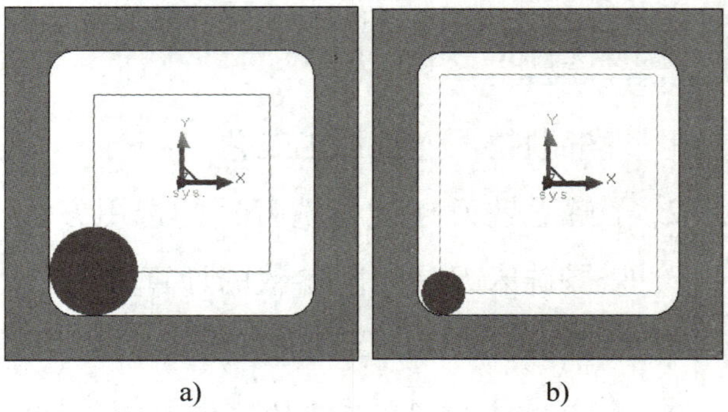

图 4-31　铣刀直径对轮廓加工的影响

a）铣刀直径过大　b）铣刀直径合理

3）常用的立铣刀和键槽铣刀的材质有高速钢、硬质合金等。高速钢铣刀价格低廉，经济耐用，但加工效率低，可加工中低碳钢、铝合金等材料。硬质合金铣刀加工效率高，加工质量好，但价格昂贵，一般用来加工中高碳钢、难加工材料。

（3）铣削刀具切削参数的计算　铣刀切削参数包括刀具的转速 n、进给速度 F、侧吃刀量 a_e 和背吃刀量（切削深度）a_p，在确定这些参数时需要先根据刀具的材料和加工工件的材料，选择对应的切削速度和进给量，再通过公式计算相应的刀具转速和进给速度，具体计算方法见表 4-12。

表 4-12　数控铣削刀具切削参数计算

切削参数	计算公式	参数说明
刀具转速	$n=\dfrac{1000v_c}{\pi D}$	n:刀具转速(r/min) v_c:刀具切削速度(m/min),根据刀具材料和工件材料,在切削用量表中查询,高速钢和硬质合金立铣刀(键槽铣刀)切削参数见表4-13,高速钢麻花钻、铰刀切削参数见表4-14 D:刀具直径(mm)

（续）

切削参数	计算公式	参数说明
进给速度	$F=nf=nf_zz$	F：进给速度(mm/min) n：刀具转速(r/min) f：刀具每转进给量(mm/r)，高速钢麻花钻、铰刀每转进给量参考值见表 4-14 f_z：铣刀每齿进给量(mm)，高速钢和硬质合金立铣刀(键槽铣刀)每齿进给量参考值见表 4-13 z：铣刀刃数
侧吃刀量 a_e	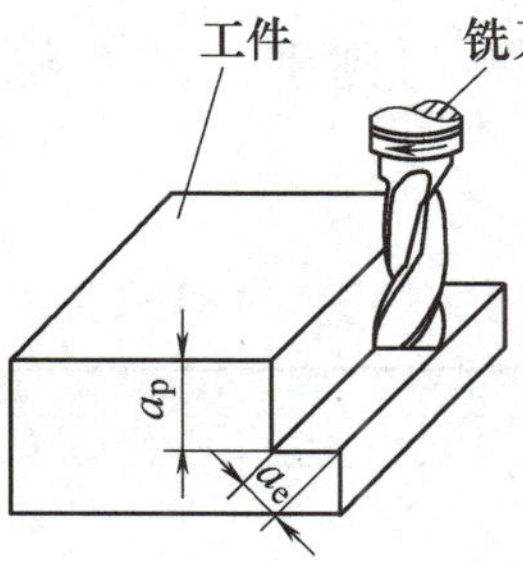	a_e：侧吃刀量(铣削宽度)，单位为 mm，是指铣刀在一次进给中所切掉工件表面的宽度 一般立铣刀的铣削宽度不超过铣刀直径的 50%～60%，满刃切削时($a_e=D$)，背吃刀量 a_p 要相应地减小，以提高刀具刚度
背吃刀量(切削深度)a_p		a_p：背吃刀量(切削深度)，单位为 mm，是指铣刀在一次进给中所切掉工件表面的厚度，即工件的已加工表面和待加工表面间的垂直距离 一般立铣刀粗铣时的背吃刀量以不超过铣刀半径为原则，以防背吃刀量过大而造成刀具的损坏。精加工时，背吃刀量等于轮廓深度，以保证轮廓上下尺寸一致

表 4-13 常用立铣刀（键槽铣刀）切削参数参考表

工件材料	高速钢铣刀		硬质合金铣刀	
	切削速度 v_c/(m/min)	每齿进给量 f_z/(mm/z)	切削速度 v_c/(m/min)	每齿进给量 f_z/(mm/z)
中低碳钢	15～25	0.05～0.1	45～110	0.05～0.12
铝合金	30～50	0.05～0.2	120～200	0.05～0.15

表 4-14 常用高速钢麻花钻、铰刀切削参数参考表

工件材料	刀具	刀具直径 D/mm	切削速度 v_c/(m/min)	每转进给量 f/(mm/r)
碳素结构钢和优质碳素结构钢	麻花钻	6	22	0.1
		8	24	0.12
		10	25	0.14
		15	26	0.18
		20	25	0.22
		25	24	0.25
		30	22	0.28
	铰刀	6	12	0.06
		8	10	0.08
		10	8	0.1
		12	8	0.12
		16	6	0.15

2. 编程知识

此零件加工要素包含直线轮廓、圆弧轮廓和孔。直线轮廓和孔加工可以采用直线插补G01指令进行编程，圆弧轮廓加工需要采用圆弧插补指令G02或G03指令编程，在数控铣床上G02指令和G03指令的含义与数控车床相同，但指令格式和用法有所区别，尤其是在数控铣床上用G02指令和G03指令可以实现整圆的加工。而且数控车床上一般只能实现在*X-Z*平面内的圆弧插补运动，在数控铣床上可以实现在*X-Y*、*Z-X*、*Y-Z*三个平面内的圆弧插补运动。

（1）圆弧插补指令G02、G03　圆弧插补指令是指刀具按给定的进给速度沿圆弧方向进行切削加工。圆弧插补指令代码、插补方向判别、指令格式及参数含义见表4-15。

圆弧加工指令

表4-15　圆弧插补指令代码、插补方向判别、指令格式及参数含义

类别	内容
指令代码	G02(或G2):顺时针圆弧插补 G03(或G3):逆时针圆弧插补
插补方向判别	判别原则:从不在圆弧插补平面的坐标轴正方向往负方向看,顺时针插补用G02指令,逆时针插补用G03指令
指令格式	*X-Y*平面内圆弧（G17）$\left\{\begin{matrix}G02\\G03\end{matrix}\right.$ X_Y_$\left\{\begin{matrix}R_\\I_J_\end{matrix}\right.$ F_
	*Z-X*平面内圆弧（G18）$\left\{\begin{matrix}G02\\G03\end{matrix}\right.$ Z_X_$\left\{\begin{matrix}R_\\K_I_\end{matrix}\right.$ F_
	*Y-Z*平面内圆弧（G19）$\left\{\begin{matrix}G02\\G03\end{matrix}\right.$ Y_Z_$\left\{\begin{matrix}R_\\J_K_\end{matrix}\right.$ F_
参数含义	X、Y、Z:指定圆弧插补终点绝对坐标 R:圆弧半径 I、J、K:指定圆弧圆心相对圆弧起点的增量坐标,有正负之分,与坐标轴方向相同为正,相反为负 F:圆弧插补进给速度
图例（*X-Y*平面加工圆弧）	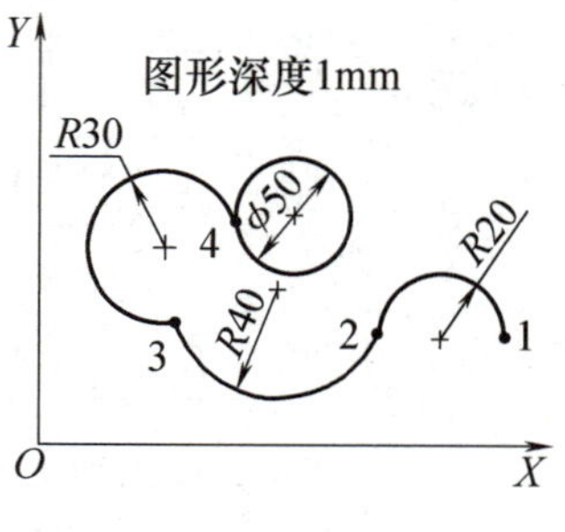 程序:G17 G03 X140 Y40 R20 F100;由1点加工圆弧至2点 G02 X40 Y50 R40;　加工圆弧至3点 G02 X70 Y90 R-30;　加工圆弧至4点(圆心角大于180°的圆弧) G03 I25 J0;　加工 ϕ50mm 整圆

（续）

类别	内容
使用说明	1)数控铣床开机默认 G17 平面,编程时可以省略,Z-X 和 Y-Z 平面加工圆弧(或圆)需要在 G02 指令/G03 指令前面指定 G18 平面和 G19 平面 2)使用半径 R 编程时,0°<圆弧圆心角≤180°(劣弧)时,R 取正值;18C°<圆弧圆心角≤360°(优弧)时,R 取负值 3)加工整圆只能用 I__J__K__编程,I、J、K 值可以用圆的圆心坐标减去圆加工的起点坐标

（2）刀具半径补偿指令 G41、G42　在加工轮廓的过程中，始终要保证刀具正确地处于被加工轮廓的一侧，否则就有可能造成欠切或者过切，影响轮廓尺寸精度甚至造成零件报废。为此在数控铣床上一般使用刀具半径补偿功能，让刀具在加工过程中沿着编程轮廓自动偏移半径值，以降低编程难度和便于控制轮廓精度。图 4-32 所示为用相同的程序加工 ϕ70mm 外圆，图 4-32a 未使用刀具半径补偿功能造成过切，轮廓尺寸偏小，图 4-32b 使用刀具半径补偿功能，轮廓尺寸正确。数控铣床刀具半径补偿指令代码、指令格式、参数含义、补偿方向判别及使用说明见表 4-16。

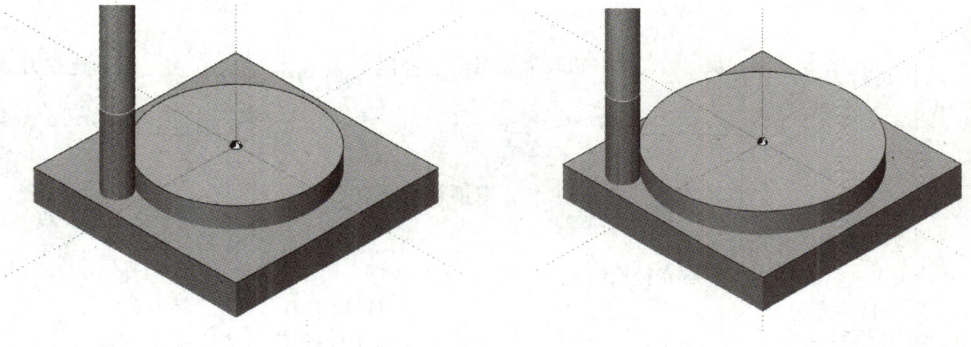

a)　　　　　　　　b)

刀具半径补偿指令

图 4-32　刀具半径补偿功能对加工轮廓的影响

a）未使用刀具半径补偿功能（轮廓偏小）　b）使用刀具半径补偿功能（轮廓正确）

表 4-16　数控铣床刀具半径补偿指令代码、指令格式、参数含义、补偿方向判别及使用说明

类别	内容
指令代码	G41:刀具半径左补偿(沿加工方向看,刀具位于轮廓左侧时为左补偿) G42:刀具半径右补偿(沿加工方向看,刀具位于轮廓右侧时为右补偿) G40:取消刀具半径补偿
指令格式	G00/G01 G41 D__X__Y__;建立刀具半径左补偿 G00/G01 G42 D__X__Y__;建立刀具半径右补偿 G00/G01 G40 X__Y__;取消刀具半径补偿
参数含义	X、Y:建立或取消刀具半径补偿时刀具移动目标点坐标 D:补偿偏置值存储位置
补偿方向判别	补偿方向的判别方法是在补偿平面内,沿刀具进给方向看,刀具处于编程轨迹的左边,则对应使用 G41 指令,刀具处于编程轮廓曲线右侧,则对应使用 G42 指令

（续）

<table>
<tr><th>类别</th><th>内容</th></tr>
<tr><td>补偿方向判别</td><td>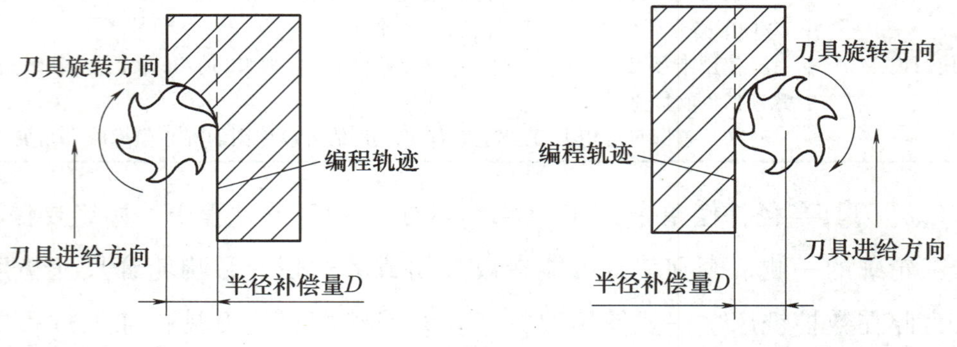

G41 刀具半径左补偿　　G42 刀具半径右补偿</td></tr>
<tr><td>使用说明</td><td>1）在使用刀具半径补偿指令编程时一般分为建立补偿、运行补偿和取消补偿三个阶段，建立或取消刀具半径补偿必须在刀具直线移动命令中进行，如下图所示
2）建立刀具半径补偿应在轮廓加工前进行，取消刀具半径补偿应在轮廓加工完毕后进行，否则会造成工件过切。FANUC 系统在调用补偿后不允许出现两段以上不含平面移动的指令，否则也会出现过切现象
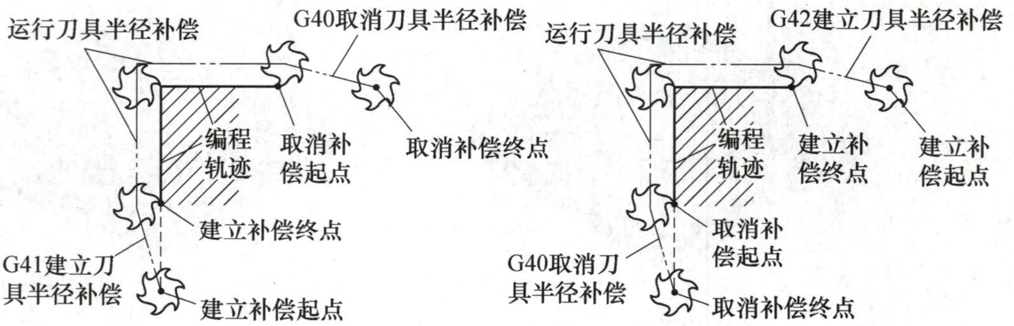

3）为保证能顺利建立或取消刀具半径补偿，刀具半径补偿建立或取消的路径长度应大于刀具的半径值，否则机床会出现“G41/G42 发生干涉”报警
4）G41 指令、G42 指令不能同时使用，使用 G41 指令后也不能直接使用 G42 指令，必须用 G40 指令取消刀具半径补偿后才能进行左、右半径补偿的转换
5）调用和取消刀具半径补偿的起刀点和退刀点应选择恰当，其路径方向应大致与轮廓编程方向相同，尽可能在图 a 所示区域 A 范围内进刀，避免出现如图 b 所示的补偿建立方向与编程方向夹角过小的情况
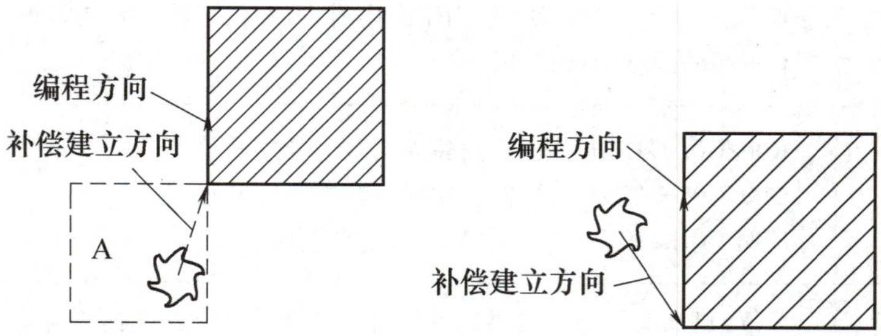

a)　　b)
6）数控铣床一般采用右旋刀具，因此使用 G41 指令时，对应的是顺铣加工方式，使用 G42 指令对应的是逆铣加工方式</td></tr>
</table>

（续）

类别	内容
机床刀补值和位置号输入	刀具半径补偿值要在程序执行前输入至 OFS/SET 参数页面“刀偏”表格对应的单元格内，其中“形状（D）”列输入的是刀具半径补偿值，如图 4-33 所示，1 号刀具半径补偿值 D01 输入该列第一行，2 号刀具半径补偿值 D02 输入该列第二行，以此类推。若“刀偏”表格中刀具半径输入为负值，则刀具运行时会在编程轮廓另一侧移动

任务实施

1. 工艺分析

（1）刀具选择　根据本任务加工要求，采用 ϕ50mm 盘铣刀（硬质合金刀片）加工平面，采用 ϕ10mm 高速钢键槽铣刀加工内外轮廓和 ϕ10mm 孔。根据表 4-13 选择相应的切削参数，计算刀具转速和进给量如下：

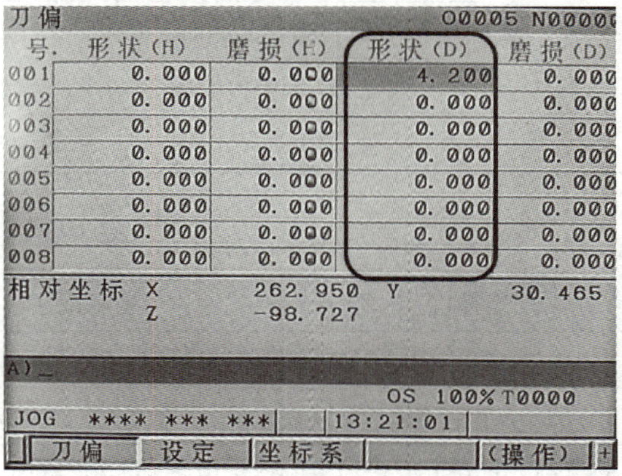

图 4-33　刀具半径补偿值输入列表

1）ϕ50mm 盘铣刀刀片材料为硬质合金，切削刃数为 4，加工材料为铝合金，参照立铣刀参数，切削速度选择 125m/min，每齿进给量选择 0.05mm/z。

$$盘铣刀转速为\ n=\frac{1000v_c}{\pi D}=\frac{1000\times125}{3.14\times50}\text{r/min}\approx800\text{r/min}$$

$$进给速度为\ F=nf_zz=800\times0.05\times4\text{mm/min}=160\text{mm/min}$$

2）ϕ10mm 高速钢键槽铣刀，切削刃数为 2，加工材料为铝合金，切削速度选择 35m/min，每齿进给量选择 0.05mm/z。

$$键槽铣刀转速为\ n=\frac{1000v_c}{\pi D}=\frac{1000\times30}{3.14\times10}\text{r/min}\approx1000\text{r/min}$$

$$进给速度为\ F=nf_zz=1000\times0.05\times2\text{mm/min}=100\text{mm/min}$$

（2）量具选择　根据零件结构和尺寸精度要求，本任务用到的量具有 0~150mm 游标卡尺，75~100mm 千分尺等。

（3）工艺路线制订　分析机油泵端盖零件图可知，加工部位包含 78mm×78mm 方形外轮廓，ϕ70mm 圆槽和 4 个 ϕ10mm 不通孔，内外轮廓表面粗糙度值要求达到 Ra1.6μm，需要采用顺铣的加工工艺。从零件的结构和加工要求分析，使用机用虎钳装夹较为合理。

（4）切削用量的选择　根据加工要求确定各表面的切削用量，见表 4-17。

2. 程序编制

根据零件反面加工要素特点，将坐标系建立在零件表面中心位置。采用 ϕ50mm 盘铣刀铣平面，各基点和工艺点坐标见表 4-18。用 ϕ10mm 键槽铣刀铣轮廓，考虑到加工的轮廓较深，Z 向采用分层下刀，每次下刀 5mm，刀具路径如图 4-34 所示，各基点和工艺点坐标见表 4-19。

表 4-17 机油泵端盖零件加工工艺表

定位装夹	工步序号及内容		刀具	刀具半径补偿	主轴转速 n/(r/min)	进给量 f/(mm/min)	背吃刀量 a_p/mm
机用虎钳装夹毛坯	1	铣平面,控制厚度	ϕ50mm 盘铣刀	—	800	160	2
	2	铣 78mm×78mm 外轮廓	ϕ10mm 键槽铣刀	D01	1000	100	5
	3	铣 ϕ70mm 内轮廓	ϕ10mm 键槽铣刀	D01	1000	100	3
	4	钻 ϕ10mm 孔	ϕ10mm 键槽铣刀	—	1000	30	5

表 4-18 铣平面加工点位坐标

点	坐标(X,Y,Z)	点	坐标(X,Y,Z)	点	坐标(X,Y,Z)	点	坐标(X,Y,Z)
1	(70,-20,10)	4	(-70,-20,10)	7	(70,20,10)	10	(-70,20,10)
2	(70,-20,-2)	5	(-70,-20,50)	8	(70,20,-2)		
3	(-70,-20,-2)	6	(70,20,50)	9	(-70,20,-2)		

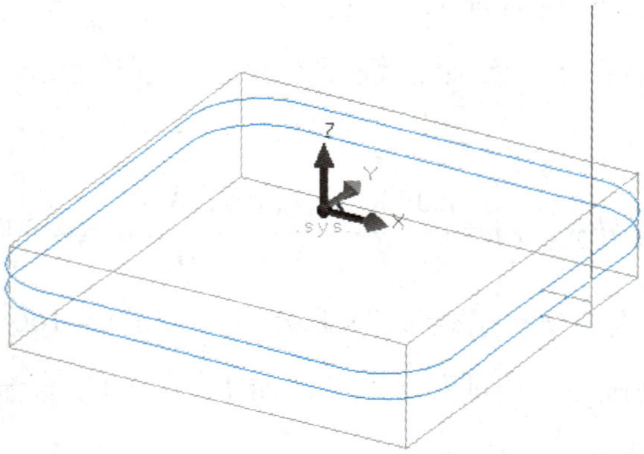

图 4-34 外轮廓加工刀具路径

表 4-19 铣外轮廓加工点位坐标

点	坐标(X,Y,Z)	点	坐标(X,Y,Z)	点	坐标(X,Y,Z)	点	坐标(X,Y,Z)
1	(55,0,10)	4	(39,-30,-12)	7	(-39,-30,-12)	10	(30,39,-12)
2	(55,0,-12)	5	(30,-39,-12)	8	(-39,30,-12)	11	(39,30,-12)
3	(39,0,-12)	6	(-30,-39,-12)	9	(-30,39,-12)		

铣平面参考程序见表 4-20，程序名为“O4201”，铣外轮廓精加工参考程序见表 4-21，程序名为“O4202”。

表 4-20 ϕ 50mm 盘铣刀铣平面加工参考程序

程序段号	程序内容	程序说明
N10	G21 G40 G49 G55 G90;	程序初始化
N20	M03 S800;	起动主轴正转,转速 800r/min

（续）

程序段号	程序内容	程序说明
N30	M08；	开启切削液
N40	G00 X70 Y-20 Z10；	快速定位到下刀安全点 1
N50	G01 Z-2 F30；	下刀至点 2，下刀速度为 30mm/min
N60	X-70 F160；	直线加工至点 3，进给速度为 160mm/min，若机床刚度差，进给速度可以相应减小
N70	Z10；	直线抬刀至点 4
N80	G00 Z50；	快速抬刀至点 5
N90	X70 Y20；	快速移动至点 6
N100	Z10；	快速定位至下刀安全点 7
N110	G01 Z-2 F50；	下刀至点 8，下刀速度为 50mm/min
N120	X-70 F160；	直线加工至点 9
N130	Z10；	直线抬刀至点 10
N140	G00 Z100 M09；	快速抬刀至 Z100，关闭切削液
N150	M30；	程序结束

表 4-21 ϕ10mm 键槽铣刀铣 78mm×78mm 外轮廓精加工参考程序

程序段号	程序内容	程序说明
N10	G21 G40 G49 G54 G90；	程序初始化
N20	M03 S1000；	起动主轴正转，转速 1000r/min
N30	M08；	开启切削液
N40	G00 X55 Y0 Z10；	快速定位到下刀安全点 1
N50	G01 Z-12 F30；	下刀至点 2，下刀速度为 30mm/min，粗加工可更改此处深度进行分层下刀
N60	G41 D01 G01 X39 Y0 F100；	建立刀具半径补偿至点 3
N70	G01 Y-30；	直线加工至点 4
N80	G02 X30 Y-39 R9；	圆弧加工至点 5
N90	G01 X-30；	直线加工至点 6
N100	G02 X-39 Y-30 R9；	圆弧加工至点 7
N110	G01 Y30；	直线加工至点 8
N120	G02 X-30 Y39 R9；	圆弧加工至点 9
N130	G01 X30；	直线加工至点 10
N140	G02 X39 Y30 R9；	圆弧加工至点 11
N150	G01 Y0；	直线加工至点 3
N160	G40 G01 X55 Y0；	取消刀具半径补偿至点 2
N170	Z10；	直线抬刀至点 1
N180	G00 Z100 M09；	快速抬刀至 Z100，关闭切削液
N190	M30；	程序结束

用 ϕ10mm 键槽铣刀铣 ϕ70mm 圆槽，各基点和工艺点坐标见表 4-22，精加工参考程序见表 4-23，程序名为“O4203”，轮廓加工后剩余的残料，可以通过增大刀具半径补偿值，实现残料的加工，如图 4-35 所示。使用 ϕ10mm 键槽铣刀加工 4 个 ϕ10mm 孔，各基点和工艺点坐标见表 4-24，采用铣刀直接垂直下刀进行加工，程序略。

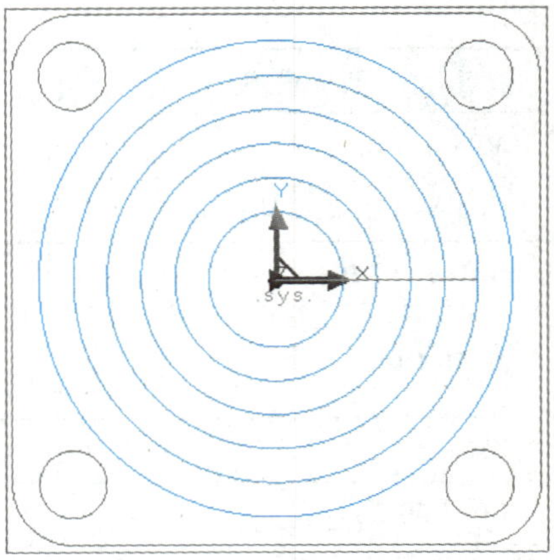

图 4-35　水平分层铣削去除残料

表 4-22　铣ϕ70mm 圆槽加工点位坐标

点	坐标(X,Y,Z)	点	坐标(X,Y,Z)	点	坐标(X,Y,Z)
1	(0,0,10)	2	(0,0,-8)	3	(35,0,-8)

表 4-23　ϕ10mm 键槽铣刀铣削ϕ70mm 圆槽精加工参考程序

程序段号	程序内容	程序说明
N10	G21 G40 G49 G54 G90;	程序初始化
N20	M03 S1000;	起动主轴正转,转速 1000r/min
N30	M08;	开启切削液
N40	G00 X0 Y0 Z10;	快速定位到下刀安全点 1
N50	G01 Z-8 F50;	下刀至点 2,下刀速度为 50mm/min,粗加工可更改此深度进行分层下刀
N60	G41 D01 G01 X35 Y0 F100;	建立刀具半径补偿至点 3,加工轮廓尺寸较小时,进给速度要适当减小
N70	G02 I-35 J0;	加工 ϕ70mm 整圆
N80	G40 G01 X0 Y0;	取消刀具半径补偿至点 2
N90	G01 Z10;	直线抬刀至点 1
N100	G00 Z100 M09;	快速抬刀至 Z100,关闭切削液
N110	M30;	程序结束

表 4-24　ϕ10mm 键槽铣刀加工孔加工点位坐标

点	坐标(X,Y,Z)	点	坐标(X,Y,Z)	点	坐标(X,Y,Z)
1	(-30,-30,10)	4	(30,-30,-5)	7	(-30,30,10)
2	(-30,-30,-5)	5	(30,30,10)	8	(-30,30,-5)
3	(30,-30,10)	6	(30,30,-5)		

3. 零件加工

1）开机回参考点，建立机床坐标系。

2）装夹工件。夹住零件毛坯，夹紧要可靠，夹持深度 5mm，毛坯伸出钳口高度要大于外轮廓加工深度，避免加工到钳口。

3）装夹刀具。在数控铣床上加工零件要用到多把刀具时，需要在程序停止后通过手动更换刀具，对于用到多把刀具的大批量零件加工，反复的装刀和换刀不仅增加了操作者的劳动强度，也会降低生产效率，因此在实际生产中企业会使用加工中心代替数控铣床。加工中心在数控铣床基础上增加了刀库和自动换刀装置，使用时可以在程序中添加换刀指令实现程序自动换刀，以节省换刀时间和工人的劳动强度，提高加工效率。

加工中心在使用前需要先把刀具装入刀库中，编程时才可以通过指令调取刀库中的刀具。把刀具装入刀库和从刀库中调取刀具的操作如下。

① 加工中心装刀操作。在 MDI 模式下运行“T×× M06;”，如在没有 T01 号刀的情况下运行“T01 M06;”程序后，更改模式为 JOG（手动）模式，将刀具安装到主轴锥孔中，此时主轴上的刀具就是 T01 号刀具，再在 MDI 模式下运行“T02 M06;”，就会把 T01 号刀装入刀库。

② 加工中心换刀操作。在 MDI 模式或 MEM（自动）模式下运行“T×× M06;”程序，如“T01 M06;”，此时自动换刀装置会把刀库中的 T01 号刀具换到主轴上。

常见的加工中心刀库有固定地址刀库和随机地址刀库两种，固定地址刀库的刀号和刀座号统一，一般用于斗笠式刀库中，如图 4-36 所示。随机地址刀库的刀号和刀座号是随机编排的，具体刀具在哪个刀座上，可从数控系统所带的刀具表中查询，一般用于机械手换刀的刀库中，如图 4-37 所示圆盘式刀库。

图 4-36　斗笠式刀库

图 4-37　圆盘式刀库

4）对刀操作。采用 ϕ10mm 铣刀进行试切法对刀，将对刀数据输入 G54 工件坐标系中，并检验对刀是否正确。将 ϕ50mm 盘铣刀对刀数据输入 G55 工件坐标系中，需要注意的是盘铣刀不能用于 X 向和 Y 向对刀，但每把刀具都安装在机床主轴锥孔内，因此 G55 工件坐标系中的 X 和 Y 坐标值与 G54 工件坐标系相同，可以直接复制 G54 工件坐标系中的 X、Y 坐标值，盘铣刀对刀时只对 Z 方向即可。

5）输入程序及校验。程序输入后要仔细检查、校验，确保无误。

6）零件加工。

① 分别打开、执行平面、外轮廓和孔加工程序。加工前检查工件、刀具是否按要求夹紧，刀具是否已对刀。

② 选择 AUTO 自动加工模式，调小进给倍率，设置单段运行，按［循环启动］按钮进行零件加工，加工中观察切削情况，逐步将进给倍率开关调至适当位置。

7）加工结束后，去除零件毛刺，切断机床电源并及时清扫机床。

检测评价

将学生任务完成情况的检测与评价填入表 4-25 中。

表 4-25 机油泵端盖零件加工检测评价表

序号	检测项目	检测内容及要求	配分	学生自检	学生互检	教师检测	得分
1	职业素养	文明、礼仪	5				
2		安全、纪律	10				
3		行为习惯	5				
4		工作态度	5				
5		团队合作	5				
6	工艺制订	1）选择装夹与定位方式 2）选择刀具 3）选择加工路径 4）选择合理的切削用量	5				
7	程序编制	1）编程坐标系选择正确 2）指令使用与程序格式正确 3）基点坐标正确	10				
8	机床操作	1）开机前检查、开机、回参考点 2）工件装夹与对刀 3）程序输入与校验	5				
9	零件加工	78mm（2 处）	10				
10		*R*9mm	5				
11		ϕ70mm	5				
12		4×ϕ10mm 孔	8				
13		60mm 孔距（2 处）	5				
14		6mm	2				
15		10mm	2				
16		18mm	5				
17		表面粗糙度值 *Ra*1.6μm	3				
18		表面粗糙度值 *Ra*3.2μm	5				
综合评价							

任务拓展

完成图 4-38 所示机油泵端盖零件的编程与加工，毛坯材料为 2A12，尺寸为 80mm×80mm×20mm。

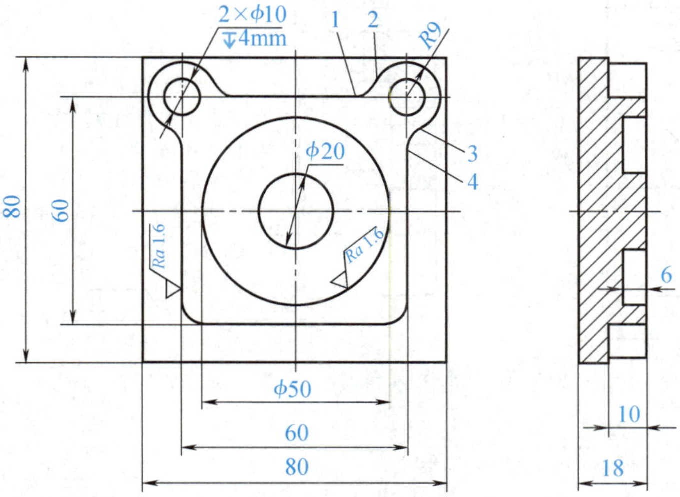

	P_X	P_Y
1	16.25	30.00
2	21.75	33.60
3	33.60	21.75
4	30.00	16.25

技术要求
1.未注尺寸允许偏差±0.2mm。
2.未注圆角 *R*6。
3.去除毛刺。

Ra 3.2 (√)

图 4-38　机油泵端盖零件

任务拓展实施提示：该零件由带有两个 *R*9mm 圆弧的 60mm×60mm 外轮廓、ϕ10mm 不通孔、ϕ50mm 圆槽和 ϕ20mm 凸台组成，其中 ϕ20mm 凸台在 ϕ50mm 圆槽的中间，编程时要注意下刀位置，此外要注意 *R*9mm 圆弧半径值的正负号，内外轮廓表面粗糙度值要求 *Ra*1.6μm，尽量采用顺铣加工工艺，外轮廓深度较深，尽量采用分层下刀，图中给出了 1、2、3、4 节点坐标，其余点的坐标需要根据图形对称原理计算，未注圆角尺寸注意查看技术要求。

任务四　汽车离合器从动盘的加工

任务描述

从动盘是手动档汽车离合器关键零件之一，工作中从动盘与离合器的压盘接合，从而将发动机的动力传递给变速器。图 4-39 所示为一种汽车离合器从动盘部件实物图，现在数控铣床上加工从动盘摩擦轮部分，零件图如图 4-40 所示，毛坯材料为 2A12，尺寸为 80mm×80mm×20mm。

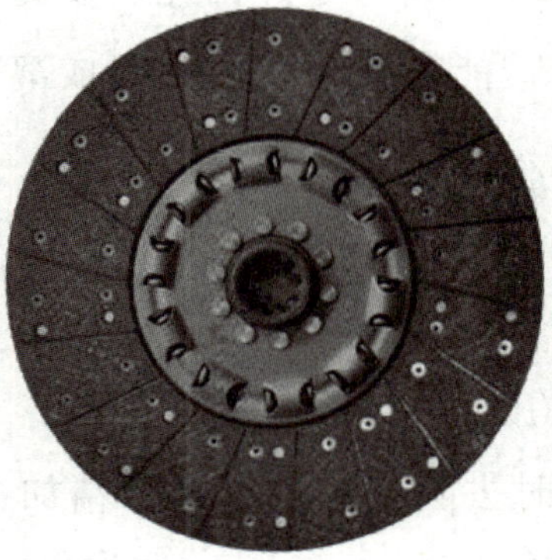

图 4-39　汽车离合器从动盘

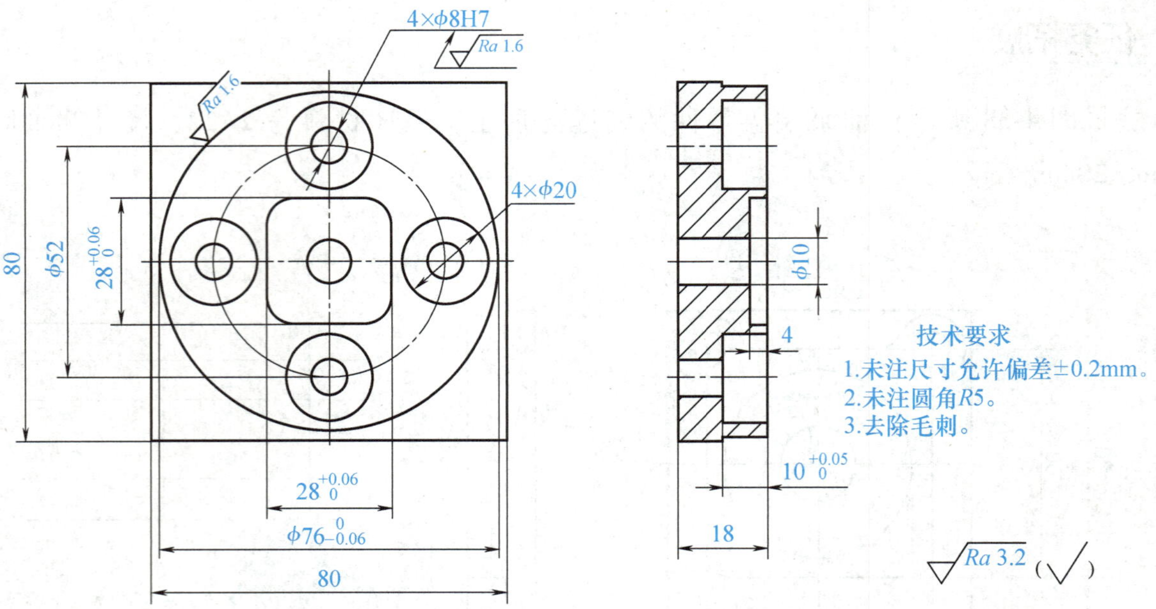

图 4-40 汽车离合器从动盘零件图

知识目标

1. 掌握零件尺寸精度的控制方法。
2. 了解轮廓切入、切出工艺。
3. 熟悉数控铣床钻孔、扩孔、铰孔加工工艺。
4. 掌握 G43、G44 刀具长度补偿指令及应用。
5. 掌握 G81、G83 钻孔循环指令及应用。
6. 掌握 G52 局部坐标系编程指令及应用。
7. 掌握数控铣床子程序编程方法及应用。

技能目标

1. 会制订圆盘类零件的数控铣削工艺。
2. 会编写零件钻孔、铰孔数控加工程序。
3. 能在数控铣床上完成离合器从动盘加工并达到相应的精度要求。

知识准备

1. 工艺知识

（1）零件尺寸精度控制　当零件轮廓尺寸要求较高时要采用先粗后精的工艺顺序，粗加工时去除多余的材料，精加工进行尺寸和表面粗糙度的控制。一般数控铣削粗加工要留0.2~0.3mm（单边）的精加工余量，粗加工时将刀具半径补偿增大0.2~0.3mm，精加工时刀具半径补偿值根据粗加工后的轮廓尺寸和实际公差要求进行计算，计算公式为

$$D_2 = D_1 - \frac{L_1 - L_2}{2}$$

式中　D_1——粗加工刀具半径补偿；

D_2——精加工刀具半径补偿；

L_1——粗加工后测量的尺寸；

L_2——图中标注的极限尺寸中间值。

以本任务 $\phi76_{-0.06}^{0}$mm 外圆尺寸为例，如粗加工时刀具半径补偿为 5.2mm，粗加工后测量实际尺寸为 76.52mm，图中标注的极限尺寸中间值为 75.97mm，则精加工时的刀具半径补偿值为 D_2 = 5.2mm−(76.52−75.97)mm/2 = 4.925mm。

计算出新的刀具半径补偿后，将补偿值重新输入刀偏列表中并运行精加工程序，完成轮廓的精加工。

在进行粗加工时由于切削力较大，机床的刚度、刀具在加工过程中的弹性变形等因素都会影响加工余量的稳定，造成实际加工余量与预留的加工余量不一致，因此一般情况下会在粗加工后、精加工前安排一次半精加工，以消除上述因素造成的影响。进行半精加工时先去除一部分加工余量，保证轮廓余量均匀，然后再测量、计算新的刀具半径补偿值，进行轮廓精加工。

当轮廓的深度尺寸有要求时，也要进行粗、精加工，一般粗加工后留给精加工的余量为 0.2~0.3mm，在进行轮廓深度精加工时，通过修改下刀深度控制尺寸。

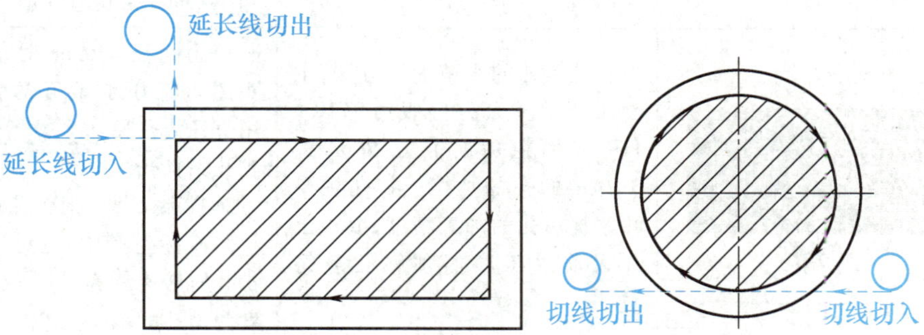

图 4-41　沿轮廓延长线或其切线切入、切出

（2）轮廓切入和切出工艺　立铣刀在铣削轮廓时，由于主轴系统和刀具刚度的变化，当沿轮廓法向切入和切出工件时会产生过切刀痕，所以在编程时要避免沿法向切入、切出工件，要尽量采用在轮廓延长线上切入、切出的方式，或采用沿着轮廓的切线切入、切出的进刀方式，如图 4-41 和图 4-42 所示。

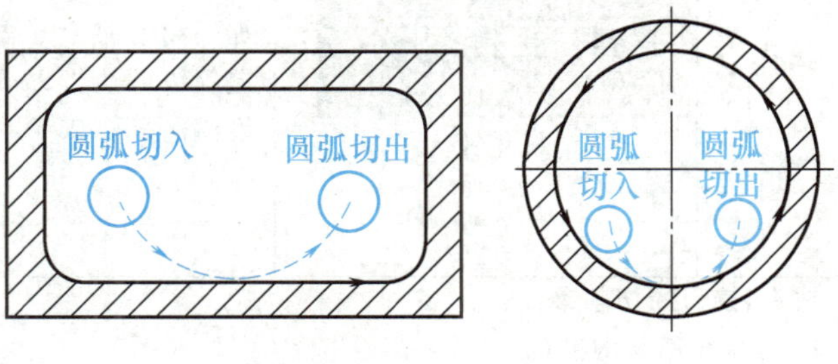

图 4-42　圆弧切入、切出

（3）钻孔、扩孔、铰孔工艺　在数控铣床上加工一些直径较小、加工质量要求不高的

孔，如螺栓孔、螺纹底孔、油孔等，一般使用相应尺寸的麻花钻进行钻孔加工，而对于加工精度和表面质量要求较高的孔，如 ϕ8H7 的孔，则需要增加铰孔的工序，采用钻孔—铰孔的加工工艺或钻孔—扩孔—铰孔的加工工艺。铰孔是孔的精加工方法之一，是用铰刀从工件孔壁上切除微量金属层，以提高其尺寸精度和孔表面质量的方法，在生产中应用很广。对于位置精度要求较高的孔，在钻孔前还要使用中心钻进行点孔引正，以免钻出来的孔轴线偏斜。点孔、钻孔、扩孔、铰孔加工使用的刀具、工艺说明及工艺特点见表 4-26。

表 4-26　数控铣床点孔、钻孔、扩孔、铰孔加工使用的刀具、工艺说明及工艺特点

工序名称	使用刀具	工艺说明	工艺特点
点孔	 中心钻  定心钻	主要用于孔的定位、引正，防止钻孔偏斜	1）定位孔采用顶角为 90°的中心钻或定心钻加工，深度一般为孔径的 30%～50% 2）对于小直径孔的孔口倒角，在使用定心钻点孔的同时，一并完成孔口倒角
钻孔	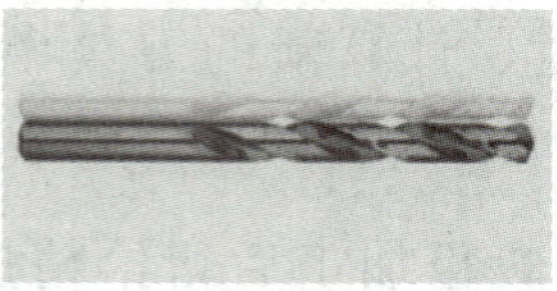 麻花钻	钻孔是孔的粗加工方法，主要用于尺寸公差等级在 IT10 以下，表面粗糙度值在 Ra12.5μm 以上的孔	1）钻孔一般适用于加工直径为 0.05～60mm 的孔 2）麻花钻在使用前要刃磨，保证两条切削刃对称，否则钻出来的孔形状和尺寸会产生误差 3）钻孔深度要考虑钻头钻尖圆锥部分的高度，钻尖高度约为钻头直径 30% 4）钻削通孔时，钻孔深度等于钻尖高度加 1～3mm 钻孔超越量
扩孔	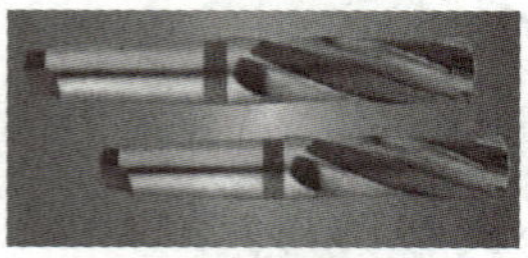 扩孔钻	扩孔是孔的半精加工方法，主要用于尺寸公差等级为 IT10～IT9，表面粗糙度值为 Ra6.3～3.2μm 的孔的加工。扩孔主要用于提高孔的加工精度，或用于扩大前道工序的预钻孔或铸造孔	1）当孔径＞30mm 时，为减小钻孔时钻头的切削力，提高孔的表面质量，一般先用直径为孔径 0.6～0.8 的钻头钻孔，再用扩孔钻扩孔 2）扩孔余量一般为孔径的 1/8 3）实际生产中，也可以用麻花钻扩孔，扩孔时转速约为钻孔转速的 1/2，进给速度为钻孔的 1.5～2 倍
铰孔	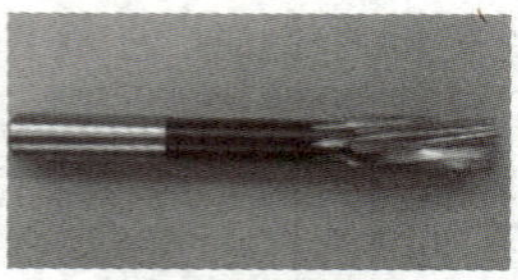 机用铰刀	铰孔是对中小直径孔的半精加工和精加工方法，加工尺寸公差等级可达 IT9～IT6，表面粗糙度值达 Ra3.2～0.4μm	1）铰刀为定尺寸刀具，可加工通孔和不通孔，加工不通孔时钻孔深度要大于铰孔深度 3～5mm，以免铰削时损坏铰刀 2）由于铰刀前端有引导斜面，铰孔时要考虑这部分长度，以免铰孔深度不够。铰削通孔时，铰削深度要超过零件厚度 3～5mm 3）直径为 5～20mm 的孔进行铰孔，铰削余量为 0.1～0.3mm

钻头、铰刀的切削参数：

1. 刀具转速 n 的确定

钻头和铰刀的转速，可从表 4-14 中查询相应的切削速度，再通过表 4-12 中的公式计算得出。

2. 进给速度

$F=fn$；f 指每转进给量，n 指刀具转速，f 值可从表 4-14 中查询。

2. 编程知识

此零件加工要素包含直线轮廓、圆弧轮廓和孔，直线轮廓采用 G01 指令编程，圆弧轮廓采用 G02 指令、G03 指令编程，钻孔和铰孔采用钻孔循环指令编程。4 个 ϕ20mm 圆槽尺寸相同，但位置不同，可以将圆槽轮廓编写成子程序，通过子程序调用和坐标系偏移指令进行编程和加工。本任务加工需要用到多把刀具，对刀时以一把刀具作为基准刀具，将其他刀具与基准刀具的长度差输入长度补偿，在编程时通过 G43 指令、G44 指令调用相应刀具的长度补偿，以减少换刀后的对刀操作，降低劳动强度。

（1）刀具长度补偿指令 G43、G44　调用刀具长度补偿指令，刀具会沿 Z 轴正方向（G43）或负方向（G44）偏置一定距离，以便在一个工件坐标系中能够使用不同长度的刀具进行加工。刀具长度补偿指令代码、指令格式、参数含义、补偿方向判别及使用说明见表 4-27。

刀具长度
补偿指令

表 4-27　刀具长度补偿指令代码、指令格式、参数含义、补偿方向判别及使用说明

类别	内容
指令代码	G43:刀具长度正向补偿 G44:刀具长度负向补偿 G49:取消刀具长度补偿
指令格式	G00/G01 G43 H_Z_;建立刀具长度正向补偿(补偿存储位置的数据为正值时,刀具向上补偿,若为负值时,刀具向下补偿) G00/G01 G44 H_Z_;建立刀具长度负向补偿(补偿存储位置的数据为正值时,刀具向下补偿,若为负值时,刀具向上补偿) G00/G01 G49 Z_;取消刀具长度补偿
参数含义	Z:建立或取消刀具长度补偿时刀具移动的目标点坐标 H:补偿数据存储位置
补偿方向判别	当使用 G43 指令时 H 代码指定的刀具长度补偿量被加到由编程指定的终点位置的坐标值上,当使用 G44 指令时从编程指定位置的坐标值上减去对应的补偿量,得到的新的坐标值成为终点位置。使用过程中刀具实际移动方向取决于图 4-33 中存储器第一列 H 中的正、负值。实际编程中常使用 G43 指令调用刀具长度补偿,G43 指令、G44 指令调用补偿的原理如下图所示 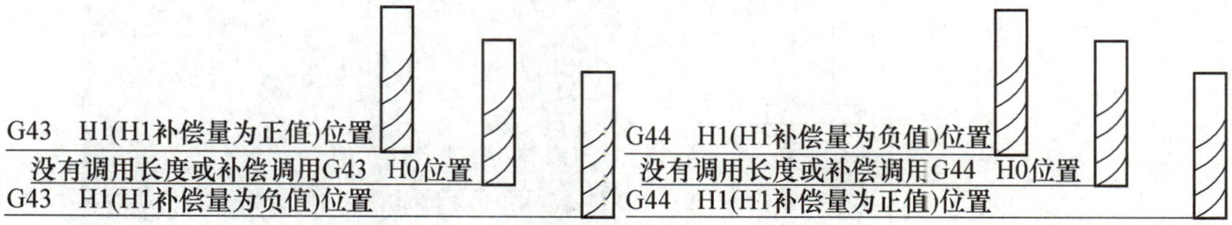 刀具长度补偿原理
使用说明	1)为了安全起见,G43、G44 指令使用结束后,要用 G49 指令取消 2)G43、G44 指令使用过程中,若没有指定 H 地址,或指定为 H0,则系统不能调用刀具长度补偿,相当于没有使用 G43、G44 指令 3)为了安全起见,调用刀具长度补偿和取消刀具长度补偿时应让刀具远离工件一段距离,以免撞刀

加工中心上使用多把刀具时，由于各刀具长度不同，一般会设置一把刀具作为基准刀具，对刀时采用基准刀具，加工时其余刀具通过刀具长度补偿的方式进行调用。其余刀具与基准刀具长度差可采用 Z 轴设定仪配合机床上相对坐标进行测量，或采用机外对刀仪进行测量。采用 Z 轴设定仪配合相对坐标的测量方法如下：

1）将 Z 轴设定仪放置在机床工作台上，基准刀具压住 Z 轴设定仪，使 Z 轴设定仪指针对准零刻度，如图 4-43a 所示。

2）将数控系统中 Z 轴相对坐标清零，如图 4-43b 所示。

3）更换另一把新刀，压住 Z 轴设定仪，同样使指针对准零刻度。

4）此时数控系统中 Z 轴的相对坐标值即为这把刀与基准刀具的长度差，如图 4-44 所示。

采用以上方法测量新刀具与基准刀具长度差时，系统中显示的是相对坐标值，该坐标值可能是正值，也可能是负值，一般只要把该坐标值输入到刀偏页面中的长度补偿位置中，直接采用 G43 指令调用即可。

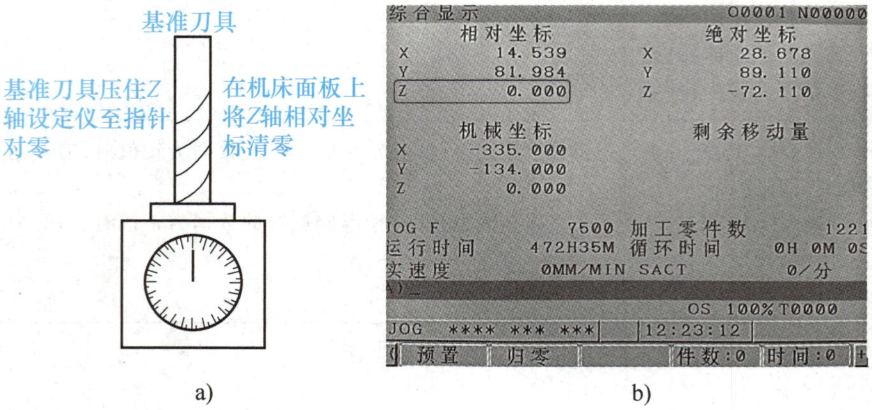

图 4-43　基准刀具 Z 轴相对坐标归零

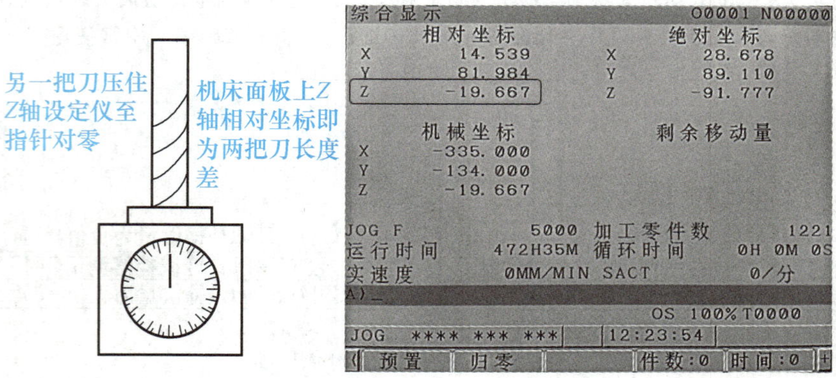

图 4-44　新刀具与基准刀具的长度差

（2）子程序编程及应用　当在一个程序中多次出现部分相同的程序段时，可以将相同的部分编写成子程序，在主程序中多次调用子程序，以简化编程难度。子程序编程指令格式、参数含义及使用说明见表 4-28。

表 4-28　子程序编程指令格式、参数含义及使用说明

类别	内容
子程序格式	子程序在数控系统内是独立程序，需要单独建立一个程序名，FANUC 系统子程序名同主程序一样，由字母“O”后面加 4 个数字组成，如“O1001”，子程序结束使用 M99 指令
调用子程序指令格式	M98 P △△△××××；
参数含义	“△”表示重复调用次数，最多可重复调用 999 次，如果不写表示调用一次 “××××”表示调用的子程序名，子程序名必须是 4 位数字，不能省略程序名中的数字 0 例：M98 P31001；，表示调用 1001 号子程序 3 次；M98 P1001；表示调用 1001 号子程序 1 次
使用说明	1)有时为了进一步简化编程，需要在子程序中再调用其他子程序，这种编程方法称为子程序嵌套，FANUC 系统子程序最多可以嵌套 4 层，见下图 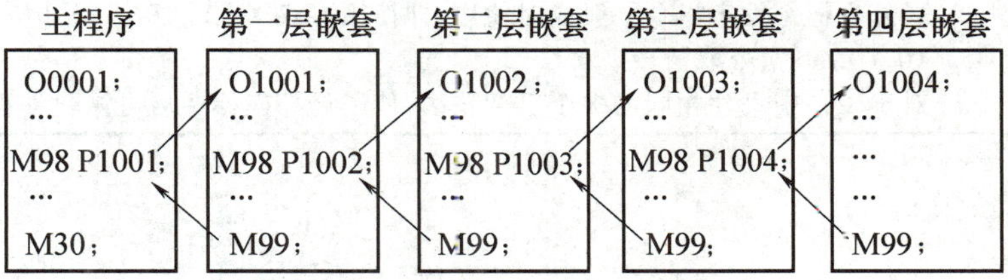 子程序嵌套执行次序图 2)为了避免使用刀具补偿时出现过切现象，用子程序加工轮廓时，一般将刀具半径补偿在子程序内调用，在子程序内取消 3)为了避免子程序返回主程序时编程方式出现错误，子程序中若使用 G91 增量值编程方式，在子程序结束前应更改为 G90 绝对值编程方式
应用举例	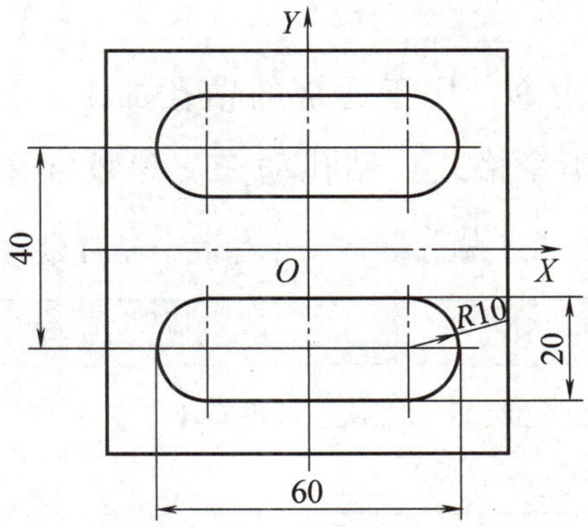 主程序：O0001 G54 G90；调用 G54，绝对值编程 S1000 M03；起动主轴正转 G00 X0 Y-20 Z10；定位至 X0 Y-20 Z10 M98 P1001；调用 O1001 子程序 G00 X0 Y20；定位刀具至 X0 Y20 M98 P1001；调用 O1001 子程序 G00 Z100；抬刀 M30；程序结束 子程序：O1001 G91 G01 Z-15 F30；增量值编程，下刀 5mm G41 D01 X0 Y-10 F150；调用刀具半径补偿 G01 X20 Y0；加工直线轮廓 G03 X0 Y20 R10；加工圆弧轮廓 G01 X-40；加工直线轮廓 G03 X0 Y-20 R10；加工圆弧轮廓 G01 X20；加工直线轮廓 G40 X0 Y10；取消刀具半径补偿 G01 Z15；抬刀至起始位置 G90；绝对值编程有效 M99；子程序结束，返回主程序

（3）G52 局部坐标系设定指令　使用局部坐标系后，当前工件坐标系的原点会被偏移。局部坐标系设定指令格式、参数含义、原理及使用说明见表 4-29。

表 4-29　局部坐标系设定指令格式、参数含义、原理及使用说明

类别	内容
指令格式	G52 X_Y_Z_；设定局部坐标系 G52 X0 Y0 Z0；取消局部坐标系
参数含义	X、Y、Z 为局部坐标系原点在原工件坐标系中的坐标值
局部坐标系原理	在使用 G52 指令设定了局部坐标系之后，程序中编写的坐标值均是在局部坐标系内，工件坐标系与局部坐标系的关系如图 4-45 所示
使用说明	1）使用 G52 指令会清除之前调用的刀具长度补偿和半径补偿，因此一般将刀具长度补偿和半径补偿放在局部坐标系设定指令后调用，在取消局部坐标系前先取消刀具长度补偿和半径补偿 2）局部坐标系设定指令一般成对使用，即使用 G52 X_Y_Z_；局部坐标系设定指令之后，应立即使用 G52 X0 Y0 Z0；指令取消 3）对于工件中尺寸相同的多个复杂轮廓，使用局部坐标系后可简化编程难度

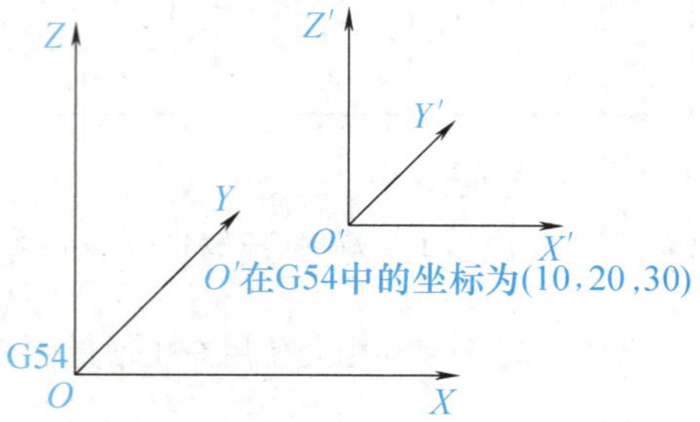

G54 G90；
S1000 M03；
G52 X10 Y20 Z30；调用局部坐标系指令
……；
G52 X0 Y0 Z0；取消局部坐标系指令
G0 Z100；
M30；

图 4-45　工件坐标系与局部坐标系的关系

（4）G81 钻孔循环指令　用于通常的钻孔加工，刀具以进给速度 *F* 切削到孔底，再快速退出。G81 钻孔循环指令格式、钻孔动作、参数含义及使用说明见表 4-30。

表 4-30　G81 钻孔循环指令格式、钻孔动作、参数含义及使用说明

<table>
<tr><th>类别</th><th colspan="2">内容</th></tr>
<tr><td>指令格式</td><td colspan="2">{G98 / G99} G81 X_Y_Z_R_F_K_；调用 G81 指令
G80；取消循环</td></tr>
<tr><td rowspan="2">钻孔动作</td><td colspan="2">钻孔时刀具从当前起始平面水平定位至孔中心坐标（X、Y），再快速定位至 R 点平面，从 R 点平面位置开始钻孔，钻孔结束后，刀具快速返回到起始平面（G98 指令）或返回到 R 点平面（G99 指令）</td></tr>
<tr><td>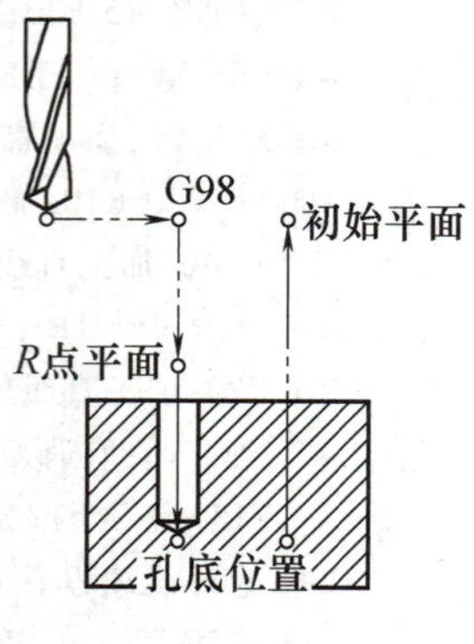

a）G98 指令钻孔动作</td><td>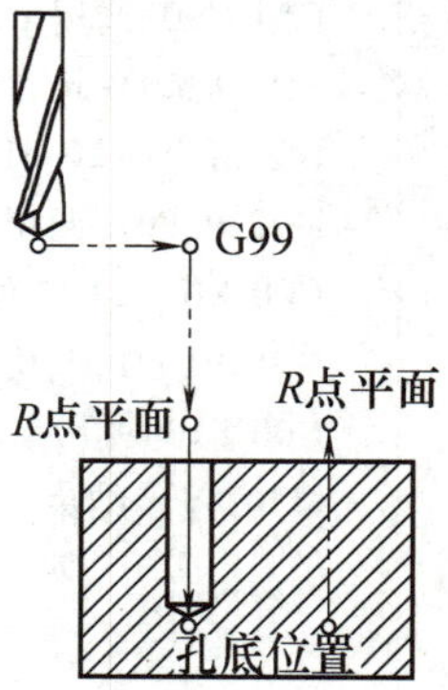

b）G99 指令钻孔动作</td></tr>
</table>

（续）

类别	内容
参数含义	X__Y__：孔中心 X、Y 轴坐标 Z__：孔底的位置坐标（绝对值时），从 R 点到孔底的距离（增量值时） R__：R 点平面坐标，刀具从此位置开始钻孔进给 F__：切削进给速度 K__：重复次数
使用说明	1）G81 指令是模态钻孔循环指令，指令使用完成后应使用 G80 指令取消循环 2）当 G81 指令前使用 G98 指令时，钻孔循环结束后刀具会抬刀至起始位置，当 G81 指令前使用 G99 指令时，钻孔循环结束后刀具会抬刀至 R 点平面位置，当 G81 指令前不指定 G98 指令或 G99 指令，系统默认的是 G98 指令。一般在平面上钻孔时，钻第一个孔使用 G99 指令，钻最后一个孔使用 G98 指令 3）钻孔时调用刀具长度补偿应在使用 G81 指令前调用，取消刀具长度补偿应在使用 G80 指令后取消 4）重复加工次数 K 一般用于增量值编程，实现连续加工多个间距相同的孔，以简化编程，如图 4-46 所示

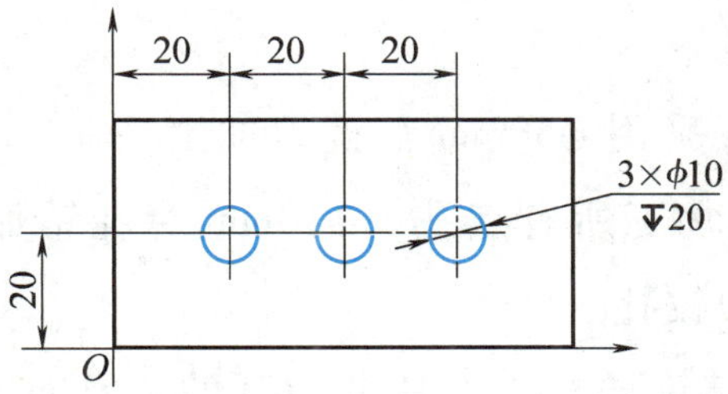


```
......
G90 G0 X80 Y20;
G91 G98 G81 X-20 Y0 Z-20
R5 F100 K3;
G80;
G90 G00 Z100;
......
```

图 4-46　钻多个间距相同的孔

（5）G83 深孔钻削循环指令　G83 指令用于加工深孔（孔的深度与直径之比大于 5 小于 10 称为深孔）。刀具以间歇方式切削进给到达孔底，每钻一定深度 Q 值，刀具从孔中退出排屑，再继续向下钻孔。G83 深孔钻削循环指令格式、钻孔动作、参数含义及使用说明见表 4-31。

表 4-31　G83 深孔钻削循环指令格式、钻孔动作、参数含义及使用说明

类别	内容
指令格式	{G98 / G99} G83 X__Y__Z__R__Q__F__K；调用 G83 指令 G80；取消循环
钻孔动作	钻孔时刀具从当前初始平面水平定位至孔中心坐标（X、Y），再快速定位至 R 点平面，从 R 点平面位置开始钻孔，钻到 Q 值深度后，刀具快速退回至 R 点平面排屑，再快速下刀至靠近前次钻孔深度的上方，再从该位置继续钻 Q 值深度，以此循环直至钻孔循环结束后返回到起始平面（G98 指令）或返回到 R 点平面（G99 指令） 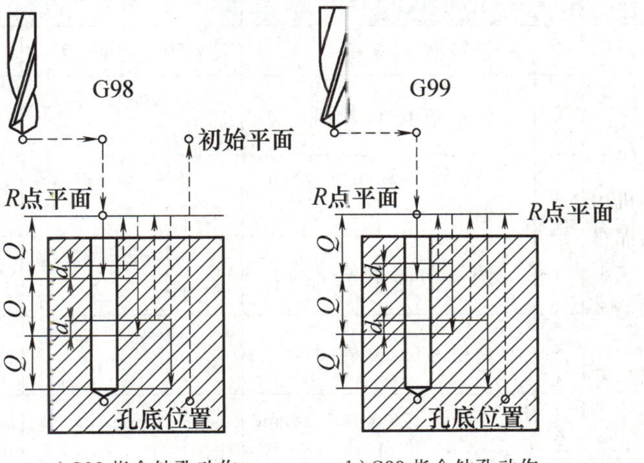 a）G98 指令钻孔动作　b）G99 指令钻孔动作

（续）

类别	内容
参数含义	X__Y__：孔中心 X、Y 坐标 Z__：孔底的位置坐标（绝对值时），从 R 点到孔底的距离（增量值时） R__：R 点平面坐标 Q__：刀具每次往下递增的最大切削量，必须是正值 F__：切削进给速度 K__：重复次数
使用说明	1）G83 指令是模态指令，指令使用完成后应使用 G80 指令取消循环 2）G83 指令钻孔中 Q 值是正值，是最大递增切削量，钻到孔底前若剩余深度比 Q 值小时，最终孔底深度由 Z 坐标确定

任务实施

1. 工艺分析

（1）刀具选择　根据本任务加工要求，采用 ϕ50mm 盘铣刀加工平面，采用 ϕ10mm 高速钢键槽铣刀加工内外轮廓，ϕ8mm 定心钻加工所有点孔，ϕ10mm 麻花钻加工 ϕ10mm 孔，ϕ7.8mm 麻花钻加工 ϕ8H7 底孔，ϕ8H7 铰刀铰孔。

（2）量具选择　根据零件结构和尺寸精度要求，本任务用到的量具有 0～150mm 游标卡尺，75～100mm 外径千分尺，5～30mm 内径千分尺，0～25 深度千分尺、ϕ8H7 光面塞规。

（3）工艺路线制订　分析从动盘零件图可知，零件加工部位包括 ϕ76mm 外圆，28mm×28mnm 方槽，4 个 ϕ20mm 圆槽，4 个 ϕ8H7 通孔，一个 ϕ10mm 通孔，其中 ϕ76mm 外圆、ϕ20mm 圆槽和 28mm×28mm 方槽的尺寸精度、表面质量要求较高，需要采用粗、精加工和顺铣加工工艺，ϕ8H7 孔的精度要求较高，需要采用点孔—钻孔—铰孔的加工工艺。从零件的结构和加工要求分析，使用机用虎钳装夹较为合理。

（4）切削用量选择　根据加工要求确定各表面的切削用量，见表 4-32。

表 4-32　离合器从动盘零件加工工艺表

定位装夹	工步序号及内容		刀具	刀具号	刀具半径补偿 D	刀具长度补偿 H	主轴转速 n/(r/min)	进给量 f/(mm/min)	背吃刀量 a_p/mm
机用虎钳装夹毛坯	1	铣平面	ϕ50mm 盘铣刀	T01	—	H06	800	80	2
	2	粗铣 ϕ76mm 外圆	ϕ10mm 键槽铣刀	T02	D01	H01	1000	120	5
	3	粗铣 28mm × 28mm 方槽	ϕ10mm 键槽铣刀	T02	D01	H01	1000	120	4
	4	铣 ϕ20mm 圆槽	ϕ10mm 键槽铣刀	T02	D01	H01	1000	120	5
	5	精铣 ϕ76mm 外圆	ϕ10mm 键槽铣刀	T02	D01	H01	1200	80	10
	6	精铣 28mm × 28mm 方槽	ϕ10mm 键槽铣刀	T02	D01	H01	1200	80	4

（续）

定位装夹	工步序号及内容		刀具	刀具号	刀具半径补偿 D	刀具长度补偿 H	主轴转速 n/(r/min)	进给量 f/(mm/min)	背吃刀量 a_p/mm
机用虎钳装夹毛坯	7	点孔	ϕ8mm 定心钻	T03	—	H03	1000	60	3
	8	钻孔	ϕ7.8mm 麻花钻	T04	—	H04	800	60	25
	9	铰孔	ϕ8H7 铰刀	T05	—	H05	200	30	25
	10	钻孔	ϕ10mm 麻花钻	T06	—	H06	700	50	25

2. 程序编制

根据零件反面加工要素特点，将坐标系建立在零件表面中心位置。采用 ϕ50mm 盘铣刀铣平面，加工路径和程序同本项目任务三，注意在铣平面程序中增加刀具长度补偿指令。ϕ10mm 键槽铣刀铣 ϕ76mm 外圆和 28mm×28mm 方槽加工方法参考本项目任务三，编程要考虑切入、切出工艺，ϕ76mm 外圆精加工参考程序见表 4-33，程序名为“O4401”。铣 ϕ20mm 圆槽基点和工艺点坐标见表 4-34，主程序参考程序见表 4-35，程序名为“O4402”，子程序见表 4-36，程序名为“O4411”。

表 4-33 铣削 ϕ76mm 轮廓精加工参考程序

程序段号	程序内容	程序说明
N10	G21 G40 G49 G54 G90;	程序初始化
N20	M03 S1000;	起动主轴正转,转速 1000r/min
N30	M08;	开启切削液
N40	G00 G43 H02 Z100;	调用 2 号键槽铣刀长度补偿,定位至 Z100
N50	G00 X60 Y20 Z10;	快速定位到下刀安全点
N60	G01 Z-10 F30;	下刀,下刀速度为 30mm/min,粗加工可更改此深度进行分层下刀
N70	G41 D01 G01 X50 Y20 F80;	建立刀具半径补偿
N80	G03 X38 Y0 R30;	圆弧切入
N90	G02 I-38 J0;	加工 ϕ76mm 整圆
N100	G03 X50 Y-20 R30;	圆弧切出
N110	G40 G01 X60 Y0;	取消刀具半径补偿
N120	G01 Z10;	直线抬刀
N130	G00 G49 Z100 M09;	快速抬刀至 Z100,取消刀具长度补偿,关闭切削液
N140	M30;	程序结束

表 4-34 铣 ϕ20mm 圆槽加工点位坐标（局部坐标系）

点	坐标(X,Y,Z)	点	坐标(X,Y,Z)	点	坐标(X,Y,Z)
1	(0,0,10)	2	(0,0,-4)	3	(10,0,-4)

表 4-35　ϕ10mm 键槽铣刀铣削ϕ20mm 圆槽主程序

程序段号	程序内容	程序说明
N10	G21 G40 G49 G54 G90;	程序初始化
N20	M03 S1000;	起动主轴正转,转速 1000r/min
N30	M08;	开启切削液
N40	G00 G43 H02 Z100;	调用 2 号键槽铣刀长度补偿,定位至 Z100
N50	G52 X26 Y0 Z0;	坐标系偏移至 X26,Y0
N60	M98 P4411;	调用子程序加工圆槽
N70	G52 X0 Y0 Z0;	取消坐标系偏移
N80	G52 X0 Y26 Z0;	坐标系偏移至 X0,Y26
N90	M98 P4411;	调用子程序加工圆槽
N100	G52 X0 Y0 Z0;	取消坐标系偏移
N110	G52 X-26 Y0 Z0;	坐标系偏移至 X-26,Y0
N120	M98 P4411;	调用子程序加工圆槽
N130	G52 X0 Y0 Z0;	取消坐标系偏移
N140	G52 X0 Y-26 Z0;	坐标系偏移至 X0,Y-26
N150	M98 P4411;	调用子程序加工圆槽
N160	G52 X0 Y0 Z0;	取消坐标系偏移
N170	G00 G49 Z100 M09;	快速抬刀至 Z100,取消刀具长度补偿,关闭切削液
N180	M30;	程序结束

表 4-36　铣削ϕ20mm 圆槽子程序（O4411）

程序段号	程序内容	程序说明
N10	G00 X0 Y0 Z10;	快速定位至点 1
N20	G01 Z-4 F50;	下刀至点 2,下刀进给速度为 50mm/min,精加工时修改 Z 值,控制深度尺寸
N30	G41 D01 G01 X10 Y0 F120;	建立刀具半径补偿至点 3
N40	G03 I-10 J0;	加工 ϕ20mm 整圆
N50	G40 G01 X0 Y0;	取消刀具半径补偿至点 2
N60	G01 Z10;	直线抬刀至点 1
N70	M99;	返回主程序

点孔加工参考程序见表 4-37，程序名为“O4403”。ϕ7.8mm 麻花钻钻孔程序见表 4-38，程序名为“O4404”，ϕ8H7 铰刀铰孔程序见表 4-39，程序名为“O4405”，ϕ10mm 麻花钻钻孔程序见表 4-40，程序名为“O4406”。

表 4-37　ϕ8mm 定心钻点孔程序

程序段号	程序内容	说明
N10	G21 G40 G49 G54 G90;	程序初始化
N20	M03 S1000;	起动主轴正转,转速 1000r/min

（续）

程序段号	程序内容	说明
N30	M08;	开启切削液
N40	G00 G43 H03 Z100;	调用3号定心钻长度补偿，定位至Z100
N50	G00 Z100;	快速定位到安全位置
N60	G99 G81 X0 Y0 Z-8 R10 F60;	钻孔循环点孔加工，点孔深度Z-8(孔在槽内，点孔深度要考虑槽深)，进给速度为60mm/min
N70	X26 Y0 Z-14;	钻孔循环点孔加工
N80	X0 Y26 Z-14;	钻孔循环点孔加工
N90	X-26 Y0 Z-14;	钻孔循环点孔加工
N100	X0 Y-26 Z-14;	钻孔循环点孔加工
N110	G80;	取消钻孔循环
N120	G00 G49 Z100 M09;	抬刀至安全高度，取消刀具长度补偿，关闭切削液
N130	M30;	程序结束

表4-38　ϕ7.8mm麻花钻钻孔程序

程序段号	程序内容	指令含义
N10	G21 G40 G49 G54 G90;	程序初始化
N20	M03 S800;	起动主轴正转，转速800r/min
N30	M08;	开启切削液
N40	G00 G43 H04 Z100;	调用4号ϕ7.8mm麻花钻长度补偿，定位至Z100
N50	G00 Z100;	快速定位到安全位置
N60	G99 G81 X0 Y0 Z-25 R10 F60;	钻孔循环点孔加工，钻孔深度Z-25，进给速度为60mm/min
N70	X26 Y0;	钻孔循环点孔加工
N80	X0 Y26;	钻孔循环点孔加工
N90	X-26 Y0;	钻孔循环点孔加工
N100	X0 Y-26;	钻孔循环点孔加工
N110	G80;	取消钻孔循环
N120	G00 G49 Z100 M09;	抬刀至安全高度，取消刀具长度补偿，关闭切削液
N130	M30;	程序结束

表4-39　ϕ8H7铰刀铰孔程序

程序段号	程序内容	指令含义
N10	G21 G40 G49 G54 G90;	程序初始化
N20	M03 S200;	起动主轴正转，转速200r/min
N30	M08;	开启切削液
N40	G00 G43 H05 Z100;	调用5号ϕ8H7铰刀长度补偿，定位至Z100
N50	G00 Z100;	快速定位到安全位置

（续）

程序段号	程序内容	指令含义
N60	G99 G81 X0 Y0 Z-20 R10 F30；	钻孔循环点孔加工，钻孔深度 Z-20，进给速度为 30mm/min
N70	X26 Y0；	钻孔循环点孔加工
N80	X0 Y26；	钻孔循环点孔加工
N90	X-26 Y0；	钻孔循环点孔加工
N100	X0 Y-26；	钻孔循环点孔加工
N110	G80；	取消钻孔循环
N120	G00 G49 Z100 M09；	抬刀至安全高度，取消刀具长度补偿，关闭切削液
N130	M30；	程序结束

表 4-40　ϕ10mm 麻花钻钻孔程序

程序段号	程序内容	指令含义
N10	G21 G40 G49 G54 G90；	程序初始化
N20	M03 S700；	起动主轴正转，转速 700r/min
N30	M08；	开启切削液
N40	G00 G43 H06 Z100；	调用 6 号 ϕ10mm 麻花钻长度补偿，定位至 Z100
N50	G00 Z100；	快速定位到安全位置
N60	G99 G83 X0 Y0 Z-25 R10 Q5 F50；	钻孔循环点孔加工，钻孔深度 Z-25，进给速度 50mm/min
N70	G80；	取消钻孔循环
N80	G00 G49 Z100 M09；	抬刀至安全高度，取消刀具长度补偿，关闭切削液
N90	M30；	程序结束

3. 零件加工

1）开机回参考点，建立机床坐标系。

2）装夹工件。夹住零件毛坯，夹紧要可靠，夹持深度不小于5mm，毛坯伸出钳口高度要大于外轮廓深度，避免加工到钳口。

3）装夹刀具。

4）对刀操作。采用 ϕ8mm 键槽铣刀作为基准刀具，进行试切法对刀，将对刀数据输入 G54 工件坐标系中，其余刀具与基准刀具长度差输入刀具长度补偿列表（第一列），注意正负号。

5）输入程序并校验。输入程序后要仔细检查，校验，确保无误。

6）零件加工。

① 分别打开、执行平面、轮廓和孔加工程序。加工前检查工件、刀具是否按要求夹紧，刀具是否已对刀。先加工平面和轮廓，再加工孔，钻孔过程中要注意平行垫铁的位置，避免钻头和铰刀加工到垫铁。

② 选择自动加工模式，调小进给倍率，设置单段运行，按［循环启动］按钮进行零件加工，加工中注意观察切削情况，逐步将进给倍率开关调至适当位置。

7）加工结束后，去除零件毛刺，切断机床电源并及时清扫机床。

检测评价

将学生任务完成情况的检测与评价填入表 4-41 中。

表 4-41 汽车离合器从动盘加工检测评价表

序号	检测项目	检测内容及要求	配分	学生自检	学生互检	教师检测	得分
1	职业素养	文明、礼仪	5				
2		安全、纪律	10				
3		行为习惯	5				
4		工作态度	5				
5		团队合作	5				
6	工艺制订	1)选择装夹与定位方式 2)选择刀具 3)选择加工路径 4)选择合理的切削用量	5				
7	程序编制	1)编程坐标系选择正确 2)指令使用与程序格式正确 3)基点坐标正确	10				
8	机床操作	1)开机前检查、开机、回参考点 2)工件装夹与对刀 3)程序输入与校验	5				
9	零件加工	$\phi76_{-0.06}^{0}$mm	6				
10		$28_{0}^{+0.06}$mm(2 处)	8				
11		4×ϕ8H7	2				
12		4×ϕ20mm	4				
13		ϕ10mm	8				
14		ϕ52mm	2				
15		4mm	5				
16		10mm(4 处)	8				
17		18mm	2				
18		表面粗糙度值 Ra1.6μm	3				
19		表面粗糙度值 Ra3.2μm	2				
综合评价							

任务拓展

完成图 4-47 所示汽车离合器主动摩擦盘零件的编程与加工，毛坯材料为 2A12，尺寸为 80mm×80mm×20mm。

任务实施提示：该零件由外轮廓，3 个矩形槽，3 个 ϕ6.8mm 通孔和 4 个 ϕ8H7 通孔组成。编程时 3 个矩形槽可以编写成子程序，通过局部坐标系设定指令的调用，孔采用钻孔指令进行编程。加工时采用机用虎钳装夹，加工外轮廓注意分粗、精加工控制尺寸精度，

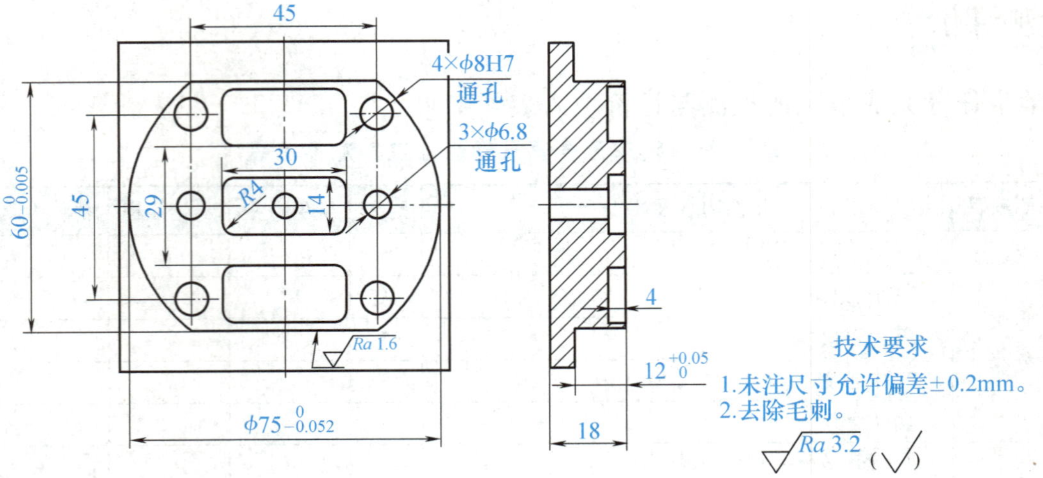

图 4-47 汽车离合器主动摩擦盘零件图

并且轮廓表面质量要求较高，要采用粗、精加工和顺铣加工工艺。

任务五 汽车凸轮轴调节器底座的加工

任务描述

汽车凸轮轴调节器主要用于根据发动机的转速优化气门重叠角，以便尽可能多地延长进气时间，从而实现输出大功率和转矩。图 4-48 所示为一种汽车凸轮轴调节器，主要由调节器底座、链轮、垫片、螺钉等零件组成。现要在数控铣床上完成调节器底座的加工，零件图如图 4-49 所示，毛坯材料为 45 钢，尺寸为 ϕ80mm×25mm。

图 4-48 汽车凸轮轴调节器

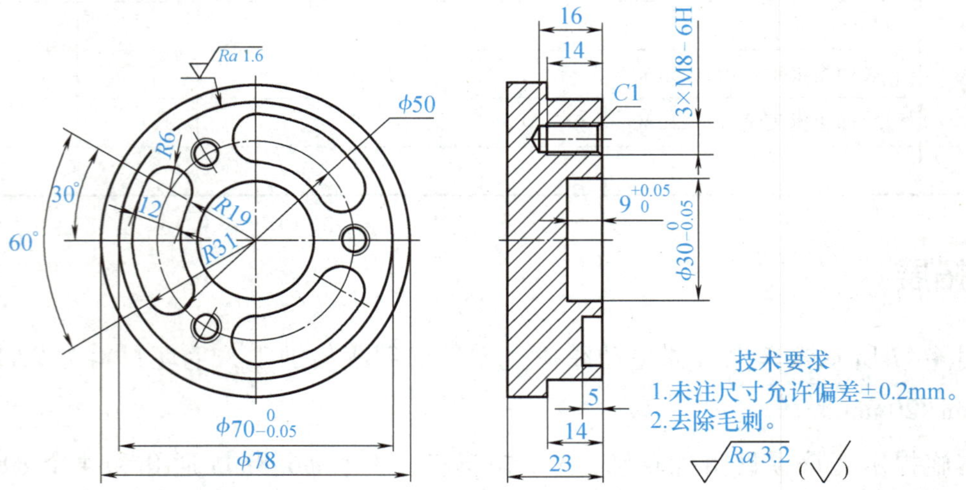

图 4-49 凸轮轴调节器底座零件图

知识目标

1. 掌握攻螺纹的加工工艺。
2. 了解槽的加工工艺。
3. 掌握分中对刀操作方法。
4. 掌握 G84 攻螺纹指令及应用。
5. 掌握 G68 坐标系旋转指令及应用。
6. 掌握 G15 和 G16 极坐标指令及应用。

技能目标

1. 会制订圆柱类零件数控铣削加工工艺。
2. 会编写凸轮轴调节器底座的数控加工程序。
3. 能在数控铣床上完成凸轮轴调节器底座的加工并达到相应的精度要求。

知识准备

1. 工艺知识

(1) 螺纹加工工艺　数控铣床上能够实现攻螺纹和铣螺纹两种螺纹加工方式。受主轴功率的限制，M20 以下的内螺纹一般使用丝锥攻螺纹，M20 以上的螺纹一般采用铣螺纹的方式加工。同铰孔一样，攻螺纹时需要采用点孔—钻孔—攻螺纹的加工工艺，并进行孔口倒角。可以在点孔的过程中通过控制定心钻加工深度，在点孔的同时完成所需的孔口倒角，然后用钻头钻孔，如图 4-50 所示。

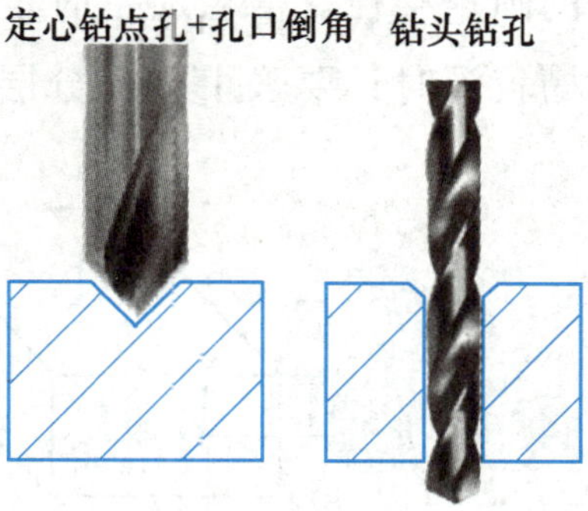

图 4-50　攻螺纹的点孔（孔口倒角）—钻孔

1) 主轴转速 n 的确定。攻螺纹的切削速度一般为 3~8m/min，根据表 4-12 计算出主轴转速 n。

2) 进给速度 F 的确定。攻螺纹的进给速度 $F=fn$；(f 为螺纹导程，n 为丝锥转速)。

3) 螺纹底孔直径尺寸的确定。攻螺纹前需要先完成螺纹底孔的加工，底孔的直径 d_0 可依据经验公式计算：

塑性材料（碳钢等）　$d_0=d-P$

脆性材料（铸铁等）　$d_0=d-1.05P$

式中　d——螺纹公称直径，单位为 mm；

P——螺纹螺距，单位为 mm。

常用米制粗牙螺纹的公称直径、螺距和底孔直径对照表见表 4-42。

表 4-42　常用米制粗牙螺纹的公称直径、螺距和底孔直径对照表

公称直径	螺距/mm	底孔直径/mm	公称直径	螺距/mm	底孔直径/mm
M3	0.5	2.5	M10	1.5	8.5
M4	0.7	3.3	M12	1.75	10.25
M5	0.8	4.2	M14	2	12
M6	1	5	M16	2	14
M8	1.25	6.8			

加工通孔螺纹时，要保证加工时钻头和丝锥完全通过零件厚度；加工不通孔螺纹时，攻螺纹前底孔的钻孔深度 H 要在螺纹深度 h 基础上加上螺纹公称直径的 0.7 倍，即 $H=h+0.7d$，避开麻花钻前端圆锥部分，否则攻螺纹过程中丝锥会折断，如图 4-51 所示。

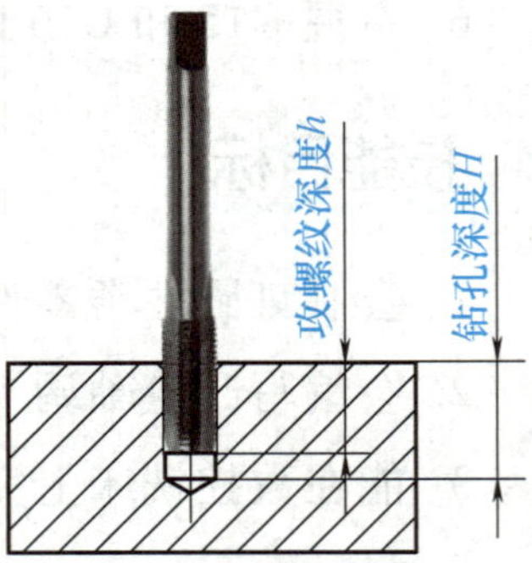

图 4-51　攻螺纹深度

（2）槽加工工艺　数控铣床加工的零件上常见的槽有敞开式、半封闭式和封闭式三种，如图 4-52 所示。其中敞开式槽通常采用三面刃铣刀或立铣刀加工，半封闭式槽可以采用立铣刀或键槽铣刀加工，封闭式槽一般采用键槽铣刀加工。加工槽时刀具的走刀方式有中心轨迹法和轮廓轨迹法两种。当槽宽等于刀具直径，且槽宽尺寸精度要求不高时，可以让刀具中心沿着槽宽中心线移动进行加工，此时槽两侧一面为顺铣加工，一面为逆铣加工。当槽宽大于刀具直径或槽宽尺寸精度要求较高时，要以槽作为内轮廓加工，此时刀具的直径要小于槽的圆角半径。槽粗加工时走刀路线可以采用行切法、环切法和混合法，如图 4-53 所示。当槽较深时，要采用 Z 向分层加工。

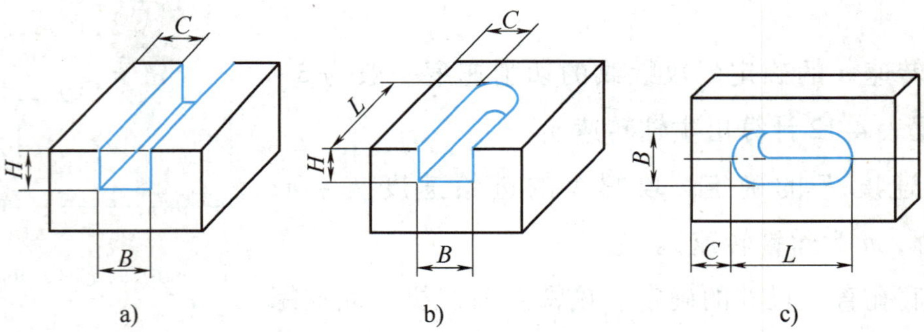

图 4-52　槽的种类

a）敞开式　b）半封闭式　c）封闭式

（3）分中对刀法　当加工的零件为圆柱形零件时，对刀不能再采用碰单边的方法，要采用左右分中的对刀方法，如图 4-54 所示。用铣刀碰圆柱左边位置 1，记录机床的机械坐标值 X_1，再碰圆柱右边对称位置 2，记录机械坐标值 X_2，则工件原点 O 的机械坐标 X 值为 $(X_1+X_2)/2$，将计算后的结果直接输入到 G54 工作坐标系的 X 中，完成 X 向对刀。用铣刀

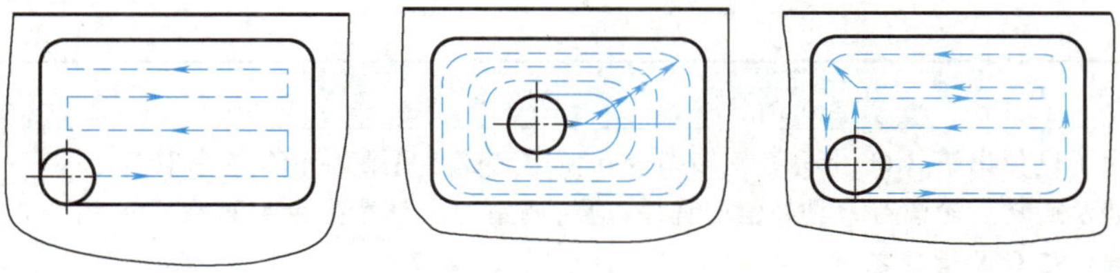

a) b) c)

图 4-53 槽粗加工走刀路线

a）行切法 b）环切法 c）混合法

碰圆柱前面位置 3，记录机械坐标值 Y_3，再碰圆柱后面对称位置 4，记录机械坐标值 Y_4，则工件原点 O 的机械坐标 Y 值为 $(Y_3+Y_4)/2$，将计算后的值直接输入到 G54 工作坐标系的 Y 中，完成 Y 向对刀。分中对刀法只进行 X 向、Y 向的对刀，Z 向对刀依旧采用铣刀进行试切对刀，或采用 Z 轴设定仪进行对刀。

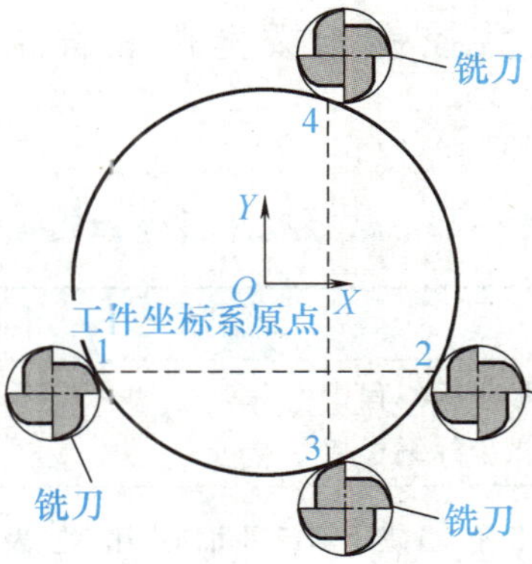

图 4-54 分中对刀法

孔和圆柱对刀

2. 编程知识

该零件有 3 个沿圆周均匀分布的弧形槽和螺纹孔，3 个弧形槽尺寸相同，可编写成子程序，通过子程序调用和坐标系旋转指令进行编程和加工。从弧形槽的标注分析，采用极坐标编程可以避免计算基点坐标，简化编程难度。3 个 M8 螺纹孔需要采用 G84 攻螺纹指令进行编程。

G68 坐标系旋转指令

（1）G68 坐标系旋转指令　使用坐标系旋转指令 G68 后可将当前工件坐标系旋转一定角度，其指令格式、参数含义、示例和使用说明见表 4-43。

表 4-43 G68 坐标系旋转指令格式、参数含义、示例和使用说明

类别	内容
指令格式	G68　X__Y__R__;启用坐标系旋转指令 G69;取消坐标系旋转
参数含义	X__Y__:旋转中心坐标 R__:旋转角度，旋转角度以 X 轴正方向为起始位置，“+”值角度表示逆时针方向旋转，“-”值角度表示顺时针方向旋转
示例	旋转中心为(50,60)，旋转角度为 45°后的坐标系 $X'O'Y'$ 与原工件坐标系 XOY 的关系 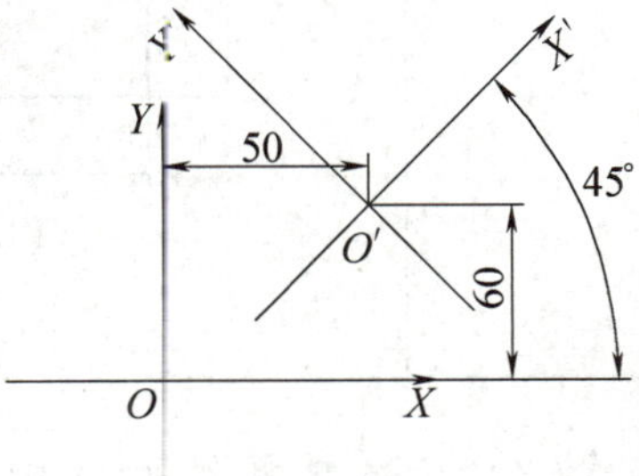 程序段：G68 X50 Y60 R45;

（续）

类别	内容
指令说明	1）为了避免出错，G68 坐标系旋转指令在使用完成之后要用 G69 指令取消 2）涉及旋转后轮廓有刀具补偿的程序，应将调用刀具补偿指令编写在 G68 指令之后，将取消刀具补偿指令编写在 G69 指令之前 3）工件中有多个相同的旋转轮廓，可采用子程序结合坐标系旋转指令编程

（2）极坐标编程　极坐标是指用半径和角度来表示平面中的任意一点的坐标值。运用极坐标编程会大大降低编程的难度，缩短编程的周期，提高数控加工的效率。数控铣床极坐标编程指令格式、参数含义和示例见表 4-44。

极坐标指令

表 4-44　数控铣床极坐标编程指令格式、参数含义和示例

类别	内容
指令格式	G16；启用极坐标编程指令 G15；取消极坐标编程指令
参数含义	1）极坐标半径：当使用 G17 平面时，用 X__表示极坐标半径 2）极坐标角度：当使用 G17 平面时，用 Y__表示极坐标角度，以极坐标半径正向为零度，逆时针方向为正角度，顺时针方向为负角度 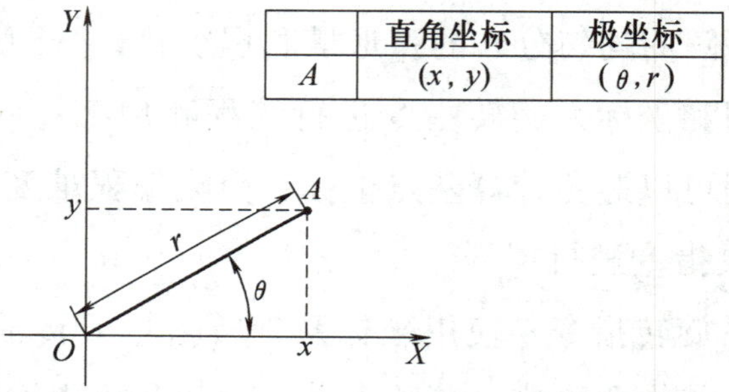
示例	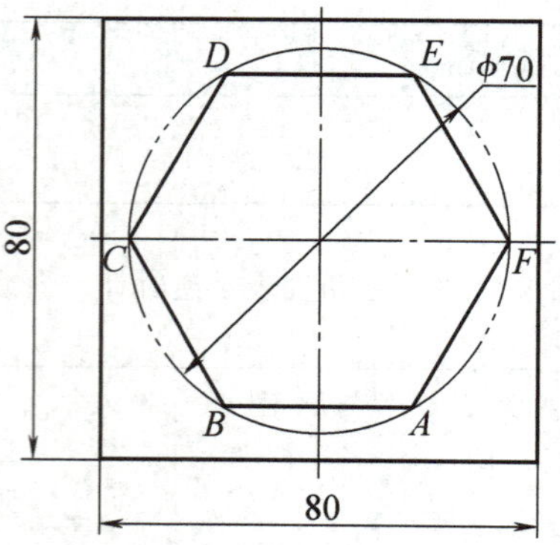加工六边形外轮廓 …… N40 G00 X20 Y-50 Z10；定位 N50 G01 Z-5 F50；下刀 N60 G16；启用极坐标系 N70 G41 D01 X35 Y300 F80　建立刀具半径补偿至 A 点，极半径是 35mm，极角度是 300° N80 G01 Y240；直线加工至 B 点 N90 G01 Y180；直线加工至 C 点 N100 G01 Y120；直线加工至 D 点 N110 G01 Y60；直线加工至 E 点 N120 G01 Y0；直线加工至 F 点 N130 G01 Y-60；直线加工至 A 点 N140 G15；取消极坐标系 N150 G00 Z100；抬刀至 Z100 高度 ……

（3）G84 攻螺纹循环指令　攻螺纹循环指令主要用于加工内螺纹，其指令格式、参数含义和使用说明见表 4-45。

表 4-45 G84 攻螺纹循环指令格式、参数含义和使用说明

类别	内容
指令格式	{G98 G99}G84 X__Y__Z__R__P__F__K__;调用 G84 攻螺纹循环指令 G80;取消攻螺纹循环
攻螺纹动作	循环执行时,刀具从当前初始平面快速定位至螺纹孔中心(*X*、*Y*),再快速定位至 *R* 点平面,从 *R* 点平面位置开始执行攻螺纹动作,到达孔底后停留一段时间,主轴再反转回到 *R* 点平面或初始平面 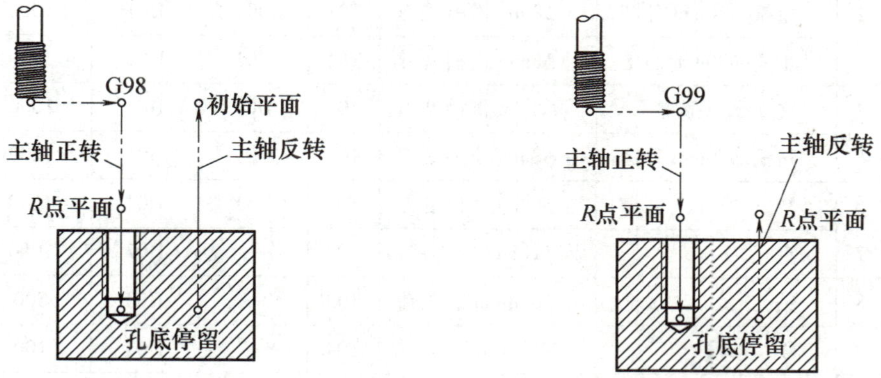 a) G98 指令攻螺纹动作　　b) G99 指令攻螺纹动作
参数含义	X__Y__:孔中心 *X*、*Y* 坐标 Z__:孔底的位置坐标(绝对值时),从 *R* 点到孔底的距离(增量值时) R__:*R* 点平面坐标 P__:攻螺纹至孔底位置时主轴暂停旋转时间 F__:攻螺纹时丝锥的进给速度,*F*=主轴转速×螺纹导程 K__:重复次数
使用说明	1)使用攻螺纹循环前应先用钻孔循环指令钻好底孔 2)使用 G84 指令攻螺纹循环期间,主轴转速不能改变,进给倍率修调和进给保持功能无效

任务实施

1. 工艺分析

(1) 刀具选择 根据本任务加工要求,采用 ϕ50mm 盘铣刀加工平面,采用 ϕ8mm 键槽铣刀加工内、外轮廓,ϕ10mm 定心钻完成所有点孔,ϕ6.8mm 麻花钻加工 M8 螺纹底孔。铣刀、钻头、丝锥采用高速钢刀具。

(2) 量具选择 根据零件结构和尺寸精度要求,本任务用到的量具有 0~150mm 游标卡尺,75~100mm 外径千分尺,0~25mm 深度千分尺,25~50mm 内径千分尺,M8-6H 螺纹塞规。

(3) 工艺路线制订 分析零件图可知,该零件为圆柱形零件,一面为光面,一面包含 3 个弧形槽,3 个 M8 螺纹孔,1 个 ϕ30mm 圆槽和 ϕ70mm 外圆凸台。从零件结构尺寸及加工要求分析,该零件加工使用自定心卡盘装夹比较合理。先完成正面所有元素的加工,再翻面装夹 ϕ70mm 外圆表面,完成 ϕ78mm 外圆加工和零件厚度尺寸控制。加工材料为钢件,

轮廓和槽粗加工每次背吃刀量应适当减小。零件两面对刀均采用分中对刀法。

（4）切削用量选择　根据加工要求确定各表面的切削用量，见表 4-46。

表 4-46　汽车凸轮轴调节器底座零件加工工艺表

定位装夹	工步序号及内容		刀具	刀具号	刀具半径补偿 D	刀具长度补偿 H	主轴转速 n/(r/min)	进给量 f/(mm/min)	背吃刀量 a_p/mm
正面:自定心卡盘装夹毛坯	1	铣平面	ϕ50mm 盘铣刀	T10	—	H10	800	80	1
	2	粗铣 ϕ70mm 外圆	ϕ8mm 键槽铣刀	T01	D01	H01	1000	80	3
	3	粗铣 ϕ30mm 圆槽	ϕ8mm 键槽铣刀	T01	D01	H01	1000	80	3
	4	铣 3 个弧形槽	ϕ8mm 键槽铣刀	T01	D01	H01	1000	50	3
	5	精铣 ϕ70mm 外圆	ϕ8mm 键槽铣刀	T01	D01	H01	1200	60	14
	6	精铣 ϕ30mm 圆槽	ϕ8mm 键槽铣刀	T01	D01	H01	1200	60	9
	7	点孔	ϕ10mm 定心钻	T02	—	H02	1000	60	4.5
	8	钻孔	ϕ6.8mm 麻花钻	T03	—	H03	800	60	19
	9	M8 攻螺纹	M8 机用丝锥	T04	—	H04	100	125	14
反面:自定心卡盘装夹 ϕ70mm 外圆	1	铣平面,控制厚度	ϕ50mm 盘铣刀	T10	—	H10	800	80	1
	2	铣 ϕ78mm 外轮廓	ϕ8mm 键槽铣刀	T01	D01	H01	1000	80	3

2. 程序编制

根据零件结构特点，将坐标系建立在零件端面圆心处，$\phi70_{-0.05}^{\ 0}$mm 外圆、ϕ78mm 外圆、$\phi30_{-0.05}^{\ 0}$mm 圆槽加工程序参考前面任务，此处只编写弧形槽和螺纹孔加工程序。为编程方便，将图 4-49 中最左边弧形槽编写成子程序，刀具路径如图 4-55 所示，各基点及工艺点极坐标值见表 4-47。

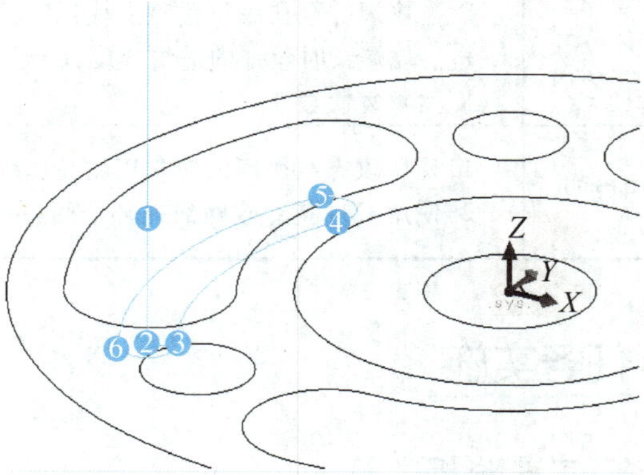

图 4-55　弧形槽加工路径

表 4-47　弧形槽加工点位极坐标

点	极坐标(θ,r,Z)	点	极坐标(θ,r,Z)	点	极坐标(θ,r,Z)
1	(25,210,10)	3	(19,210,-5)	5	(31,150,-5)
2	(25,210,-5)	4	(19,150,-5)	6	(31,210,-5)

弧形槽加工参考主程序见表 4-48，程序名为“O4501”，子程序见表 4-49，程序名为“O4511”。

表 4-48　铣削弧形槽主程序

程序段号	程序内容	程序说明
N10	G21 G40 G49 G54 G90;	程序初始化
N20	M03 S1000;	起动主轴正转,转速 1000r/min

（续）

程序段号	程序内容	程序说明
N30	M08;	开启切削液
N40	G00 G43 H01 Z100;	调用1号键槽铣刀长度补偿,定位至Z100
N50	M98 P4511;	调用子程序加工弧形槽
N60	G68 X0 Y0 R120;	坐标系逆时针方向旋转120°
N70	M98 P4511;	调用子程序加工弧形槽
N80	G68 X0 Y0 R-120;	坐标系顺时针方向旋转120°
N90	M98 P4511;	调用子程序加工弧形槽
N100	G69;	取消坐标系偏移
N110	G00 G49 Z100 M09;	快速抬刀至Z100,取消刀具长度补偿,关闭切削液
N120	M30;	程序结束

表4-49　铣削弧形槽子程序

程序段号	程序内容	程序说明
N10	G16;	启用极坐标系
N20	G00 X25 Y210 Z10;	快速定位至点1
N30	G01 Z-5 F20;	下刀至点2,进给速度为20mm/min,粗加工可分层
N40	G41 D01 G01 X19 Y210 F50;	建立刀具半径补偿至点3
N50	G02 X19 Y150 R19;	加工圆弧至点4
N60	G03 X31 Y150 R6;	加工圆弧至点5
N70	G03 X31 Y210 R31;	加工圆弧至点6
N80	G03 X19 Y210 R6;	加工圆弧至点3
N90	G40 G01 X25 Y210;	取消刀具半径补偿至点2
N100	G01 Z10;	直线抬刀至点1
N110	G15;	取消极坐标系
N120	M99;	返回主程序

螺纹孔点孔、钻孔程序参考本项目任务四，点孔同时完成孔口倒角，点孔深度为4.5mm，钻孔要考虑麻花钻圆锥部分，钻孔深度为19mm。攻螺纹参考程序见表4-50，程序名为“O4502”。

表4-50　攻螺纹程序

程序段号	程序内容	程序说明
N10	G21 G40 G49 G54 G90;	程序初始化
N20	M03 S100;	起动主轴正转,转速100r/min
N30	M08;	开启切削液
N40	G00 G43 H04 Z100;	调用4号M8丝锥长度补偿,定位至Z100
N50	G00 Z100;	快速定位到安全位置
N60	G99 G84 X25 Y0 Z-14 R10 F125;	攻螺纹循环,攻螺纹深度Z-14,进给速度为125mm/min

（续）

程序段号	程序内容	程序说明
N70	G68 X0 Y0 R120;	坐标系逆时针方向旋转 120°
N80	G99 G84 X25 Y0 Z-14 R10 F125;	攻螺纹循环，攻螺纹深度 Z-14，进给速度为 125mm/min
N90	G68 X0 Y0 R-120;	坐标系顺时针方向旋转 120°
N100	G99 G84 X25 Y0 Z-14 R10 F125;	攻螺纹循环，攻螺纹深度 Z-14，进给速度为 125mm/min
N110	G80;	取消攻螺纹循环
N120	G69;	取消坐标系旋转
N130	G00 G49 Z100;	抬刀至安全高度，取消刀具长度补偿，关闭切削液
N140	M30;	程序结束

3. 零件加工

1）开机回参考点，建立机床坐标系。

2）装夹工件。夹住零件毛坯，夹紧要可靠，夹持深度不小于5mm，毛坯伸出自定心卡盘夹爪高度要大于外轮廓深度，避免加工到卡爪。

3）装夹刀具。

4）对刀操作。采用 ϕ8mm 键槽铣刀作为基准刀具，采用分中对刀法、试切法对刀，将对刀数据输入 G54 工件坐标系中，检验对刀是否正确。将其余刀具与基准刀具长度差输入刀具长度补偿列表（第一列），注意正负号。

5）输入程序并校验。输入程序后要仔细检查、校验，确保无误。

6）零件加工。

① 加工零件正面。

a. 分别打开、执行程序正面加工程序。加工前检查工件、刀具是否按要求夹紧，刀具是否已对刀。

b. 选择自动加工模式，调小进给倍率，设置单段运行，按［循环启动］按钮进行零件加工，加工中注意观察切削情况，逐步将进给倍率开关调至适当位置。

正面加工完成后要去除毛刺，以免影响反面装夹精度。

② 加工零件反面。

a. 分别打开、执行程序反面加工程序。加工前检查工件、刀具是否按要求夹紧，刀具是否已对刀。

b. 选择自动加工模式，调小进给倍率，设置单段运行，按［循环启动］按钮进行零件加工，加工中观察切削情况，逐步将进给倍率开关调至适当位置。

7）加工结束后，去除毛刺，切断机床电源并及时清扫机床。

检测评价

将学生任务完成情况的检测与评价填入表 4-51 中。

表 4-51 凸轮轴调节器底座加工检测评价表

序号	检测项目	检测内容及要求	配分	学生自检	学生互检	教师检测	得分
1	职业素养	文明、礼仪	5				
2		安全、纪律	10				
3		行为习惯	5				
4		工作态度	5				
5		团队合作	5				
6	工艺制订	1)选择装夹与定位方式 2)选择刀具 3)选择加工路径 4)选择合理的切削用量	5				
7	程序编制	1)编程坐标系选择正确 2)指令使用与程序格式正确 3)基点坐标正确	10				
8	机床操作	1)开机前检查、开机、回参考点 2)工件装夹与对刀 3)程序输入与校验	5				
9	零件加工	ϕ78mm	2				
10		$\phi 70_{-0.05}^{0}$mm	5				
11		$\phi 30_{-0.05}^{0}$mm	5				
12		弧形槽	9				
13		ϕ50mm	3				
14		$9_{0}^{+0.05}$mm	5				
15		14mm(4 处)	8				
16		5mm(3 处)	6				
17		23mm	2				
18		表面粗糙度值 $Ra1.6$、$Ra3.2\mu m$	5				
综合评价							

任务拓展

完成图 4-56 所示汽车凸轮轴调节器底座零件的编程与加工，毛坯材料为 45 钢，尺寸为 ϕ80mm×30mm。

任务拓展实施提示：该零件由一个凸台、ϕ20mm 通孔，ϕ30mm 圆槽、3 个 M8 螺纹通孔和 3 个 ϕ8mm 通孔组成。凸台可以根据提供的坐标点进行编程，M8 螺纹和 ϕ8mm 通孔可以采用极坐标编程，也可以采用 G68 坐标系旋转指令进行编程。加工时先加工正面，再翻面装夹凸台加工反面，加工轮廓时注意尺寸偏差方向，加工 ϕ8mm 通孔和 M8 螺纹孔时注意钻孔深度，保证深度超过零件厚度 5mm 以上，钻孔和攻螺纹时注意不要加工到垫铁。

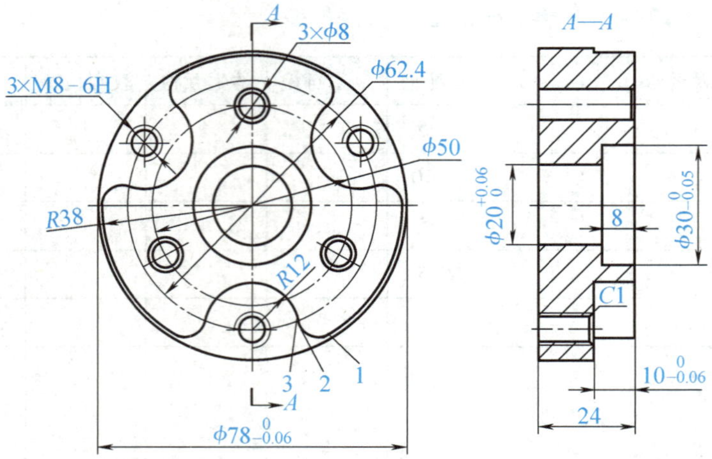

	P_X	P_Y
1	19.76	−32.46
2	12.48	−30.14
3	11.09	−26.77

技术要求

1.未注尺寸允许偏差±0.2mm。
2.未注圆角R5。
3.锐角倒钝C0.3。
4.去除毛刺。

Ra 3.2

图 4-56　汽车凸轮轴调节器底座零件图

任务六　汽车底盘连接板的加工

任务描述

汽车发动机、变速器等机械部件均是通过各种连接板安装在底盘上的，连接板的质量好坏直接影响连接的安全性与可靠性。图 4-57 所示为汽车底盘连接板，现要求在数控铣床上完成汽车底盘连接板的加工，零件图如图 4-58 所示，毛坯材料为 2A12，尺寸为 80mm×80mm×20mm。

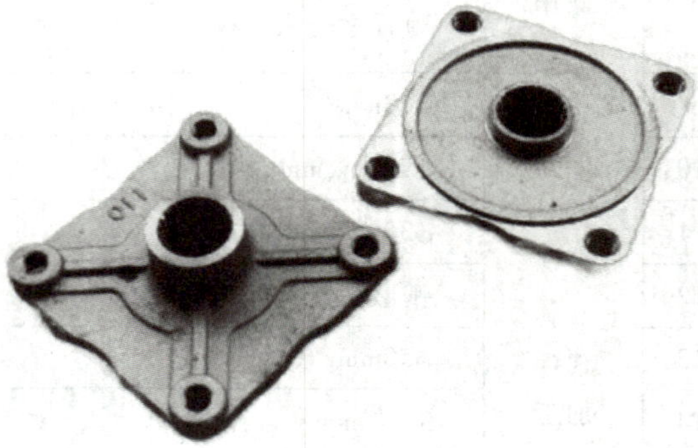

图 4-57　汽车底盘连接板

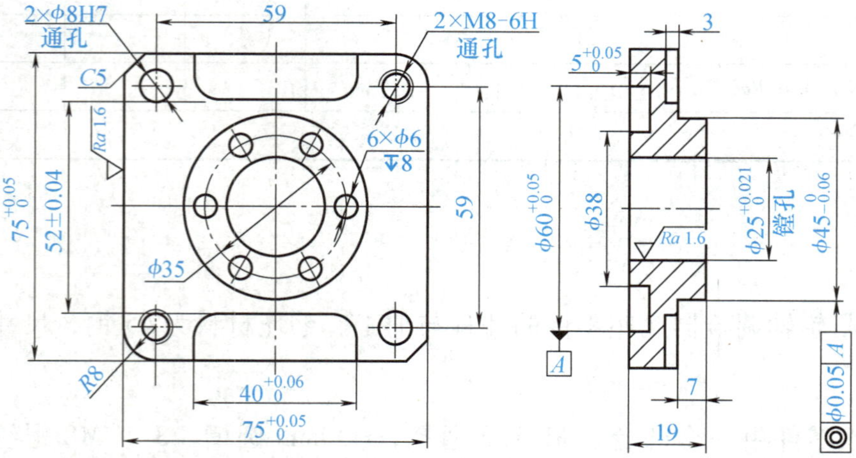

技术要求

1.未注尺寸允许偏差±0.2mm。
2.未注圆角R6。
3.去除毛刺。

Ra 3.2

图 4-58　汽车底盘连接板零件图

知识目标

1. 掌握镗孔加工工艺。

2. 掌握百分表、寻边器和 Z 轴设定器对刀的方法。

3. 了解数控铣削工艺基准的选择原则。

4. 掌握 G51.1 可编程镜像指令及应用。

5. 掌握 G85 镗孔循环指令及应用。

6. 掌握倒圆、倒角指令及应用。

技能目标

1. 能够调节镗刀尺寸进行镗孔加工。

2. 会制订连接板类零件的数控铣削工艺。

3. 会编写底盘连接板零件的数控加工程序。

4. 能在数控铣床上加工底盘连接板零件并达到相应的精度要求。

知识准备

1. 工艺知识

(1) 镗孔加工工艺　镗孔是数控铣床常见的加工内容之一，它能精确地保证孔的尺寸和位置精度。镗孔的尺寸公差等级可达 IT6，表面粗糙度值可达 $Ra0.8 \sim 1.6\mu m$，常用于直径在 $\phi 20mm$ 以上孔的半精加工和精加工。

1) 镗孔背吃刀量和加工余量。镗孔的背吃刀量为镗刀刀尖切入工件的深度，粗镗时一般为 0.5~2mm，半精镗和精镗时为 0.05~0.2mm。

2) 镗孔的加工余量。镗孔前首先要通过钻孔或铣孔等方式完成底孔加工，然后才能进行粗、精镗孔。粗镗留给半精镗的加工余量为 0.2mm，半精镗预留精镗加工余量为 0.05mm。

3) 主轴转速的确定。常见高速钢、硬质合金镗刀粗镗、半精镗和精镗切削参数参考值见表 4-52，从表中查出加工相应材料的切削速度，再根据表 4-12 中的公式计算主轴转速 n。当机床和工艺系统刚度较差，镗孔加工的表面出现振纹时，要适当降低转速（切削速度），直至振纹消失。

表 4-52　镗孔切削参数参考表

工件材料		铸铁		钢		铝及铝合金	
工序	刀具材料	切削用量					
		v_c/(m/min)	f/(mm/r)	v_c/(m/min)	f/(mm/r)	v_c/(m/min)	f/(mm/r)
粗镗	高速钢	20~25	0.4~1.5	15~30	0.35~0.7	70~120	0.5~1.5
	硬质合金	30~35		50~70		90~130	
半精镗	高速钢	20~35	0.15~0.45	15~50	0.15~0.45	100~150	0.2~0.5
	硬质合金	50~70		70~110			
精镗	高速钢	70~90	0.08	90~120	0.12~0.15	130~180	0.06~0.1
	硬质合金						

4）进给速度的确定。从表 4-52 中查出加工相应材料的每转进给量，根据表 4-12 中的公式计算镗孔时的进给速度 F。

5）镗刀的调整。镗刀的种类很多，按结构可分为整体式、装配式、可调式；按切削刃数可分为单刃镗刀、双刃镗刀、多刃镗刀。数控铣床上一般采用单刃或双刃的可调式镗刀，在实际生产中可以采用对刀仪测量、调节镗刀的尺寸，也可以采用试镗—测量—调整的方法调节镗刀的尺寸，具体调整方法见表 4-53。

表 4-53　镗刀调整方法

镗刀结构	调节方法及注意事项		
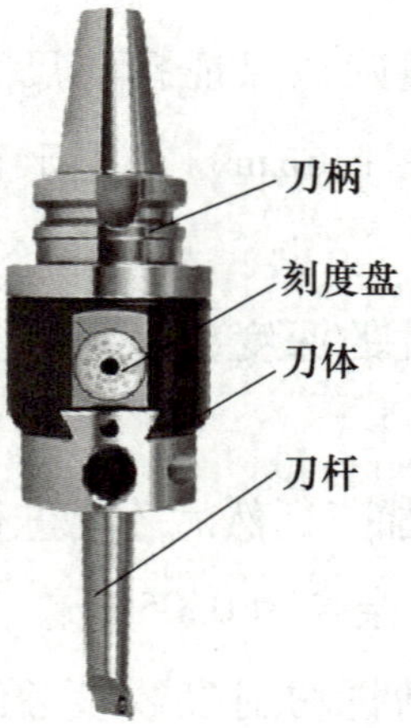	试镗	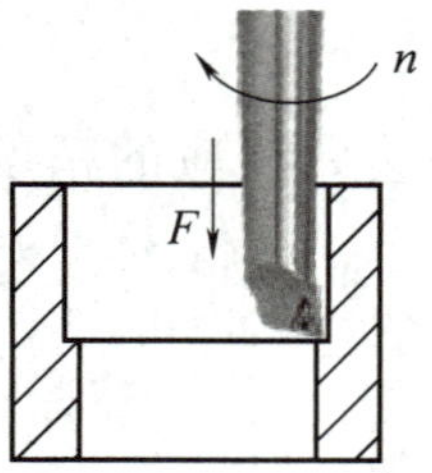	1）将镗刀定位在孔中心位置 2）粗调镗刀尺寸，保证镗刀刀尖能切削到工件 3）起动主轴，进行镗孔
	测量	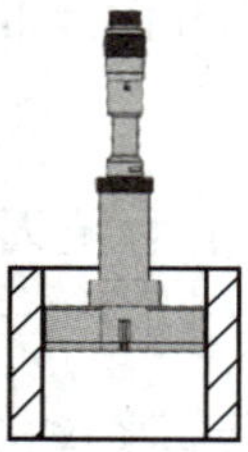	1）退出镗刀，用内径千分尺、内径量表或三点内径千分尺测量孔径 2）计算加工的孔径与所需直径之间的差值
	调整		1）松开镗刀侧面刻度盘锁紧螺钉 2）通过内六角扳手调整刻度线位置，从而调整镗刀尺寸，调节时注意刻度盘旋转方向 3）调节时，刀尖不能碰到工件，否则刀尖会崩刃 4）调节完成后再次镗孔，直至达到要求

注意：精镗刀的刀尖较小，每次背吃刀量 a_p 要参考刀片提供的数据，背吃刀量过大会降低镗孔精度和表面质量，甚至使刀尖崩刃。

（2）百分表、寻边器和 Z 轴设定器对刀　对于精度要求较高的工件，以及表面不允许有对刀痕迹的工件，对刀时一般采用百分表、寻边器和 Z 轴设定器辅助对刀，百分表和寻边器用于 X 向和 Y 向对刀，Z 轴设定器用于 Z 向对刀。百分表、寻边器和 Z 轴设定器对刀的方法见表 4-54。

表 4-54　百分表、寻边器和 Z 轴设定器对刀的方法

名称	图例	使用方法	注意事项
百分表	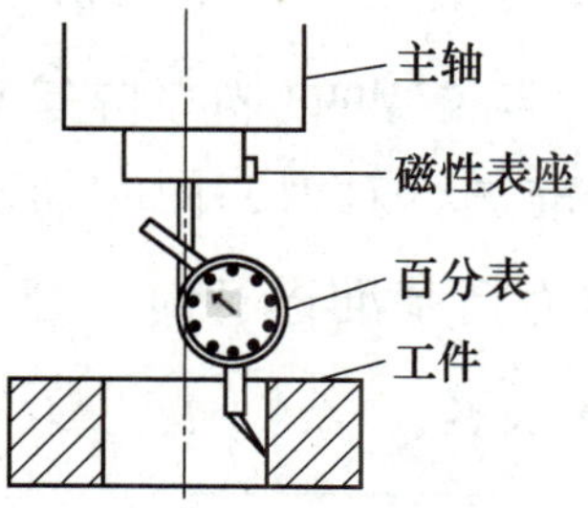	1）将百分表的安装杆装在刀柄上，或将百分表的磁性表座吸附在主轴套筒上 2）移动工作台使主轴中心线（即刀具中心）大约移到工件中心 3）调节磁性表座上伸缩杆的长度和角度，使百分表的测头接触工件的圆周面，指针转动约 0.1mm 4）用手慢慢转动主轴，使百分表的测头沿着工件的圆周面转动，观察百分表指针的偏移情况，慢慢移动工作台的 X 轴和 Y 轴，多次反复操作，直至转动主轴时百分表的指针在同一位置，此时主轴的中心与圆心重合	1）百分表对刀一般用于圆形零件。方形零件采用百分表对刀，需要采用分中对刀法，通过保证两侧面的指针压入量来进行分中 2）百分表压到工件表面的压入量不能过大，以免百分表测头“压死”使指针不转，错误认为已经找正 3）百分表对刀精度高，但操作时间较长
机械式寻边器		1）按压寻边器活动部分，使其偏心 2）在 MDI 模式下起动主轴，转速为 400～600r/min，此时寻边器上、下两部分会因离心力作用产生偏心现象 3）使用手轮移动坐标轴，使寻边器轻轻碰到工件，直至偏心现象消失 4）将手轮倍率旋钮调至×0.001，继续移动寻边器靠近工件，直至再次出现偏心，此时主轴轴线距离工件边缘为寻边器接触处的半径	1）机械寻边器由上、下两个部分组成，中间用弹簧连接，上部分与刀柄相连，下部分与工件接触 2）起动主轴前，务必确认主轴转速，如转速过高，寻边器离心力过大会拉直弹簧，损坏寻边器，甚至造成危险 3）不能用手拉寻边器弹簧，以免损坏寻边器 4）寻边器不能直接顶在工件表面上，否则会损坏寻边器 5）寻边器上、下接触部分要定期上油（润滑脂）
光电式寻边器		1）通过手轮移动光电式寻边器，碰到工件后寻边器发光并伴有蜂鸣声 2）将手轮倍率旋钮调至×0.001，调整寻边器位置，直至刚好移动 1 格，寻边器发光为止，此时主轴轴线距离工件边缘为寻边器接触球的半径	1）光电式寻边器柄部安装在刀柄上，前端 ϕ10mm 球面用于接触工件 2）移动寻边器碰到工件，寻边器内的电路会通过机床和工件形成闭合回路，寻边器上的二极管会发光，并且伴有蜂鸣声 3）使用光电式寻边器禁止起动主轴，否则会损坏寻边器 4）光电式寻边器只能用于导电体零件的对刀 5）光电式寻边器要保持清洁，避免金属碎屑和毛刺附着
Z 轴设定器		1）将 Z 轴设定器放置在工件表面上 2）在手轮模式下移动刀具压在 Z 轴设定器活动块上，直至指针对准刻度盘零线，此时刀具底面距离工件表面为 50mm 3）在机床工件坐标系中输入 Z50，按［测量］软键，完成 Z 轴对刀	1）Z 轴设定器在使用前要校正。校正时通过标准检验棒或量块按住 Z 轴设定器活动块，使活动块与 Z 轴设定器基准平面平齐，此时活动块顶面距离 Z 轴设定器底面为 50mm。再转动 Z 轴设定器刻度盘，使零线对准指针。这样当 Z 轴设定器被压至刻度盘读数为 0 时，对应 Z 轴设定器设定距离为 50mm 2）Z 轴设定器使用时，刀具严禁旋转，否则会造成损坏 3）Z 轴设定器活动块移动的行程一般只有 3～5mm，活动块下压时不要超行程，否则会顶坏刀具

（3）工艺基准的选择原则　零件在加工制造过程中使用的基准称为工艺基准。工艺基

准又分为工序基准、定位基准、测量基准和装配基准。其中定位基准是在机械加工中用来使工件在机床或夹具中占有正确位置的点、线或面，它是工艺基准中最主要的基准。定位基准分为粗基准和精基准两种，粗基准一般选择毛坯表面，且只允许使用一次。对于几何公差要求较高的零件，应采用已加工过的表面作为定位基准，这种定位基准叫精基准。

如在图 4-59 所示零件中，为保证 ϕ60mm 圆形凸台与另一面 ϕ50mm 圆形凸台 ϕ0.05mm 的同轴度公差，在第一次装夹时，以正方形毛坯面作为粗基准进行对刀，同时加工 ϕ50mm 凸台和 ϕ24mm 通孔，再翻面装夹，以加工后的 ϕ24mm 孔作为精基准进行对刀建立工件坐标系，加工 ϕ60mm 圆，这样就能保证两个圆形凸台的同轴度要求。

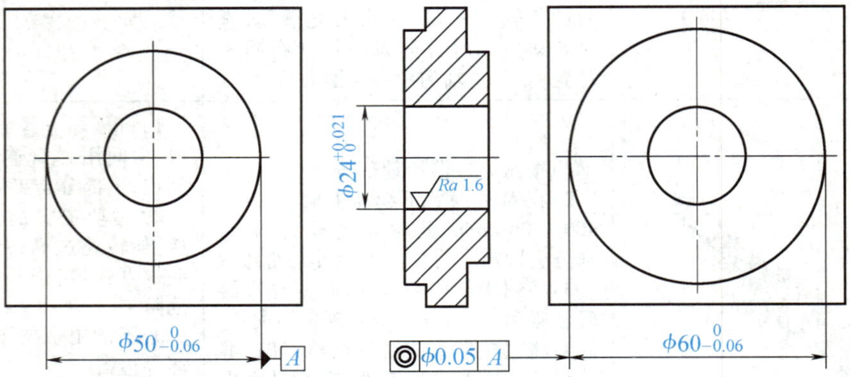

图 4-59 精基准选用示例

2. 编程知识

汽车底盘连接板零件上有两个开口槽，为简化编程，两个开口槽可编写成子程序，采用可编程镜像指令 G51.1 编程，ϕ25mm 孔精加工采用镗孔加工指令 G85 编程。75mm×75mm 外轮廓的圆角可采用倒圆倒角指令编程。

（1）G51.1 可编程镜像指令 使用可编程镜像指令可对轮廓按照镜像轴进行对称加工，其指令格式、参数含义及使用说明见表 4-55。

表 4-55 G51.1 可编程镜像指令格式、参数含义及使用说明

类别	内容
指令格式	G51.1 X__Y__;启用可编程镜像指令 G50.1 X__Y__;取消可编程镜像指令
参数含义	X__Y__:镜像轴坐标,X0 表示以 Y 轴作为镜像轴,Y0 表示以 X 轴为镜像轴,X0Y0 表示以原点镜像
示例	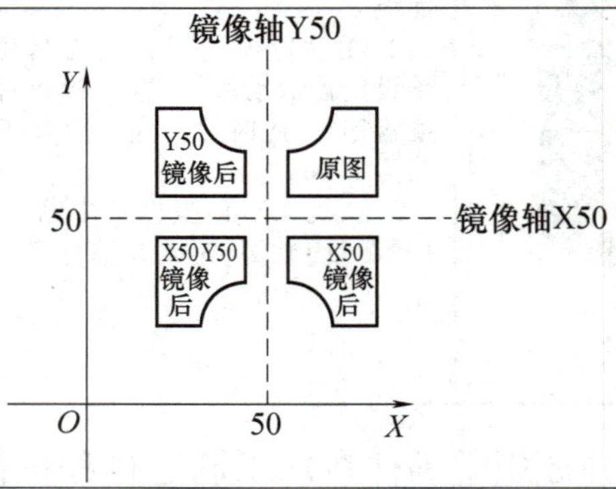

（续）

类别	内容
指令说明	1）使用可编程镜像指令后，刀具的加工方向会沿着镜像轴互换，例如圆弧加工指令 G02 和 G03 会被互换，刀具半径补偿指令 G41 和 G42 指令会被互换，坐标旋转指令中的旋转角度会被互换 2）为避免出错，可编程镜像指令和取消可编程镜像指令应成对使用，程序中的调用刀具补偿应在启用可编程镜像指令后，取消刀具补偿应在取消可编程镜像指令前 3）可编程镜像指令与子程序配合使用可以加工多个镜像轮廓，简化编程难度

（2）G85 镗孔循环指令　该指令主要用于孔的粗镗和精镗，其指令格式、参数含义及使用说明见表 4-56。

表 4-56　G85 镗孔循环指令格式、参数含义及使用说明

类别	内容
指令格式	{G98 / G99} G85 X__Y__Z__R__F__K__；调用 G85 镗孔循环指令 G80；取消镗孔循环
镗孔动作	循环执行时，刀具以切削方式加工到孔底，再以切削进给方式返回到 *R* 点平面 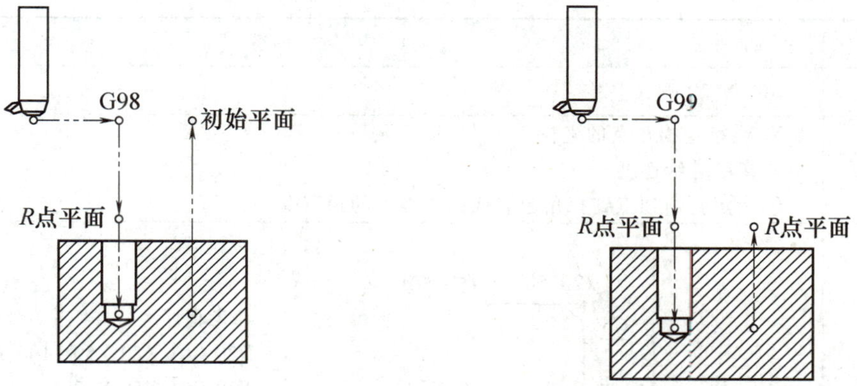 a）G98 指令镗孔动作　　b）G99 指令镗孔动作
参数含义	X__Y__：孔中心的 *X*、*Y* 坐标 Z__：孔底的位置坐标（绝对值时），从 *R* 点到孔底的距离（增量值时） R__：*R* 点平面坐标 F__：镗孔时刀具进给速度，单位为 mm/min K__：重复次数
使用说明	使用镗孔循环指令镗孔前应先加工好底孔

（3）圆弧过渡和直线倒角指令　圆弧过渡和直线倒角指令主要是在两相邻轨迹之间插入过渡圆角或直线倒角，其指令格式、参数含义、示例及使用说明见表 4-57 和表 4-58。

表 4-57　圆弧过渡指令格式、参数含义、示例及使用说明

类别	内容
指令格式	G01 X__Y__F__,R__；
参数含义	X、Y：拐角点绝对坐标 F：进给速度 R：拐角半径

（续）

类别	内容	
示例	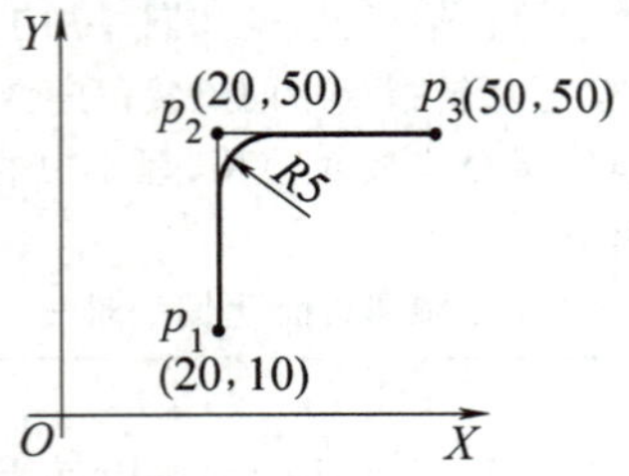 直线与直线间圆弧过渡	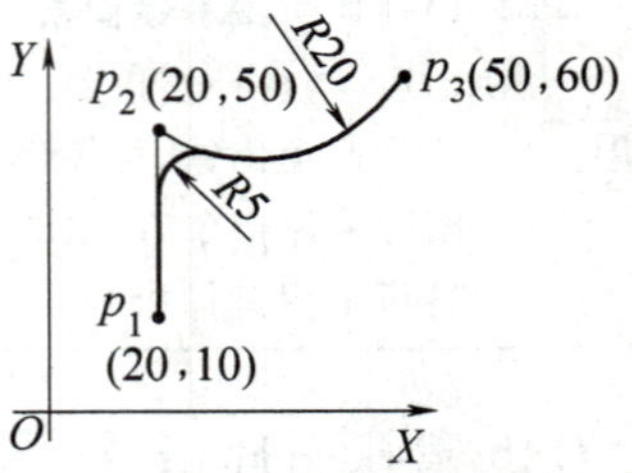 直线与圆弧间圆弧过渡
	N20 G01 X20 Y50 F100,R5; N30 G01 X50 Y50;	N20 G01 X20 Y50 F100,R5; N30 G03 X50 Y60 R20;
使用说明	1)指定圆弧过渡的程序段后面必须是直线插补(G01)或圆弧插补(G02、G03)移动程序段,其间可插入G04程序段,否则会报警 2)直线插补(G01)或圆弧插补(G02、G03)以外的程序段指定倒角,“,R”将被忽略 3)指定圆弧过渡后使插补超出原先的移动范围,将会报警	

表 4-58　直线倒角指令格式、参数含义、示例及使用说明

类别	内容
指令格式	G01 X_Y_F_,C_;
参数含义	X、Y:指定拐角点的坐标 F:指定进给速度 C:指定拐角顶点到拐角起点或拐角终点的距离
示例	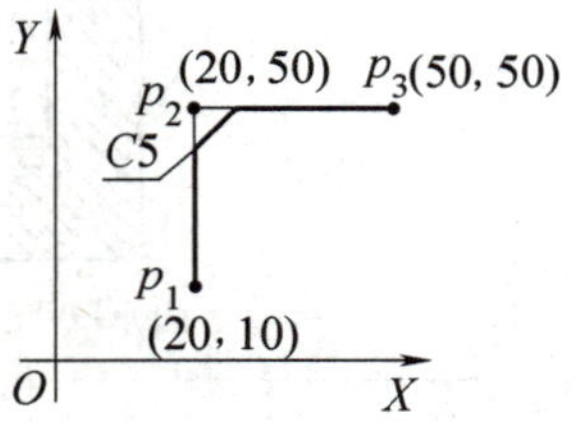 参考程序 N20 G01 X20 Y50 F100,C5; N30 G01 X50 Y50;
使用说明	1)指定倒角的程序段后面必须是直线插补(G01)或圆弧插补(G02、G03)移动程序段,其间可插入G04程序段,否则会报警 2)直线插补(G01)或圆弧插补(G02、G03)以外的程序段指定倒角,“,C”将被忽略 3)指定倒角后使插补超出原先的移动范围,将会报警

任务实施

1. 工艺分析

（1）刀具选择　根据本任务加工要求，采用 ϕ50mm 盘铣刀加工平面，采用 ϕ10mm 键槽铣刀加工内、外轮廓，ϕ10mm 定心钻完成所有点孔加工，ϕ7. 8mm 麻花钻完成铰孔底孔加工，ϕ8H7 铰刀完成铰孔加工，ϕ6. 8mm 麻花钻加工 M8 螺纹底孔，M8 丝锥攻螺纹，ϕ6mm 麻花钻加工 6 个 ϕ6mm 孔，ϕ25mm 镗刀镗孔。各刀具切削参数见表 4-59。

（2）量具选择　根据零件结构和尺寸精度要求，本任务用到的量具有 0~150mm 游标

卡尺，25~50mm、75~100mm 外径千分尺，0~25mm 深度千分尺，5~30mm 内径千分尺或内径量表，M8-6H 螺纹塞规，ϕ8H7 光面塞规等。

（3）工艺路线制订　分析零件图可知，零件上有 75mm×75mm 正方形外轮廓，两个开口槽，ϕ45mm、ϕ38mm 凸台，ϕ60mm 圆槽，两个 ϕ8mm 通孔，两个 M8 螺纹孔，6 个 ϕ6mm 不通孔和 ϕ25mm 通孔。ϕ25mm 通孔要求镗孔，ϕ60mm 圆槽和 ϕ45mm 外圆有同轴度要求。从零件结构尺寸及加工要求分析，该零件使用机用虎钳装夹比较合理。先装夹毛坯，以毛坯面对刀，加工 75mm×75mm 外轮廓、ϕ60mm 圆槽、ϕ38mm 凸台和 ϕ25mm 孔，完成后再翻面装夹 75mm×75mm 正方形表面，以 ϕ25mm 孔表面对刀，加工正面所有元素。

（4）切削用量选择　根据加工要求确定各表面的切削用量，见表 4-59。

表 4-59　汽车底盘连接板零件加工工艺表

定位装夹	工步序号及内容		刀具	刀具号	刀具半径补偿 D	刀具长度补偿 H	主轴转速 n/(r/min)	进给量 f/(mm/min)	背吃刀量 a_p/mm
反面:机用虎钳装夹毛坯	1	铣平面	ϕ50mm 盘铣刀	T10	—	H10	800	80	0.5
	2	粗铣 75mm×75mm 正方形	ϕ10mm 键槽铣刀	T01	D01	H01	1000	80	5
	3	粗铣 ϕ60mm 圆槽	ϕ10mm 键槽铣刀	T01	D01	H01	1000	80	5
	4	粗铣 ϕ38mm 凸台	ϕ10mm 键槽铣刀	T01	D01	H01	1000	80	5
	5	粗铣 ϕ25mm 底孔	ϕ10mm 键槽铣刀	T01	D01	H01	1000	80	5
	6	精铣 75mm×75mm 正方形	ϕ10mm 键槽铣刀	T01	D01	H01	1200	60	13
	7	精铣 ϕ60mm 圆槽	ϕ10mm 键槽铣刀	T01	D01	H01	1200	60	5.5
	8	精铣 ϕ38mm 凸台	ϕ10mm 键槽铣刀	T01	D01	H01	1200	60	5.5
	9	精镗 ϕ25mm 孔	ϕ25mm 镗刀	T02	—	H02	900	50	22
正面:机用虎钳装夹 75mm×75mm 表面	1	铣平面,控制厚度	ϕ50mm 盘铣刀	T10	—	H10	800	80	0.5
	2	粗铣 ϕ45mm 外圆	ϕ10mm 键槽铣刀	T01	D01	H01	1000	80	5
	3	粗铣开口槽	ϕ10mm 键槽铣刀	T01	D01	H01	1000	80	3
	4	精铣 ϕ45mm 外圆	ϕ10mm 键槽铣刀	T01	D01	H01	1200	60	7
	5	精铣开口槽	ϕ10mm 键槽铣刀	T01	D01	H01	1200	60	3
	6	点孔	ϕ10mm 定心钻	T03	—	H03	800	50	3.5
	7	钻 ϕ6mm 孔	ϕ6mm 麻花钻	T04	—	H04	700	50	10

（续）

定位装夹	工步序号及内容		刀具	刀具号	刀具半径补偿 D	刀具长度补偿 H	主轴转速 $n/(r/min)$	进给量 $f/(mm/min)$	背吃刀量 a_p/mm
正面：机用虎钳装夹 75mm×75mm 表面	8	钻 ϕ6.8mm 螺纹底孔	ϕ6.8mm 麻花钻	T05	—	H05	1000	50	18
	9	攻 M8 螺纹	M8 机用丝锥	T06	—	H06	80	80	15
	10	钻 ϕ7.8mm 底孔	ϕ7.8mm 麻花钻	T05	—	H07	1000	50	18
	11	铰 ϕ8H7 孔	ϕ8H7 铰刀	T06	—	H08	280	80	15

2. 程序编制

根据零件结构特点，将坐标系建立在零件端面圆心处，ϕ45mm 外圆、ϕ60mm 圆槽、ϕ38mm 凸台、ϕ6mm 孔、M8 螺纹孔和 ϕ25mm 孔粗加工程序参考前面任务，此处只编写 75mm×75mm 正方形外轮廓、两个开口槽、ϕ25mm 镗孔精加工的程序。为编程方便，将开口槽加工编写成子程序，通过主程序调用子程序进行加工。

75mm×75mm 正方形外轮廓加工程序见表 4-60，程序名为“O4601”，开口槽加工参考主程序见表 4-61，程序名为“O4602”，子程序见表 4-62，程序名为“O4611”。

表 4-60 正方形外轮廓加工程序

程序段号	程序内容	程序说明
N10	G21 G40 G49 G54 G90;	程序初始化
N20	M03 S1000;	起动主轴正转，转速 1000r/min
N30	M08;	开启切削液
N40	G00 G43 H01 Z100;	调用刀具长度补偿，定位至 Z100
N50	G00 X60 Y20 Z10;	定位至下刀点
N60	G01 Z-13 F50;	下刀
N70	G41 D01 G01 X50;	调用刀具半径补偿
N80	G03 X37.5 Y0 R20;	圆弧切入
N90	G01 Y-37.5 ,C5;	加工轮廓，直线倒角
N100	G01 X-37.5 ,R8;	加工轮廓，圆弧倒角
N110	G01 Y37.5 ,C5;	加工轮廓，直线倒角
N120	G01 X37.5,R8;	加工轮廓，圆弧倒角
N130	G01 Y0;	加工轮廓
N140	G03 X50 Y-20 R20;	圆弧切出
N150	G40 G01 X50;	取消刀具半径补偿
N160	G00 Z100 G49 M09;	快速抬刀至 Z100，取消刀具长度补偿，关闭切削液
N170	M30;	程序结束

表 4-61　铣削开口槽主程序

程序段号	程序内容	程序说明
N10	G21 G40 G49 G54 G90;	程序初始化
N20	M03 S1000;	起动主轴正转,转速 1000r/min
N30	M08;	开启切削液
N40	G00 G43 H01 Z100;	调用 1 号键槽铣刀长度补偿,定位至 Z100
N50	M98 P4611;	调用子程序加工开口槽
N60	G51.1 X0;	启用坐标系镜像,镜像轴:Y 轴
N70	M98 P4611;	调用子程序加工开口槽
N80	G50.1 X0;	取消坐标系镜像
N90	G00 Z100 M09;	快速抬刀至 Z100,关闭切削液
N100	M30;	程序结束

表 4-62　铣削开口槽子程序

程序段号	程序内容	程序说明
N10	G00 X0 Y-45 Z10;	快速定位至 X0 Y-45 Z10
N20	G01 Z-10.5 F50;	下刀,进给速度为 50mm/min
N30	G41 D01 G01 X20 Y-37.5 F60;	建立刀具半径补偿
N40	G01 Y-26 ,R6;	加工轮廓,倒圆角
N50	G01 X-20 ,R6;	加工轮廓,倒圆角
N60	G01 Y-37.5;	加工轮廓
N70	G40 G01 X0 Y-45;	取消刀具半径补偿
N80	G01 Z10;	抬刀
N90	M99;	返回主程序

在进行镗孔前需要完成底孔的粗加工，留 0.2mm 镗孔余量。镗孔参考程序见表 4-63，程序名为“O4603”。

表 4-63　镗孔加工程序

程序段号	程序内容	程序说明
N10	G21 G40 G49 G54 G90;	程序初始化
N20	M03 S900;	起动主轴正转,转速 900r/min
N30	M08;	开启切削液
N40	G00 G43 H02 Z100;	调用 2 号镗孔刀,定位至 Z100
N50	G00 Z100;	快速定位到安全位置
N60	G99 G85 X0 Y0 Z-25 R10 F50;	镗孔循环
N70	G80;	取消镗孔循环
N80	G00 Z100 M09;	抬刀至安全高度,关闭切削液
N90	M30;	程序结束

3. 零件加工

1）开机回参考点，建立机床坐标系。

2）装夹工件。夹住零件毛坯，夹紧要可靠，夹持深度不小于5mm，毛坯伸出机用虎钳钳口高度要大于外轮廓深度，避免加工到卡爪。

3）装夹刀具。

4）对刀操作。采用ϕ8mm 键槽铣刀作为基准刀具，进行试切法对刀，将对刀数据输入G54 工件坐标系中，其余刀具与基准刀具长度差输入刀具长度补偿列表，注意正负号。

5）输入程序并校验。输入程序后要仔细检查、校验，确保无误。

6）零件加工。

① 加工零件反面。

a. 分别执行 75mm×75mm 正方形外轮廓、ϕ60mm 圆槽、ϕ38mm 凸台和 ϕ25mm 镗孔加工程序。加工前检查工件、刀具是否按要求夹紧，刀具是否已对刀。

b. 选择自动加工模式，调小进给倍率，设置单段运行，按［循环启动］按钮进行零件加工，加工中注意观察切削情况，逐步将进给倍率开关调至适当位置。

反面加工完成后要去除毛刺，以免影响装夹精度。

② 加工零件正面。

a. 分别执行 ϕ45mm 外圆、开口槽、ϕ6mm 钻孔、M8 螺纹和 ϕ8H7 铰孔程序。加工前检查工件、刀具是否按要求夹紧，刀具是否已对刀。

b. 选择自动加工模式，调小进给倍率，设置单段运行，按［循环启动］按钮进行零件加工，加工中注意观察切削情况，逐步将进给倍率开关调至适当位置。

7）加工结束后，去除零件毛刺，切断机床电源并及时清扫机床。

检测评价

将学生任务完成情况的检测与评价填入表 4-64 中。

表 4-64 汽车底盘连接板加工检测评价表

序号	检测项目	检测内容及要求	配分	学生自检	学生互检	教师检测	得分
1	职业素养	文明、礼仪	5				
2		安全、纪律	10				
3		行为习惯	5				
4		工作态度	5				
5		团队合作	5				
6	工艺制订	1）选择装夹与定位方式 2）选择刀具 3）选择加工路径 4）选择合理的切削用量	5				

（续）

序号	检测项目	检测内容及要求	配分	学生自检	学生互检	教师检测	得分
7	程序编制	1）编程坐标系选择正确 2）指令使用与程序格式正确 3）基点坐标正确	10				
8	机床操作	1）开机前检查、开机、回参考点 2）工件装夹与对刀 3）程序输入与校验	5				
9	零件加工	$75^{+0.05}_{0}$mm×$75^{+0.05}_{0}$mm 外轮廓	5				
10		$\phi60^{+0.05}_{0}$mm 圆槽	5				
11		$\phi25^{+0.021}_{0}$mm 镗孔	5				
12		$\phi45^{0}_{-0.06}$mm 外圆	5				
13		开口槽	4				
14		M8 螺纹、ϕ8H7 铰孔	6				
15		ϕ6mm 孔	4				
16		ϕ38mm、ϕ35mm、59mm、19mm、3mm、7mm	6				
17		◎ ϕ0.05 A	4				
18		5mm 深度	4				
19		表面粗糙度值 Ra3.2μm	2				
综合评价							

任务拓展

完成图 4-60 所示汽车底盘连接板零件的编程与加工，毛坯材料为 2A12，尺寸为 ϕ80mm×20mm。

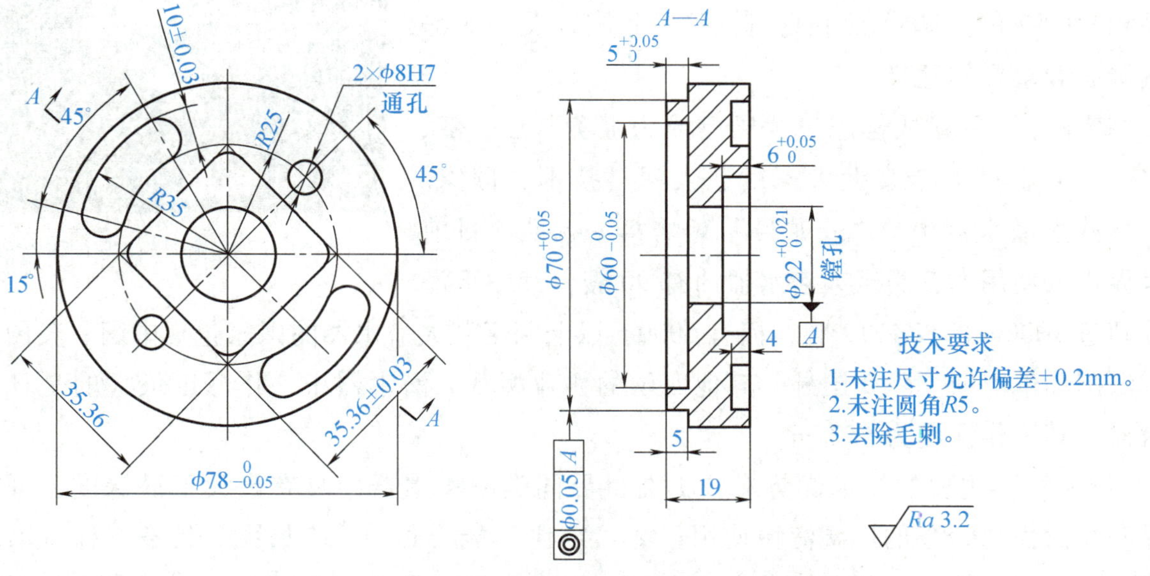

图 4-60　汽车底盘连接板零件图

任务拓展实施提示：该零件正面包含两个弧形槽，一个正方形槽，两个 ϕ8H7 孔和

ϕ22mm 通孔，反面有一个 ϕ70mm 外圆和 ϕ60mm 圆槽。其中两个弧形槽沿 X0Y0 对称分布，编程时可以采用镜像编程。为避免反面装夹 ϕ70mm 外圆造成零件变形，加工时采用自定心卡盘装夹毛坯，先加工正面 ϕ78mm 外轮廓、ϕ22mm 镗孔、弧形槽和 ϕ8H7 孔，再翻面装夹 ϕ78mm 表面，加工 ϕ70mm 外圆和 ϕ60mm 圆槽，ϕ70mm 外圆与 ϕ22mm 孔有同轴度要求，反面装夹时以 ϕ22mm 孔作为对刀基准。

项目小结

本项目通过六个任务的实施，完成了汽车中常见的板类、盘类、端盖类零件的加工，掌握了数控铣床的基本操作，平面加工工艺，顺铣、逆铣加工工艺，轮廓切入、切出工艺，槽加工工艺以及各类铰孔、螺纹孔和镗孔的加工工艺等，掌握了数控铣削直线轮廓、圆弧轮廓、钻孔、铰孔、攻螺纹、镗孔等程序的编写以及零件尺寸精度的控制方法。完成本项目学习后，学生具备数控车铣“1+X”中级考证标准所要求的数控铣部分的知识与技能，为学生未来从事数控铣床的编程与操作和考取“1+X”证书打下了基础。

延伸阅读

强国利器之四：蛟龙号

“蛟龙号”载人深潜器是我国首台自主设计、自主集成研制的作业型深海载人潜水器，长、宽、高分别是 8.2m、3.0m 与 3.4m，空重不超过 22t，最大荷载是 240kg，最大速度为每小时 25 海里，最大下潜深度为 7062.68m，是目前世界上下潜能力最强的作业型载人潜水器（图 4-61）。“蛟龙号”可在占世界海洋面积 99.8%的广阔海域中使用，对于我国开发利用深海资源有着重要的意义。

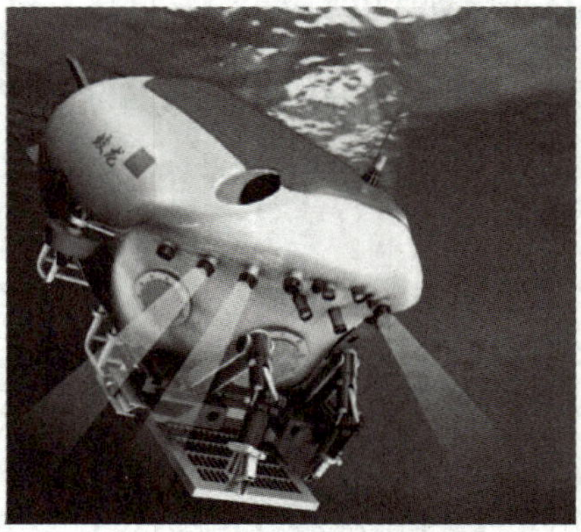

图 4-61 “蛟龙号”载人深潜器

“蛟龙号”的建成标志着我国已成为继美、法、俄、日之后世界上第五个掌握大深度载人深潜技术的国家。在全球载人潜水器中，“蛟龙号”位居第一梯队。目前全世界投入使用的各类载人潜水器约有 90 艘，其中下潜深度超过 1000m 的仅有 12 艘，拥有 6000m 以上深度载人潜水器的国家包括中国、美国、日本、法国和俄罗斯。除我国外，其他四国的作业型载人潜水器中工作深度最大的是日本的深潜器，其工作深度为 6527m。

“蛟龙号”主要的技术优势有：①在世界同类型潜水器中具有最大下潜深度，可在占世界海洋面积 99.8%的广阔海域使用；②“定住”能力强。“蛟龙号”具备三种自动航行模式：自动定向航行，可保持设定的方向，绝不跑偏；自动定高航行，使潜水器与海底保持一定高度航行，避免碰撞；自动定深航行，使“蛟龙号”保持与海面固定距高航行；③具有针对作业目标稳定的悬停定位功能，可与目标保持固定的距离；④具有先进的水声通信和海底微貌探测能力，可以高速传输图像和语音，探测海底的小目标；⑤配备多种高性能，确保载人潜水器在特殊的海洋环境或海底地质条件下完成保真取样和潜钻取芯等复杂任务。

“蛟龙号”具备深海探矿、海底高精度地形测量、可疑物探测与捕获、深海生物考察等功能，可以对多金属结核资源进行勘查，对海洋地形地貌进行精细测量，定点获取结核样品、水样、沉积物样，通过摄像、照相对多金属结核覆盖率、丰度等进行评价等；对多金属硫化物热液喷口进行温度测量，采集热液喷口周围的水样；对钴结壳资源进行勘查，测量钴结壳矿床的覆盖率和厚度等；可执行水下设备定点布放、海底电缆和管道的检测，完成其他深海探询及打捞等复杂作业。

思考与练习

1. 简述数控铣床回参考点的步骤和注意事项。
2. 简述数控铣床对刀的基本操作和注意事项。
3. 简述数控铣床 G00 和 G01 直线插补指令的格式及功能。
4. 简述数控铣床 EMG 急停报警的解决方法。
5. 简述数控铣床超程报警的解决方法。
6. 简述数控铣床 G02 和 G03 圆弧插补指令的格式及功能。
7. 简述数控铣床 G41、G42 刀具半径补偿指令的格式及功能。
8. 简述如何确定是使用 G41 指令还是 G42 指令。
9. 简述加工中心的装刀和换刀操作方法。
10. 简述轮廓尺寸精度的控制方法。
11. 简述通孔及不通孔的铰孔加工工艺及注意事项。
12. 简述数控铣床 G43、G44 刀具长度补偿指令的格式及功能。
13. 简述采用 *Z* 轴设定器测量刀具相对长度的方法。
14. 简述子程序的格式和调用方法。
15. 简述 G52 局部坐标系设定指令的格式及功能。
16. 简述 G81 钻孔循环指令的格式及功能。
17. 简述 G83 钻孔循环指令的格式及功能。
18. 简述通孔及不通孔螺纹的加工工艺及注意事项。
19. 简述数控铣床分中对刀法的操作步骤。
20. 简述 G68 坐标系旋转指令的格式及功能。
21. 简述 G16 极坐标指令的格式及功能。
22. 简述 G84 攻螺纹循环指令格式及功能。
23. 简述 G51.1 可编程镜像指令的格式及功能。
24. 简述 G85 镗孔指令的格式及功能。
25. 简述倒圆倒角指令的格式及功能。

项目五 CAD/CAM加工与数控车铣综合加工

随着科技的进步，CAD/CAM（计算机辅助设计与计算机辅助制造）技术的使用越来越普遍，会进行零件的计算机（自动）编程与加工已成为重要的技术推广内容。常用 CAD/CAM 软件有 UG、Creo、Mastercam、及国产软件 CAXA 等，本项目以 CAXA2020 数控车及 CAXA 制造工程师软件为例介绍零件的 CAD/CAM 加工过程。

机械零件通常由多种表面构成，由非圆曲线构成的回转体、变螺距螺纹、曲面轮廓、型腔等，手工编程相当困难，需要采用 CAD/CAM 技术进行编程。很多零件由于形状复杂，使用单一设备加工困难甚至无法加工，需要通过车铣综合加工才能完成。本项目通过汽车梅花形联轴器半联轴节的数控车铣综合加工任务，熟悉数控车铣类零件综合加工工艺安排及加工方法，对接数控车铣综合加工“1+X”证书要求。

学习目标

1. 能识读中等复杂零件的零件图。
2. 了解零件 CAD/CAM 加工过程。
3. 会用 CAXA2020 数控车软件编程与加工中等复杂车削类零件。
4. 会用 CAXA 制造工程师软件编程与加工中等复杂铣削类零件。
5. 了解数控车铣综合加工“1+X”证书要求。
6. 会制订中等复杂数控车铣类零件加工工艺。
7. 能加工中等复杂数控车铣类零件并达到一定的精度要求。

任务一　电动汽车电机轴数控车 CAD/CAM 加工

任务描述

图 5-1 所示为电动汽车电机轴，由外圆、端面、圆锥面、圆弧面、槽及外螺纹构成，外圆柱（锥）及螺纹精度要求较高，试用 CAXA2020 数控车软件完成电机轴 CAD/CAM 加

工，毛坯材料为 45 钢，ϕ30mm 棒料，加工后的三维效果图如图 5-2 所示。

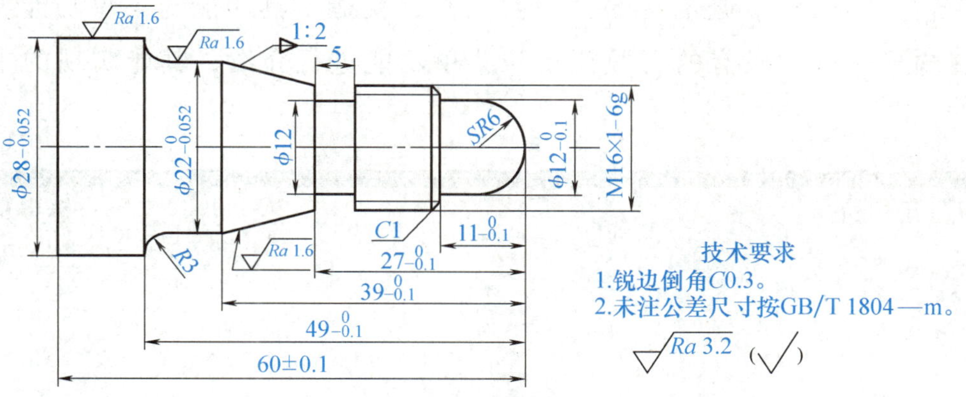

图 5-1　电动汽车电机轴零件图

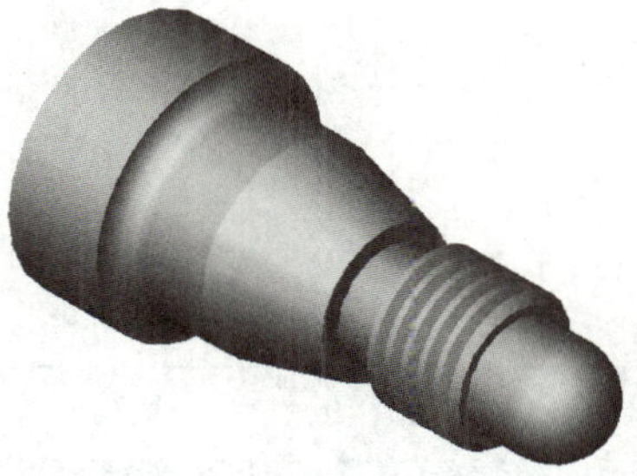

图 5-2　电动汽车电机轴三维效果图

知识目标

1. 了解数控车 CAD/CAM 基础知识。
2. 熟悉 CAXA2020 数控车软件功能。
3. 掌握数控车床各种程序传输方法。
4. 熟悉数控车 CAD/CAM 加工过程。

技能目标

1. 会进行数控车床及通信软件的参数设置。
2. 会传输数控程序并对输入的程序进行编辑。
3. 会使用 CAXA2020 数控车软件进行车削类零件 CAD/CAM 加工。

知识准备

CAXA2020 数控车软件是北京数码大方科技有限公司最新出品、具有自主知识产权的国产优秀软件，其界面与 CAXA 电子图板相近且兼容，不同之处是工具栏多一个“数控车”菜单，左边增加了“管理树”内容，如图 5-3 所示。

CAXA2020 数控车软件页面中间空白区域为绘图（造型）区，顶端有 12 个菜单，包括“文件”“编辑”“视图”“格式”“幅面”“绘图”“标注”“修改”“工具”“窗口”“数控车”“帮助”，还有一系列快捷工具，快捷工具功能与菜单功能相同。此处仅对 CAXA 电子图板中没有的“数控车”菜单功能进行介绍，其能实现的主要功能有以下几方面。

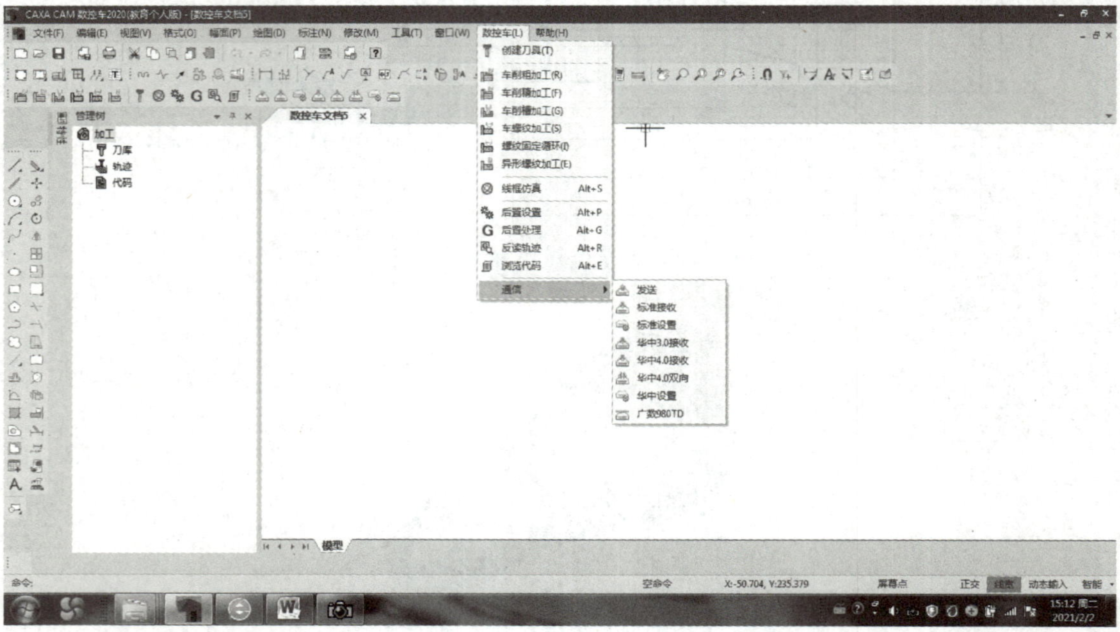

图 5-3　CAXA 2020 数控车软件页面

1. 创建刀具

单击“数控车”菜单下的“创建刀具”子菜单，弹出“创建刀具”对话框，可进行“轮廓车刀”“切削用量”等设置，并将新增刀具添加至刀具库中，如图 5-4 所示。

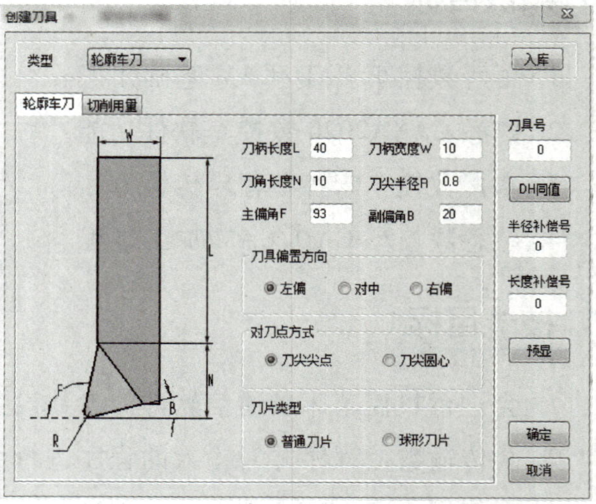

图 5-4　“创建刀具”对话框

2. 车削粗加工

单击“数控车”菜单下“车削粗加工”子菜单，弹出“创建：车削粗加工”对话框，可进行“加工参数”“进退刀方式”“刀具参数”“几何”等设置，如图 5-5 所示。切削用量在“刀具参数”中设置。“几何”设置中可进行工件轮廓曲线、毛坯轮廓和进退刀点的选择。

3. 车削精加工

单击“数控车”菜单下“车削精加工”子菜单，弹出“创建：车削精加工”对话框，可进行“加工参数”“进退刀方式”“刀具参数”“几何”等设置，如图 5-6 所示。切削用量在“刀具参数”中设置。“几何”设置中可进行轮廓曲线和进退刀点选择。

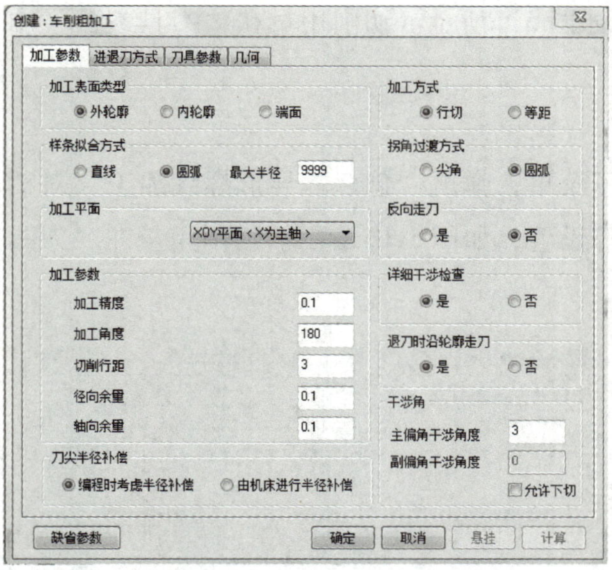

图 5-5 “创建：车削粗加工”对话框

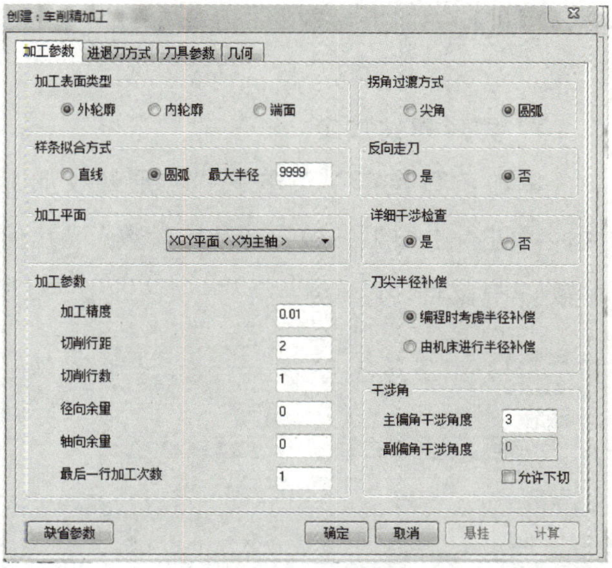

图 5-6 “创建：车削精加工”对话框

4. 车削槽加工

单击“数控车”菜单下“车削槽加工”子菜单，弹出“创建：车削槽加工”对话框，可进行“加工参数”“刀具参数”“几何”等设置，如图 5-7 所示。切削用量在“刀具参数”中设置。“几何”设置中可进行轮廓曲线和进退刀点选择。

5. 车螺纹加工

单击“数控车”菜单下“车螺纹加工”子菜单，弹出“创建：车螺纹加工”对话框，可进行“螺纹参数”“加工参数”“进退刀方式”“刀具参数”等设置，如图 5-8 所示。切削用量在“刀具参数”中设置。

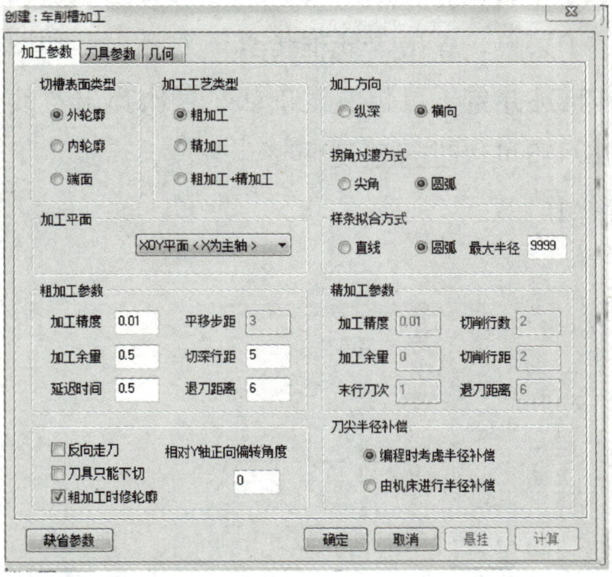

图 5-7 “创建：车削槽加工”对话框

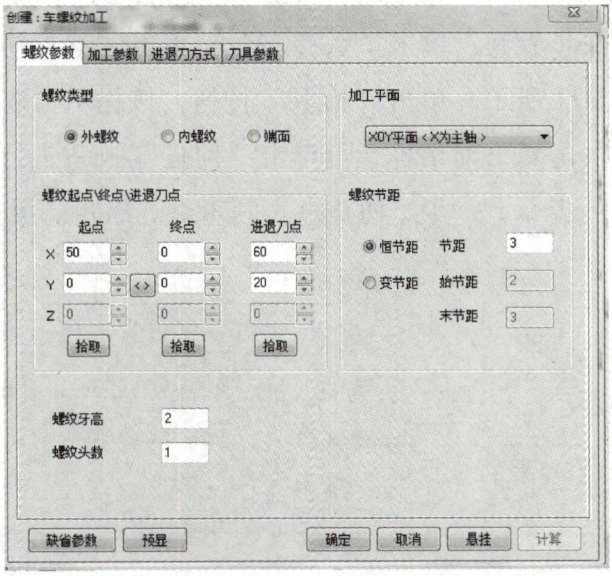

图 5-8 “创建：车螺纹加工”对话框

6. 螺纹固定循环

单击“数控车”菜单下“螺纹固定循环”子菜单，弹出“创建：螺纹固定循环”对话框，可进行“加工参数”“刀具参数”等设置，如图 5-9 所示。切削用量在“刀具参数”中设置。

7. 异形螺纹加工

单击“数控车”菜单下“异形螺纹加工”子菜单，弹出“创建：异形螺纹加工”对话框，可进行“加工参数”“刀具参数”“几何”等设置，如图 5-10 所示。切削用量在“刀具参数”中设置。

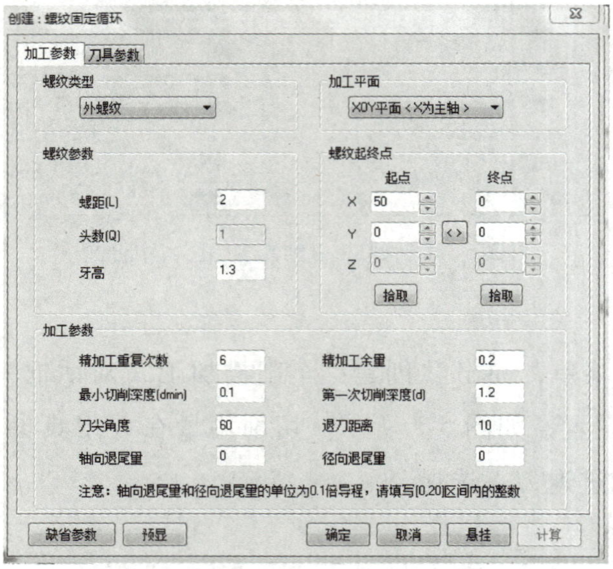

图 5-9 “创建：螺纹固定循环”对话框

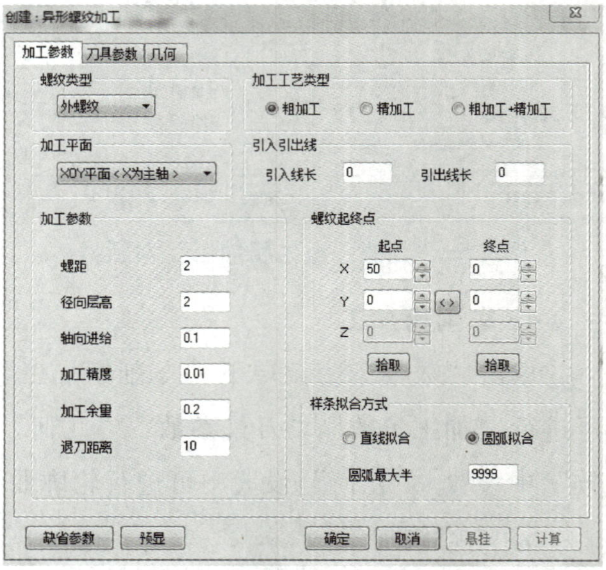

图 5-10 “创建：异形螺纹加工”对话框

8. 线框仿真

线框仿真可以对已生成刀具轨迹的操作进行仿真加工，以检查刀具轨迹是否正确，操作步骤为：单击“数控车”菜单下“线框仿真”子菜单，弹出“线框仿真”对话框，如图 5-11 所示。单击“拾取”按钮，按提示拾取刀具轨迹并单击鼠标右键确认，再次弹出“线框仿真”对话框，可单击“前进”按钮进行播放，还可以进行速度调整、暂停、后退、下一步、上一步、回首点、到末点、停止、清空等操作。

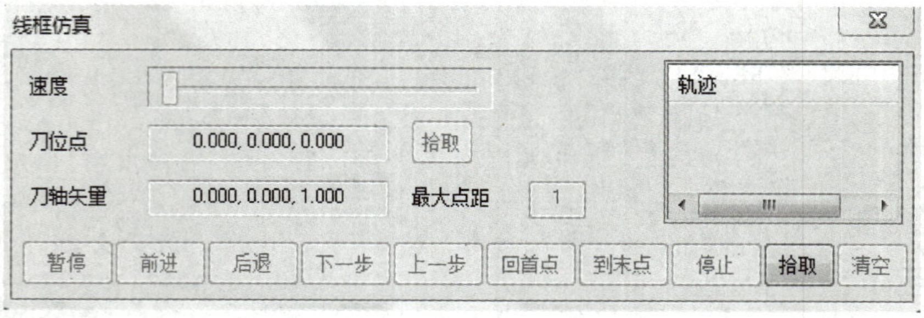

图 5-11 “线框仿真”对话框

9. 后置设置

单击“数控车”菜单下“后置设置”子菜单，弹出“后置设置”对话框，如图 5-12

所示，可进行文件控制、坐标模式、程序行号、主轴编程指令、地址编程指令、车削编程指令设置和机床选择等操作。

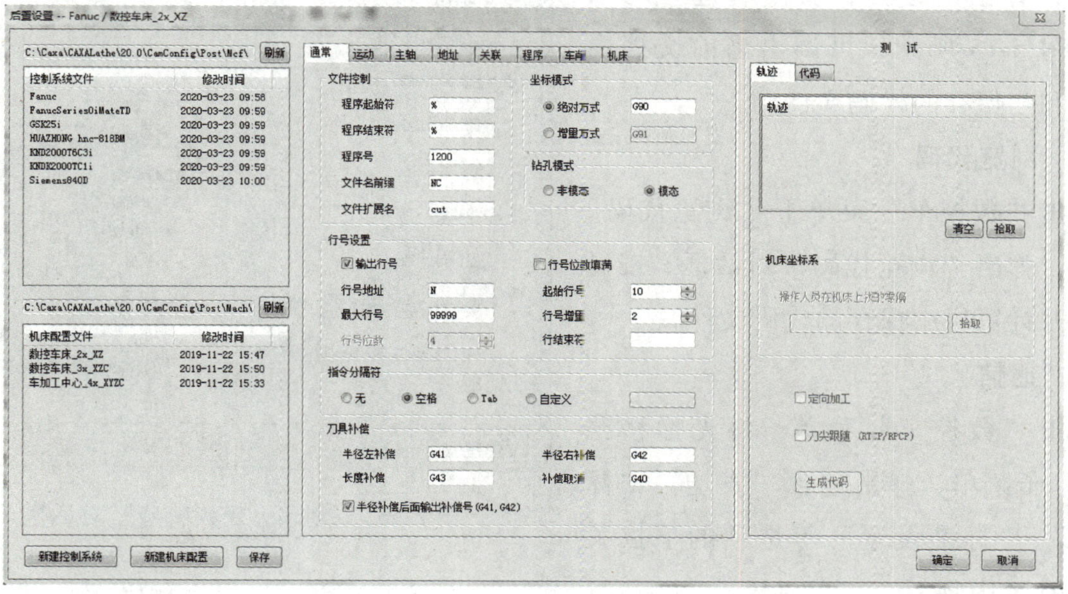

图 5-12 “后置设置”对话框

10. 后置处理

单击“数控车”菜单下“后置处理”子菜单，弹出“后置处理”对话框，如图 5-13 所示。选择好机床控制系统类型和机床配置文件，单击“拾取”按钮，按提示拾取车削轨迹，单击鼠标右键确认，即完成后置处理。

单击“后置”按钮，弹出“编辑代码”对话框，如图 5-14 所示，可进行代码删除、查找、替换等编辑操作。单击“发送代码”按钮可进行代码传输。单击“另存文件”按钮可将代码保存在计算机中。

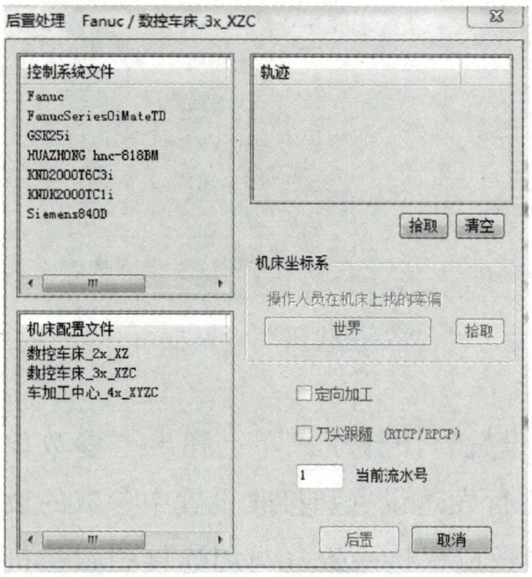

图 5-13 “后置处理”对话框

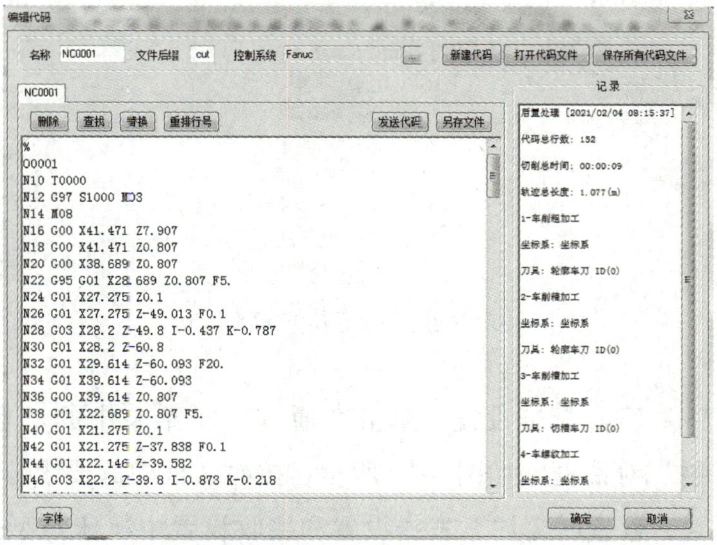

图 5-14 “编辑代码”对话框

11. 反读轨迹

单击“数控车”菜单下“反读轨迹”子菜单，弹出“创建：反读轨迹”对话框，如图5-15所示，可调出当前文档中的代码和已保存的代码文件。

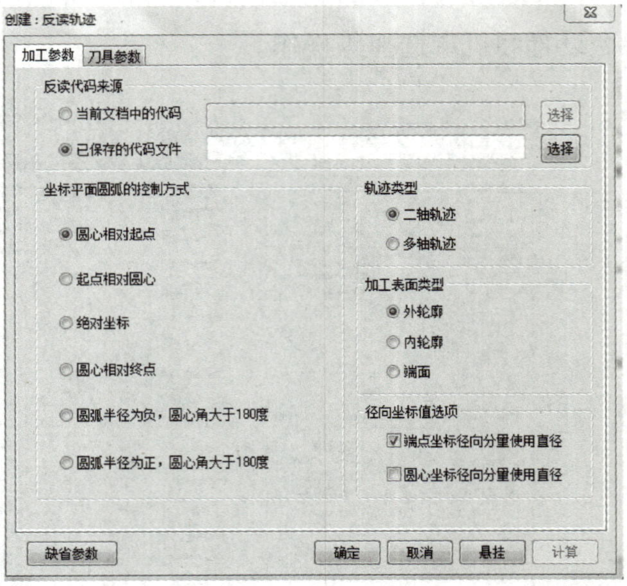

图5-15 “创建：反读轨迹”对话框

12. 浏览代码

单击“数控车”菜单下“浏览代码”子菜单，弹出“浏览代码”对话框，按提示可打开计算机中保存的代码文件。

13. 通信

单击“数控车”菜单，将光标移至“通信”子菜单，弹出包含“发送”“标准接收”“标准设置”等选项的下拉菜单，如图5-16所示。

(1) 发送代码 单击“通信”子菜单中的“发送”下拉子菜单，弹出“发送代码”对话框，如图5-17所示，选择设备和发送代码类型后，单击[...]按钮，按提示选择要发送的程序代码，单击“确定”按钮即可完成程序由计算机到数控设备的传送。

(2) 标准接收 单击“通信”子菜单中的“标准接收”下拉子菜单，弹出“接收代码”对话框，如图5-18所示，选择设备，单击“确定”按钮，按提示选择要接收的代码，即完成程序代码由数控设备到计算机的传送。

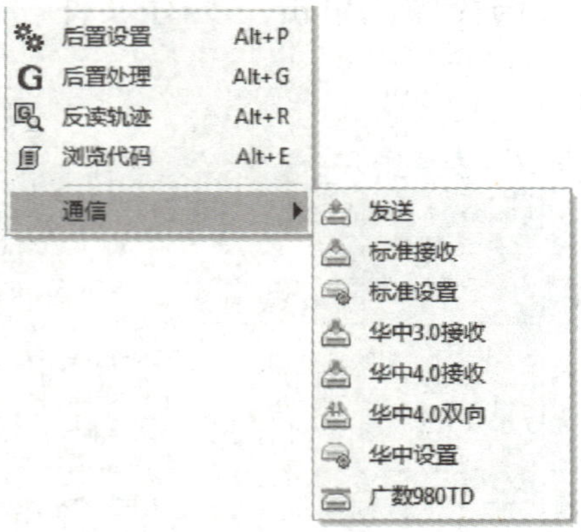

图5-16 “通信”下拉子菜单

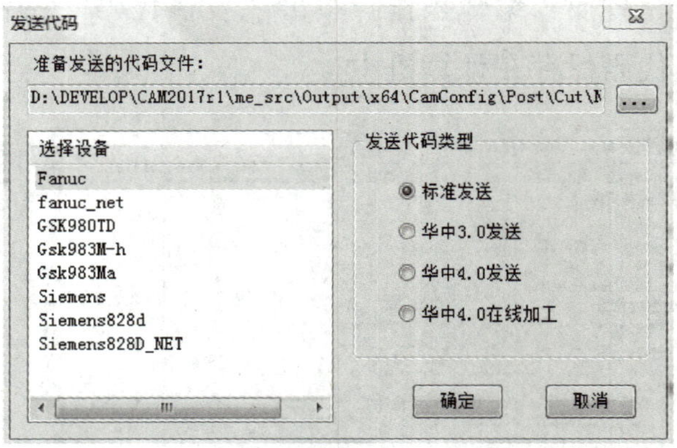

图5-17 “发送代码”对话框

(3) 标准设置 单击“通信”子菜单中的“标准设置”下拉子菜单，弹出“参数设置”对话框，如图5-19所示，按对话框中的要求分别进行发送设置和接收设置中参数的设置，设置时需注意发送设置和接收设置中机床类型及参数应保持一致且与相连接的数控机床通信参数一致。

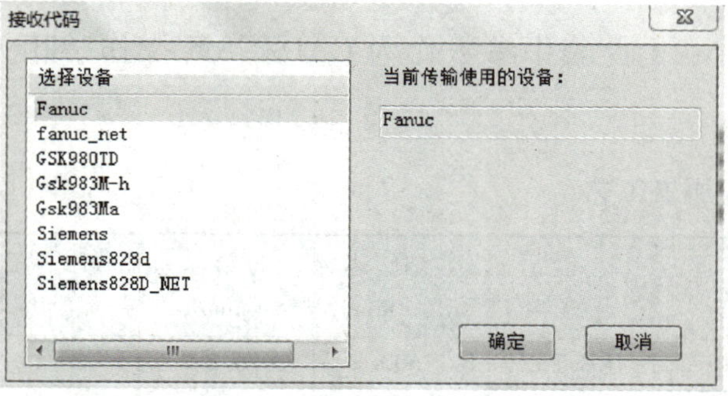

图 5-18 “接收代码”对话框

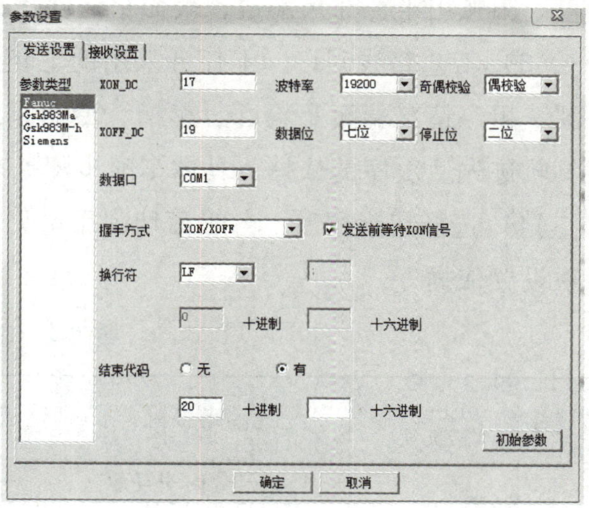

图 5-19 “参数设置”对话框

14. 数控机床程序接收及程序传输方法

将程序转输到数控机床有以下几种方法。

（1）RS232 接口传输　数控机床大多配备有 RS232 接口，用于数控机床与计算机间的数据传输。传输时需专用的传输通信软件或使用 CAD/CAM 软件自带的传输功能，且数控机床与通信软件参数要一致。FANUC 系统通信参数设置及程序读入操作步骤见表 5-1。

RS232 传输设置

表 5-1 FANUC 系统通信参数设置及程序读入操作步骤

系统通信参数设置步骤	系统程序读入步骤
①按 SYSTEM 系统功能键 ②按几次最右侧软键，出现（ALL IO）软键 ③按软键（ALL IO），显示 ALL IO 页面 ④将光标移至相应参数位置进行参数设置	①按机床数控面板系统功能键 SYSTEM ②按几次最右侧软键，出现（ALL IO）软键 ③按软键（ALL IO），显示 ALL IO 页面 ④按 READ 键，进行程序接收 ⑤在传输软件中选择要传输的程序，进行程序发送

（2）CF 卡传输　将程序复制到 CF 卡中，再把 CF 卡插到数控机床的 CF 卡插槽中，即可在数控机床上调用、复制 CF 卡中的程序。

（3）以太网传输　将数控机床与计算机联成局域网，实现基于以太网形式的有线或无线程序传输。

CF 卡传输程序

任务实施

本任务重点是熟悉数控车 CAD/CAM 加工流程，完成零件加工，主要有以下几个方面。

1. 工艺分析

（1）刀具选择　本任务要用到外圆粗车刀、外圆精车刀、车槽刀和外螺纹车刀四种刀具，根据实际情况选用焊接式或可转位式车刀并作为 CAD/CAM 操作中创建刀具的依据。

（2）量具选择　外圆直径用外径千分尺测量，长度用游标卡尺测量，螺纹用螺纹环规测量，圆弧用半径样板测量，表面粗糙度用粗糙度样板比对。

（3）工艺路线制订　本任务采用的毛坯为直径 ϕ30mm 的 45 钢棒料，加工时夹住毛坯外圆，粗、精车端面及轮廓、车槽，最后车螺纹，此车削步骤作为 CAD/CAM 操作中生成刀具轨迹先后次序的依据。具体车削步骤见表 5-2。

（4）选择切削用量　各表面切削用量见表 5-2，此表中参数作为 CAD/CAM 操作中相关参数设置依据。

表 5-2　零件加工工艺

工序名	定位（装夹面）	工步序号及内容	刀具及刀号	主轴转速 n/(r/min)	进给量 f/(mm/r)	背吃刀量 a_p/mm
车	夹住毛坯外圆，伸出长度 70mm	1）粗车端面、外轮廓	外圆粗车刀，刀号 T01	600	0.2	2～4
		2）精车端面、外轮廓	外圆精车刀，刀号 T02	1000	0.1	0.2
		3）车槽	车槽刀，刀号 T03	400	0.1	4
		4）车螺纹	外螺纹车刀，刀号 T04	350	1	0.1～0.4
		5）手动切断	车槽刀，刀号 T03	400	0.1	4

2. 生成程序

（1）造型

1）打开 CAXA2020 数控车软件，画出工件轮廓曲线（含槽轮廓曲线），工件右端面中心点位于软件坐标原点上，如图 5-20 所示。

2）设置毛坯并画毛坯轮廓线，如图 5-20 所示。

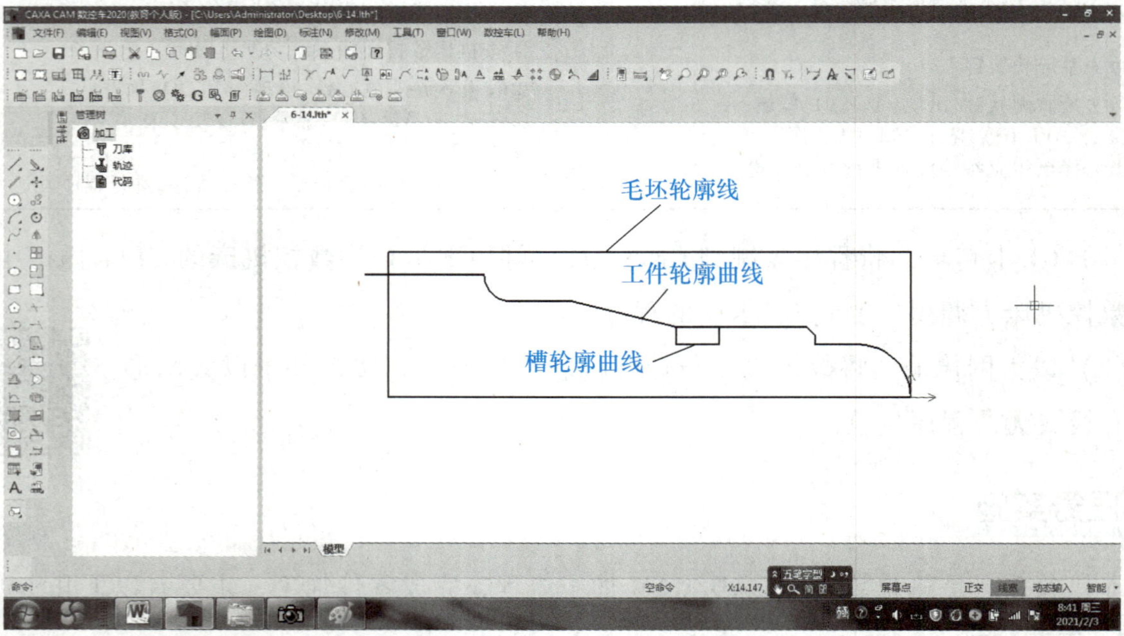

图 5-20　CAXA2020 数控车软件中工件轮廓曲线及毛坯轮廓线图形

（2）确定加工路线，生成刀具轨迹　确定加工路线，生成刀具轨迹前先单击“数控车”菜单下“创建刀具”子菜单，将需要用到的外圆粗车刀、外圆精车刀、车槽刀、外螺纹车刀等刀具添加进刀具库中。

1）生成车削粗加工刀具轨迹。单击“数控车”菜单下“车削粗加工”子菜单，在弹出的对话框中进行“加工参数”“进退刀方式”“刀具参数”等设置，切削用量在“刀具参数”中设置（图 5-5），数值见表 5-2。在“几何”设置中进行轮廓曲线、毛坯轮廓和进退刀点的选择，操作步骤如下。

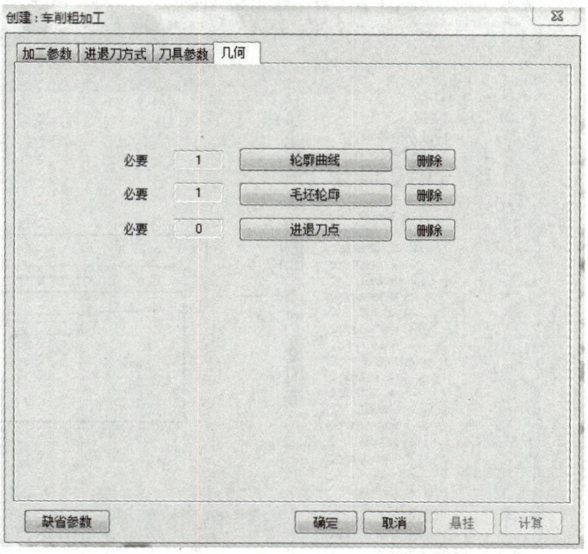

图 5-21　“轮廓曲线”“毛坯轮廓”“进退刀点”选择对话框

单击“几何”按钮，弹出如图 5-21 所示对话框，单击“轮廓曲线”按钮，根据软件左下方提示，单击拾取轮廓线，拾取方式有“单个拾取”“链拾取”“限制链拾取”三种，本任务工件曲线包括 *SR*6mm 圆弧、ϕ12mm 外圆、台阶面、倒角、螺纹圆柱（不含槽曲线）、圆锥面、ϕ22mm 外圆、*R*3mm 圆弧、ϕ28mm 外圆等，拾取结束后单击鼠标右键确认，出现 1 个轮廓曲线。

单击“毛坯轮廓”按钮，根据软件左下方提示，单击拾取毛坯轮廓线，拾取方式有“单个拾取”“链拾取”“限制链拾取”三种，拾取结束后单击鼠标右键确认，出现 1 个轮廓曲线。本任务毛坯轮廓线包括右端、外圆及左端三条轮廓直线（图 5-20）。

单击“进退刀点”按钮，根据软件左下方提示，单击拾取进退刀点或用键盘输入进退刀点坐标，确认后对话框中出现一个进退刀点，最后单击“确定”按钮生成车削粗加工刀具轨迹，如图 5-22 所示。

2）生成车削精加工刀具轨迹。单击“数控车”菜单下“车削精加工”子菜单，在弹出的对话框中进行“加工参数”“进退刀方式”“刀具参数”“几何”等设置，切削用量在“刀具参数”中设置（图 5-6）。在“几何”设置中进行轮廓曲线和进退刀点选择，选择方式同车削粗加工。单击“确定”按钮即生成车削精加工刀具轨迹，如图 5-22 所示。

3）生成车削槽加工刀具轨迹。单击“数控车”菜单下“车削槽加工”子菜单，在弹出的对话框中进行“加工参数”和“刀具参数”设置，在“几何”设置中进行轮廓曲线和进退刀点选择，选择方式同上，本任务槽轮廓曲线包括槽右侧、槽底和槽左侧三条直线。单击“确定”按钮即生成车削槽加工刀具轨迹，如图 5-22 所示。

4）生成车螺纹加工刀具轨迹。单击“数控车”菜单下“车螺纹加工”子菜单，弹出“创建：车螺纹加工”对话框，在“螺纹参数”设置中，选择螺纹类型为外螺纹，加工平面为 XOY，拾取螺纹起点、终点、进退刀位置或输入螺纹起点、终点、进退刀点坐标。选择螺纹节距为恒节距“1”、螺纹牙高为“0.65”，螺纹线数为“1”。依次设置“加工参数”“进退刀方式”“刀具参数”等，单击“确定”按钮即生成车螺纹加工刀具轨迹，如图 5-22 所示。

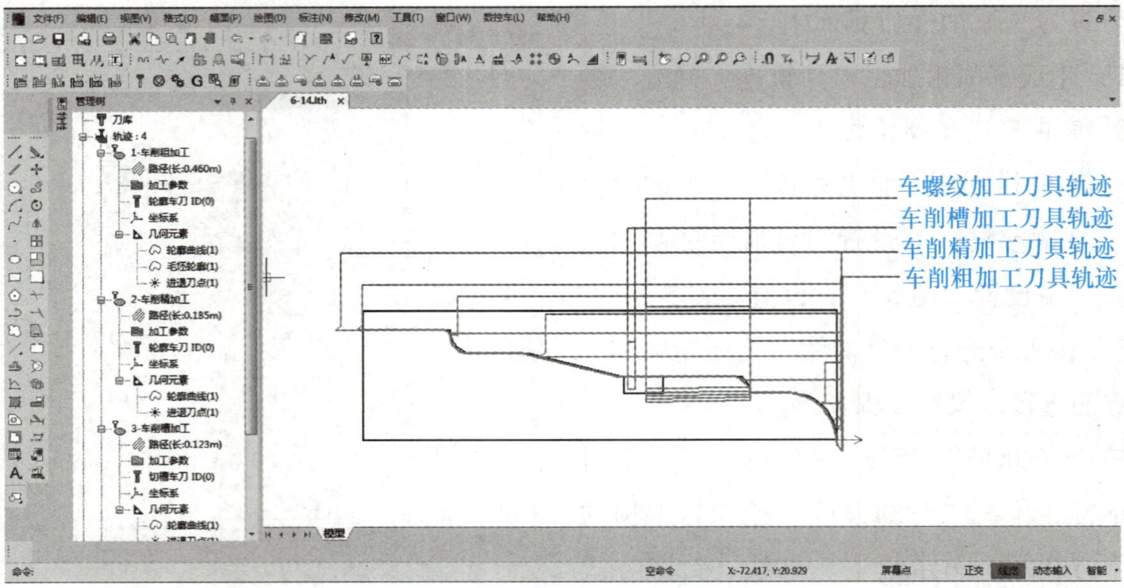

图 5-22 粗、精车外圆、槽加工、螺纹加工刀具轨迹

（3）轨迹仿真 单击“数控车”菜单下的“线框仿真”子菜单，在弹出的对话框中单击“拾取”按钮，根据提示依次拾取车削粗加工、车削精加工、车削槽加工、车螺纹加工刀具轨迹，单击鼠标右键确认，单击“前进”按钮即可进行刀具轨迹仿真，通过速度条可以调整仿真速度。

（4）后置设置 单击“数控车”菜单下的“后置设置”子菜单，在弹出的对话框中进行后置处理参数设置，单击“确定”按钮完成设置。

（5）生成程序代码 单击“数控车”菜单下的“后置处理”子菜单，出现对话框后进行控制系统文件及机床配置文件设置；单击“拾取”按钮，依次拾取车削粗加工、车削精加工、车削槽加工、车螺纹加工刀具轨迹并单击鼠标右键结束（拾取时可按住<Ctrl>或<Shift>键多选）。

单击对话框中的“后置”按钮，生成程序代码并出现“编辑代码”对话框（图 5-14），单击“另存文件”按钮将程序代码保存到计算机桌面上，文件名为“CN0641”。经编辑无误码后单击“发送代码”按钮将程序传输至机床设备。

加工参考程序（略）。

3. 加工操作

1）开机回参考点，建立机床坐标系。

2）装夹工件。夹住毛坯外圆，伸出长度 70mm 左右并进行找正。

3）装夹刀具。将用到的外圆粗车刀、外圆精车刀、车槽刀、外螺纹车刀按要求分别装夹在 T01、T02、T03、T04 号刀位中。

DNC 加工

4）对刀操作。将用到的车刀采用试切法对刀并分别进行对刀验证。

5）输入程序并校验。

6）零件加工。

① 调出程序，选择自动加工模式进行零件加工，程序运行结束后测量相关尺寸。

② 手动切断并调头车削零件左端面，控制总长。

③ 加工结束后，及时清扫机床。

检测评分

将学生任务完成情况的检测与评价填入表 5-3 中。

表 5-3　电动汽车电机轴 CAD/CAM 加工检测评价表

序号	检测项目	检测内容及要求	配分	学生自检	学生互检	教师检测	得分
1	职业素养	文明、礼仪	5				
2		安全、纪律	10				
3		行为习惯	5				
4		工作态度	5				
5		团队合作	5				
6	零件造型	1)轮廓造型正确 2)毛坯设置正确	5				
7	生成刀具轨迹及数控程序	1)基点位置正确 2)刀具类型正确 3)加工路径正确 4)切削用量合理 5)程序正确	10				
8	机床操作	1)开机前检查、开机、回参考点 2)工件装夹与对刀 3)程序输入与校验	5				
9	零件加工	$\phi28_{-0.052}^{0}$mm	5				
10		$\phi22_{-0.052}^{0}$mm	5				
11		$\phi12_{-0.1}^{0}$mm	5				
12		60±0.1mm	5				
13		$49_{-0.1}^{0}$mm、$39_{-0.1}^{0}$mm、$27_{-0.1}^{0}$mm、$11_{-0.1}^{0}$mm	6				
14		*SR*6mm	2				
15		*R*3mm	2				
16		5mm×ϕ12mm	2				
17		M16×1-6g	5				
18		1∶2 锥度	5				
19		*C*1	1				
20		表面粗糙度值 *Ra*1.6μm	4				
21		表面粗糙度值 *Ra*3.2μm	3				
综合评价							

【任务拓展一】

用 CF 卡传输本任务 CAD/CAM 成生的程序并进行零件加工。

【任务拓展二】

图 5-23 所示为内孔轴零件，用 CAXA2020 软件编程并加工该零件。

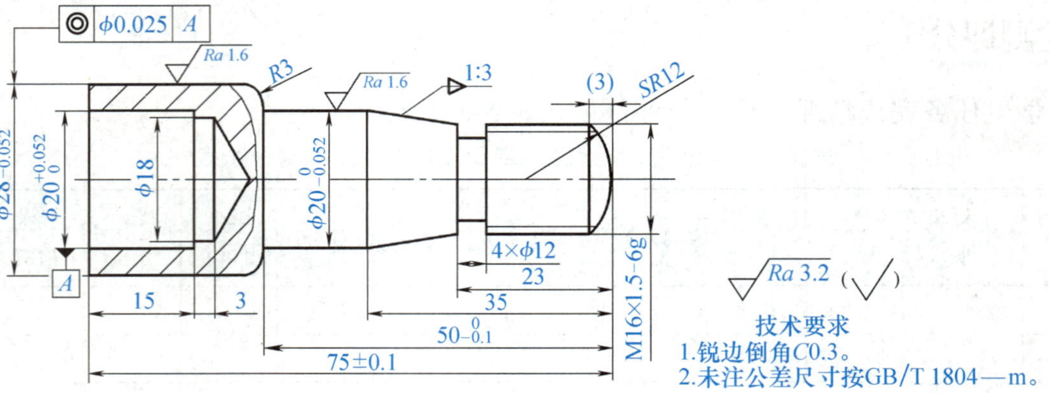

图 5-23 内孔轴

任务拓展实施提示：该零件需调头装夹车削，故至少需生成两个程序，调头装夹时因位置精度要求较高需严格找正；外轮廓圆柱、圆锥、槽及螺纹的 CAD/CAM 造型与刀具轨迹生成同本任务，左端内孔表面需手动钻中心孔和钻孔后车孔，车孔也采用车削粗加工、车削精加工子菜单功能，但需注意相关参数及进退刀点位置与车外圆的区别。

任务二 汽车空调压缩机端盖数控铣 CAD/CAM 加工

任务描述

汽车空调压缩机是汽车空调制冷系统的核心部件，起着压缩和输送制冷剂蒸气的作用。根据工作方式不同，常见的汽车空调压缩机有曲轴连杆式、轴向活塞式、旋转叶片式和涡旋式等。使用 CAXA 制造工程师软件完成汽车空调压缩机端盖的零件造型、自动编程与数控铣削加工，零件图如图 5-24 所示，毛坯材料为 2A12，尺寸为 80mm×80mm×20mm。

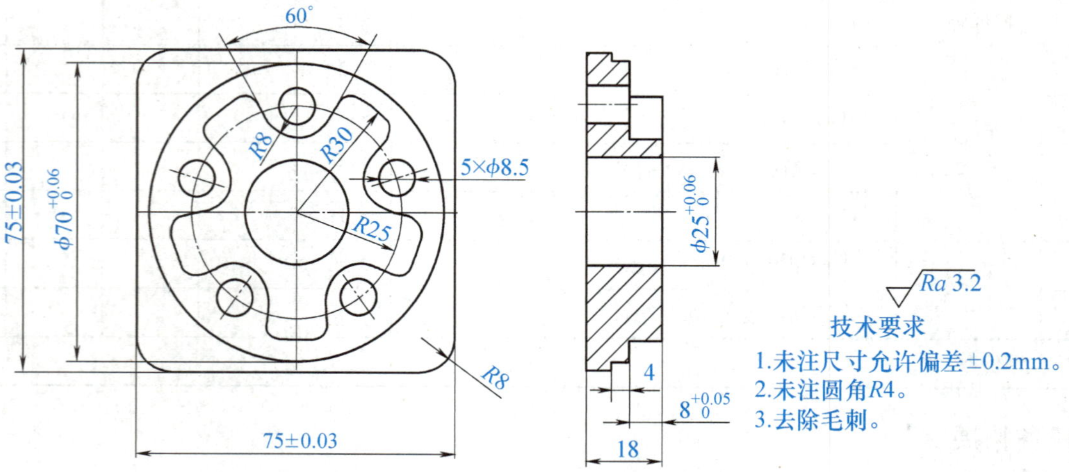

图 5-24 汽车空调压缩机端盖零件图

知识目标

1. 了解 CAD/CAM 基础知识。
2. 了解 CAD/CAM 加工过程。
3. 熟悉 CAXA 制造工程师造型方法。
4. 熟悉 CAXA 制造工程师零件加工刀具轨迹生成方法。
5. 熟悉 CAXA 制造工程师刀具轨迹仿真过程。

技能目标

1. 能够通过 CAXA 制造工程师软件完成平面轮廓和孔的自动编程。
2. 会进行数控铣床及通信软件参数设置。
3. 能够进行程序的传输与自动加工。

知识准备

1. CAXA 制造工程师简介

CAXA 制造工程师是北京数码大方科技有限公司开发的基于 Windows 环境下运行的 CAD/CAM 一体化软件，软件集成了零件几何造型、加工轨迹生成、加工轨迹仿真、数控代码生成及程序传输通信等功能，是同类产品中功能完善、性能稳定的 CAD/CAM 软件之一。其各种功能主要由菜单和快捷工具实现，具体页面主要由主菜单、加工工具条、绘图区、状态提示栏等部分组成，如图 5-25 所示。

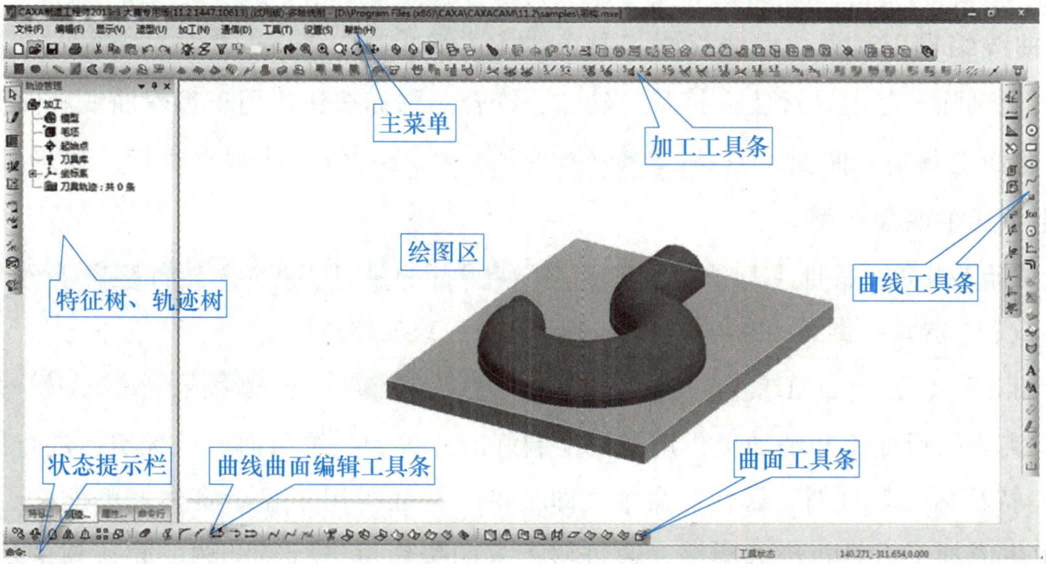

图 5-25　CAXA 制造工程师页面

（1）绘图区　绘图区用于进行 2D 或 3D 的图形绘制（零件造型）。打开软件后，在绘图区内有一个名为“. sys”的系统坐标系，辅助用户进行零件造型。在绘图区内滚动鼠标滚轮可以放大或缩小图形显示，按住鼠标滚轮拖动光标可以进行空间旋转图形。在键盘上按<F5>快捷键，绘图区会显示 XY 平面，按<F6>快捷键会显示 YZ 平面，按<F7>快捷键会显示 ZX 平面，按<F8>快捷键会显示空间轴测视图，按<F9>快捷键可以在 XY、YZ、ZX 三个平面之间进行当前绘制平面的切换。

当使用工具条命令时，在绘图区中间单击鼠标右键会结束当前命令，再次单击鼠标右键会调用上一次使用的命令。

（2）主菜单　主菜单位于软件最上方，单击主菜单会显示对应的下拉子菜单。软件中对应的文件新建、保存以及所有的设计、加工等功能均能通过主菜单和子菜单实现。

（3）快捷工具条　为了便于用户快速、便捷地使用软件的功能，CAXA 制造工程师把常用的功能通过各式工具条体现，包括标准工具条、显示工具条、曲线工具条、几何变换工具条、曲线编辑工具条、曲面工具条、特征工具条和加工工具条。

1）标准工具条。标准工具条包括文件新建、打开、保存、打印以及图层管理等图标按钮。

2）显示工具条。显示工具条包括重画、显示全部、缩放、旋转、平移、线框显示和实体显示等图标按钮。

3）曲线工具条。曲线工具条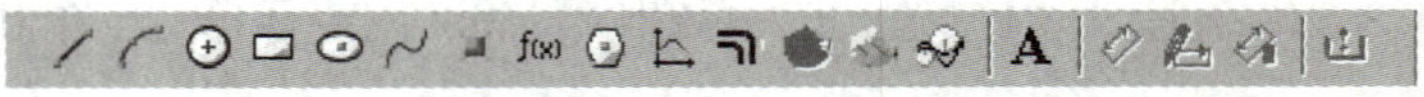包含直线、圆弧、矩形、椭圆、公式曲线、多边形、等距线等丰富的曲线绘制工具，是绘制二维图形和三维图形使用最多的工具。

4）几何变换工具条。几何变换工具条包含偏移、旋转、镜像、阵列、缩放等工具，主要是让用户对二维和三维图形进行偏移、旋转等几何变换。

5）曲线编辑工具条。曲线编辑工具条包含曲线曲面删除、裁剪、过渡、打断、延伸、缝合等图标按钮，用于编辑曲线和曲面。

6）曲面工具条。曲面工具条包含绘制直纹面、旋转面、扫描面等，用于三维曲面造型。

7）特征工具条。特征工具条包括拉伸、旋转、导动、倒圆、倒角等图标按钮，用于三维实体造型。

8）加工工具条。加工工具条包括平面、实体的粗加工和精加工，用于对绘制好的二维、三维曲面、三维实体进行加工。

（4）特征树、轨迹树、属性、命令立即菜单　特征树用于显示实体造型顺序，轨迹树用于显示生成加工刀具轨迹的顺序，通过树下方的按钮可进行特征树、轨迹树的切换。使用任何绘图、编辑工具，均会在命令列显示该工具命令需要选择或输入的参数。

（5）状态提示栏　状态提示栏在软件最下方，当执行绘图、加工、测量等操作时会在状态提示栏左侧提示下一步操作步骤，右侧显示当前光标的坐标值。

2. 数控铣床程序传输参数设置

参见表 5-1。

3. 数控铣床程序传输方法

数控铣床程序传输方法同数控车床，主要有 RS232 接口传输、CF 卡传输和以太网传输三种，详见本项目任务一。

任务实施

1. 工艺分析

（1）刀具选择　本任务主要加工平面、轮廓和孔，要用到 ϕ8mm 键槽铣刀、ϕ8.5mm 麻花钻等刀具，将作为 CAD/CAM 操作中创建刀具的依据。

（2）量具选择　根据零件结构和尺寸精度要求，本任务用到的量具有 0~150mm 游标卡尺、50~75mm 外径千分尺、0~25mm 深度千分尺和 0~30mm 内径量表等。

（3）工艺路线制订　从零件的结构和尺寸要求分析，使用机用虎钳装夹较为合理，加工时先装夹毛坯加工 75mm×75mm 正方形和 ϕ25mm 通孔，再翻面装夹 75mm×75mm 正方形，加工 ϕ70mm 外圆、五角凸台和 5 个 ϕ8.5mm 通孔。

（4）切削用量选择　各表面切削用量见表 5-4。此表中参数作为 CAD/CAM 操作中相关参数设置依据。

表 5-4　汽车空调压缩机端盖零件加工工艺表

定位装夹	工步序号及内容		刀具	刀具号	主轴转速 n/(r/min)	进给量 f /(mm/min)	背吃刀量 a_p/mm
正面：机用虎钳装夹	1	铣平面	ϕ8mm 键槽铣刀	T01	1200	100	1
	2	铣 75mm×75mm 正方形	ϕ8mm 键槽铣刀	T01	1000	100	3
	3	铣 ϕ25mm 通孔	ϕ8mm 键槽铣刀	T01	1000	100	18
反面：机用虎钳装夹	4	铣平面，控制厚度	ϕ8mm 键槽铣刀	T01	1000	100	1
	5	铣 ϕ70mm 外圆	ϕ8mm 键槽铣刀	T01	1000	100	4
	6	铣五角凸台	ϕ8mm 键槽铣刀	T01	1000	100	8
	7	钻 ϕ8.5mm 孔	ϕ8.5mm 麻花钻	T02	900	80	4.25

2. 零件造型

根据零件图中要求，绘图采用曲线工具条中的命令，编程采用平面区域粗加工、平面轮廓精加工和 G01 钻孔加工指令。

（1）绘制 75mm×75mm 正方形　按<F5>快捷键，在 XY 平面内绘制图形。依次单击主菜单“造型”→“曲线生成”→“矩形”，在左侧立即菜单中选择“中心_长_宽”，输入长度“75”，宽度“75”，按<Enter>键，将矩形中心定在 . sys 坐标系中间，如图 5-26 所示。

依次单击主菜单“造型”→“曲线编辑”→“曲线过渡”，在左侧立即菜单中选择“圆弧过渡”，输入圆弧半径为“8”，倒 4 处 R8mm 圆角，分别单击相邻的两条边，完成后如图 5-27 所示。

图 5-26 绘制 75mm×75mm 正方形

图 5-27 圆弧过渡

（2）绘制 ϕ70mm、ϕ25mm 圆　依次单击主菜单“造型”→“曲线编辑”→“圆”，在左侧立即菜单中选择“圆心_半径”，选中坐标原点或通过键盘在英文输入状态下输入（0，0），再输入半径“35”，按<Enter>键绘制 ϕ70mm 圆。以同样的方法完成 ϕ25mm 圆的绘制，完成后如图 5-28 所示。

（3）绘制五角凸台　依次单击主菜单“造型”→“曲线生成”→“圆弧”，在左侧立即菜单中选择“圆心_半径”，在英文状态下输入（0，25），确定圆心，继续输入 8，绘制半径为 8mm 的圆，完成后如图 5-29 所示。

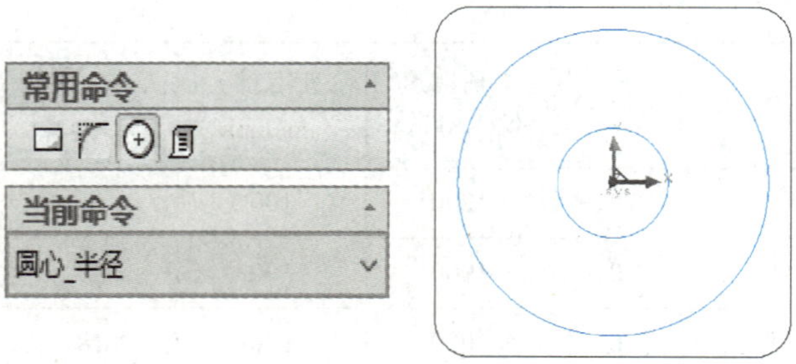

图 5-28 绘制 ϕ70mm 和 ϕ25mm 圆

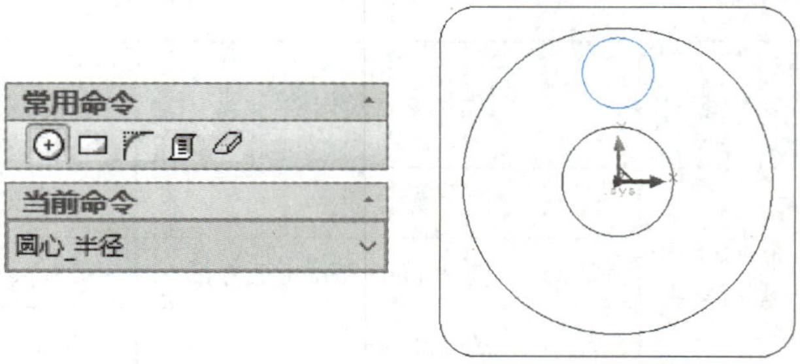

图 5-29 绘制 ϕ16mm 圆

依次单击主菜单“造型”→“曲线生成”→“直线”，在左侧立即菜单中选择“角度线”与“Y 轴夹角”，设置角度为“30”，将光标移至绘图区，按键盘上的<Space>键，出现捕捉点菜单，如图 5-30 所示，单击“T 切点”，再选择 R8mm 圆，移动光标确定角度线方向后，按键盘<Space>键，选择“缺省”点，如图 5-31 所示，在绘图区单击确定角度线位置，完成后如图 5-32 所示。

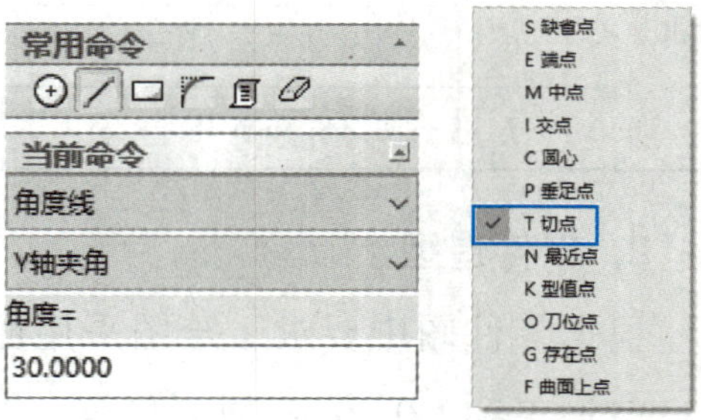

图 5-30 选择“T 切点”

再以同样的方式，将角度改为“-30”，绘制另一条角度线，完成后如图 5-33 所示。

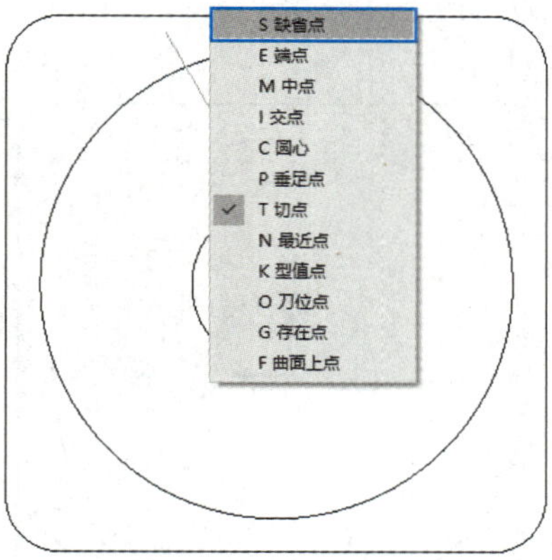

图 5-31 选择“缺省点”

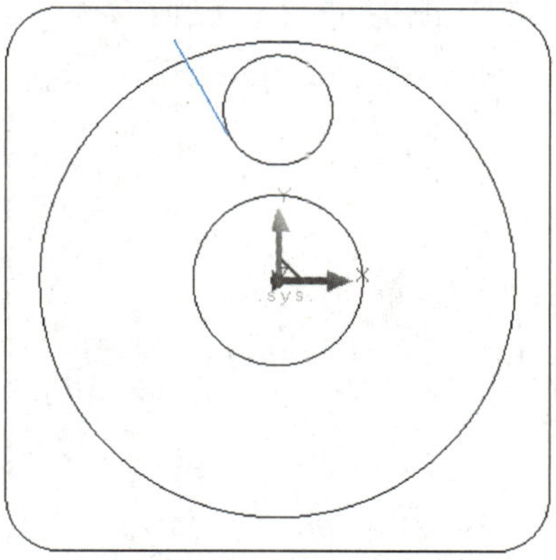

图 5-32 绘制角度线 1

依次单击主菜单“造型”→“曲线编辑”→“曲线裁剪”，选择 $R8$mm 圆的上半部分，完成后如图 5-34 所示。

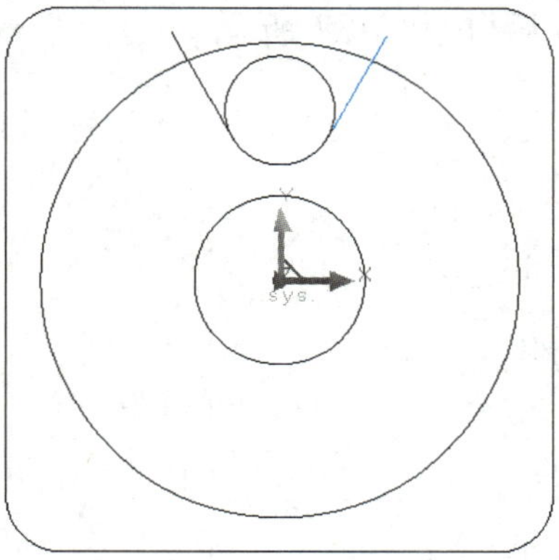

图 5-33 绘制角度线 2

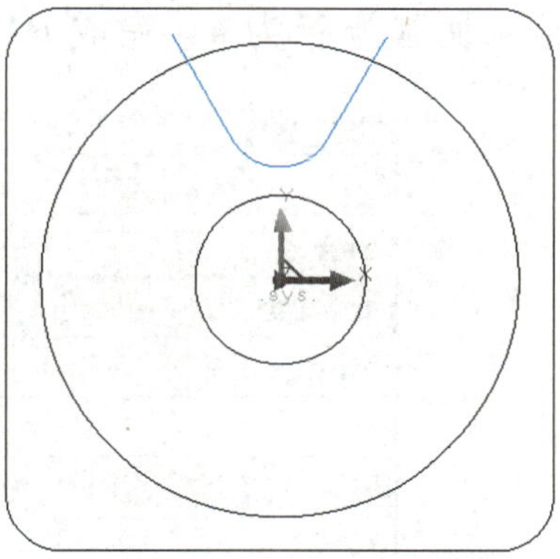

图 5-34 曲线裁剪

依次单击主菜单“造型”→“几何变换”→“阵列”，在左侧立即菜单中选择“圆心”“均布”，份数输入“5”，选择两条直线和 $R8$mm 圆弧，完成后单击鼠标右键，再单击原点，完成后如图 5-35 所示。

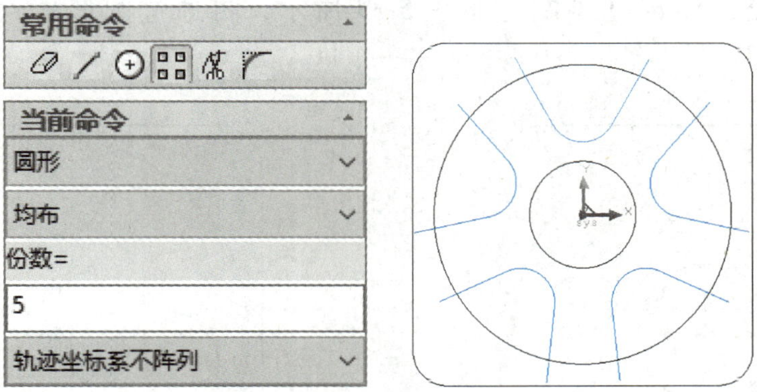

图 5-35 曲线阵列

依次单击主菜单“造型”→“曲线编辑”→“圆”，在左侧立即菜单中选择“圆心-半径”，选中坐标原点或通过键盘在英文输入状态下输入（0，0），再输入半径 30，完成后如图 5-36

所示。再通过裁剪命令，删除多余线条，完成后如图 5-37 所示。

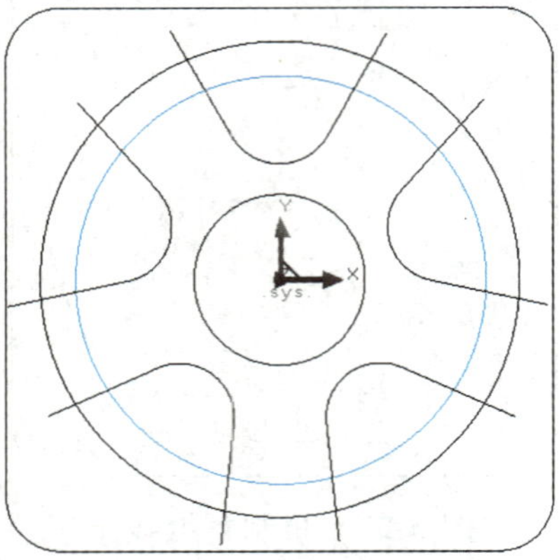

图 5-36　绘制 ϕ60mm 圆

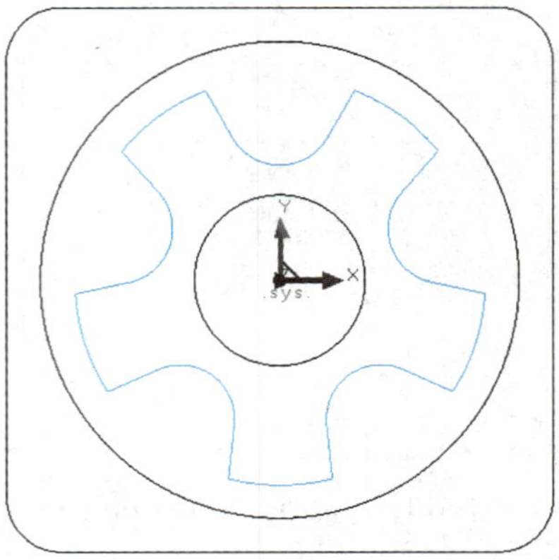

图 5-37　曲线裁剪

依次单击主菜单“造型”→“曲线编辑”→“曲线过渡”，在左侧立即菜单中选择“圆弧过渡”，输入圆弧半径为 4，完成 R4mm 圆角绘制，完成后如图 5-38 所示。

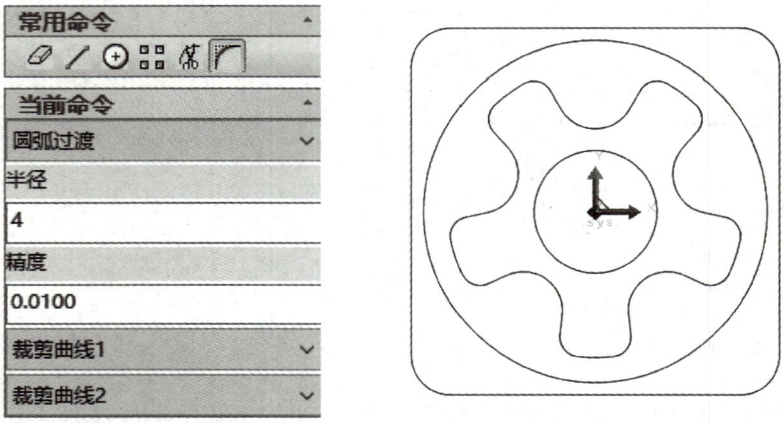

图 5-38　曲线过渡

（4）绘制 ϕ8.5mm 孔　同样以“圆”绘制命令，输入圆心坐标（0，25），半径“4.25”，完成上方 ϕ8.5mm 孔绘制，如图 5-39 所示，再通过圆形阵列，完成其余孔的绘制，如图 5-40 所示。

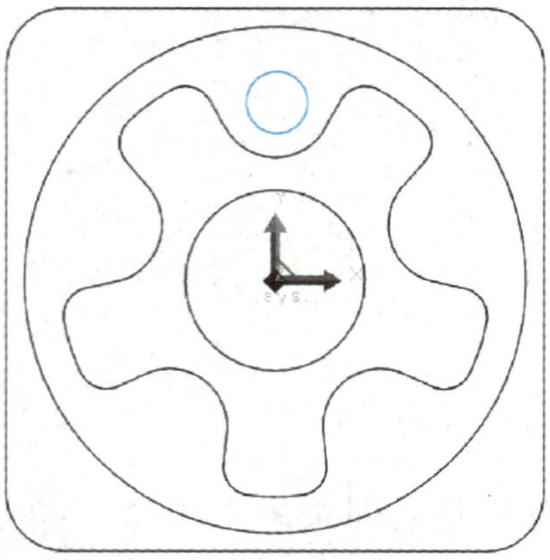

图 5-39　绘制 ϕ8.5mm 孔

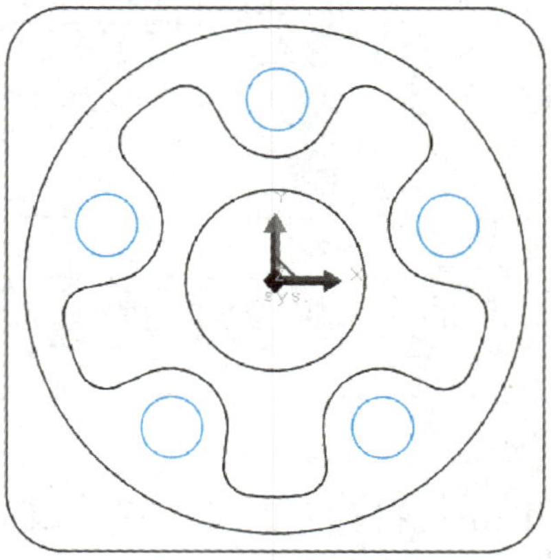

图 5-40　圆形阵列孔

3. 刀具轨迹生成与模拟仿真

（1）创建铣平面刀具轨迹 依次单击主菜单“加工”→“常用加工”→“平面区域粗加工”，弹出“平面区域粗加工（创建）”对话框，设置“加工参数”如图 5-41 所示，设置“切削用量”如图 5-42 所示，设置“刀具参数”如图 5-43 所示，其他参数默认。单击“确定”按钮，提示选择轮廓曲线，选择 75mm×75mm 矩形，指定任意链搜索方向，完成轨迹的创建，如图 5-44 所示，按<F5>和<F8>快捷键切换俯视和三维空间视角，观察刀具轨迹。

图 5-41　设置平面区域粗加工参数

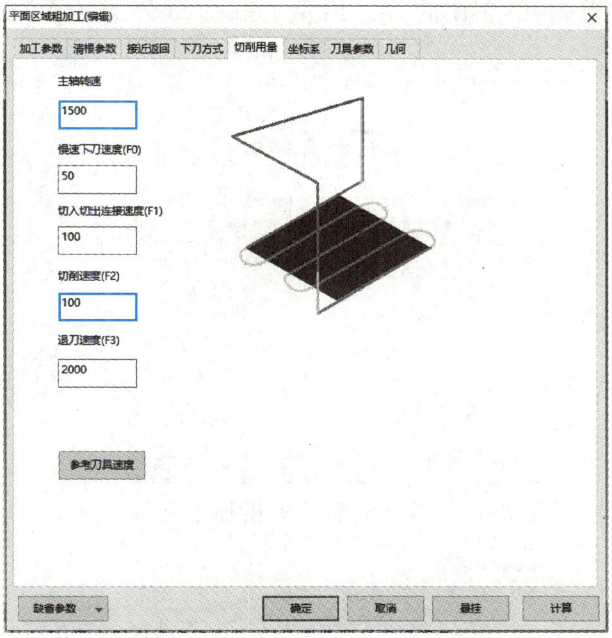

图 5-42　设置切削用量

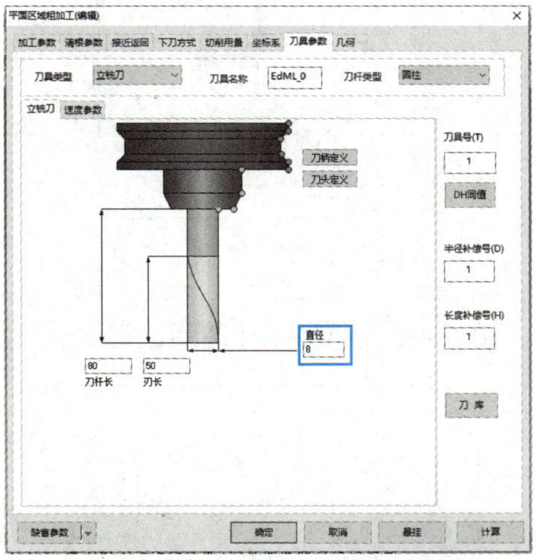

图 5-43　设置刀具参数

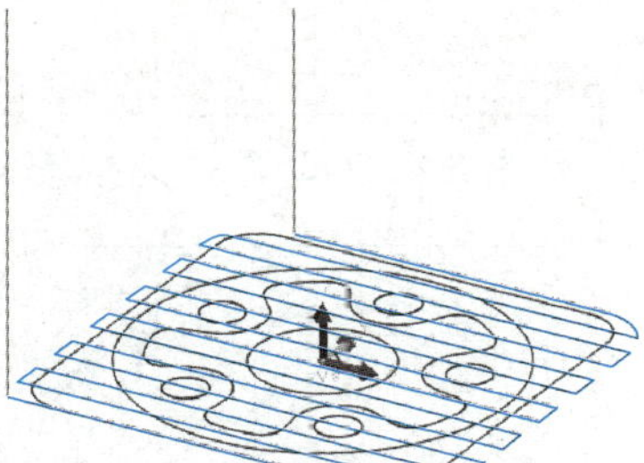

图 5-44　铣平面刀具轨迹

（2）创建外轮廓加工刀具轨迹 该零件外轮廓包含 75mm×75mm 正方形、ϕ70mm 外圆和五角凸台，编程采用“平面轮廓精加工”指令，此处以 ϕ70mm 外圆和五角凸台加工刀具轨迹生成为例进行说明。

依次单击主菜单“加工”→“常用加工”→“平面轮廓精加工”，弹出“平面轮廓精加工

(创建)”对话框，设置“加工参数”如图 5-45 所示，设置“切削用量”如图 5-46 所示，设置“刀具参数”如图 5-47 所示，其他参数默认。单击“确定”按钮，提示选择轮廓曲线，选择 ϕ70mm 圆，指定逆时针方向加工的链搜索方向，单击鼠标右键完成轮廓选取，提示选择进刀点，选择轮廓外一点作为下刀点，提示选择退刀点，直接单击鼠标右键取消，完成刀具轨迹的创建，如图 5-48 所示。

以同样的方式完成五角凸台的加工刀具轨迹的创建，如图 5-49 所示。ϕ25mm 通孔也采用“平面轮廓精加工”指令，注意选择箭头方向，生成的刀具轨迹如图 5-50 所示。

图 5-45　设置平面轮廓精加工参数

图 5-46　设置切削用量

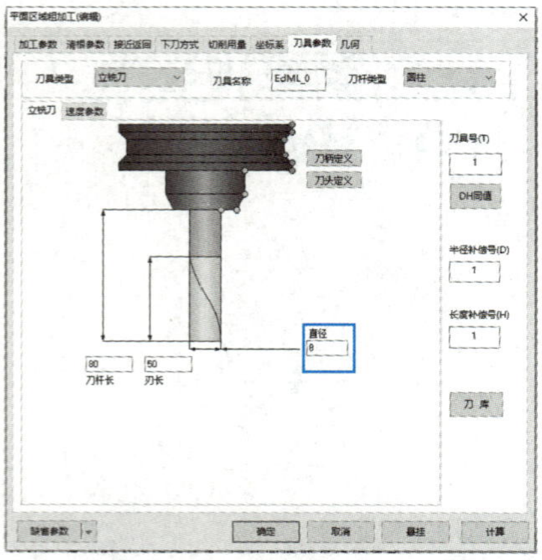
图 5-47　设置刀具参数

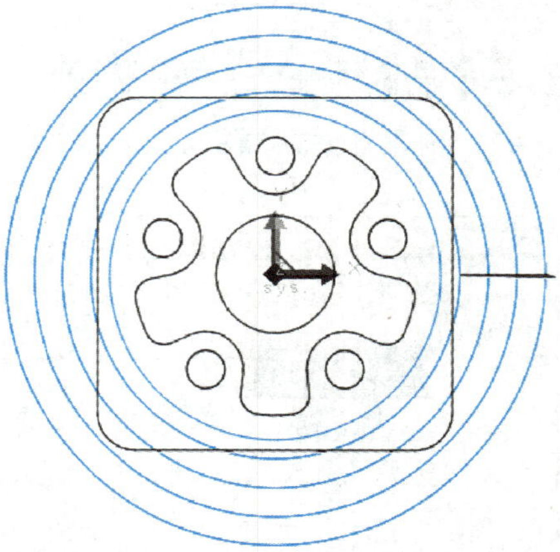
图 5-48　ϕ70mm 外圆加工刀具轨迹

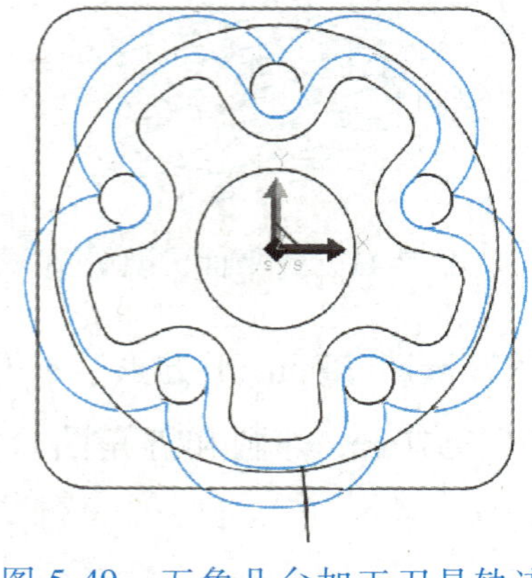
图 5-49　五角凸台加工刀具轨迹

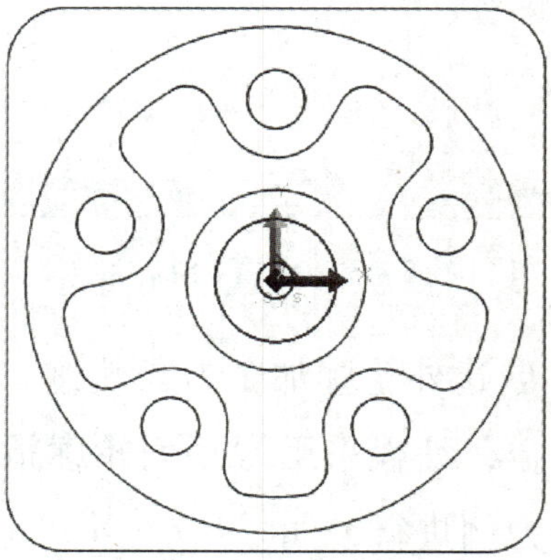
图 5-50　ϕ25mm 通孔加工刀具轨迹

（3）创建钻孔刀具轨迹　依次单击主菜单“加工”→“其他加工”→“孔加工”，弹出“G01 钻孔（编辑）”对话框，设置钻孔参数如图 5-51 所示。在“几何”选项卡（图 5-52）中单击“拾取圆弧”按钮，选择绘图区 ϕ8.5mm 圆，单击鼠标右键完成选择。在“刀具参数”选项卡中，钻头直径输入“8.5”，刀具号和长度补偿号输入“2”，单击“确定”按钮，完成孔加工刀具轨迹的创建。

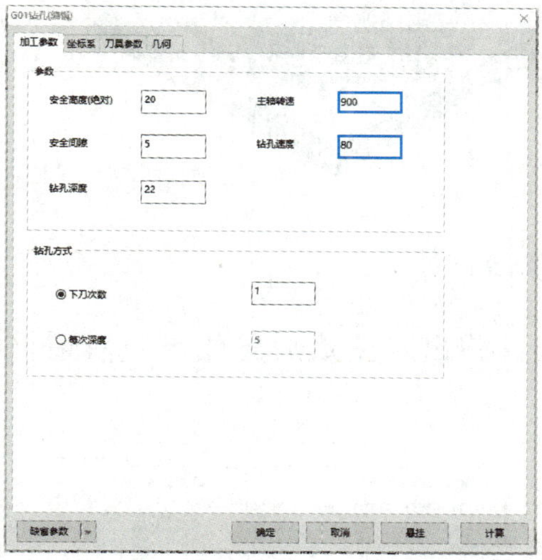

图 5-51　设置钻孔参数

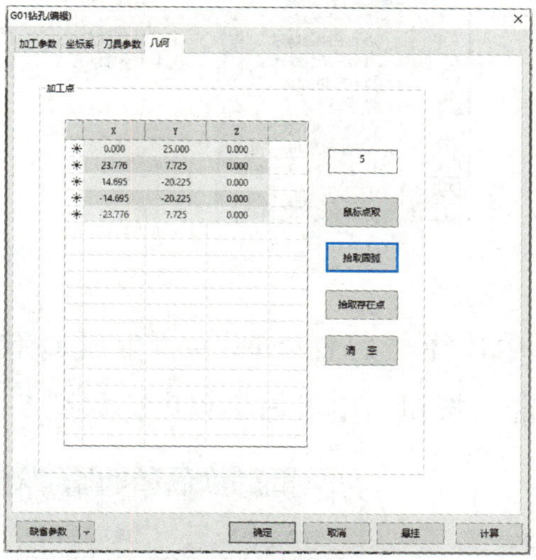

图 5-52　拾取加工点拾取方式

（4）设置模拟加工毛坯　双击“轨迹管理”树中的“毛坯”，弹出如图 5-53 所示对话框，按图中尺寸进行毛坯设置。

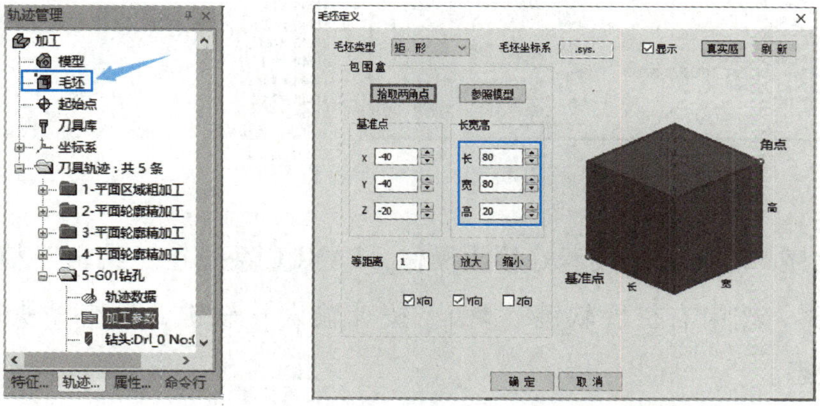

图 5-53　设置毛坯

（5）模拟加工轨迹　在“轨迹管理”树中选中所有加工刀具轨迹，选择主菜单“加工”→“实体仿真”，进入实体切削模拟页面，单击仿真运行按钮进行模拟加工，如图 5-54 所示。

4. 程序生成与传输

（1）生成程序　在“轨迹管理”树中选中需要加工的轨迹，单击鼠标右键，在弹出的

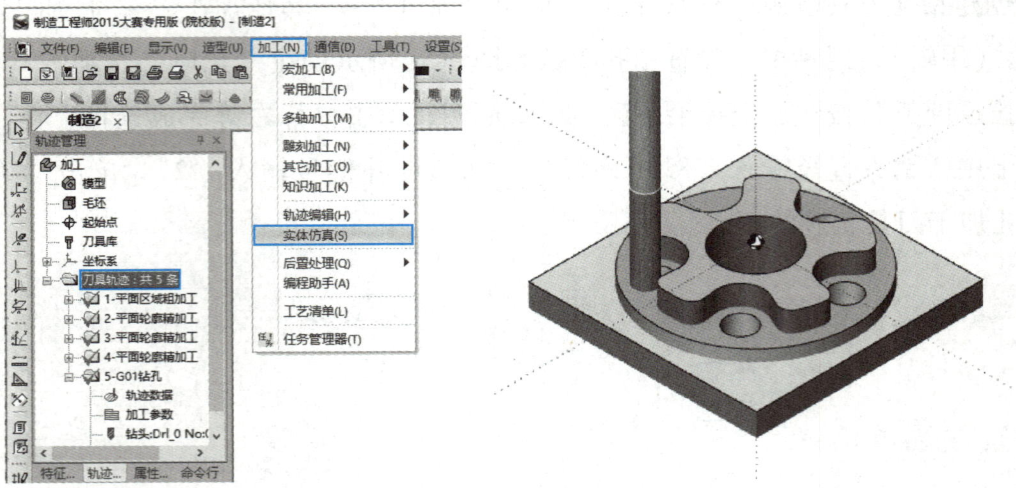

图 5-54　模拟加工

菜单中选择“后置处理”→“生成 G 代码”，单击，弹出“生成后置代码”对话框，单击“确定”按钮，生成加工程序，如图 5-55 所示。

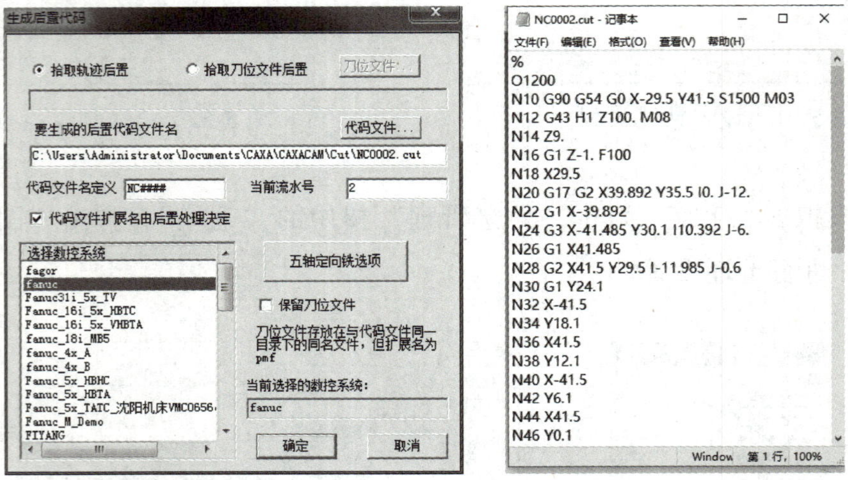

图 5-55　生成加工程序

（2）传输程序　在机床端设置好接收操作，FANUC 系统在“编辑”模式下，按 PROG 键，选择“列表”，按向右扩展软键［▶］，按［输入］软键，再按［执行］软键，页面提示进入输入状态。

在 CAXA 制造工程师中依次单击主菜单“通信”→“标准本地通信”→“发送”，弹出“发送代码”对话框，选择接收机床系统类型和发送程序，单击“确定”按钮，将程序传输至机床。

5. 零件加工

1）安装工件，将工件坐标系建立在零件上表面的中心位置。

2）刀具对刀。将基准刀具对刀数据输入到 G54 工件坐标系中，ϕ8mm 键槽铣刀和 ϕ8. 5mm 麻花钻与基准刀具长度差输入到刀具列表 H1 和 H2 中。

3）打开传输的程序，选择 AUTO 模式，按［循环启动］按钮加工零件。

4）尺寸精度控制。测量已完成轮廓的尺寸，根据图样要求修改软件中的刀具半径或加工余量，重新生成加工代码，传入机床进行精加工。

5）加工结束后，及时清扫机床。

检测评价

将学生任务完成情况的检测与评价填入表 5-5 中。

表 5-5 汽车空调压缩机端盖加工检测评价表

序号	检测项目	检测内容及要求	配分	学生自检	学生互检	教师检测	得分
1	职业素养	文明、礼仪	5				
2		安全、纪律	10				
3		行为习惯	5				
4		工作态度	5				
5		团队合作	5				
6	零件造型	1）轮廓造型正确 2）毛坯设置正确	5				
7	生成刀具轨迹及数控程序	1）基点位置正确 2）刀具类型正确 3）加工路径正确 4）切削用量合理 5）程序正确	10				
8	机床操作	1）开机前检查、开机、回参考点 2）工件装夹与对刀 3）程序输入与校验	5				
9	零件加工	$\phi70^{+0.06}_{0}$mm	10				
10		$\phi75\pm0.03$mm	10				
11		$\phi25^{+0.06}_{0}$mm	5				
12		$5\times\phi8.5$mm	8				
13		$R8$mm、$R4$mm、$R25$mm、$R30$mm，60°、18mm	12				
14		表面粗糙度值 $Ra3.2\mu$m	5				
综合评价							

任务拓展

完成图 5-56 所示汽车空调压缩机散热器端盖零件的自动编程与加工，毛坯材料为 2A12，尺寸为 80mm×80mm×20mm。

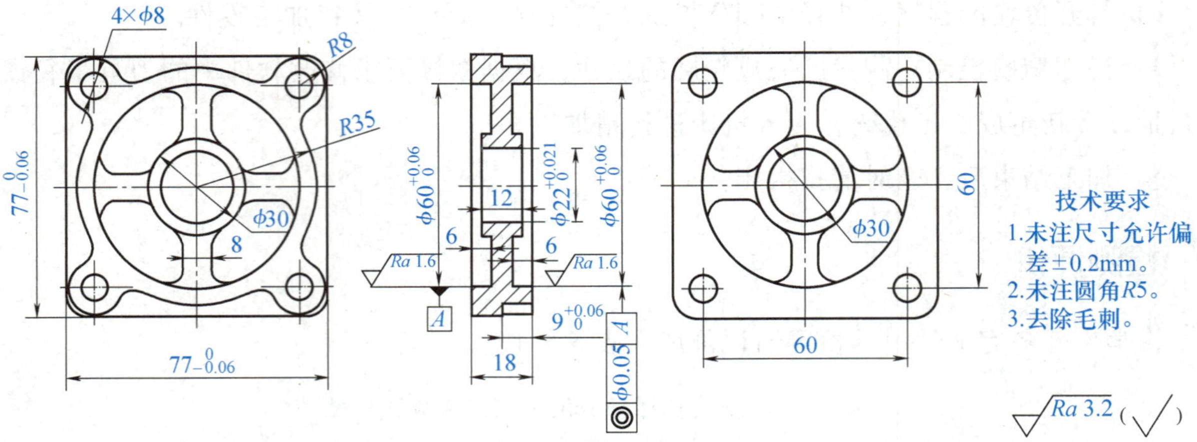

图 5-56　汽车空调压缩机散热器端盖零件图

任务拓展实施提示：该零件上有外轮廓、薄壁、通孔等元素，结构较为复杂。4 个腰形孔与 ϕ30mm 外圆和 ϕ60mm 内圆相切，在绘图时要单独绘制各自轮廓曲线，不要共用轮廓曲线。为降低腰形孔绘图难度，可以在绘制好一个腰形孔之后采用圆周阵列指令绘制其他图形，也可以在生成好一个腰形孔的加工刀具轨迹后，通过阵列生成其他腰形孔的加工刀具轨迹。编程主要采用平面轮廓精加工指令和钻孔指令。加工时先加工底面 77mm×77mm 外轮廓、ϕ60mm 内圆、ϕ30mm 外圆和 ϕ22mm 内孔，翻面装夹 77mm×77mm 外轮廓，以 ϕ22mm 内孔对刀，以保证两个 ϕ60mm 圆轴线的同轴度。

任务三　汽车梅花形弹性联轴器半联轴节的数控车铣综合加工

任务描述

联轴器是汽车中的常用零件，主要用于将发动机的动力从主动轴传递到从动轴上。图 5-57 所示是一种汽车常用的梅花形弹性联轴器，其特点是可以补偿两轴间的相对偏移，使用时左、右两半联轴节与轴相连，同时将一个整体的梅花形弹性环装在半联轴节的凸爪之间，实现两半联轴节的连接，从而实现主、从动轴间动力的传递。现加工图 5-58 所示汽车梅花形弹性联轴器半联轴节，其中外圆、内孔、端面应在数控车床上加工，销孔和凸爪表面需要在数控铣床上加工，是典型的数控车铣综合加工类零件，零件毛坯材料为 45 钢，尺寸为 ϕ80mm×70mm。

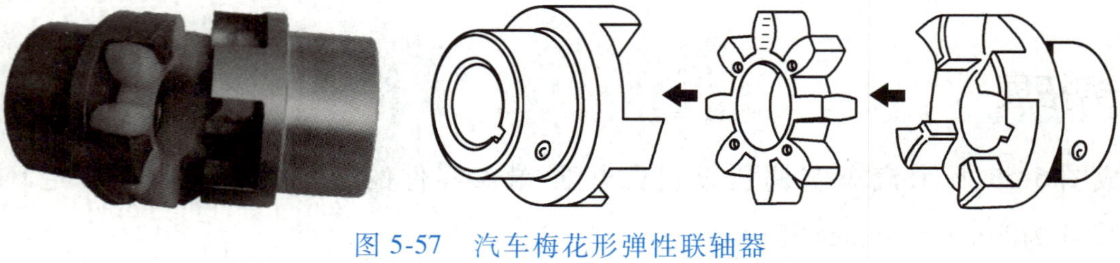

图 5-57　汽车梅花形弹性联轴器

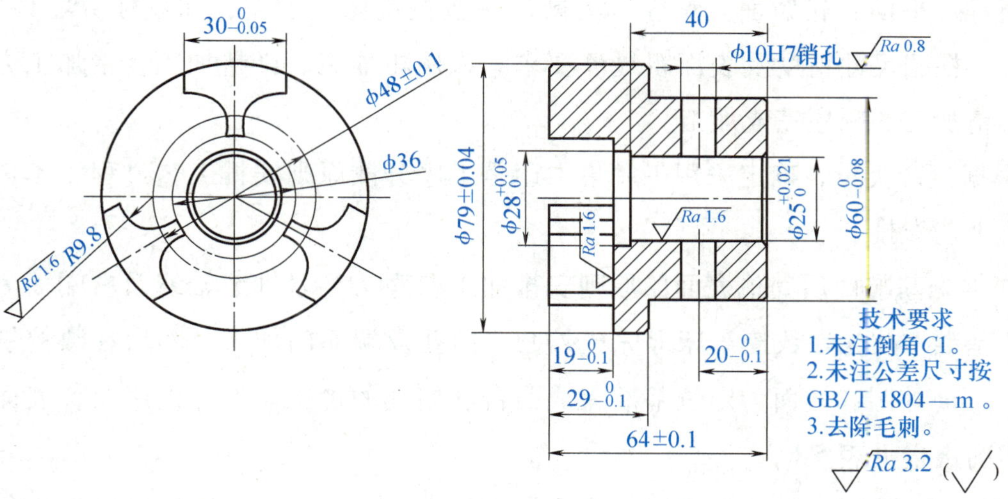

图 5-58 汽车梅花形弹性联轴器半联轴节零件图

知识目标

1. 了解数控车铣加工“1+X”证书要求。
2. 了解数控车铣综合加工类零件加工工艺编制要求。

技能目标

1. 能灵活操作数控车床和数控铣床。
2. 会编制数控车铣综合加工类零件的加工工艺。
3. 能完成数控车铣综合加工类零件的加工并达到一定的精度要求。

知识准备

数控车铣加工“1+X”证书制度简介。

2019 年 2 月，国务院印发的《国家职业教育改革实施方案》中明确提出启动“学历证书+若干职业技能等级证书”制度试点。数控车铣加工职业技能等级证书是加工制造类专业“1+X”证书之一，由武汉华中数控股份有限公司考评和发证。证书等级包括初级、中级、高级三个级别，考核从企业生产实际出发，以企业典型产品的工艺制订和零件加工作为考核内容，同时强调数控车、数控铣加工技能的综合运用，实现培养高素质综合型技术技能人才。

任务实施

1. 工艺分析

（1）根据零件表面形状、尺寸精度及表面粗糙度确定加工方法　通常回转体表面在数控车床上加工，如本任务零件的 $\phi60_{-0.08}^{0}$mm、$\phi79\pm0.04$mm 外圆、$\phi25_{0}^{+0.021}$mm、$\phi28_{0}^{+0.05}$mm

内孔及端面等。平面、轮廓面、型腔、沟槽等在数控铣床上加工，如本任务零件的销孔、凸台轮廓等。根据尺寸精度及表面粗糙度要求，采用粗加工、半精加工、精加工方法，按先粗加工再精加工的顺序完成加工。

（2）根据生产批量，确定采用工序集中还是工序分散原则安排工艺过程　本任务按单件生产进行工艺安排。

（3）根据先基准面后其他表面的原则安排加工顺序　半联轴节轴线及右端面为该零件的主要定位基准，故先在数控车床上完成外圆、内孔及端面的加工，然后在数控铣床上分别以 $\phi60_{-0.08}^{\ 0}$mm 外圆和端面为定位基准完成凸台和销孔的加工。加工次序及各表面所用切削刀具、切削用量见表 5-6。

根据零件表面特征和尺寸精度要求选择相应量具，外圆尺寸用游标卡尺和外径千分尺测量，内孔用三点内径千分尺测量，销孔用圆柱塞规检测。

表 5-6　汽车梅花形弹性联轴器半联轴节加工工艺

工序名	装夹定位	工步序号及内容	刀具及刀号	主轴转速 n/(r/min)	进给量 f	背吃刀量 a_p/mm
数控车	夹住毛坯外圆，伸出长度大于 35mm	1)粗车左端面、$\phi79\pm0.04$mm 外圆	外圆粗车刀，刀号 T01	800	0.2mm/r	2
		2)手动钻中心孔	中心钻，A3	1000	0.1mm/r	1.5
		3)手动钻 $\phi20$mm 孔	麻花钻，$\phi20$mm	300	0.15mm/r	10
		4)粗车 $\phi25_{\ 0}^{+0.021}$mm、$\phi28_{\ 0}^{+0.05}$mm、$\phi36$mm 内孔	内孔粗车刀，刀号 T03	800	0.2mm/r	2
		5)精车左端面、$\phi79\pm0.04$mm 外圆	外圆精车刀，刀号 T02	1000	0.1mm/r	0.3
		6)精车 $\phi36$mm、$\phi28_{\ 0}^{+0.05}$mm 内孔	内孔精车刀，刀号 T04	1000	0.1mm/r	0.3
	调头，夹住 $\phi79$mm 外圆，伸出长度 38mm	1)粗车右端面、$\phi60_{-0.08}^{\ 0}$mm 外圆	外圆粗车刀，刀号 T01	800	0.2mm/r	2
		2)精车右端面、$\phi60_{-0.08}^{\ 0}$mm 外圆	外圆精车刀，刀号 T02	1000	0.1mm/r	0.3
		3)精车 $\phi25_{\ 0}^{+0.021}$mm 内孔	内孔精车刀，刀号 T04	1000	0.1mm/r	0.3
数控铣	自定心卡盘装夹，夹住 $\phi60_{-0.08}^{\ 0}$mm 外圆	1)粗铣三处凸台	$\phi16$mm 立铣刀，半径补偿 D01，长度补偿 H01	600	80mm/min	8
		2)精铣三处凸台	$\phi16$mm 立铣刀，半径补偿 D02，长度补偿 H02	800	80mm/min	1
数控铣	机用虎钳夹住零件两端面	1)钻中心孔	A3 中心钻，长度补偿 H03	1000	50mm/min	1.5
		2)钻孔	$\phi9.8$mm 钻头，长度补偿 H04	800	80mm/min	3.9
		3)铰孔	$\phi10$H7 机用铰刀，长度补偿 H05	260	30mm/min	0.1

2. 程序编制

该零件凸台形状较复杂，需采用 CAD 软件辅助找出基点坐标，如图 5-59 所示。

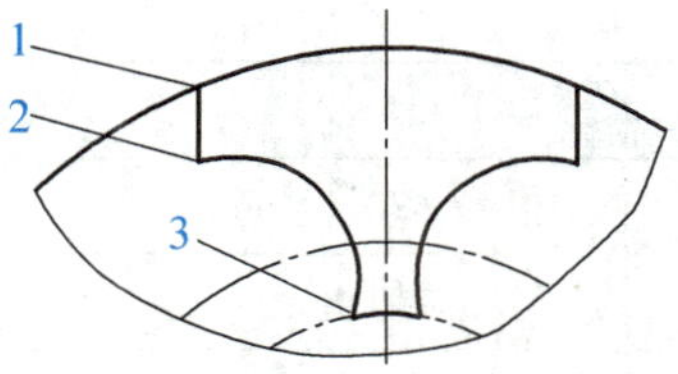

图 5-59 零件基点坐标

（1）数控车削零件左端轮廓程序 工件坐标系设置在零件右端面中心处，程序名为“O0531”，零件左端轮廓车削加工参考程序见表 5-7。

表 5-7 零件左端轮廓车削加工参考程序

程序段号	程序内容	程序说明
N10	G40 G99 G80 G21;	程序初始化
N20	M03 S800 T0101;	主轴正转，转速 800r/min，调用外圆粗车刀
N30	M08;	切削液开
N40	G00 X85 Z5;	刀具移动到循环起点
N50	G90 X79.6 Z-31 F0.2;	调用循环粗车 ϕ79±0.04mm 外圆
N60	G00 X100 Z200;	刀具返回换刀点
N70	M03 S1000;	主轴正转，转速 1000r/min
N80	M00;	程序停，手动钻中心孔
N90	M03 S300;	主轴正转，转速 300r/min
N100	M00;	程序停，换麻花钻，手动钻 ϕ20mm 孔
N110	M03 S800 T0303;	主轴正转，转速 800r/min，调用内孔粗车刀
N120	G00 X20 Z5 M08;	刀具移动到循环起点
N130	G90 X24.4 Z-65;	粗车 $\phi25^{+0.021}_{0}$mm 内孔
N140	G90 X27.4 Z-24;	粗车 $\phi28^{+0.05}_{0}$mm 内孔
N150	G90 X35.4 Z-19;	粗车 ϕ36mm 内孔
N160	G00 X100 Z200;	刀具返回换刀点
N170	M03 S1000 T0202;	主轴正转，转速 1000r/min，调用外圆精车刀
N180	G00 X0 Z5;	刀具移至进刀点
N190	G01 Z0 F0.1;	车至端面
N200	X79,C1;	车端面并倒角
N210	Z-31;	车 ϕ79±0.04mm 外圆
N220	G00 X100 Z200 M09;	刀具返回换刀点
N230	M00 M05;	主轴停，测量
N240	M03 S1000 T0404 M08;	主轴正转，转速 1000r/min，调用内孔精车刀，切削液开
N250	G00 X36 Z5;	刀具移到精车起点
N260	G01 Z-19 F0.1;	精车 ϕ36mm 内孔
N270	X28;	精车孔底面

（续）

程序段号	程序内容	程序说明
N280	Z-24；	精车 $\phi28^{+0.05}_{0}$mm 内孔
N290	X24；	X 方向切出
N300	G00 Z5；	Z 方向退出
N310	X100 Z200；	刀具返回换刀起点
N320	M05 M09；	主轴停止，切削液关闭
N330	M30；	程序停止

（2）数控车削零件右端轮廓程序　零件右端采用 G71 外圆车削复合循环指令编程以简化程序。工件坐标系设置在装夹后零件的右端面中心处，程序名“O0532”，零件右端轮廓车削加工参考程序见表 5-8。

表 5-8　零件右端轮廓车削加工参考程序

程序段号	程序内容	程序说明
N10	G40 G99 G80 G21；	程序初始化
N20	M03 S800 T0101；	主轴正转，转速 800r/min，调用外圆粗车刀
N30	M08；	切削液开
N40	G00 X82 Z5；	刀具移动到循环起点
N50	G71 U2 R1；	调用轮廓车削循环加工外轮廓
N60	G71 P70 Q130 U0.3 W0.2 F0.2；	
N70	G0 X0；	精车轮廓第一程序段
N80	G01 Z0；	刀具车至端面
N90	G01 X59.96，C1；	车端面并倒角
N100	Z-35.05；	车 $\phi60^{0}_{-0.08}$mm 外圆
N110	X77；	车端面
N120	X81 Z-37.05；	倒角
N130	X82；	车至毛坯
N140	G00 X100 Z200；	刀具退至换刀点
N150	M03 S1000 T0202；	主轴正转，转速 1000r/min，调用外圆精车刀
N160	G70 P70 Q130 F0.1；	调用轮廓精车循环精车外圆
N170	G00 X100 Z200；	刀具退至换刀点
N180	M03 S1000 T0404；	主轴正转，转速 1000r/min，调用内孔精车刀
N190	G00 X27.0105 Z5；	刀具移至切削起点
N200	G01 Z0 F0.1；	刀具车至端面
N210	X25.0105 Z-1；	车端面并倒角
N220	Z-42；	车 $\phi25^{+0.021}_{0}$mm 内孔
N230	X23；	刀具 X 方向车出

（续）

程序段号	程序内容	程序说明
N240	G00 Z5；	刀具退回
N250	X100 Z200；	刀具返回换刀起点
N260	M05 M09；	主轴停止，切削液关闭
N270	M30；	程序停止

（3）数控铣削凸台轮廓参考程序 3个凸台形状、尺寸相同，采用子程序和坐标系旋转指令以简化程序结构。工件坐标系选择在零件装夹后上表面的中心点，主程序名为“O0533”，参考程序见表5-9。

表5-9 零件凸台轮廓铣削加工主程序

程序段号	程序内容	程序说明
N10	G40 G49 G54 G80 G90 G21；	程序初始化
N20	M03 S600；	主轴正转，转速600r/min
N30	G00 G43 H01 Z100 M08；	调用H01长度补偿，快速定位至Z100高度，切削液开
N40	G00 X0 Y0；	快速定位至X0，Y0
N50	Z10；	快速接近工件表面
N60	M98 P5001；	调用凸台加工子程序，粗加工轮廓
N70	G68 X0 Y0 R120；	调用工件坐标系旋转指令，旋转120°
N80	M98 P5001；	调用凸台加工子程序，粗加工轮廓
N90	G69；	取消坐标系旋转指令
N100	G68 X0 Y0 R240；	调用工件坐标系旋转指令，旋转240°
N110	M98 P5001；	调用凸台加工子程序，粗加工轮廓
N120	G69；	取消坐标系旋转指令
N130	G00 G49 Z100 M09；	取消H01刀具长度补偿，切削液关
N140	M05 M00；	主轴停止，程序暂停，测量，换刀
N150	M03 S800；	起动主轴正转，转速800r/min
N160	M08；	切削液开
N170	G00 G43 H02 Z100；	调用H02刀具长度补偿
N180	G00 X0 Y0；	快速定位至X0，Y0
N190	Z10；	快速接近工件表面
N200	M98 P5002；	调用凸台加工子程序，精加工轮廓
N210	G68 X0 Y0 R120；	调用工件坐标系旋转指令，旋转120°
N220	M98 P5002；	调用凸台加工子程序，精加工轮廓
N230	G69；	取消坐标系旋转指令
N240	G68 X0 Y0 R240；	调用工件坐标系旋转指令，旋转240°
N250	M98 P50020；	调用凸台加工子程序，精加工轮廓

（续）

程序段号	程序内容	程序说明
N260	G69；	取消坐标系旋转指令
N270	G00 G49 Z100；	取消 H02 刀具长度补偿
N280	M05 M09；	主轴停止，切削液关闭
N290	M30；	程序停止

粗加工零件凸台轮廓子程序名为“O5001”，程序内容见表 5-10。

表 5-10 粗加工零件凸台轮廓子程序

程序段号	程序内容	程序说明
N10	G00 X15 Y50；	定位刀具半径补偿起点
N20	G1 Z-19 F100；	下刀至 Z-19，此处可采用分层下刀，以减小切削力
N30	G1 G41 D01 Y36.5 F80；	调用刀具半径补偿至 1 点
N40	G1 Y30.1；	加工轮廓
N50	G03 X2.7 Y17.8 R9.8；	加工轮廓
N60	G03 X-2.7 R18；	加工轮廓
N70	G03 X-15 Y30.1 R9.8；	加工轮廓
N80	G01 Y36.5；	加工轮廓
N90	G01 G40 Y50；	取消刀具半径补偿
N100	G00 Z10；	抬刀至 Z10
N110	M99；	子程序返回

精加工零件凸台轮廓子程序名为“O5002”，程序内容见表 5-11。

表 5-11 精加工零件凸台轮廓子程序

程序段号	程序内容	程序说明
N10	G00 X15 Y50；	定位刀具半径补偿起点
N20	G1 Z-19 F100；	下刀至 Z-19，此处可采用分层下刀，以减小切削力
N30	G1 G41 D02 Y36.5 F80；	调用刀具半径补偿至 1 点
N40	G1 Y30.1；	加工轮廓
N50	G03 X2.7 Y17.8 R9.8；	加工轮廓
N60	G03 X-2.7 R18；	加工轮廓
N70	G03 X-15 Y30.1 R9.8；	加工轮廓
N80	G01 Y36.5；	加工轮廓
N90	G01 G40 Y50；	取消刀具半径补偿
N100	G00 Z10；	抬刀至 Z10
N110	M99；	子程序返回

（4）数控铣削 ϕ10H7 销孔程序　使用机用虎钳夹住工件两端面，机用虎钳垂直于铣床

工作台安装，工作凸爪向外，采用 G81 指令进行点孔、钻孔、铰孔编程。工件坐标系选择在零件 $\phi60_{-0.08}^{0}$ 外圆一侧端面上表面中心点，程序名为“O0534”，参考程序见表 5-12。

表 5-12　加工 ϕ10H7 销孔参考程序

程序段号	程序内容	程序说明
N10	G40 G49 G54 G80 G90 G21;	程序初始化
N20	M03 S1000;	起动主轴正转，转速 1000r/min
N30	G00 G43 H03 Z100 M08;	调用 H03 刀具长度补偿，快速定位至 Z100 高度，切削液开
N40	G98 G81 X0 Y-19.5 Z-4 R10 F50;	调用 G81 钻孔循环进行点孔加工
N50	G80;	取消 G81 循环
N60	M09;	切削液关
N70	M05 M00;	主轴停止，程序暂停，换 ϕ9.8mm 钻头
N80	M03 S800;	起动主轴正转，转速 800r/min
N90	G00 G43 H04 Z100 M08;	调用 H04 刀具长度补偿，快速定位至 Z100 高度，切削液开
N100	G98 G81 X0 Y-19.5 Z-65 R10 F80;	调用 G81 钻孔循环进行钻孔加工
N110	G80;	取消 G81 循环
N120	M09;	切削液关闭
N130	M05 M00;	主轴停止，程序暂停，换 ϕ10H7 铰刀
N140	M03 S260;	起动主轴正转，转速 260r/min
N150	G00 G43 H05 Z100 M08;	调用 H05 刀具长度补偿，快速定位至 Z100 高度，切削液开
N160	G98 G81 X0 Y-19.5 Z-65 R10 F30;	调用 G81 钻孔循环铰孔
N170	G80;	取消 G81 循环
N180	M05 M09;	主轴停止，切削液关闭
N190	M30;	程序停止

3. 零件加工

（1）在数控车床上加工零件　开机、回机床参考点，将程序“O0531”“O0532”输入机床并进行模拟仿真，将外圆粗、精车刀和内孔粗、精车刀分别装入刀架对应刀号。

1）加工零件左端轮廓。夹住零件外圆毛坯，工件伸出长度大于 35mm。将外圆粗、精车刀和内孔粗、精车刀采用试切法对刀，打开“O0531”程序，采用自动模式加工零件左端轮廓并控制加工精度。

2）加工零件右端轮廓。调头夹住 ϕ79±0.04mm 外圆并进行找正，将外圆粗、精车刀和内孔粗、精车刀采用试切法对刀，打开“O0532”程序，采用自动模式加工零件右端轮廓并控制加工精度。调头装夹工件时需要垫上铜皮，已免夹坏已加工表面。

3）加工结束后，及时打扫机床，切断机床电源。

（2）在数控铣床上加工零件表面　开机、回机床参考点，将程序“O0533”“O0534”“O5001”“O5002”全部输入机床并调出主程序进行模拟仿真。采用寻边器进行 *X*、*Y* 向分中对刀，用基准刀具进行 Z 向对刀，其他刀具输入刀具长度补偿值。

1）粗、精加工零件凸台轮廓。将自定心卡盘安装在铣床工作台上，工件装夹在自定心卡盘上，且用铜皮包裹外圆表面，用百分表找正工件端面。启动“O0533”程序，采用自动模式加工并控制尺寸精度。加工结束后卸下工件。

2）加工 ϕ10H7 销孔。将零件装夹在机用虎钳上并用铜皮包裹两端面，将中心钻装夹在铣床主轴上，打开“O0534”程序，采用自动模式运行程序钻中心孔。程序运行至 N70 段，手动换上 ϕ9.8mm 钻头，按数控启动键钻孔。程序运行至 N130 段，手动换上 ϕ10H7 铰刀，按数控启动键铰孔。

3）加工结束后，及时打扫机床，切断机床电源。

检测评价

将学生任务完成情况的检测与评价填入表 5-13 中。

表 5-13 汽车梅花形弹性联轴器半联轴节加工检测评价表

序号	检测项目	检测内容及要求		配分	学生自检	学生互检	教师检测	得分
1	职业素养	文明、礼仪		5				
2		安全、纪律		10				
3		行为习惯		5				
4		工作态度		5				
5		团队合作		5				
6	工艺制订	1)选择装夹与定位方式 2)选择刀具 3)选择加工路径 4)选择合理的切削用量		5				
7	程序编制	1)编程坐标系选择正确 2)指令使用与程序格式正确 3)基点坐标正确		10				
8	机床操作	1)开机前检查、开机、回参考点 2)工件装夹与对刀 3)程序输入与校验		5				
9	零件加工	外圆	$\phi79\pm0.04$mm	3				
10			$\phi60_{-0.08}^{0}$mm	5				
11		内孔	$\phi28_{0}^{+0.05}$mm	5				
12			$\phi25_{0}^{+0.021}$mm	5				
13			ϕ36mm	2				
14		长度	$29_{-0.1}^{0}$mm	2				
15			64 ± 0.1mm	2				
16			40mm	2				

（续）

序号	检测项目	检测内容及要求		配分	学生自检	学生互检	教师检测	得分
17	零件加工	销孔	ϕ10H7	4				
18			$20_{-0.1}^{0}$mm	2				
19		凸台	ϕ48±0.01mm	5				
20			$30_{-0.05}^{0}$mm（3处）	6				
21			*R*9.8mm（6处）	6				
22			$19_{-0.1}^{0}$mm	2				
23		倒角	*C*1	2				
24		表面粗糙度值	*Ra*0.8μm	3				
25			*Ra*1.6μm	3				
26			*Ra*3.2μm	1				
综合评价								

任务拓展

加工如图5-60所示汽车后桥半轴凸缘法兰零件，毛坯材料为45钢，尺寸为ϕ60mm×70mm。

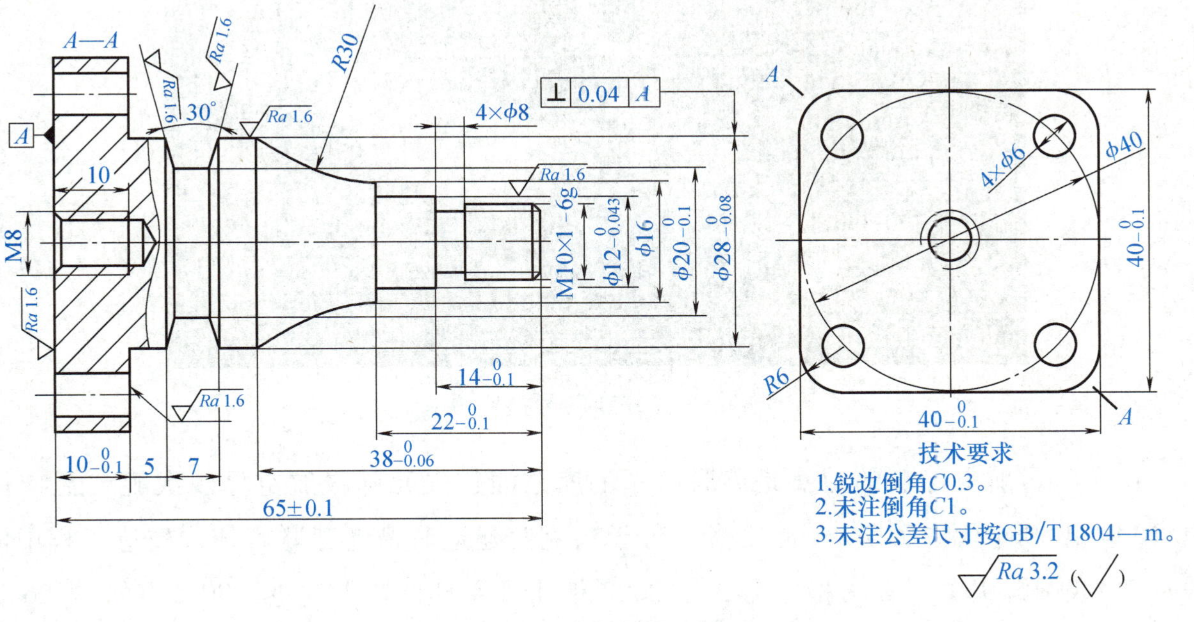

图5-60　任务拓展训练题

任务拓展实施提示：该零件由外圆、外槽、弧面、内外螺纹、孔和四方凸缘轮廓等元素组成，结构复杂，精度要求较高，需要采用数控车床和数控铣床进行综合加工。先粗车左端面及凸缘底圆柱面，再调头粗、精车零件右端轮廓，最后再调头精车左端面及四方凸缘底圆柱面。为保证右端外圆轴线与左端面的垂直度公差要求，调头加工时需要以加工好的端面用百分表找正控制垂直度误差。车削加工完成后在数控铣床上完成左端四方凸缘轮廓、孔和内螺纹的加工。

项目小结

本项目通过电机轴的 CAD/CAM 加工、汽车空调压缩机端盖的 CAD/CAM 加工及汽车联轴器半联轴节数控车铣综合加工，使学生熟悉车削类零件、铣削类零件的 CAD/CAM 加工流程及数控车铣综合加工工艺制订方法、编程及加工方法，让学生了解数控加工新技术、新工艺、新装备，拓宽学生眼界，为学生走上工作岗位打下一个良好基础。同时衔接数控车铣“1+X”证书要求，推广国家“1+X”证书制度。

延伸阅读

强国利器之五：“辽宁”号航空母舰

“辽宁”号航空母舰简称辽宁舰，如图 5-61 所示，其舷号 16，是中国人民解放军海军隶下的一艘可以搭载固定翼飞机的航空母舰，也是我国第一艘服役的航空母舰。

图 5-61 “辽宁”号航空母舰

“辽宁”号航空母舰的前身是苏联海军的库兹涅佐夫元帅级航空母舰次舰“瓦良格”号。20 世纪 80 年代中后期，“瓦良格”号于乌克兰建造时遭逢苏联解体，建造工程中断。1999 年，我国购买了“瓦良格”号，于 2002 年 3 月 4 日抵达大连港。2005 年 4 月 26 日，交付大连造船厂，由中国人民解放军更改安装及继续建造。2012 年 9 月，正式更名“辽宁”号，交付中国人民解放军海军，成为我国第一艘现代航母。

“辽宁”号的服役可以说是激动人心，实现了中国人的航母梦，其意义更是深远。首先，它在军事上助推我国海军实力的跨越式发展，增强了保卫我国海域、海疆的能力。其次，它推动了我国科技的发展。航母技术涉及多个技术领域，不仅仅是航母本身，还有与航母配套的飞机、舰船、潜艇、通信等。如材料技术，作为机器心脏的发动机技术，作为航母大脑的通信、控制、自动化技术等，引领我国半导体及微电子制造行业革命性的提升与飞跃。最后，它提升了中华民族的凝聚力，中华民族在国际上地位的提升，主要靠的是实力，只有强大的军事实力才能保卫我国多年的改革开放成果，增强中华民族的自豪感。

2019 年，我国自主研制建造的国产航母“山东”舰也正式交付使用，成为继英国和美国之后第三个装备双航母的国家，标志着我国国防实力更上一层楼。

思考与练习

1. CAXA 数控车软件中粗车轮廓参数如何设置？
2. 简述 CAXA 数控车软件中车螺纹轨迹的生成步骤。
3. CAXA 数控车软件如何进行轨迹仿真？
4. 简述 CAXA 制造工程师的基本功能。
5. 简述 CAXA 制造工程师页面组成。
6. 简述用圆命令绘制整圆的步骤。
7. 简述用多边形命令绘制三角形的步骤。
8. 简述圆形阵列的操作步骤。
9. 平面区域粗加工命令可以用来加工哪些轮廓？
10. 平面轮廓精加工命令可以用来加工哪些轮廓？
11. 简述如何通过自动编程进行钻孔加工。
12. 简述数控代码后置处理步骤。
13. 简述程序传输的步骤。
14. “1+X”证书制度是国家哪一年颁布实施的？
15. 一般哪些表面宜在数控车床上加工？哪些表面宜在数控铣床上加工？

附录

发那科系统G代码列表（节选）

G代码体系			组	功能含义
A	B	C		
G00	G00	G00	01	快速点定位（快速移动）
G01	G01	G01		直线插补（切削进给）
G02	G02	G02		顺时针圆弧插补或顺时针螺旋插补
G03	G03	G03		逆时针圆弧插补或逆时针螺旋插补
G04	G04	G04	00	暂停
G09	G09	G09		准确停止
G10	G10	G10		可编程数据输入
G11	G11	G11		可编程数据输入取消
G12.1（G112）	G12.1（G112）	G12.1（G112）	21	极坐标插补方式
G13.1（G113）	G13.1（G113）	G13.1（G113）		极坐标插补方式取消
G17	G17	G17	16	*XY* 平面选择
G18	G18	G18		*XZ* 平面选择
G19	G19	G19		*YZ* 平面选择
G20	G20	G70	06	英制输入
G21	G21	G71		米制输入
G25	G25	G25	08	主轴速度变动检测 OFF
G26	G26	G26		主轴速度变动检测 ON
G27	G27	G27	00	返回参考点检测
G28	G28	G28		返回至参考点
G30	G30	G30		返回第 2、第 3、第 4 参考点
G31	G31	G31		跳过功能
G32	G33	G33	01	螺纹切削
G34	G34	G34		可变导程螺纹切削

（续）

G代码体系			组	功能含义
A	B	C		
G40	G40	G40	07	取消刀尖圆弧半径补偿
G41	G41	G41		刀尖圆弧半径左补偿
G42	G42	G42		刀尖圆弧半径右补偿
G50	G92	G92	00	坐标系设定或主轴最大转速限制
G52	G52	G52		局部坐标系设定
G53	G53	G53		选择机床坐标系
G54	G54	G54	14	工件坐标系 1
G55	G55	G55		工件坐标系 2
G56	G56	G56		工件坐标系 3
G57	G57	G57		工件坐标系 4
G58	G58	G58		工件坐标系 5
G59	G59	G59		工件坐标系 6
G61	G61	G61	15	准确停止方式
G63	G63	G63		攻螺纹方式
G64	G64	G64		切削方式
G65	G65	G65	00	宏程序调用
G66	G66	G66	12	宏程序模态调用
G67	G67	G67		宏程序模态调用取消
G70	G70	G72	00	轮廓精车复合循环
G71	G71	G73		轮廓粗车复合循环
G72	G72	G74		端面粗车复合循环
G73	G73	G75		固定形状粗车复合循环
G74	G74	G76		端面车槽复合循环
G75	G75	G77		外圆或内孔径向车槽复合循环
G76	G76	G78		螺纹复合切削循环
G80	G80	G80	10	钻孔用固定循环取消
G81	G81	G81		定点镗孔
G82	G82	G82		镗阶梯孔
G83	G83	G83		端面钻孔循环
G84	G84	G84		端面攻螺纹循环
G85	G85	G85		端面镗孔循环
G87	G87	G87		侧面钻孔循环
G88	G88	G88		侧面攻螺纹循环
G89	G89	G89		侧面镗孔循环

（续）

G代码体系			组	功能含义
A	B	C		
G90	G77	G20	01	外圆或内孔单一车削循环
G92	G78	G21		螺纹切削单一循环
G94	G79	G24		端面切削单一循环
G96	G96	G96	02	恒定切削速度控制
G97	G97	G97		恒定切削速度控制取消
G98	G94	G94	05	每分钟进给量(mm/min)
G99	G95	G95		每转进给量(mm/r)
—	G90	G90	03	绝对指令
—	G91	G91		增量指令
—	G98	G98	11	固定循环初始平面返回
—	G99	G99		固定循环 *R* 点平面返回

参考文献

[1] 高枫，肖卫宁. 数控车削编程与操作训练［M］. 北京：高等教育出版社，2005.

[2] 谢晓红. 数控车削编程与加工技术［M］. 北京：电子工业出版社，2005.

[3] 张磊光，周飞. 数控加工工艺学［M］. 北京：电子工业出版社，2007.

[4] 朱明松. 数控车削编程与加工：FANUC 系统［M］. 2 版. 北京：机械工业出版社，2020.

[5] 蔡汉明，宋晓梅，高伟，等. 新编实用数控加工手册［M］. 北京：人民邮电出版社，2008.

[6] 林秀朋，李健龙. 数控车编程与实训教程［M］. 北京：电子工业出版社，2010.

[7] 田春霞. 数控加工技术［M］. 北京：机械工业出版社，2012.

[8] 沈建峰，虞俊. 数控车工：高级［M］. 北京：机械工业出版社，2007.

[9] 王荣兴. 加工中心培训教程［M］. 北京：机械工业出版社，2015.

[10] 朱明松. 数控车床编程与操作项目教程［M］. 3 版. 北京：机械工业出版社，2019.

[11] 朱明松. SIEMENS 系统数控车工技能训练［M］. 北京：人民邮电出版社，2010.

[12] 朱明松，王翔. 数控铣床编程与操作项目教程［M］. 3 版. 北京：机械工业出版社，2019.

[13] 朱明松. 数控车床编程与操作练习册［M］. 北京：机械工业出版社，2011.